完全掌握

中文版
Maya 2014
白金手册

赵拥亮 编著

清华大学出版社
北京

内 容 简 介

本书全面讲解中文版Maya 2014的基本功能及实际使用方法，完全针对初级和中级读者而开发，是读者快速掌握Maya 2014的必备参考书。

全书共分16章，循序渐进地讲解了Maya 2014的建模、灯光、摄影机、材质、渲染、动画、动力学、流体与效果、MEL语言等方面的技术。具体包括Maya基本操作、NURBS建模技术、多边形建模、灯光技术、材质与贴图、渲染功能、Maya的基础动画知识、变形功能、路径与约束功能、动画角色的骨骼与绑定、粒子动力学动画、特效动画、nHair毛发功能、 nCloth布料模块和认识MEL语言等内容。

本书内容丰富、图文并茂、结构清晰，具有很强的实用性和指导性，不仅适合作为三维动画制作初、中级读者的学习用书，而且也可以作为大、中专院校相关专业及三维动画培训班的教材。

图书在版编目(CIP)数据

完全掌握——中文版Maya 2014白金手册 / 赵拥亮 编著. —北京：清华大学出版社，2015
ISBN 978-7-302-38004-7

Ⅰ.①中… Ⅱ.①赵… Ⅲ.①动画制作软件—手册 Ⅳ.①TP391.41-62

中国版本图书馆CIP数据核字(2014)第216042号

责任编辑：李　磊
封面设计：李　辉
责任校对：曹　阳
责任印制：李红英

出版发行：清华大学出版社
网　　　址：http://www.tup.com.cn，http://www.wqbook.com
地　　　址：北京清华大学学研大厦A座　　　　　邮　　编：100084
社 总 机：010-62770175　　　　　　　　　　邮　　购：010-62786544
投稿与读者服务：010-62776969，c-service@tup.tsinghua.edu.cn
质 量 反 馈：010-62772015，zhiliang@tup.tsinghua.edu.cn
印 刷 者：北京鑫丰华彩印有限公司
装 订 者：三河市溧源装订厂
经　　销：全国新华书店
开　　本：203mm×260mm　　印　张：24.5　　字　数：812千字
　　　　　(附DVD光盘1张)
版　　次：2015年1月第1版　　印　次：2015年1月第1次印刷
印　　数：1～3000
定　　价：99.00元

产品编号：054933-01

前言

Maya 2014 是 Autodesk 公司推出的一款三维动画制作软件。它是世界上最为优秀的三维动画制作软件之一，凭借其强大的功能、友好的用户界面和丰富的视觉效果，在同类软件中迅速被人们接受，成为顶级的三维动画制作软件。

本书以 Maya 2014 为例，以实际的 Maya 工作流程为前提，向读者介绍了 Maya 建模、材质、灯光、摄影机、渲染、动画、粒子系统、动力学、绘画特效等知识，并且在内容讲解过程中提供了丰富的实例，借此提高读者的实际操作能力。下面向读者介绍一下关于本书的章节安排。

第 1 章　走进 Maya 2014。本章向读者介绍了 Maya 的基础知识，并详细介绍了 Maya 的环境、各种工具的功能，以及 Maya 的工作流程等。

第 2 章　Maya 基本操作。本章介绍了 Maya 中的基本操作，包括项目的创建、视图的操作、基本体的创建、物体的选择、物体的变换、物体的复制、镜像物体、群组物体、使用图层、捕捉物体等。

第 3 章　NURBS 建模技术。本章介绍了绘制 NURBS 曲线的知识、一般成型方法、特殊成型方法、编辑曲面的操作以及典型的编辑方法等。

第 4 章　多边形建模。本章向读者介绍了 Maya 中的多边形建模方法，包括基础多边形的使用、多边形的高级编辑方法等。

第 5 章　灯光技术。本章为读者介绍了 Maya 中的灯光属性、灯光类型、灯光链接、阴影、灯光特效等。

第 6 章　材质与贴图。本章讲解了材质和纹理的概念、材质编辑器的使用方法，并重点讲解了常用材质的属性、常用贴图纹理应用及编辑方法。

第 7 章　渲染功能。本章向读者介绍了 Maya 中的渲染技术，包括 Maya 的渲染设置、软件渲染、硬件渲染、Mental Ray 渲染器的使用方法以及图像的输出方法等。

第 8 章　Maya 的基础动画知识。本章内容主要学习动画的基本原理、最常用的关键帧动画、动画编辑器的使用、路径动画以及动画约束的应用。

第 9 章　变形功能。本章主要讲解 Maya 中常用变形器的使用，包括混合变形、晶格变形、簇变形、非线性变形、雕刻变形、线性变形和褶皱变形等。

第 10 章　路径与约束功能。本章向读者介绍了两种常用的动画实现方法，即路径动画与约束动画，并详细介绍了这两种动画的各个子类型。

第 11 章　动画角色的骨骼与绑定。本章向读者介绍了角色动画与骨骼绑定，主要包括骨骼系统的使用方法、应用骨骼动力学、蒙皮的相关知识等。

第 12 章　粒子动力学动画。本章介绍了 Maya 中的粒子系统，包括创建粒子系统的常用方法、粒子碰撞的产生方法、如何创建粒子目标、刚体的特性与使用方法、柔体的特性与使用方法等。

第 13 章 特效动画。本章主要向读者介绍 Maya 中的笔刷动画特效，即 Paint Effects 特效，包括特效的创建、常见笔刷的属性、流体的使用等内容。

第 14 章 nHair 毛发功能。本章将向读者介绍如何利用 nHair 毛发功能为角色创建头发以及其他毛发效果。

第 15 章 nCloth 布料模块。布料模块主要用于模拟布料的一些效果。例如，布料的褶皱、布料在角色身上时抖动的效果、布质物体的飘动效果。

第 16 章 认识 MEL 语言。本章介绍了 MEL 语言的运行环境、语法结构、函数的定义，以及一些常用的指令关键字的语法等。

本书在内容的安排上由浅入深、结构清晰，并且在每章中都配有相应的实例，既适合作为各类三维动画制作培训班的教材，也可以作为室内装潢设计、建筑设计、游戏制作人员以及广大计算机爱好者的学习和参考用书。

本书由赵拥亮编著，参与本书编写的还有牛党红、赵林强、张志明、张斌、胡海玲、王瑞敬、李玲、杨飞、秦方、王强丰、李欣、李霄、李伟云、赵振方、李倩霞等。由于时间仓促，书中难免会有不妥之处，敬请广大读者批评指正。

编 者

第 1 章　走进 Maya 2014

第 2 章　Maya 基本操作

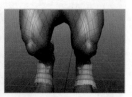

第 3 章　NURBS 建模技术

第 4 章　多边形建模

  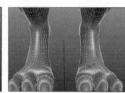  

第 5 章　灯光技术

第 6 章　材质与贴图

第 7 章　渲染功能

第 8 章　Maya 的基础动画知识

第 9 章　变形功能

第 10 章　路径与约束功能 🔍

第 11 章　动画角色的骨骼与绑定 🔍

第 12 章　粒子动力学动画

    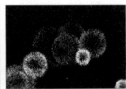

第 13 章　特效动画

第 14 章　nHair 毛发功能 🔍

第 15 章　nCloth 布料模块 🔍

第 16 章　认识 MEL 语言 🔍

第 1 章　走进 Maya 2014

Maya 是当前世界上最为流行也是最为优秀的三维动画制作软件之一，Maya 凭借其强大的功能、友好的界面和丰富的视觉效果，一经推出就引起了动画和影视界的广泛关注。它集成了最先进的动画及数字效果技术，不但包括一般三维和视觉效果制作的功能，而且还结合了最先进的建模、数字化布料模拟、毛发渲染和运动匹配技术。Maya 的功能完善、操作灵活、易学易用、制作效率高、渲染真实感强，使其成为电影级别的高端制作软件。

1.1　初识 Maya 2014

Autodesk Maya 是美国 Autodesk 公司出品的世界顶级的三维动画制作软件，应用对象是专业的影视广告、角色动画、电影特技等。Maya 功能完善，操作灵活，易学易用，制作效率高，渲染真实感强，是电影级别的高端制作软件。

Maya 售价高昂，声名显赫，是制作者梦寐以求的制作工具，掌握了 Maya，会极大地提高制作效率和品质，调节出仿真的角色动画，渲染出电影一样的真实效果。

Maya 集成了 Alias、Wavefront 最先进的动画及数字效果技术。它不但包括一般三维和视觉效果制作的功能，而且还与最先进的建模、数字化布料模拟、毛发渲染、运动匹配技术相结合。Maya 可在 Windows NT 与 SGI IRIX 操作系统上运行。在目前市场上用来进行数字和三维制作的工具中，Maya 是首选的解决方案。

Maya 之所以有如此强大的功能，这与它本身所提供的几个模块之间相互配合是息息相关的。本节让我们来快速浏览一下 Maya 各模块的强大功能。

1. 动画模块

动画是赋予角色生命的关键一环，尤其是角色动画是极难掌握的，它需要在长期的制作过程中积累经验，不但要掌握大量的动画原理知识，还要求我们对动画规律、二维动画绘画方面的经验、演员与导演能力等有较全面的认识。

相信大家都看过三维电影《怪物史莱克》，影片中所有角色的动画都是手调的，如图 1–1 所示。调动

画是一个很漫长的过程，需要自己去表演，去体会动作，理解角色个性。其实也可以借助现代科技力量来协助我们来完成这一艰难的项目，motion capture 的应用在某些程度上来说减少了工作量，但还是少不了人的干预。

图 1-1　《怪物史莱克》角色

2. 建模模块

模型是整个三维流程中的第一道工序，一个高质量的模型对后续流程是不可轻视的，在生产中会有特别的要求，比如角色的布线、结构等都是要特别注意的。建模中对角色要求很高，这样一来对角色建模绝不是一个 Polygon 或者一个 NURBS 物体那么简单，一个好的模型给人感觉是可以触摸的，皮肤是富有弹性的，而绝不是像一个橡皮冲过气的感觉，如图 1–2 所示。在 Maya 中提供了 3 种建模方式，即 NURBS、Polygon 和 Subdivision。被广泛用到的是 Polygon，它

的优点是容易掌握、方便操作、节省系统资源。

同样在建模中也可以借助高科技手段，将做好的雕塑或者真实角色用三维扫描仪输入计算机再在三维软件中加工。这也是一个不错的做法，但无论将三维模型用在什么领域，它始终都是基于艺术，在艺术的基础上去塑造的，只有艺术家领略造型的精神个性并附着在模型上，才能做出好的作品。

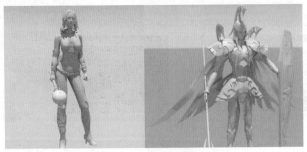

图 1-2 模型效果

3. 动力学模块

动力学这一部分始终是各三维软件的一个难点，虽然各种插件层出不穷，但都不能完全解决问题。在《完美风暴》中整个海浪流体的制作过程是十分艰难的，其效果如图 1-3 所示。当时请到了 5 位流体学博士助阵，运用大量的流体学知识，通过写程序来计算，就这样有些部分还得借助实际拍摄，用后期合成，达到以假乱真的效果。

图 1-3 海浪流体效果

在 Maya 中，动力学分为粒子、刚体 / 柔体、力场、流体动力学、布料和毛发。粒子结合力场用来模拟各种特效，比如：燃烧、爆炸、风、云、雨、水、烟雾、火等。特效包括范围很广泛，对个人要求很高，要求用户具有数学、计算机、编程、物理、化学、艺术修养等方面的知识，对于一个人而言不可能具备很全面

的知识，只能在某些方面比较精通，其他方面借助大家的力量，通力配合，充分发挥团队合作的精神。

4. 渲染模块

渲染是各三维软件必备的工具包，它承担着场景输出的重任，是非常重要的一环。在 Maya 中渲染包括渲染器、灯光、材质和 Paint Effect 3 部分内容。其实有很多第三方插件直接可以和 Maya 挂接使用，比如：mental ray for Maya、Maya man、render man for Maya 等，渲染效果如图 1-4 所示。它们都支持全局光照和光能传递，从而提高渲染质量和场景的真实性，同时必须以消耗大量的硬件资源和时间为代价；灯光起照明作用，表现物体的明暗关系、立体感，整个场景的氛围要靠灯光来体现，物体的阴影、物体在场景中受到周围环境的影响等都是和灯光息息相关的。

图 1-4 运用第三方插件的渲染效果

赋材质是表现物体表面属性的关键工作，物体的真实性靠材质来体现，在真实世界里灯光照射到物体表面上，会因物体的质地产生不同的效果，有些光线会被吸收，有些则会被反射，光亮的物体可以直接反射光线，为了创建真实的图像，必须设置所有的材质，例如颜色、镜面反射、反射率、透明效果，以及表面细节等，Maya 使用特殊的连接节点，称为阴影网络 (Shading Networks)，用来建立物体的表面材质。

纹理是材质的一部分，在 Maya 中纹理分为程序纹理和文件纹理，程序纹理通过节点计算得到，而文件纹理则是通过图像文件，实际的表面都是综合几何图形与精心设计的纹理共同创建出来的；Paint Effect 是 Maya 中提供的一个非常实用的工具，很容易实现一些特殊的效果，但它的缺点是特别耗硬件资源，所以在大型场景中不建议使用，Maya 中的 Paint Effect 包罗万象，有花草树木、皮肤、头发等，而且还可以像平面软件一样使用滤镜效果，它不仅可以在平面上绘制，还可以在三维空间中使用。

1.2 Maya 发展史

1983 年，在数字图形界享有盛誉的史蒂芬先生 (Stephen Bindham)、奈杰尔先生 (Nigel McGrath)、苏珊·麦肯女士 (Susan McKenna) 和大卫先生 (David Springer) 在加拿大多伦多创建了数字特技公司研发影视后期特技软件，由于第一个商业化的程序是有关 anti_alias 的，所以公司和软件都叫 Alias。

1984 年，马克·希尔韦斯特先生 (Mark Sylvester)、拉里·比尔利斯先生 (Larry Barels) 和比尔·靠韦斯先生 (Bill Kovacs) 在美国加利福尼亚创建了数字图形公司，由于他们爱好冲浪，所以为公司取名为 Wavefront。

1989 年，在 Alias 软件及公司技术人员的帮助下，电影《深渊》完成，如图 1-5 所示。此片被电影界认为是极具技术性和视觉创造性的影片；ILM (工业光魔) 公司凭此片获奥斯卡最佳视觉效果奖；Honda、BMW & Volvo 公司采用 Alias 的软件进行设计，效率提高了数十倍。

图 1-5 《深渊》画面

1990 年，Alias 发行上市股票。其软件产品分成 Power Animation 和工业设计产品 Studio 两部分；ILM 生产的《终结者 2》大获成功，其中液态金属人的制作使用了 Alias。

1991 年，Wavefront 发布了世界上第一个独立的影视合成软件 Composer。

1992 年，Alias4 发布，包含了 IK 角色动画功能，公司重新把重点放在影视动画和工业设计上。用 Alias 制作的影片《蝙蝠侠归来》大获成功；Alias 发布的 Auto Studio 成为汽车设计的工业标准。Wavefront 推出 kinemation 角色动画功能和 Dynamition 成为第一个动力学系统。

1993 年，Alias 开始研发新一代影视特效软件，也就是后来的 Maya 软件。Alias 参加电影《侏罗纪公园》的制作，并获奥斯卡最佳视觉效果奖；Alias 与福特公司合作开发 Studio Paint，成为第一代计算机喷笔绘画软件。

1994 年，Wavefront 公司发布 Game Wave，用于 64 bit 的游戏。任天堂成为 Alias Power Animation 的最大用户；Alias Studio 彻底改变了底特律汽车设计的方式；汽车生产商用户包括：GM、Ford、BMW、Volvo、Honda、Toyota、Fiat、Hyundai、Isuzu、Nissan 等；Alias Power Animation 完成了当年五部最大的特技电影《阿甘正传》、《面具》、《生死时速》、《真实的谎言》和《Star Trek》。图 1-6 所示为《生死时速》的画面效果。

图 1-6 《生死时速》画面

1995 年，Alias 与 Wavefront 公司正式合并，成立 Alias|Wavefront 公司，参与制作电影《玩具总动员》、《鬼马小精灵》、《007 黄金眼》等。华纳兄弟公司用 Power Animation 制作了电影《永远的蝙蝠侠》。世嘉公司用 Power Animation 开发了有关星球大战的交互式游戏。

1996 年，Alias|Wavefront 的软件专家 Chris Landrenth 创作了短片《The End》，并获得了奥斯卡最佳短片提名。

1997 年，工业设计方面推出了新版本软件 Alias Studio 8.5 等。

1998 年，经过长时间研发的一代三维特技软件 Maya 终于面世，它在角色动画和特技效果方面都处于业界领先地位。

1999 年，Alias|Wavefront 将 Studio 和 Design Studio 移植到 NT 平台上。ILM 利用 Maya 软件制作影片《Star War》、《The Mummy》等。

2000 年，Alias|Wavefront 公司推出 Universal Rendering，使各种平台的计算机可以参加 Maya 的渲染，并开始把 Maya 移植到 Mac OSX 和 Linux 平台上。

2001 年，Alias|Wavefront 公司发布 Maya 在 Mac OSX 和 Linux 平台上的新版本。Square 公司用 Maya 软件作为唯一的三维制作软件创作了全三维电影《Final Fantasy》；Weta 公司采用 Maya 软件完成电影《The Load of The Ring》第一部；任天堂公司采用 Maya 软件制作 GAMECUBETM 游戏《Star War Rogue Squadron II》。

2003 年，Alias|Wavefront 公司正式将商标名称换成 Alias，并发布 Maya 最新版本——Maya 5.0。

2004 年，Alias 公司向全球发布 Motion Builder 6.0 软件；Alias 公司发布 Alias Studio Tools 12 工业设计软件；Alias 与 Weta 公司确定战略商业合作关系。

2005 年，Alias 公司被 Autodesk 公司并购，并且发布 Maya 8.0 版本。

自 2006 年以后，Autodesk 先后发布了 Maya 2008、Maya 2009、Maya 2010、Maya 2011、Maya 2012、Maya 2013 以及本书向读者介绍的最新版本——Maya 2014。

1.3 应用领域

Maya 作为三维动画软件的后起之秀，深受业界人士的欢迎和钟爱，从诞生之日起就参加了许多国际大片的制作，如《金刚》、《星战前传》、《精灵鼠小弟》、《汽车总动员》等。Maya 的应用领域非常广泛，包括专业的影视角色动画、电影特技、影视广告和游戏开发等。本节我们将对这些领域进行简要的介绍。

1.3.1 影视角色动画

使用 Maya 能够制作出以假乱真的影视角色，其写实能力非常强悍，能够轻而易举地表现出一些结构复杂的形体，并且能够渲染出惊人的真实效果。图 1-7 所示为电影《变形金刚》的剧照。

图 1-8 卡通和机械造型

图 1-7 《变形金刚》画面

在超现实的三维世界，任何一个被赋予生命的物体都可以称之为角色，Maya 软件在角色动画的绑定技术上堪称一流，无论是卡通角色还是机械角色，也无论是多么复杂的动作，它都能出色地完成任务，图 1-8 所示为《马达加斯加》和《变形金刚》中的两个角色。

1.3.2 影视特效

三维影视特效包含的范围很广，如爆炸、火焰、暴风雪等，都是比较常见的特效形式，使用 Maya 的粒子系统、流体技术等特效模块以及扩展平台的应用，可以创建出真实的自然现象和一些匪夷所思的特效场景，图 1-9 所示为电影的特效场景。

图 1-9 特效场景

1.3.3 游戏开发

由于 Maya 自身所具备的一些优势，使其成为全球范围内应用最为广泛的游戏角色设计与制作软件。除制作游戏角色外，还被广泛应用于制作一些游戏场景，如图 1-10 所示。

图 1-10 游戏角色和场景

1.3.4 影视广告

使用三维技术进行产品包装以及电视栏目包装，已经成为一种热门的商业手段，使用 Maya 和后期软件可以轻松完成绚丽多彩的商业动画和栏目包装，图 1-11 所示为广告动画效果。

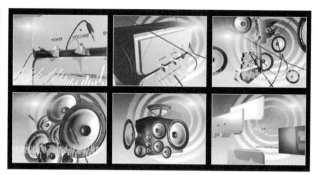

图 1-11 广告动画

1.3.5 工业造型

Maya 可以成为产品造型设计中最为有效的技术手段，它可以极大地拓展设计师的思维空间。同时在产品和工艺开发中，它可以在生产线建立之前模拟实际工作情况以检测实际的生产线运行情况，以免因设计失误而造成巨大的损失，图 1-12 所示为 Maya 模拟的一些产品。

图 1-12 成品展示

1.4 界面介绍

本节向读者介绍 Maya 2014 的工作界面构成以及操作方法。Maya 2014 的界面构成比较复杂，而且熟悉它也是非常重要的，因为它将直接影响到读者的操作。为此，本节将向读者讲解 Maya 2014 的工作环境。

1.4.1 启动 Maya 2014

在安装好 Maya 2014 后，双击桌面上的相应图标即可运行 Maya 软件。图 1-13 所示是 Maya 2014 的启动页面。

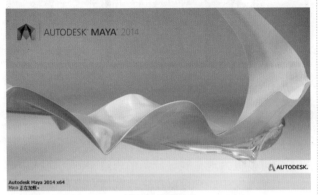

图 1-13 启动页面

当 Maya 2014 启动后，将会进入到第一个默认的页面，该页面向用户提供了一些简单实用的 Maya 教程，如图 1-14 所示。

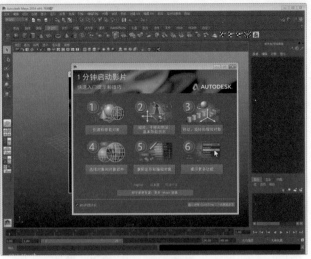

图 1-14 默认页面

如果需要了解一下其介绍，则可以单击图 1-14 中的链接，即可观看视频。如果不需要则可以直接关闭，进入到其主界面，该界面由多个部分组成，包含了所有的 Maya 工具，如图 1-15 所示。

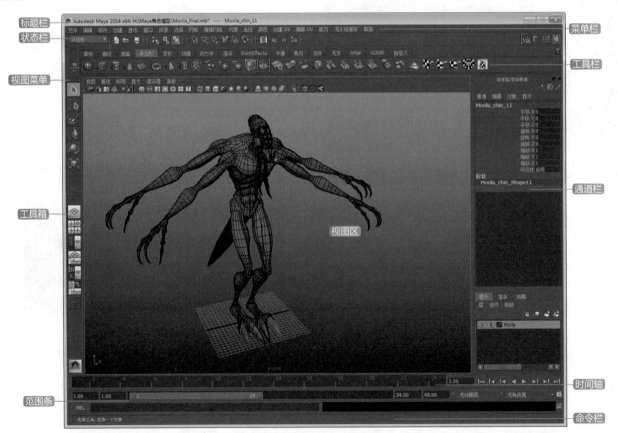

图 1-15 Maya 2014 的工作界面

1.4.2 标题栏

标题栏位于界面最顶端，如果当前处理的场景文件没有存储，那么标题栏的左侧会显示 Maya 软件的版本号和默认创建的文件名。处理的场景在保存后，标题栏左侧会显示完整的文件名和文件的保存路径。如果在视图中选择了某些物体或元素，那么在文件名后会显示用户当前选择的物体或元素名称，如图 1-16 所示。

图 1-16 标题栏

1.4.3 菜单栏

Maya 的菜单被完全组合成了一系列的菜单组，每个菜单组对应一个模块，不同的模块则可以实现不同的功能。Maya 中的模块包括动画、多边形、曲面、动力学、渲染、布料模拟等模块，如图 1-17 所示。

图 1-17 菜单栏

在不同的菜单组中进行切换时，将会切换到相应的菜单中，通用菜单组不会发生变化，其包括文件、编辑、修改、创建、显示、窗口、资源、选择、网格、编辑网格、代理菜单命令。

切换菜单组时，可以使用模块切换下拉菜单或者快捷键，其中 F2 键可以切换到动画模式，F3 键可以切换到建模模式，F4 键可以切换到动力学模式，F5 键可以切换到渲染模式。

1.4.4 状态栏

Maya 的状态栏和其他软件的状态栏稍有区别，Maya 的状态栏中包含了多种工具，如图 1-18 所示，这些工具多用于建模，当然也有其他类型的工具。

图 1-18 状态栏

为了能够为用户的操作提供足够的方便，这些工具都是按组排列的，读者可以通过单击相应的按钮将其展开或者关闭，如图 1-19 所示。

图 1-19 关闭工具

1. 模块选择区

模块选择区用于选择在 Maya 的哪个工作模块下进行操作，如图 1-20 所示。

图 1-20 模块选择区

2. 文件管理区

文件管理区用于新建、打开和保存场景文件，如图 1-21 所示。

图 1-21 文件管理区

3. 选择过滤器

如果在选择过滤器中选择了某种类型的元素，那么在场景中只有属于该类型的物体才能够被选中并进行编辑。图 1-22 所示是选择过滤器。

图 1-22 选择过滤器

动手实践——利用过滤器选择变形物体

在较大的场景中，物体的类型可能会非常多，这时如果要选择处于隐藏位置的物体就会很困难，而使用过滤器则可以过滤掉不需要的对象，从而能够进行分类选择。下面将从一个角色模型上选择变形的动画部分。

01 打开随书光盘"场景文件\Chapter01\01.mb"文件，这是一个忍者的模型，如图 1-23 所示。

02 在状态栏的过滤器列表中选择【变形】选项，如图 1-24 所示。

图 1-23 打开场景文件

图 1-24 选择过滤器

03 在视图中单击模型，则所有与变形相关的部分会在鼠标单击之后被选择，如图 1-25 所示。

图 1-25 选择变形部分

4. 选择模式和遮罩区

3 种选择模式分别是层级选择模式、物体选择模式和元素选择模式。选择模式不同，选择遮罩区的内容也不同，如图 1-26 所示。

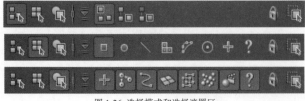

图 1-26 选择模式和选择遮罩区

在选择遮罩区中，如果某个按钮处于按下状态，那么表示这个图标代表的物体是可以选择的，否则该类型的物体将不能被选中编辑。

5. 吸附工具

将吸附按钮按下后，当场景中的物体移动时，或者在创建新的曲线、多边形平面时，物体或曲线会吸附在某种定义的物体上。图 1-27 所示是 Maya 中提供的几种吸附工具。

图 1-27 吸附工具

动手实践——使用吸附工具绘制曲线

通过使用吸附工具，我们可以将一些比较复杂的操作变得简单。本节将利用吸附到点的方式在模型上绘制曲线。

01 打开随书光盘"场景文件 \Chapter01\02.mb"文件，这是一个机械模型，如图 1-28 所示。

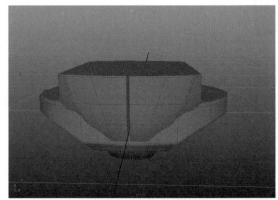

图 1-28 打开的机械模型

02 在状态栏上按下【捕捉到点】按钮 ，如图 1-29 所示。

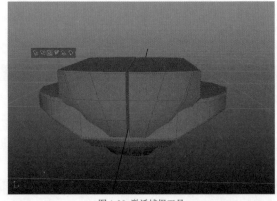

图 1-29 激活捕捉工具

03 执行【创建】|【CV 曲线工具】命令，并在模型上单击鼠标左键，从而创建曲线。此时可以观察到，

创建的曲线关键点都将被吸附在物体的顶点上，如图 1-30 所示。

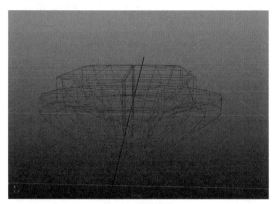

图 1-30 吸附效果

6. 输出 / 输入工具

在输出 / 输入参数区域能够观察物体上的输出和输入节点，对节点的计算顺序可以进行一定的调整，如图 1-31 所示。

图 1-31 输出 / 输入工具

7. 渲染控制工具

渲染控制区域集成了 4 个渲染控制工具，读者可以通过它们来对场景进行渲染，如图 1-32 所示。

图 1-32 渲染控制工具

1.4.5 工具栏

状态栏下面是工具栏，如图 1-33 所示。工具栏中放置了菜单命令的快捷图标按钮，根据不同的工具类型，分为多个工具面板。默认状态下，工具面板上都带有标签，单击标签就可以激活相应的面板，方便用户快捷地进行切换。

图 1-33 工具栏

动手实践——打造自己的工具栏

Maya 2014 为用户提供了灵活的工具栏，且可以根据自己的工作方式设计一个属于自己的工具栏，具体方法如下。

01 如果需要在工具栏上创建新的工具按钮，可以同时按住键盘上的 Ctrl 和 Shift 两个键。

02 用鼠标单击某个菜单命令，如图 1-34 所示。

图 1-34 选择要添加到工具栏的命令

03 这样该菜单命令的工具按钮就会出现在工具栏上，如图 1-35 所示。工具栏还提供了很多对工具进行修改和编辑的功能。

图 1-35 工具栏

1.4.6 工具箱

在界面左侧的竖形工具栏就是工具箱，其中包含了 Maya 中用于选择、对物体进行空间变换等常用工具的快捷图标，如图 1-36 所示。

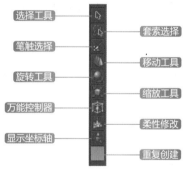

图 1-36 工具箱

1.4.7 视图区

工具箱右侧的操作区域称为视图区，基本的视图模式是单视图或四视图，四视图模式为顶视图、前视图、侧视图和透视图。在透视图中，如果物体距离观察点远近不同，那么会产生透视现象，也就是我们平常所说的近大远小的现象，这符合平常观察物体时的情况。

另外 3 种视图都是正交视图，正交视图的特点是没有透视现象，不论物体距离观察点是远是近，只要物体的真实尺寸是一样的，那么显示的大小肯定完全一样。每个视图区都带有自己的视图菜单，可以在视图菜单中对视图的显示方式进行编辑，如图 1-37 所示。

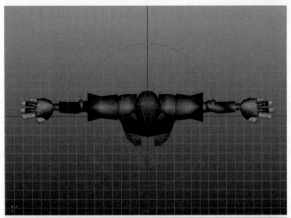

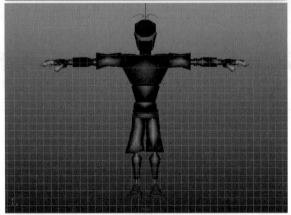

图 1-37 编辑视图

图 1-38 通道栏和属性编辑器

1.4.8 通道栏和属性编辑器

视图右侧的通道栏和属性编辑器处在同一个面板中，如图 1-38 所示。读者可以通过单击通道栏右侧的文本字样，在它们之间进行切换。如果在视图中选择了某个物体，那么会在通道栏中显示当前物体的所有允许制作动画的变换参数，通常包括物体的移动、旋转、缩放以及显示参数，可以通过属性编辑器显示其具体属性。

1.4.9 时间轴和范围条

时间轴实际上包括两个区域，分别是时间滑块和范围滑块。其中，时间滑块包括播放按钮和当前时间指示器。范围滑块中包括开始时间和结束时间、播放开始时间和播放终止时间、范围滑块、自动关键帧按钮和动画参数设置按钮，如图 1-39 所示。

图 1-39 时间轴

时间滑块上的刻度和刻度值表示时间。如果要定义播放速率，可以单击动画参数设置按钮，从【首选项】属性编辑器的【设置】区域中选择需要播放的速率，Maya 默认的播放速率为 24 帧 / 秒。

1.4.10 命令栏和帮助栏

除了可以通过工具创建物体外，Maya 还允许读者通过输入命令来创建物体，这一功能与 AutoCAD 的键盘输入功能有点相似。在 Maya 中，命令栏分为命令栏、命令反馈栏和脚本编辑器 3 个区域，如图 1-40 所示。

图 1-40 命令栏

当我们在命令栏中输入一个 MEL 命令后，场景中将执行相应的动作。例如，在命令栏中输入 CreateNURBSCylinder 命令，即可启用 NURBS 圆柱体创建工具。此外，当用户执行了相应的操作后，在命令反馈栏中将显示反馈信息。

命令栏的下方是帮助栏，它可以为我们显示一些操作提示，从而辅助使用者执行操作。

1.5 Maya 工作流程

为了能够更好、更快地学习和使用 Maya 2014，读者应该了解一些关于利用 Maya 制作动画的流程。根据大多数设计师的经验，在拿到了设计方案或者自己确定了设计方案之后，应该根据实际需要确定一个工作流程，如图 1-41 所示。

图 1-41 Maya 工作流程

1.5.1 制订方案

制订方案有时也被称为预制作阶段，它包括设定故事情节、考虑最终的视觉效果以及考虑所要使用的技术手段等。

所有的事情都以故事板开始的，没有故事板，也就没有方案。故事的质量是方案能否成功的关键，所以处理好这个阶段是至关重要的，图 1-42 所示是一个典型的故事情节。

图 1-42 故事情节

1.5.2 制作模型

在 Maya 中，建模是制作作品的基础，如果没有模型则以后的工作将无法展开。Maya 提供了多种建模方式，建模可以从不同的三维基本几何体开始，也可以使用二维图形通过一些专业的修改器来进行，甚至还可以将对象转换为多种可编辑的曲面类型进行建模，图 1-43 所示是利用 Maya 的建模功能制作的模型。

图 1-43 建模

1.5.3 制作材质

完成模型的创建工作后，需要使用 Hypershade 编辑命令来设计材质。再逼真的模型如果没有赋予适合的材质，都不是一件完整的作品。通过为模型设置材质能够使模型看起来更加逼真。Maya 提供了许多材质类型，既有能够实现折射和反射的材质，又有能够表现表面凹凸不平的材质，图 1-44 所示是模型的材质效果。

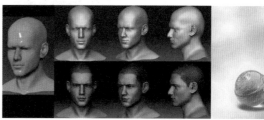

图 1-44 材质表现

实际上，材质类似于物体表面的纹理和质感表现，通常我们利用 Maya 制作出来的模型是没有任何纹理的，只有通过为其设置材质，才能使其表现出在真实世界中的外观。

1.5.4 布置灯光和定义视口

照明是一个场景中必不可少的元素，如果没有恰当的灯光，场景就会大为失色，有时甚至无法表现创作的意图。在 Maya 中我们既可以创建普通的灯光，又可以创建基于物理计算的光度学灯光或者天光、日光等真实世界的照明系统。有时我们还可以利用灯光制作一些特效，例如宇宙场景的特效等。图 1-45 所示为应用灯光系统模拟的照明效果。

图 1-45 光照效果的模拟

同时通过为场景添加摄像机可以定义一个固定的视口，用于观察物体在虚拟三维空间中的运动，从而获取真实的视觉效果。

1.5.5 渲染场景

完成前面的操作后，并不是作品就已经产生了。在 Maya 中，我们还需要将场景渲染出来，在该过程中还可以为场景添加颜色或者环境效果，图 1-46 所示是一个典型的渲染效果。

图 1-46 渲染场景

1.5.6 后期合成

后期合成可以说是 Maya 制作的最后一个环节，通过该环节的操作所制作出来的效果将变为一个完整的作品。

在大多数情况下，需要利用二维图像编辑软件对渲染的效果图进行后期修饰、剪辑等操作。例如用 Photoshop 等进行修改，以去除由于模型、材质或者灯光等问题而导致渲染后出现的瑕疵。图 1-47 所示是经过合成后的作品效果。

图 1-47 后期合成效果

除此之外，有时也将渲染后的图像作为素材应用于平面设计或者影视后期合成的工作中。无论属于哪种情况，都应该了解后期修饰工作的要点或者流程，以便两项工作能够更好地进行衔接。

第2章 Maya 基本操作

本章将向大家讲解 Maya 的一些基本操作，包括视图操作、选择操作、物体的创建、物体的变换、复制、群组以及图层的使用方法等。读者应熟练地掌握这些操作，以便为制作复杂的场景打下坚实的基础。

2.1 创建项目

通常一个完整的动画工程可能要用到多边形建模、贴图、渲染图、粒子特效等种类繁多的工序。每道工序可能都需要用到各自不同的文件，如建模时的贴图连接、渲染工序中的出图以及动画的测试文件等。如果缺乏一个统一有效的项目文件管理，那么在制作复杂动画时，所有的文件就会乱成一团。

动手实践——创建 Maya 项目

Maya 的项目文件设置为我们提供了一套非常科学合理的管理方法，使用它可以合理地设置工作文件，为后续工作的开展提供便利。

[01] 执行【文件】|【项目窗口】命令，即可打开如图 2-1 所示的项目窗口。

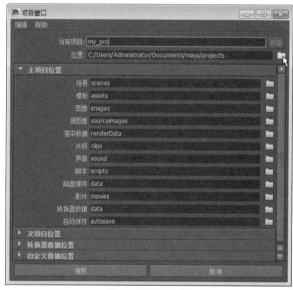

图 2-2 指定项目文件

图 2-1 项目窗口

[02] 在【项目窗口】对话框中，单击【位置】右侧的 按钮，可以重新设置工程文件夹所在的目录，如图 2-2 所示。

> **提示**
>
> 如果【位置】选项无法更改，则可以单击【当前项目】右侧的【新建】按钮重新定义项目名称。

[03] 在【项目窗口】对话框的子选项中，可以为存放各个资源的文件夹自定义名称。然后单击【接受】按钮，这样在指定文件夹下就可以创建相应的工程目录。

2.2 视图操作

视图是 Maya 的工作平台，通过它可以创建、编辑场景元素，因此在这里将有很多的动作、应用方式产生。本节将向读者介绍视图的一些常用操作以及改变视图布局的快速方法，介绍如下。

2.2.1 三维和三维空间

三维是指坐标轴的三个轴向，即 X 轴、Y 轴和 Z 轴。其中，X 轴表示左右空间，Y 轴表示上下空间，Z 轴表示前后空间，这样就形成了人的视觉立体感，如图 2-3 所示。

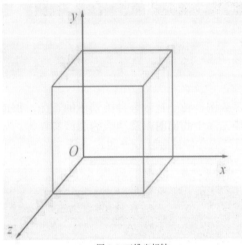

图 2-3 三维坐标轴

我们所处的空间就是三维空间，可以理解为有前后、上下和左右的空间。三维动画就是由三维制作软件制作出来的，其是基于三维动画空间原理的立体动画。本书所介绍的 Maya 就是制作三维动画软件之一。

2.2.2 操作视图

视图实际上是一个通过虚拟摄像机看到的视角。Maya 中的默认视图包括透视图、前视图、侧视图和顶视图。如果需要在视图中观察一个物体的细节，则可以使用 4 种方式，关于它们的简介如下。

1. 旋转视图

按组合键【Alt+ 鼠标左键】可以旋转视图，通过这种方法可以旋转任意角度来观察场景中的物体。

2. 移动视图

按组合键【Alt+ 鼠标中键】可以移动视图，通过这种方法可以平移视图，以达到变换场景的目的。

3. 推拉视图

这是一种既实用又十分有趣的操作，通过按组合键【Alt+ 鼠标右键】可以推拉视图，从而调整场景中的物体放大或者缩小，使操作者能够很好地观察场景全局或者局部细节。

4. 框选缩放视图

除了上述的缩放视图方式外，Maya 还提供了一种可以进行局部放大的方法，具体操作如下。

动手实践——局部放大视图

01 打开随书光盘"场景文件 \Chapter02\ 局部放大 .mb"文件，如图 2-4 所示。

图 2-4 打开场景

02 在视图中按住组合键【Ctrl+Alt+ 鼠标左键】不放，并将需要放大的区域拖拉出来一个方框，如图 2-5 所示。

图 2-5 选择放大区域

03 然后松开鼠标左键，即可完成放大操作，如图 2-6 所示。

图 2-6 局部放大效果

2.2.3 调整视图布局

在 Maya 中，我们可以将视图转换为多视图状态。在操作过程中使用最多的就是单视图和四视图之间的转换，其快捷键为空格键，如图 2-7 所示为四视图布局。

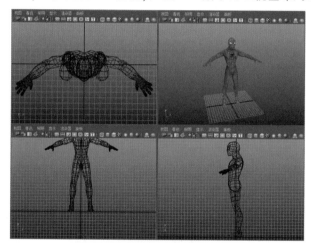

图 2-7 四视图布局

动手实践——调整视图布局

Maya 默认显示的四视图是大小均等排列，如果有需要我们可以自由调整这些视图的大小，其步骤如下。

 把鼠标指针放置在两个视图的交界处，如图 2-8 所示。

 按住鼠标左键不放并拖动鼠标，到适当的位置再松开鼠标，如图 2-9 所示。

 当然我们也可以在工具栏中单击视图控制图标来切换视图，如图 2-10 所示，这是在动画编辑时经常使用的一种视图模式。

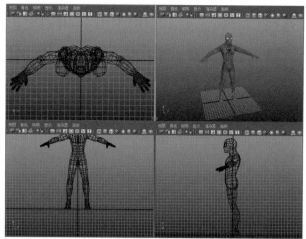

图 2-8 确定位置

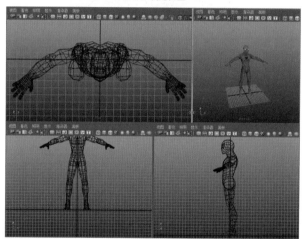

图 2-9 调整视图

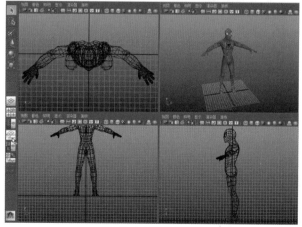

图 2-10 单击图标切换视图

2.3 创建基本体

在 Maya 中有 3 种方式可以创建物体，分别是使用创建菜单、使用工具栏图标和使用 MEL 语言。本节将向读者介绍如何在 Maya 中创建一个物体。

动手实践——使用菜单创建物体

[01] 执行【创建】|【多边形基本体】|【球体】命令，如图 2-11 所示。这里我们以创建球体为例。

图 2-11 激活命令

[02] 在视图中按住鼠标左键不放并拖动鼠标，松开鼠标左键后即可创建一个球体，如图 2-12 所示。

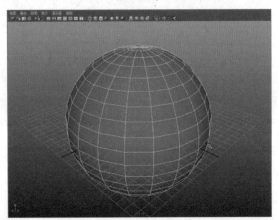

图 2-12 创建球体

动手实践——使用快捷工具创建物体

[01] 单击工具栏上的 Polygon 标签，切换到多边形创建工具集。

[02] 单击工具栏上多边形球体图标，并在视图中拖动鼠标即可创建一个球体，如图 2-13 所示。

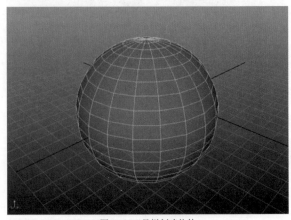

图 2-13 工具栏创建物体

动手实践——使用 MEL 语言创建物体

在 MEL 命令栏右侧的空白区域即 MEL 语言的输入区域，输入 CreatePolygonSphere，按 Enter 键，即可在场景中创建球体，如图 2-14 所示。

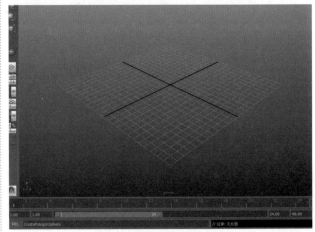

图 2-14 MEL 语言创建球体

2.4 物体基本属性

在 Maya 中，物体的属性决定了物体的外形。本节将从两个方面向读者介绍物体属性的设置方式，首先向读者介绍物体的基本属性。

1. 基本属性

物体的属性几乎全部被集中在通道栏中。当我们在视图中选择一个物体后，就可以通过右侧的通道栏观察其属性，如图 2-15 所示。

图 2-15 通道栏

2. INPUTS 参数区域

除了上述参数外，Maya 还提供了输入节点的参数，如图 2-16 所示。

图 2-16 INPUTS 参数区域

⊙ 平移 X/Y/Z：这 3 个参数用于控制物体的位移，分别对应 X、Y 和 Z 轴。读者可以直接在其右侧的文本框中输入数值进行精确调整。

⊙ 旋转 X/Y/Z：这 3 个参数用于控制物体的旋转，可以分别沿 X、Y 和 Z 轴进行旋转。读者可以在其右侧的文本框中输入数值精确旋转。

⊙ 缩放 X/Y/Z：这 3 个参数用于控制物体的缩放，可以分别沿 X、Y 和 Z 轴进行缩放。读者可以在其右侧的文本框中输入数值精确缩放。

⊙ 可见性：用于控制是否显示该物体，默认为启用，表示显示该物体。如果将其设置为关闭，则该物体将不在视图中显示。

⊙ 宽度：控制物体的宽度。

⊙ 高度：控制物体的高度。

⊙ 深度：控制物体的厚度。

⊙ 细分宽度：控制物体宽度的细分数量。

⊙ 高度细分数：控制物体宽度的细分数量。

⊙ 深度细分数：控制物体宽度的细分数量。不同的宽度／高度／深度细分所产生的效果对比，如图 2-17 所示。

图 2-17 细分效果对比

2.5 选择物体

选择操作是 Maya 中最为基础的操作之一。只有当我们选择了一个物体之后，才能对其进行各种编辑。当我们设计一个作品时，场景中的物体可能会很多，为了便于选择物体，Maya 为我们提供了多种不同的选择方法。

2.5.1 直接选择

直接选择，是指以鼠标单击的方式来选择物体，这是一种最为简单的选择方式，用户只需要观察视图中鼠标指针的位置以及鼠标的形状变化，就可以判断出物体是否被选中。

默认情况下，当一个物体被选中后，该物体将会高亮显示，表示当前物体已经处于选中状态，如图 2-18 所示。

如果是在线框模式下进行选择，则不会出现白色的边框，但是此时模型会以高亮度的形式进行显示，如图 2-19 所示。

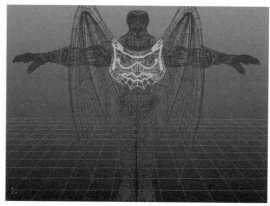

图 2-18 线框选中状态

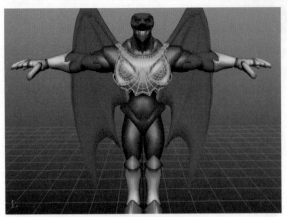

图 2-19 实体选择状态

区域所覆盖的物体将被选择。矩形区域选择是使用频率最高的一种选择方式。这种方式需要使用鼠标拖出一个矩形区域来进行选择，如图 2-20 所示。

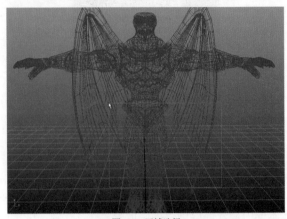

图 2-20 区域选择

2.5.2 区域选择

区域选择允许读者使用鼠标拖出一个区域，被该

2.6 变换物体

变换物体，实际上是一系列操作的统称，其中包括移动物体位置、旋转物体角度以及缩放物体的体积大小等。本节将向读者介绍如何在视图中变换物体。

动手实践——移动护腕

01 在视图中选择需要移动的物体，使其高亮度显示，如图 2-21 所示。

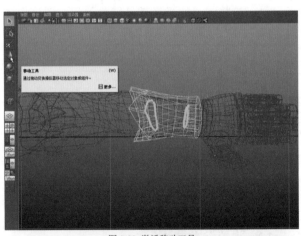

图 2-22 激活移动工具

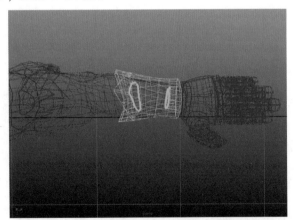

图 2-21 选择物体

02 单击工具栏上的 工具按钮，激活移动工具，如图 2-22 所示。

03 此时，在被移动物体上将会出现 3 个坐标轴。使用鼠标左键选择不同的坐标轴，并拖动鼠标即可移动物体，如图 2-23 所示。

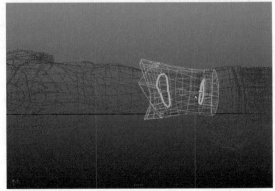

图 2-23 移动物体

动手实践——旋转兽头

01 在视图中选择需要旋转的物体，使其高亮度显示，如图 2-24 所示。

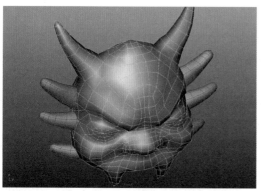

图 2-24 选择物体

02 单击工具栏上的 ◉ 按钮，激活旋转工具，如图 2-25 所示。

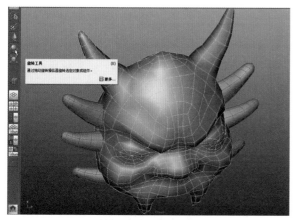

图 2-25 激活旋转工具

03 此时，在被旋转的物体上将会出现 3 个坐标轴。使用鼠标左键选择不同的坐标轴并拖动鼠标，即可旋转物体，如图 2-26 所示。

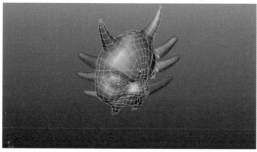

图 2-26 旋转物体

技巧

当启用旋转工具后，3 个旋转轴将以 3 种不同的颜色进行显示。其中，蓝色代表围绕 Z 轴旋转；绿色代表围绕 Y 轴旋转；红色代表围绕 X 轴旋转。

动手实践——缩放兽头

01 在视图中选择需要缩放的物体，使其高亮度显示，如图 2-27 所示。

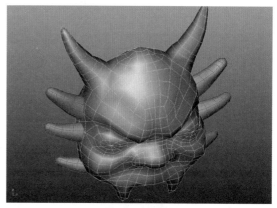

图 2-27 选择物体

02 单击工具栏上的 ◼ 按钮，激活缩放工具，如图 2-28 所示。

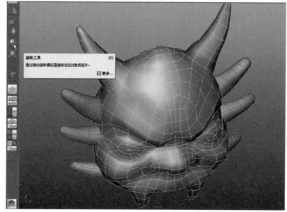

图 2-28 激活缩放工具

03 此时，在被缩放物体上将会出现 3 个坐标轴。使用鼠标左键选择不同的坐标轴并拖动鼠标，即可缩放物体，如图 2-29 所示。

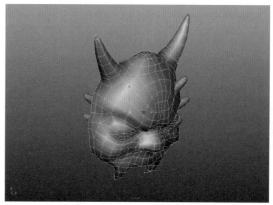

图 2-29 缩放物体

2.7 复制物体

在创建场景时，有时需要创建许多相同的物体，而且它们都具有相同的属性，这时就可以使用复制的方法进行创建。在 Maya 2014 中，系统向用户提供了两种不同方式的复制方法，下面分别向读者进行介绍。

2.7.1 快速复制

动手实践——复制护带

所谓的快速复制，实际上就是利用快捷键进行复制的一种方式。下面向读者介绍其操作方法。

01 打开随书光盘"场景文件 \Chapter02\ 复制.mb"文件，如图 2-30 所示。

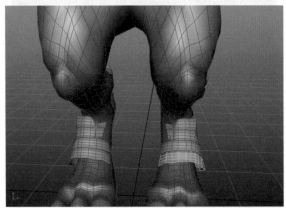
图 2-30 打开文件

02 选择图中的脚部护带模型，按组合键 Ctrl+D，即可复制一个物体。

03 此时，复制的副本与源物体将重叠在一起，需要使用鼠标调整其位置，如图 2-31 所示。

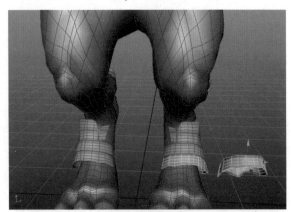
图 2-31 调整副本位置

04 如果要连续复制多个物体时，则可以使用组合键 Ctrl+D 复制一个物体，再按住 Shift 键，使用移动工具将其移动一段距离，然后使用组合键 Shift+D 可以充分复制物体，如图 2-32 所示。

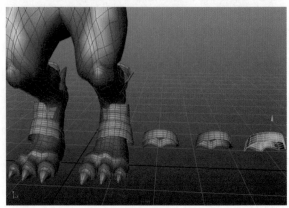
图 2-32 快速复制多个物体

2.7.2 特殊复制

使用高级复制可以使我们得到更多的复制方式，在菜单栏中执行【编辑】|【特殊复制】命令，打开【特殊复制选项】对话框，如图 2-33 所示。

图 2-33 【特殊复制选项】对话框

下面向读者介绍该对话框中重要选项的含义以及使用方法。

- 复制：普通复制方式，复制出的物体具有独立属性。

- 实例：实例复制方式，即复制出的物体实际是原物体的实例引用，当改变其中一个物体的外形时，其他复制物体包括原始物体也会跟着改变。

- 下方分组：用来设置复制出物体所在的世界坐标关系，包括父对象、世界、新建组等。

平移/旋转/缩放：这 3 个选项可分别控制复制物体的位移值、旋转角度和缩放比例，后面的 3 个输入框分别代表 X、Y、Z 轴向上的值。

 副本数：该选项可控制复制的数量。

2.7.3 镜像复制

当需要创建具有对称性的模型时（例如人头等），就需要使用镜像复制方法，这种复制方法也是非常方便的，其操作方法如下。

动手实践——镜像人头模型

 选择一个需要镜像复制的对象，如图 2-34 所示。

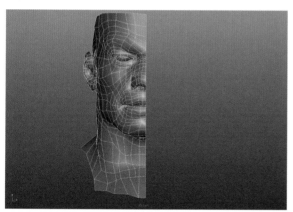

图 2-34 选择物体

 依次执行【网格】|【镜像几何体】命令，打开镜像参数设置面板，在这里可以根据实际需要设置

镜像的轴向，如图 2-35 所示。

图 2-35 设置镜像选项

 设置完毕后，单击【镜像】按钮完成镜像物体的操作，此时的场景如图 2-36 所示。

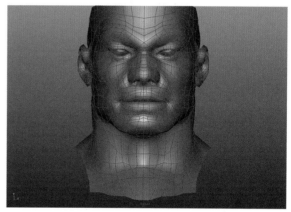

图 2-36 镜像效果

技巧

镜像的复制功能非常有用，在很多情况下，必须使用它才能达到完美的效果。例如，在制作具有对称性的物体时，只需要制作物体的一半，然后利用镜像工具镜像出另外一侧的造型，就可以制作出完美的物体。

2.8 群组物体

在 Maya 中，创建出的对象都具有独立性，如果需要同时编辑多个物体，那就需要将其组合在一起。组合物体的最大优点就在于可以将多个物体视为一个物体进行处理。

动手实践——将物体群组

当我们制作的场景比较复杂时，如果能够按照某种规则将具有统一特点的物体组合起来，则对操作将会十分有利，为此我们就需要使用群组工具。

 打开随书光盘"场景文件 \Chapter02\ 群组 .mb"文件，如图 2-37 所示。

 使用框选的方法选择视图中需要组合的物体，如图 2-38 所示。

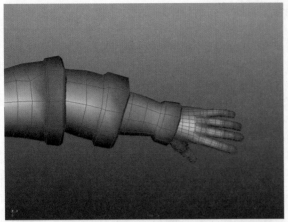

图 2-37 打开素材

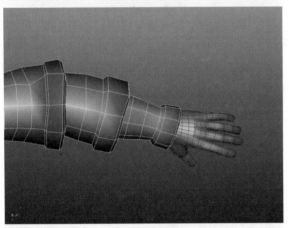

图 2-38 选择模型

03 依次执行【编辑】|【分组】命令，即可将它们组合为一组，如图 2-39 所示。

此外，读者还可以直接按组合键 Ctrl+G 来执行成组操作，还可同时对组合的物体进行移动、旋转或者缩放。

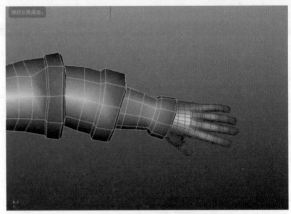

图 2-39 执行【分组】命令

提示

分组成功以后，将会在视图的左上角显示"项目分组成功"字样。

当我们将某些物体组合后，可能在某些情况下需要将其解组，此时可以依次执行【编辑】|【解组】命令，即可将群组物体解除，如图 2-40 所示。

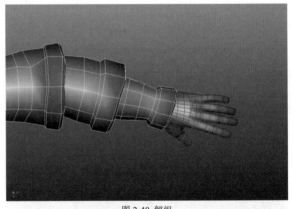

图 2-40 解组

2.9 使用图层

如果读者接触过 Photoshop 或者 Illustrator 等平面软件的话，应该对图层的概念比较熟悉，在 Maya 中图层的概念稍有不同。Maya 中的图层主要是对场景中的物体进行分层管理，可以自定义将一些物体设置到某一层，然后通过对图层的控制决定这些物体是否显示、是否被选择等。

动手实践——使用图层管理场景

在图层区顶端有【显示】和【渲染】两个单选按钮，分别用来控制切换图层和渲染图层的显示。默认为【显示】有效，表示当前图层区显示的是图层属性。而如果选中【渲染】单选按钮，则图层区切换显示为渲染图层区。下面通过一个实例向读者介绍有关图层的操作方法。

01 打开随书光盘"场景文件 \Chapter02\ 层 .mb"文件，如图 2-41 所示。

02 在图层区中单击 按钮新建一个图层，如图 2-42 所示。

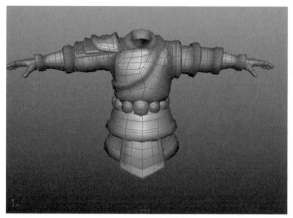

图 2-41 打开场景素材

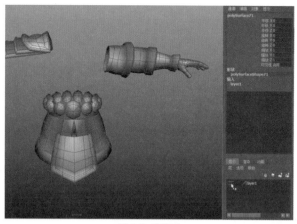

图 2-44 隐藏层

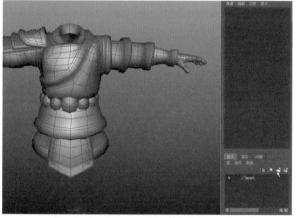

图 2-42 新建图层

03 在场景中选择铠甲模型，然后在新建的图层上单击鼠标右键，在弹出的快捷菜单中执行【添加选定对象】命令，如图 2-43 所示。

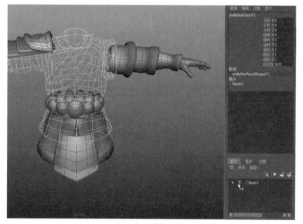

图 2-45 冻结物体

提示

此时图层被设为了模板模式，即样板模式，只能显示灰色线框，而无法被选取编辑。

06 再次单击 T 字型方框，当出现 R 字样时，物体将完全显示在视图中，不过仍然不能被编辑，如图 2-46 所示。

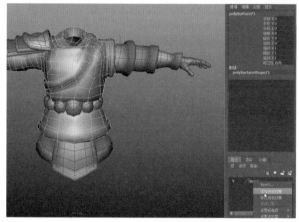

图 2-43 添加对象

04 此时，铠甲模型已经被添加到了新建的图层中，单击 layer1 层第一个框内的 V 字后，这时 V 字会消失，同时所有在该层的物体都将被隐藏，如图 2-44 所示。

05 再次单击 V 字方框，将模型显示出来。然后单击第二个小方框，当出现 T 字时，所有该图层的物体将会被冻结，如图 2-45 所示。

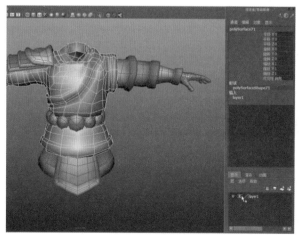

图 2-46 参考模式

当方块按钮上显示 R 字样，则表示进入参考模式。

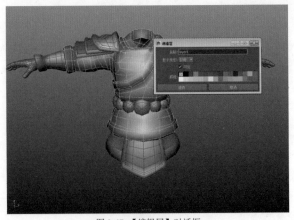

07 双击 layer1，打开层编辑对话框，在这里我们可以为层重新命名，更改显示模式，以及设置层显示的颜色，如图 2-47 所示。

图 2-47 【编辑层】对话框

2.10 捕捉物体

捕捉和对齐工具是每个三维软件中所必需的一种辅助工具，在 Maya 中，有 3 个经常使用的捕捉工具：栅格捕捉、线捕捉和点捕捉，另外 Maya 2014 中的对齐工具也有了很大的改进，本节将分别介绍它们的特性以及使用方法。

动手实践——栅格捕捉

栅格捕捉是一种特殊的捕捉形式，它可以使物体的顶点或者边线吸附到栅格的交叉点上，从而进行精确绘制。下面将利用捕捉栅格的方式绘制曲线。

01 新建一个场景。按住空格键不放，在打开的菜单中选择【顶视图】命令，从而切换到顶视图，如图 2-48 所示。

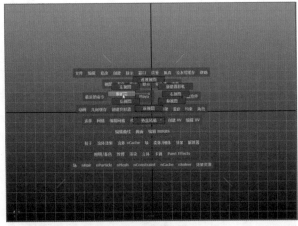

图 2-48 切换视图

02 按下状态栏中的 按钮，或者按住 X 键进行绘制即可捕捉到网格上。

03 在工具栏上单击 按钮，在视图中即可绘制捕捉到网格的曲线，如图 2-49 所示。

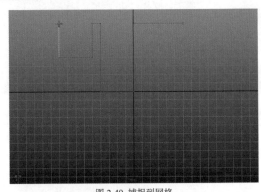

图 2-49 捕捉到网格

动手实践——边线捕捉

使用边线捕捉工具可以将物体的轴心点捕捉到边线上，也可以在创建物体时直接捕捉边线。

01 打开随书光盘"场景文件\Chapter02\边线捕捉.mb"文件，如图 2-50 所示。

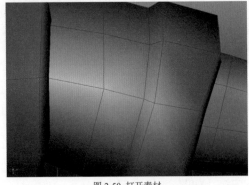

图 2-50 打开素材

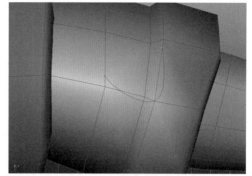

02 按下状态栏中的 ▦ 按钮，或者按住 C 键进行绘制即可捕捉到曲线上。

03 在工具栏上单击 ▱ 按钮，在视图中即可绘制捕捉到曲线的曲线，如图 2-51 所示。

除了创建物体外，我们还可以利用捕捉功能将一个物体捕捉到另外一个物体的点、边线上。

图 2-51 捕捉到曲线

2.11 对齐物体

对齐是 Maya 当中一个重要的功能。当场景中需要对某两个或两个以上的物体进行对齐时，就可以使用对齐工具来完成。

动手实践——对齐场景中的物体

对齐工具可以将两个或者两个以上的物体进行轴向上的对齐，其操作方法如下：

01 选择要对齐的物体，在菜单栏中执行【修改】|【对齐工具】命令，这时在视图中会显示对齐工具的控制器，如图 2-52 所示。

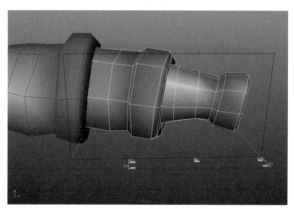

图 2-53 控制器

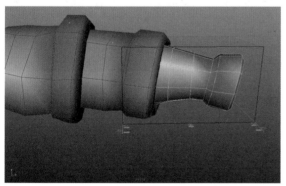

图 2-52 激活对齐工具

02 按住 Shift 键，再在视图中选择需要对齐的物体，此时将在两个物体上显示一个笼罩两物体的控制器，如图 2-53 所示。

03 该控制器的每个棱上都有控制对齐轴向的图标，单击这些图标，即可进行相应的对齐操作，如图 2-54 所示。

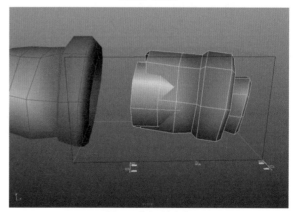

图 2-54 执行对齐操作

2.12 使用热盒

在 Maya 提供的快捷操作中，除了使用一些快捷键进行操作外，Maya 还提供了一个非常方便的快捷操作方式——热盒。此功能涵盖了几乎所有菜单栏中的命令，下面向读者详细介绍。

在视图中按下空格键不放，即可弹出热盒快捷菜单，如图 2-55 所示。

图 2-55 热盒快捷菜单

1. 通用菜单

快捷菜单以鼠标指针为中心点显示，这样方便鼠标指针到每个子菜单的记录最短。仔细观察热盒，可以看到第一行的菜单设置实际上就是前面菜单栏里面讲过的公共菜单栏。这些菜单选项是不随 Maya 模块的切换而改变的。第二行的菜单和视图区的菜单完全一样。

2. 最近的命令

在热盒的左侧有个【最近的命令】菜单，该菜单储存了最近的几次命令操作，单击即可打开此菜单，如图 2-56 所示。选择相应命令，即可快速执行前一次的操作。

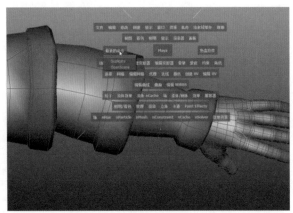

图 2-56 最近的命令

3. 热盒控件

右侧的【热盒控件】菜单是关于整个热盒显示的设置，在鼠标的周围共有 7 个选项，如图 2-57 所示。这些选项都是用来控制热盒最下方菜单的显示，通过选择可以快速进入相应的模块。

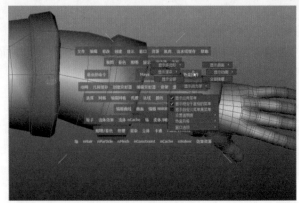

图 2-57 热盒控件

4. Maya 中心

在热盒的中心部位有一个 Maya 图标，在按住空格键的同时单击该图标会弹出视图模式菜单，在这里可以方便地切换视图，如图 2-58 所示。

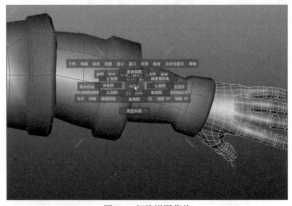

图 2-58 切换视图菜单

5. 打开标记菜单

打开热盒之后，在四周任何一个方向的空白处单击鼠标，都可以弹出标记菜单，图 2-59 所示是将 4 个标记菜单都显示出来的效果。

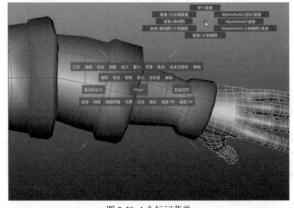

图 2-59 4 个标记菜单

第③章 NURBS 建模技术

NURBS 是一种非常优秀的建模方式，一般的高级三维建模软件中几乎都支持这种建模，Maya 也不例外。NURBS 的优点在于能够比传统的网格建模方式更好地控制物体表面的曲线度，从而能够创建表面更加圆润的造型。本章将向大家讲解 Maya 2014 中的 NURBS 建模及其建模技巧。

  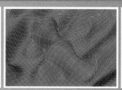  

3.1 认识 NURBS

术语 NURBS 代表 Non-Uniform Rational B-Splines，中文是"不均匀有理 B 样条"的意思。使用 NURBS 就可以用数学定义创建精确的表面。NURBS 曲线建模是当今世界上最流行的一种建模方法，它的用途非常广泛，不仅擅长于制作光滑表面，也适合于制作尖锐的边。它最大的好处在于控制点少，易于在空间进行调节造型，具有多边形建模方法及编辑的灵活性。许多汽车设计都是基于 NURBS 来创建光滑和流线型的表面，如图 3-1 所示。

图 3-1 NURBS 作品欣赏

实际上，所谓的建模就是创建对象表面的过程。在这个过程中，我们需要做的就是调整模型表面的形状，至于模型内部的结构是不需要考虑的。曲线是曲面的构成基础，如果要成为曲面造型高手，那么就必须深入学习 NURBS 曲线。

在 Maya 中，曲线是不可以被渲染的，曲线的调整总是处于曲面构造的中间环节。Maya 具有多种建模方法，并以不同的曲线类型为基础。曲线提供了多种曲线类型的特征，使用曲线可以在表面曲线定位处设置精确的定位点，并可通过移动曲线上或者曲线附近的顶点来改变曲面的形状。下面介绍一下关于 NURBS 曲线的特性。

1. 度数和连续性

所有曲线都有度数。曲线的度数用于表示它的方程式中最高的指数。其中，线性方程式的度数是 1；四边形方程式的度数是 2。NURBS 曲线通常由立方体方程式表示，其度数为 3。也可以采用更高的度数，但是通常没有这个必要。

曲线有连续性，即曲线未发生断裂。通常情况下，我们把带有尖角的曲线的连续性定义为 C^0，此类曲线是连续的，在尖角处没有派生曲线；我们把没有类似的尖角、但曲率不断变化的曲线的连续性定义为 C^1。把具有不间断、恒定曲率的曲线的连续性定义为 C^2。它的初级和次级派生曲线都是连续的。图 3-2 所示是这 3 种曲线的示意图。

图 3-2 曲线示意图

NURBS 曲线的不同分段可以有不同的连续性级别。特别是将 CV 放置到相同的位置或使它们非常接近，就可以降低连续性的级别。两个重合的 CV 增加了曲率。重合 CV 会在曲线中创建尖角。这个 NURBS 曲

线的属性名为多样性。实际上，另外的一个或两个 CV 将它们的影响合并在了曲线的邻接处，如图 3-3 所示。

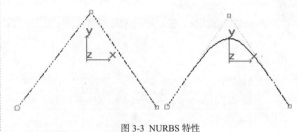

图 3-3 NURBS 特性

2. 细化曲线和曲面

细化曲线的操作对于曲线的质量有着很深的影响。细化 NURBS 曲线意味着添加更多的 CV。细化可以更好地控制曲线的形状。在细化 NURBS 曲线时，该软件会保留原始曲率。也就是说，曲线的形状并没有改变，只不过邻近的 CV 移离了添加的 CV。这是由于多样性的关系：如果不移动邻近的 CV，增加的 CV 将会使曲线变得尖锐。要避免产生这种效果，首先要细化曲线，然后通过变换新近添加的 CV 或调整它们的权重来更改该曲线。图 3-4 所示是曲线 CV 点的关系图。

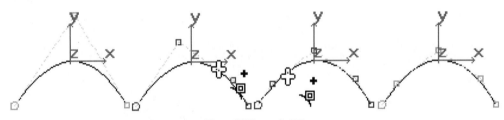

图 3-4 曲线与 CV 关系图

3.2　创建 NURBS 曲线

NURBS 建模是一个综合的系统，它包含曲线、曲面和曲线成型 3 个部分。其中，NURBS 曲线是创建不规则 NURBS 曲面的重要技术之一。本节将向大家介绍如何在 Maya 中创建 NURBS 曲线。

3.2.1 创建 CV 曲线

使用 CV 曲线工具时，只需要在视图区域中单击即可创建点。在创建控制点的过程中注意曲线的颜色，如果曲线颜色变为白色，则表示所创建的控制点已经能够生成曲线了。

动手实践——绘制 CV 曲线

下面介绍创建 CV 曲线的操作步骤。

01 依次选择【创建】｜【CV 曲线工具】命令，并将鼠标指针定位于指定的视图中。单击一次鼠标左键来确定曲线的起始位置，如图 3-5 所示。

02 单击鼠标左键来确定曲线的第二个顶点的位置，此时将会产生一条直线，但是这条直线并不是曲线的一部分，它仅仅起到辅助创建的作用，如图 3-6 所示。

03 再在视图中连续单击鼠标左键两次，从而确定第 3 和第 4 个顶点，此时 CV 曲线就产生了，如图 3-7 所示。

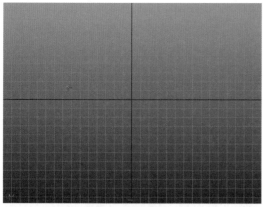

图 3-5 定义起始点

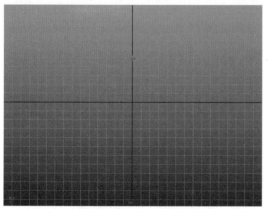

图 3-6 定义辅助曲线

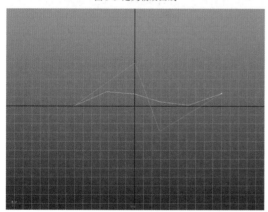

图 3-7 创建曲线

04 绘制完成后，按 Enter 键即可完成绘制。

如果继续单击鼠标左键，则新的曲线段将仍然产生，并且会随着鼠标位置的不同而产生不同的形状。

动手实践——创建过程中改变曲线的形状

为了便于对曲线进行修改，Maya 提供了一种即时修改的方法。本案例将详细介绍其修改方法。

01 在视图中绘制一条 CV 曲线，如图 3-8 所示。

02 在未按下 Enter 键之前，按键盘上的 Insert 键，观察此时曲线末端的顶点变化，如图 3-9 所示。

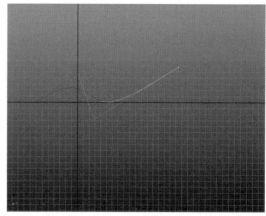

图 3-8 绘制曲线

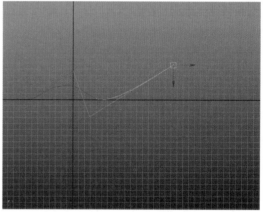

图 3-9 按下 Insert 键的效果

> **提示**
>
> 这时，在最后一个 CV 点上，将显示一个移动操纵器，拖动操作器移动 CV 点就可以改变曲线的形状。

03 在视图中拖动 CV 点上的坐标轴，即可改变曲线形状，如图 3-10 所示。

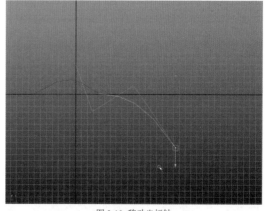

图 3-10 移动坐标轴

04 在创建曲线时，如果需要删除某个曲线段，则可以按下键盘上的 Backspace 键或者 Delete 键，如图 3-11 所示。

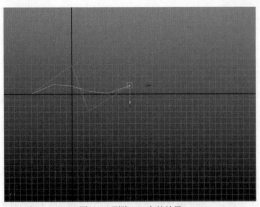

图 3-11 删除 CV 点的效果

05 调整完毕后，再次按下 Insert 键，即可重新回到绘制模式下，继续绘制曲线。

动手实践——创建完毕后修改曲线

当我们将曲线绘制完成后，是否还可以调整曲线形状呢？答案是肯定的。本案例向大家介绍如何在曲线绘制完成后再修改曲线的形状。

01 在视图中选择要修改的曲线并单击鼠标右键，在弹出的标记菜单中选择【控制点】命令进入控制点模式下，如图 3-12 所示。

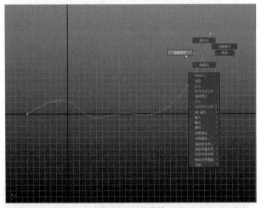

图 3-12 调整曲线

02 使用移动工具调整即可，如图 3-13 所示。

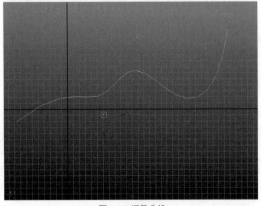

图 3-13 调整曲线

03 调整完毕后，选择右键菜单中的【对象模式】命令，即可完成曲线的修改，如图 3-14 所示。

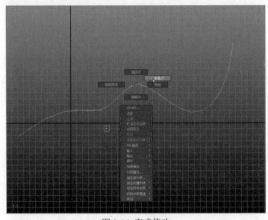

图 3-14 完成修改

在 Maya 2014 中，在创建曲线之前，需要根据特定的要求来设置工具参数，从而可以创建出不同形状的曲线。依次执行【创建】|【CV 曲线工具】命令，并单击右侧的■按钮，即可打开如图 3-15 所示的【工具设置】对话框。

图 3-15 【工具设置】对话框

▣ 曲线次数：该参数用于设置曲线的次数。曲线次数的参数值越高，曲线越平滑。通常，所创建的控制点数至少比曲线次数的数量多一个。

提示

如果要绘制直线，则需要选择【1 线性】单选按钮。

▣ 一致：选择【一致】单选按钮可以更简单地创建曲线 U 定位参数值。

▣ 弦长：选择【弦长】单选按钮可以更好地分配曲线的曲率，如果使用这样的曲线创建表面，其表面可以更好地显示纹理。

▣ 多端结：当启用该复选框时，曲线的末端编辑点也是节点，这样可以更加方便地控制末端区域。

3.2.2 创建 EP 曲线

创建 EP 曲线的方法与创建 CV 曲线的方法大致相同。在创建 EP 曲线时，只需要在视图区域中定义两个编辑顶点即可创建曲线。

动手实践——创建 EP 曲线

下面向大家讲解创建 EP 曲线的详细过程。

`01` 依次执行【创建】|【EP 曲线工具】命令，在视图中单击鼠标左键确定第一个顶点的位置，如图 3-16 所示。

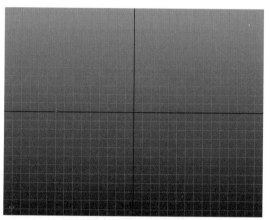

图 3-16 确定第一个顶点的位置

`02` 再单击鼠标左键定义第二个顶点，创建顶点时将会出现一个 X 字母的标志，如图 3-17 所示。

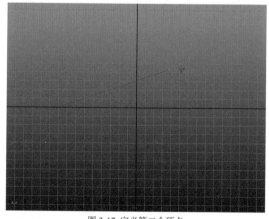

图 3-17 定义第二个顶点

`03` 再次单击鼠标左键即可创建更多的控点。如果要结束曲线的创建，则可以按 Enter 键确认操作，编辑好的 EP 曲线如图 3-18 所示。

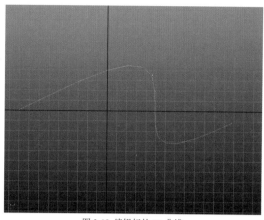

图 3-18 编辑好的 EP 曲线

3.2.3 创建任意曲线

绘制任意曲线的主要工具是【铅笔曲线工具】。该工具的使用与我们使用铅笔绘画的方式基本相同。在使用这个工具时，读者只需要在工作区域中按住鼠标左键进行绘制即可。

动手实践——创建任意曲线

`01` 依次执行【创建】|【铅笔曲线工具】命令，在视图中单击鼠标左键定义第一个顶点，然后拖动鼠标绘制曲线的形状，如图 3-19 所示。

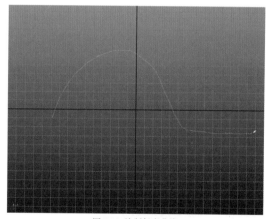

图 3-19 绘制任意曲线

`02` 绘制完成后松开鼠标左键即可完成曲线的绘制。

3.2.4 使用其他工具绘制曲线

在 Maya 2014 中除了上述的工具可以用来创建曲线外，还有两个工具可以用来绘制曲线，它们分别是【三点弧工具】和【两点弧工具】，本小节将向读者介绍它们的使用方法。

使用【三点弧工具】可以创建与正交视图垂直的圆弧，并且它们所创建出来的弧在摄像机视图或者透视图中始终位于地平面上。

在使用这两种工具绘制圆弧时，只需要依次执行【创建】|【圆弧工具】|【三点弧工具】命令或者【两点弧工具】命令，然后在视图中依次单击鼠标定义控点位置即可创建圆弧，图 3-20 所示是分别运用这两种工具绘制的圆弧。

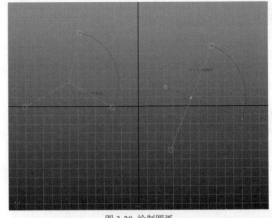

图 3-20 绘制圆弧

3.3　创建 NURBS 基本体

在 Maya 2014 中，关于曲面的创建有两种方法：一种是使用命令或者工具栏上的创建工具创建曲面基本体，也就是 NURBS 基本体；另一种方法是使用曲线来生成一些比较复杂的曲面。本节将介绍如何利用工具创建曲面基本体。

3.3.1　创建 NURBS 基本体

Maya 提供了其他用于建模的 NURBS 物体，基本元素是常用的几何形状。例如，球体、立方体、圆柱体、圆锥台和平面，如图 3-21 所示。

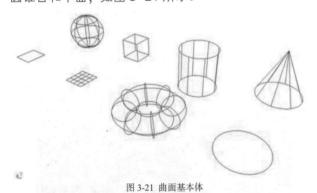

图 3-21 曲面基本体

动手实践——创建球体

对于曲面基本体而言，所有几何体的创建方法基本一致，下面以球体为例向大家介绍曲面基本体的创建方法。

01 依次执行【创建】|【NURBS 基本体】|【球体】右侧的 ■ 按钮，在打开的【工具设置】对话框中设置其参数，如图 3-22 所示。

02 设置完选项后在视图中单击鼠标左键，即可创建一个球体，如图 3-23 所示。

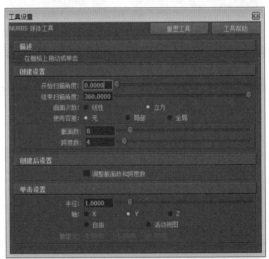

图 3-22 【工具设置】对话框

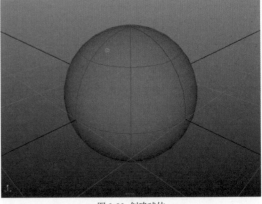

图 3-23 创建球体

如果直接使用默认设置创建 NURBS 曲面,可以直接选择菜单命令。例如直接选择【创建】|【NURBS 基本体】|【球体】命令创建球体。

下面介绍一些与曲面基本体相关的参数设置。

🔽 开始扫描角度:该选项主要用于设置球体的形成程度,我们把一个球体看做是一条曲线围绕轴心旋转 360°后的产物,那么修改该数值可以设置开始产生旋转的位置,默认为 0。图 3-24 所示是将该值设置为 50 的球体效果。

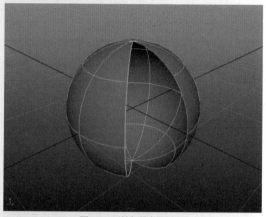

图 3-24 开始扫描角度设置

🔽 结束扫描角度:该选项主要控制球体的结束边,默认设置为 360°,图 3-25 所示是将其更改为 180°的球体效果。

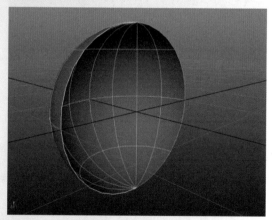

图 3-25 结束扫描角度设置

🔽 曲面次数:该选项用于设置球体表面的曲度,Maya 提供了两种基本的方式,即【线性】和【立方】,它们的效果如图 3-26 所示。

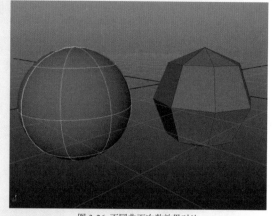

图 3-26 不同曲面次数效果对比

🔽 使用容差:该选项用于设置图形的精度。

🔽 截面数:该选项用于设置球体在纵向上曲线的数量。表面曲线用于显示球体的轮廓,表面的截面数越多看上去也越平滑。图 3-27 显示了两个球体,左边一个截面数为 8 而右边一个截面数为 16,观察它们的效果。

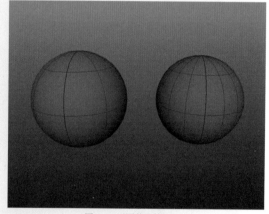

图 3-27 不同截面数的对比

🔽 跨度数:该选项用于设置球体表面在横向上曲线的数量,图 3-28 所示是不同横向线条数量所产生的不同球体效果。

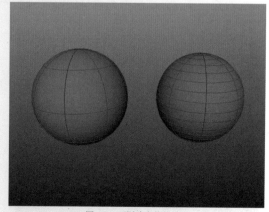

图 3-28 不同跨度数的对比

❥ 半径：该参数用于设置球体半径的大小，该数值越大，则球体就越大。

❥ 轴：通常轴心设置给物体，而基本元素建立在原点。如果要自己定义轴心，可以自己输入轴心的X、Y、Z值来确定轴心的位置。

❥ 轴定义：坐标轴用于定义一个物体在场景中的具体位置。读者可以通过选择X、Y、Z来确定物体的轴坐标。

3.3.2 其他 NURBS 基本体

上一节向大家讲解了 NURBS 基本体的创建方法和基本参数设置。除此之外，Maya 中还提供了 8 种 NURBS 物体。本节将详细进行介绍。

1. 立方体

立方体有 6 个面，每个面都是可选的，如图 3-29 所示。用户可以在视图中选择立方体的一个侧面，或在【大纲】窗口中选择它的名称。

图 3-29 立方体

2. 圆柱体

在 Maya 中，我们可以借助【圆柱体】工具创建两种类型的圆柱体，分别是带有封口的圆柱体和不带封口的圆柱体，如图 3-30 所示。

图 3-30 带封口与不带封口的圆柱体

3. 圆锥体

【圆锥体】工具可以创建出两种圆锥体，分别是带底面的圆锥体和不带底面的圆锥体，如图 3-31 所示。

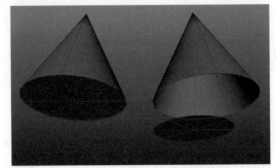

图 3-31 带底面与不带底面的圆锥体

4. 平面

利用【平面】工具可以在视图中绘制一个平面物体，平面物体是一种特殊的三维实体，它没有厚度，如图 3-32 所示。

图 3-32 NURBS 平面

5. 圆环

利用【圆环】工具可以创建出一个三维的圆环效果。

6. 圆和矩形面

【圆】和【矩形面】是两个二维图形绘制工具，它们创建出来的物体没有立体高度。

关于曲面基本体的知识就介绍到这里。在后面的内容中，我们将介绍关于 NURBS 建模的高级编辑功能。

3.3.3 NURBS 曲面子层级

NURBS 曲面比多边形模型更容易控制表面的精细程度，曲面由 CV 点、等参线、曲面点、曲面面片、壳线等元素组成，比曲线的组成更加复杂。这些组成元素被集成到了 NURBS 物体的右键菜单中，如图 3-33 所示。

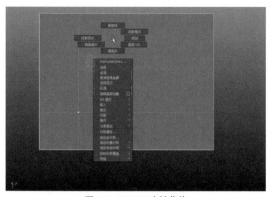

图 3-33 NURBS 右键菜单

下面向读者介绍这些子菜单的功能。

🔽 等参线：形成曲面物体的轮廓线。

🔽 控制顶点：曲面物体的控制点。

🔽 曲面面片：用于选择曲面的面，一个点代表一个面片，如图 3-34 所示。

图 3-34 曲面面片

🔽 曲面点：曲面点是两个不同方向的等参线相交的顶点，不能进行变换操作，如图 3-35 所示。

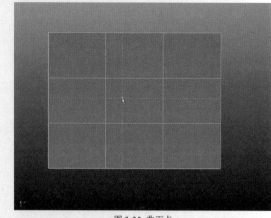

图 3-35 曲面点

🔽 对象 UV：选择该命令将显示出曲面物体的 UV 点。

🔽 壳线：和控制点功能相似，是组成曲面物体的控制线，但不能被编辑。

🔽 对象模式：选择该命令将退出物体的子层级，而返回到物体的对象模式。

3.4 编辑 NURBS 曲线 🔍

【编辑曲线】菜单提供了一些常用的 NURBS 编辑工具，通过使用这些工具可以有效地对曲线执行各种编辑。本节将向大家分别介绍这些命令的功能及其使用方法。

3.4.1 复制曲面曲线 ▷

【复制曲面曲线】命令可以在原 NURBS 物体上按原物体的外形产生一条曲线，还可以复制出物体的等位线、曲面曲线和边界线。

动手实践——复制曲面上的曲线

本案例将向大家讲解如何利用【复制曲面曲线】命令将已有 NURBS 模型上的曲线复制出来，并作为

单独的对象使用。

01 打开随书光盘"场景文件 \Chapter03\ 复制曲面曲线 .mb"文件，其是一个 NURBS 模型，如图 3-36 所示。

02 选择模型，选择右键菜单中的【等参线】命令，如图 3-37 所示。

03 在 NURBS 模型上选择如图 3-38 所示的等参线。

04 执行【编辑曲线】|【复制曲面曲线】命令，即可将选择的等参线复制出来，如图 3-39 所示。

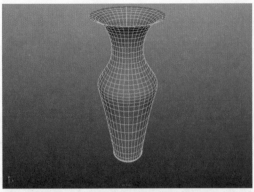

图 3-36 打开场景

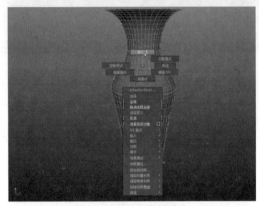

图 3-37 选择【等参线】命令

图 3-38 选择等参线

图 3-39 复制的曲线

3.4.2 附加曲线

【附加曲线】命令可以将 NURBS 曲线在端点处结合起来，从而形成一条新的曲线。该命令可以将多条曲线执行附加操作。

动手实践——附加曲线

本案例使用两条独立的 NURBS 曲线向大家讲解【附加曲线】命令的使用方法。

01 使用 NURBS 曲线工具在视图中创建两条独立的 NURBS 曲线，如图 3-40 所示。

图 3-40 创建曲线

02 在视图中选择一条曲线，然后按住 Shift 键再选择另外一条曲线，如图 3-41 所示。

图 3-41 选择曲线

03 执行【编辑曲线】|【附加曲线】命令，即可将曲线附加到一起，如图 3-42 所示。

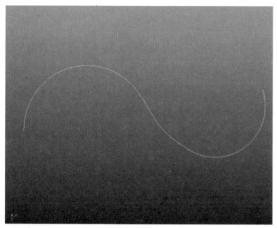

图 3-42 附加曲线

3.4.3 分离曲线

【分离曲线】命令可以将一条曲线分割为两条新曲线，并且每一条独立的线段都可以自由地进行编辑。

动手实践——分离曲线

本案例将通过一条曲线的分离操作来讲解【分离曲线】工具的使用方法。

`01` 打开随书光盘"场景文件 \Chapter03\ 分离曲线 .mb"文件，如图 3-43 所示。

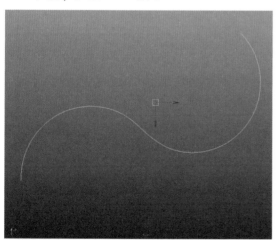

图 3-43 打开场景文件

`02` 选择右键菜单中的【编辑点】选项，并在视图中选择如图 3-44 所示的顶点。

`03` 执行【编辑曲线】|【分离曲线】命令，即可将曲线分离，如图 3-45 所示。

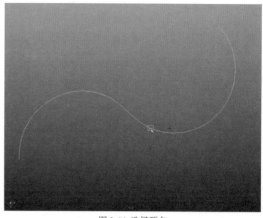

图 3-44 选择顶点

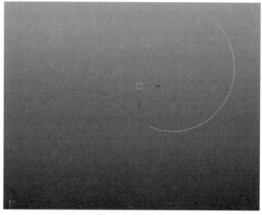

图 3-45 分离曲线

3.4.4 对齐曲线

【对齐曲线】命令可以对齐或连接两条曲线，效果如图 3-46 所示。此外，该命令仅仅是把曲线对齐，而不会将两条曲线合并。

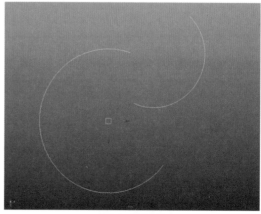

图 3-46 对齐曲线

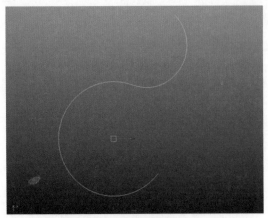

图 3-46 对齐曲线（续）

3.4.5 开放 / 闭合曲线

使用【开放 / 闭合曲线】命令可以打开或关闭曲线。实际上，该工具就是将曲线编辑为闭合的曲线或开放的曲线。

如果要打开或闭合某条曲线，则可以在视图中选中需要编辑的曲线，然后执行【编辑曲线】 |【打开 / 关闭曲线】命令即可，图 3-47 所示为【开放 / 闭合曲线选项】对话框。

图 3-47 【开放 / 闭合曲线选项】对话框

下面对该对话框中的属性参数进行介绍。

> 🔽 形状：该选项区域用于设置关闭曲线的方式，包括忽略、保留和混合 3 种模式。

> 🔽 混合偏移：用于控制闭合曲线的偏移值。只有在选择【混合】单选按钮后，才可以修改该参数值。

> 🔽 插入结：用于控制是否在关闭曲线部位添加节点。

> 🔽 插入参数：用于设置插入节点的数目。只有在启用【插入结】复选框后，才可以设置该参数。

> 🔽 保持原始：用于控制在对曲线进行关闭操作时是否保留原曲线。

3.4.6 移动接缝

【移动接缝】命令可以将封闭曲面的接缝转移到其他指定位置。

动手实践——移动接缝

本案例向大家介绍【移动接缝】工具的使用方法。

01 执行【创建】 |【NURBS 基本体】 |【圆形】命令，在视图中创建一个圆形 NURBS 物体，如图 3-48 所示。

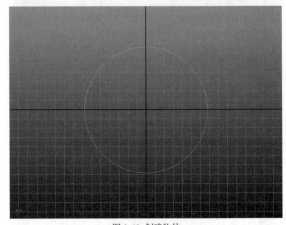

图 3-48 创建物体

02 选择右键菜单中的【控制点】命令，控制起始点位置，如图 3-49 所示。

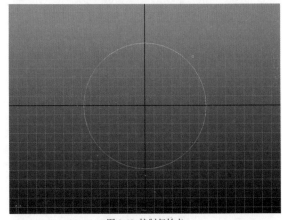

图 3-49 控制起始点

> **提示**
>
> 在 NURBS 模型中，绘制曲线时创建的第一个点以一个小方块标识，最后一个点为终点。

03 确认起始点处于选中状态。在该点上单击鼠标右键，选择右键菜单中的【曲线点】命令，并在曲线的另一侧单击鼠标左键，从而定义一个曲线点，如图 3-50 所示。

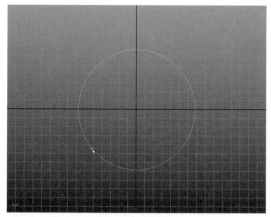

图 3-50 定义曲线点

04 执行【编辑曲线】 | 【移动接缝】命令，即可将 NURBS 曲线的起始点移动到指定位置，如图 3-51 所示。

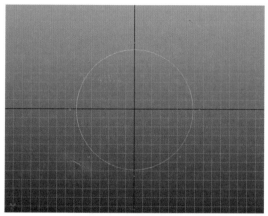

图 3-51 移动接缝效果

3.4.7 切割曲线

【切割曲线】命令可以在两条曲线交叉处进行切割，形成多段曲线，如图 3-52 所示。

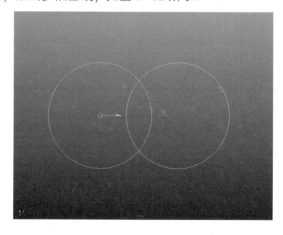

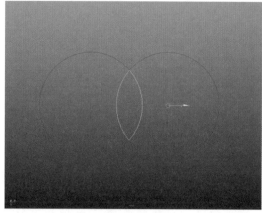

图 3-52 切割效果

3.4.8 曲线相交

【曲线相交】命令可以在两条或两条以上的曲线相交叉位置产生一个定位器，如图 3-53 所示。

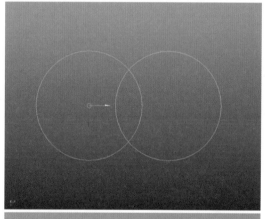

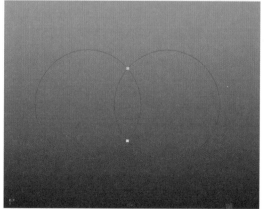

图 3-53 曲线相交效果

3.4.9 曲线圆角

【曲线圆角】命令可以为相交曲线在相交处进行倒角连接，效果如图 3-54 所示。

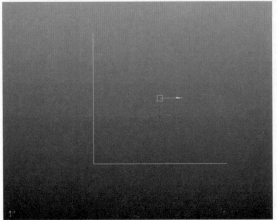

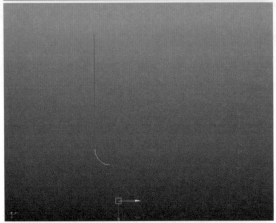

图 3-54 曲线圆角效果

动手实践——为曲线创建圆角

本案例以两条相交曲线为例，向大家讲解如何利用【曲线圆角】命令在两条相交曲线间创建圆角。

01 打开随书光盘"场景文件 \Chapter03\ 曲线圆角 .mb"文件，并选择两条相交的曲线，如图 3-55 所示。

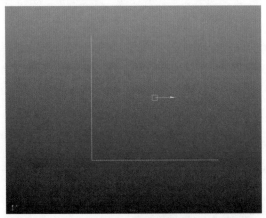

图 3-55 选择曲线

02 执行【编辑曲线】|【曲线圆角】命令，即可创建一个圆角，如图 3-56 所示。

图 3-56 创建圆角

3.4.10 插入结

【插入结】命令就是插入节点命令，在 Maya 2014 中被更名为"插入结"。该命令可以在曲线的任意位置上加入节点。

动手实践——在曲线上插入节点

本案例向大家讲解如何在已有的曲线上插入节点。

01 打开随书光盘"场景文件 \Chapter03\ 插入结 .mb"文件，并选择右键菜单中的【控制点】命令，观察此时的控制点分布情况，如图 3-57 所示。

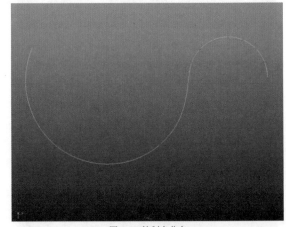

图 3-57 控制点分布

02 选择右键菜单中的【曲线点】命令，按住 Shift 键不放，并在曲线上单击鼠标左键，从而定义多个曲线点，如图 3-58 所示。

03 执行【编辑曲线】|【插入结】命令，即可在定义的曲线点处插入控制点，如图 3-59 所示。

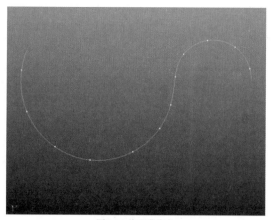

图 3-58 定义曲线点

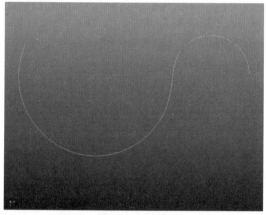

图 3-59 插入节点

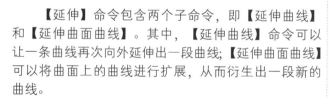

3.4.11 延伸

【延伸】命令包含两个子命令，即【延伸曲线】和【延伸曲面曲线】。其中，【延伸曲线】命令可以让一条曲线再次向外延伸出一段曲线；【延伸曲面曲线】可以将曲面上的曲线进行扩展，从而衍生出一段新的曲线。

3.4.12 偏移

【偏移】命令包含两个子命令，即【偏移曲线】和【偏移曲面曲线】。其中，【偏移曲线】命令可以将曲线复制并将复制出来的曲线进行偏移；【偏移曲面曲线】命令可以将曲面上的曲线复制，并将复制出来的曲线进行偏移。

3.4.13 反转曲线方向

【反转曲线方向】命令可以将曲线的起始点与终点相互转换，如图 3-60 所示。要反转曲线起始点与终点，在选择曲线后，执行【编辑曲线】|【反转曲线方向】命令即可。

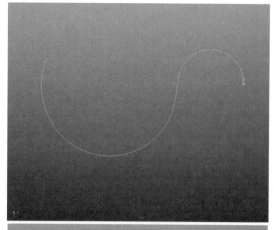

图 3-60 反转曲线效果

3.4.14 重建曲线

【重建曲线】命令用于对构建好的曲线上的点进行重新修正，即将曲线所有顶点进行重新分布，从而实现对曲线进行重建处理。图 3-61 所示为重建前后的效果对比。

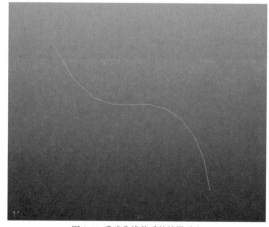

图 3-61 重建曲线前后的效果对比

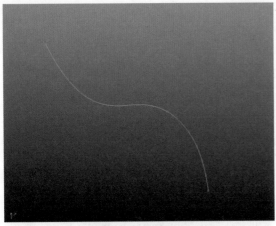

图 3-61 重建曲线前后的效果对比（续）

3.4.15 拟合 B 样条线

【拟合 B 样条曲线】命令能够根据维度数为 1 次的曲线创建出 3 次的曲线。

动手实践——拟合 B 样条线

本案例使用一条曲线向大家讲解【拟合 B 样条线】命令的使用方法。

01 使用 EP 曲线工具在视图中创建一条 NURBS 曲线，如图 3-62 所示。

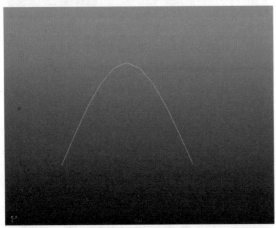

图 3-62 创建 NURBS 曲线

02 在视图中选择 NURBS 曲线，并单击【编辑曲线】|【拟合 B 样条线】命令右侧的 □ 按钮，打开其参数设置对话框。

03 在打开的对话框中选中【局部】单选按钮，将匹配曲线更改为局部方式，并将【位置容差】设置为 0.0100，如图 3-63 所示。

图 3-63 设置参数

04 设置完成后，单击【拟合 B 样条线】按钮即可完成操作，效果如图 3-64 所示。

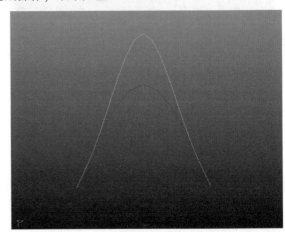

图 3-64 拟合 B 样条线

3.4.16 平滑曲线

【平滑曲线】命令可以对所选曲线进行光滑处理，如图 3-65 所示。

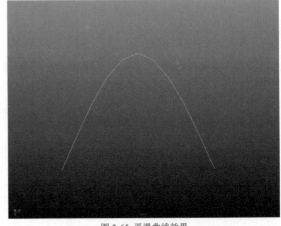

图 3-65 平滑曲线效果

图 3-65 平滑曲线效果（续）

3.4.17 CV 硬度

【CV 硬度】命令可以调整尖锐曲线与平滑曲线的可控点。

动手实践——硬化 CV 点

本案例向大家讲解使用【CV 硬度】命令调整曲线形状。

01 打开随书光盘"场景文件 \Chapter03\CV 硬度.mb"文件，如图 3-66 所示。

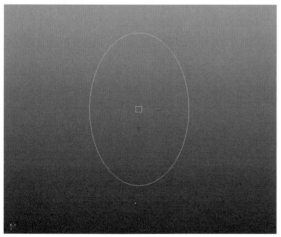

图 3-66 打开文件

02 选中曲线，选择右键菜单中的【控制顶点】命令，并选择图 3-67 所示的顶点。

03 执行【编辑曲线】|【CV 硬度】命令，即可调整曲线形状，如图 3-68 所示。

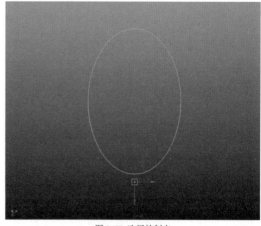

图 3-67 选择控制点

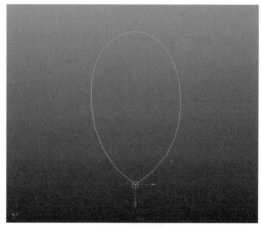

图 3-68 执行效果

3.4.18 添加点工具

【添加点工具】命令可以在曲线终点处添加可控点，从而可以在曲线的尾部添加新的曲线，且添加的部分与原曲线为一条曲线。

动手实践——在已有曲线上绘制曲线

本案例向大家讲解【添加点工具】命令在编辑曲线过程中的作用。

01 在场景中创建一条曲线，如图 3-69 所示。然后执行【编辑 NURBS】|【添加点工具】命令。

02 在视图中单击鼠标左键，即可创建新的控制点，如图 3-70 所示。

03 创建完成后，按键盘上的 Enter 键即可完成操作。

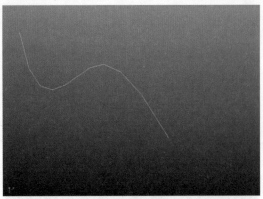

图 3-69 绘制曲线

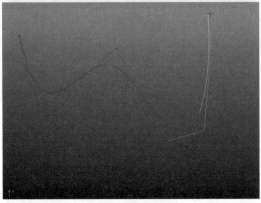

图 3-70 创建控制点

3.4.19 曲线编辑工具

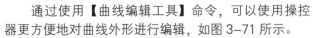

通过使用【曲线编辑工具】命令，可以使用操控器更方便地对曲线外形进行编辑，如图 3-71 所示。

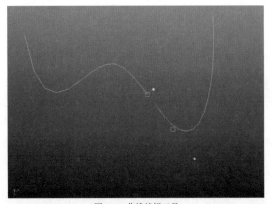

图 3-71 曲线编辑工具

3.4.20 投影切线

【投影切线】命令可以改变一条曲线端点的正切率，使其与另外两条相交曲线或一个曲面的正切率一致。曲线一端必须与两条曲线的交点或与曲面的一条边重合。图 3-72 所示是该工具的参数设置对话框，下面向大家讲解该对话框的参数功能。

图 3-72 参数设置对话框

> 📄 构建：该选项用于控制切线的构建方式。其中【切线】表示切线模式；【曲率】表示曲率模式。

> 📄 切线对齐方向：该选项用于设置对齐的不同切线方向。其中，U 表示依照曲面的 U 方向或选择相交曲线的第一条；V 表示依照曲面的 V 方向或选择相交曲线的第二条；【正常】表示对齐曲线的法线到曲面或相交曲线的垂线。

> 📄 反转方向：启用该复选框后，可以反转曲线切线的方向。

> 📄 切线比例：该选项用于设置切线的缩放比例。读者可以通过其右侧的文本框或滑块来设置其比例。

> 📄 切线旋转：该选项用于设置切线的旋转度数。读者可以通过其右侧的文本框或滑块来设置其比例。

3.5 创建 NURBS 曲面 🔍

在 Maya 中，NURBS 物体分为两部分，即 NURBS 曲线和 NURBS 曲面。在上文中已经向读者介绍了 NURBS 曲线的编辑方法，编辑 NURBS 曲线的最终目的也是为了形成曲面。本节向大家讲解 NURBS 曲线转换 NURBS 曲面的一些常用方法。

3.5.1 旋转

【旋转】工具可以利用一个二维图形，通过某个轴向进行旋转，可以产生一个三维几何体。使用这种建模方法可以制作一个苹果、茶杯、碗等具有轴对称特性的物体。如图 3-73 所示为该命令的参数设置对话框。

图 3-73 【旋转选项】对话框

下面介绍该对话框中各参数的功能。

⊡ 轴预设：该选项用来定义物体极点的轴向，不同的轴向，其旋转效果是不同的，如图 3-74 所示。

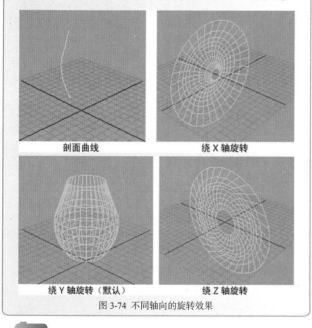

剖面曲线　　　　　　绕 X 轴旋转

绕 Y 轴旋转（默认）　　绕 Z 轴旋转

图 3-74 不同轴向的旋转效果

提示

如果将【轴预设】设定为"自由"，可以在轴 X、轴 Y 或轴 Z 框中输入值，以指定剖面曲线的旋转轴。

⊡ 枢轴：该选项用来定义所生成物体轴心点的位置。

⊡ 枢轴点：该选项用于精确设置轴心位置的参数值。

⊡ 曲面次数：用于定义表面曲度。如果选择【线性】，则曲面将由周围的平面构建；如果选择【立方】，则平滑剖面将由原始剖面曲线定义。不同的参数效果对比如图 3-75 所示。

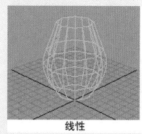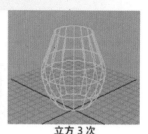

线性　　　　　　　　立方 3 次

图 3-75 曲面次数的效果对比

⊡ 开始扫描角度：该选项用来定义扫描的起始位置。

⊡ 结束扫描角度：该选项用于定义扫描的结束位置。

⊡ 使用容差：用于定义曲面的容差值，也可以理解为曲面物体的光滑程度。

⊡ 分段：该选项决定了创建旋转曲面使用的截面数量。对于 360° 扫描，6 个或 8 个截面通常已经足够。在图 3-76 中，左侧曲面显示了使用 8 个分段的旋转，右侧则包含 20 个分段。

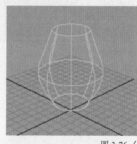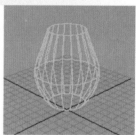

图 3-76 分段效果对比

⊡ 曲线范围：该选项定义原始曲线的有效范围，其中【完成】表示全部；【部分】表示局部。

⊡ 输出几何体：该选项用于控制输出物体的几何类型。

动手实践——用旋转创建大碗

本案例将通过一个碗模型的创建过程向大家讲解【旋转】命令的使用方法。

`01` 新建一个场景。利用 CV 曲线在视图中绘制一个碗的截面，如图 3-77 所示。

`02` 在视图中选中曲线，执行【曲面】|【旋转】命令，打开【旋转选项】对话框，并按照图 3-78 所示的参数进行设置。

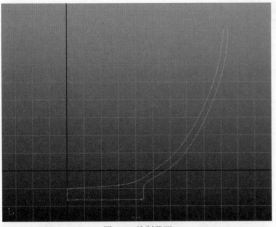

图 3-77 绘制截面

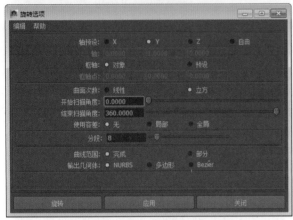

图 3-78 设置参数

 设置完毕后，单击【旋转】按钮，即可完成旋转，创建的模型如图 3-79 所示。

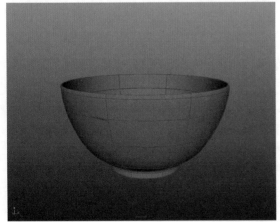

图 3-79 碗的效果

提示

利用该工具不仅可以创建出 NURBS 曲面，还可以创建出多边形曲面。读者只需要在【旋转选项】对话框中的【输出几何体】选项中选中【多边形】选项即可。

3.5.2 放样

【放样】工具可以使一个二维图形沿某条路径扫描，进而形成复杂的三维对象。通过在同一路径上的不同位置设置不同的剖面，可以利用放样操作来实现很多复杂模型的建模。在 Maya 2014 中，利用一系列曲线就可以放样出一个结构复杂的曲面，这些曲线可以是曲面上的曲线、曲面或等位线等。图 3-80 所示为【放样选项】对话框。

图 3-80 【放样选项】对话框

下面向读者讲解放样工具各参数的功能。

- 参数化: 用于设置所生成曲面在 V 方向上的参数。其中，【一致】将使用同一方式创建曲面; 而【弦长】则采用弦长的方式创建曲面。

- 自动反转: 在放样曲面时，如果轮廓线的方向发生反转。启用该复选框则可以使轮廓线自动进行反向匹配。

- 曲面次数: 用于设置曲面的弯曲精度。【线性】表示二次弯曲，【立方】表示三次弯曲。

- 截面跨度: 该参数用于设置两个轮廓线之间生成的曲面的段数，段数越多，生成曲面的精度越高。

- 曲线范围: 定义原始曲线的有效范围，其中【完成】表示全部; 【部分】表示局部。

- 输出几何体: 用于控制输出物体的几何类型。

动手实践——用放样创建花瓶

利用【放样】可以创建出具有多截面的规则物体，本节将利用一个花瓶的模型向大家讲解放样工具的使用方法。

 在场景中绘制一个圆，并复制一个副本，将其调整为如图 3-81 所示的形状。

图 3-81 调整截面

02 再复制出几个圆，并按照图 3-82 所示的位置摆放它们，从而形成一个花瓶的形状。

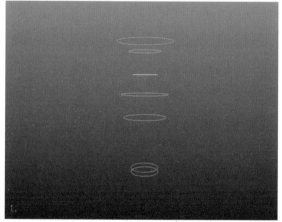

图 3-82 调整位置

03 按住 Shift 键不放，从底部至顶部依次选择这些圆，并执行【曲面】|【放样】命令，从而形成一个曲面，如图 3-83 所示。

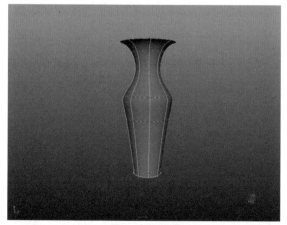

图 3-83 花瓶效果

这样就形成了一个花瓶的外观，但是此时的花瓶并不能直接使用，因为它仅仅是一个单面物体，还需要重新修改。

3.5.3 平面

【平面】命令可以对一条封闭的曲线或多条曲线进行修剪，从而产生平面。执行该命令时，曲线必须是由一条或多条曲线组成的封闭路径，并且路径必须在同一个平面内。执行的曲线可以是自由曲线，也可以是等位线、曲面曲线或剪切边界线等。图 3-84 所示为该工具的参数设置对话框。

图 3-84 【平面修剪曲面选项】对话框

下面向读者介绍一下该命令各参数的功能。

 次数：用于设置模型的度数。

 曲线范围：用于设置曲线的有效范围。

 输出几何体：用于改变输出几何体的不同类型。

动手实践——创建平面文本

下面将采用一个文本图形的案例向大家介绍【平面】命令的使用方法。

01 打开随书光盘"场景文件\Chapter03\平面.mb"文件，如图 3-85 所示。

图 3-85 打开文件

02 选择 M 字样，执行【曲面】|【平面】命令，即可将图形转换为三维 NURBS 曲面，如图 3-86 所示。

图 3-86 平面化效果

3.5.4 挤出

【挤出】命令可以将一条曲线沿着另一条路径曲线移动产生曲面。另外，自由曲线、曲面曲线、等位线和剪切边界线都可以使用该命令生成曲面。图 3-87 所示为该命令的参数设置对话框。

图 3-87 【挤出选项】对话框

下面向读者介绍【挤出选项】对话框中各参数的功能。

- 样式：该选项组用于设置挤出的样式。

- 结果位置：该选项用于设置挤出模型被定义在什么位置。

- 枢轴：该项只有在启用【管】选项后才能使用，主要用于调整挤出曲面的位置。

- 方向：定义挤出曲面的方向。

- 旋转：用于设置挤出的曲面是否可以产生旋转角度。

- 缩放：用于设置挤出的曲面是否可以被缩放。

- 曲线范围：用来控制轮廓曲线挤出的范围。

- 输出几何体：输出的几何体可以是 NURBS 曲面、多边形和 Bezier 曲面。

本案例将使用两个简单的图形创建一个软管的模型，详细制作过程如下。

01 在视图中绘制一个 NURBS 圆，并将其分段设置为 18，如图 3-88 所示。

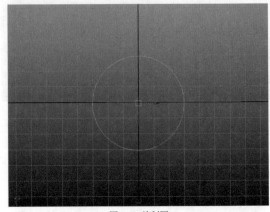

图 3-88 绘制圆

02 选择右键菜单中的【编辑点】命令，并选择如图 3-89 所示的顶点。

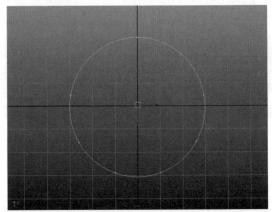

图 3-89 选择编辑点

03 使用缩放工具将选中的顶点向圆的内部进行缩放，效果如图 3-90 所示。

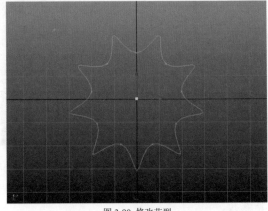

图 3-90 修改花型

04 然后，再使用曲线工具在视图中绘制一条如图 3-91 所示的曲线。

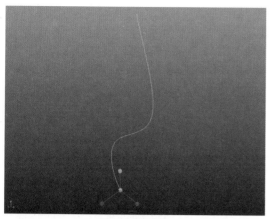

图 3-91 绘制曲线

05 在视图中选择花型截面，按住 Shift 键不放，再选择曲线。执行【曲面】|【挤出】命令，创建的效果如图 3-92 所示。

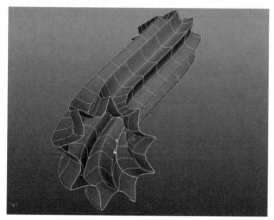

图 3-92 挤出效果

3.5.5 双轨成形

【双轨成形】命令可以将一条或多条轮廓线沿两条轨道曲线扫描创建出一个曲面。该命令提供了 3 个子工具，分别是单轨道工具、双轨道工具和多轨道工具。

动手实践——用双轨成形 1 工具创建窗帘

本案例利用【双轨成形 1】工具向大家讲解一个窗帘的制作过程。双轨成形 1 工具对曲线的绘制要求比较高，因此本节将从绘制曲线开始向大家讲解。

01 使用铅笔工具在视图中绘制如图 3-93 所示的一条曲线作为截面。

02 启用【捕捉到点】工具 ，然后在曲线的两侧绘制两条捕捉到截面端点的路径，如图 3-94 所示。

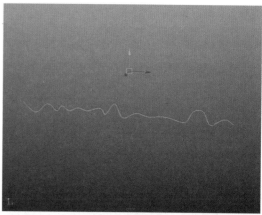

图 3-93 绘制曲线

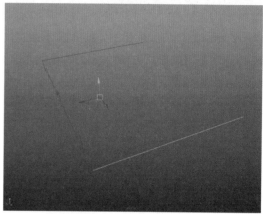

图 3-94 创建路径

03 在视图中选择截面，然后执行【曲面】|【双轨成形】|【双轨成形 1 工具】命令，并在视图中分别使用鼠标选择两条路径，即可完成创建，如图 3-95 所示。

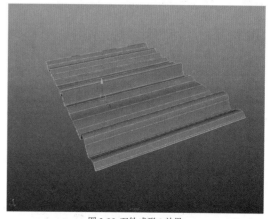

图 3-95 双轨成形 1 效果

动手实践——用双轨成形 2 工具创建曲面

本案例仍然要创建一个窗帘的模型，所不同的是这里将采用 4 条曲线来创建曲面。

01 打开随书光盘"场景文件 \Chapter03\ 双轨成

形 2.mb"文件，如图 3-96 所示。

图 3-96 打开场景文件

02 启用【捕捉到曲线】工具，使用曲线工具在视图中沿两段弧线的端点处创建两条曲线，如图 3-97 所示。

图 3-97 绘制曲线

03 在视图中选择刚绘制的两条曲线，执行【曲面】|【双轨成形】|【双轨成形 2】命令，并在视图中选择两条弧线，从而完成操作，如图 3-98 所示。

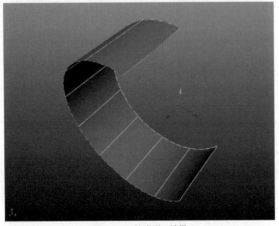

图 3-98 双轨成形 2 效果

动手实践——用双轨成形 3 工具创建曲面

本案例将使用【双轨成形 3】工具创建一个由多截面组成的、结构比较复杂一点的 NURBS 曲面。

01 打开随书光盘"场景文件 \Chapter03\ 双轨成形 3.mb"文件，如图 3-99 所示。

图 3-99 打开场景文件

提示

在这里需要读者特别留意观察 3 个截面与两条路径的关系，必须是截面与路径曲线相交。

02 执行【曲面】|【双轨成形】|【双轨成形 3】命令，并在视图中依次选择 3 个截面，如图 3-100 所示。

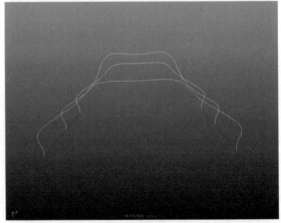

图 3-100 选择截面

03 选择完毕后按键盘上的 Enter 键确认选择完毕。然后，再在视图中选择两条路径曲线，如图 3-101 所示。

04 选择完毕后，系统即可生成一个曲面，如图 3-102 所示。

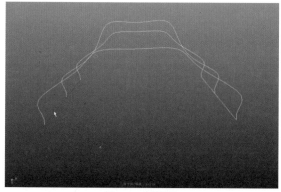

图 3-101 选择路径

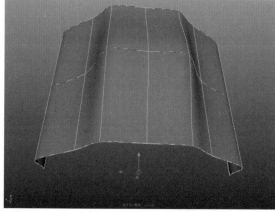

图 3-102 双轨成形 3 效果

技巧

　　【双轨成形】所提供的 3 个子工具对曲线的要求相当高，它们要求所绘制的截面的起始点和终点必须位于路径曲线上，否则将不会产生曲面。这一点十分重要，读者必须谨记。

3.5.6 边界

　　【边界】工具可以通过 3 条或 4 条边界线生成曲面，边界线不需要向围栏工具那样必须首尾相交，可以是不闭合的曲线或交叉曲线。但是，使用该工具时要注意曲线的选择顺序，选择顺序不同产生的曲面也就不同。图 3-103 所示是该工具的参数设置对话框。

图 3-103 边界选项

　　下面向读者介绍【边界选项】对话框中主要参数的功能。

　　◎ 曲线顺序：用于设置创建曲线时选择曲线的顺序。其中，【自动】将会使系统自动生成曲线顺序；【作为选定项】则根据不同的选择顺序产生不同的曲面。

　　◎ 公用端点：创建曲面前是否对端点进行匹配。其中，【可选】在曲线结束点不匹配时也可以产生曲面；【必需】则仅在曲线结束点完全匹配的情况下才能构建边界曲面。

　　◎ 结束点容差：可以更改结束点的【结束点容差】值，以设定其被视为重合时的接近程度。

　　关于【边界】工具的参数设置就介绍到这里，关于其他参数在其他工具中已经详细介绍过，这里不再赘述。在下文中遇到类似情况，将省略这些参数的讲解。

动手实践——边界成面

　　本案例采用一个飞机衔接件向大家讲解【边界】工具在实际应用过程中的作用。

　　01 打开随书光盘"场景文件 \Chapter03\ 边界 .mb"文件，如图 3-104 所示。

图 3-104 打开场景

　　02 按住 Shift 键不放，然后在视图中一次选择 4 条曲线，如图 3-105 所示。

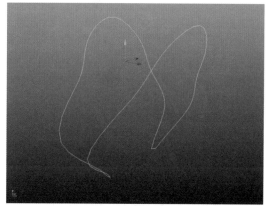

图 3-105 选择 4 条曲线

03 执行【曲面】｜【边界】命令，即可创建出一个曲面，如图 3-106 所示。

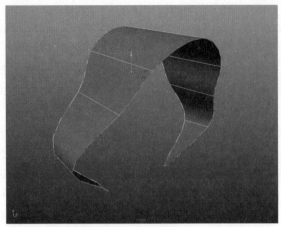

图 3-106 边界面

3.5.7 方形

【方形】命令可以将 3 条或 4 条首尾相接的曲线进行连接，从而产生一个曲面。该工具要求绘制的边界边必须相交，如果不相交则生成不了曲面。图 3-107 所示是该命令的参数设置对话框。

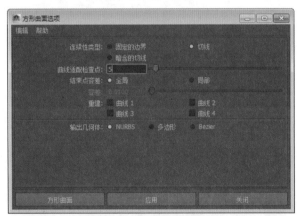

图 3-107 【方形曲面选项】对话框

下面向读者介绍该对话框中各参数的功能。

> ⬅ 连续性类型：该选项区域用于确定生成的曲面与周围相连的曲面的匹配程度。

> > ⬅ 固定的边界：【固定的边界】表示生成的曲面同周围相连的曲面不进行匹配操作。

> > ⬅ 切线：【切线】表示生成的曲面与周围进行切线匹配，该选项生成的面将会与周围的面进行光滑连接。

> > ⬅ 暗含的切线：【暗含的切线】使用相交曲线的法线来确定曲面与周围曲面的匹配方式。

> ⬅ 曲线适配检查点：该选项用于设置连续性的等位

线数量，值越大越光滑。

> ⬅ 结束点容差：该选项用于设置形成曲面的公差值。

> ⬅ 重建：在创建方形面时，如果希望边界曲线成为规则曲线，则可以启用曲线 1、曲线 2、曲线 3 或曲线 4 复选框。

3.5.8 倒角

【倒角】可以将一条曲线通过倒角拉伸生成一个曲面。图 3-108 所示是该命令的参数设置对话框。

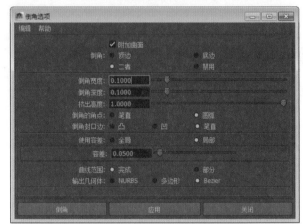

图 3-108 【倒角选项】对话框

下面向读者介绍该对话框中各参数的功能。

> ⬅ 附加曲面：启用该复选框后，生成的倒角曲面的各个部分将结合为一个整体。

> ⬅ 倒角：该选项区域用于设置创建倒角曲面的位置。

> > ⬅ 顶边：该选项用于生成顶侧倒角。

> > ⬅ 底边：该选项用于生成底侧倒角。

> > ⬅ 二者：该选项可以同时生成顶侧和底侧倒角。

> > ⬅ 禁用：选中该选项后，将不产生倒角。

> ⬅ 倒角宽度：【倒角宽度】值为指定从曲线或等参线前方查看的倒角的初始宽度。

> ⬅ 倒角深度：【倒角深度】值为设定曲面的倒角部分的初始深度。【倒角宽度】和【倒角深度】可组合设定倒角角度。

> ⬅ 挤出高度：【挤出高度】值为指定曲面挤出部分的高度，但不包括倒角的曲面区域。

> ⬅ 倒角的角点：【倒角的角点】选项可指定在倒角曲面中如何处理原始构建曲线中的角点，如图 3-109所示。如果曲线为 1 次或 2 次，则倒角的曲面为 3 次。

笔直
用线性角或直角创建的倒角。

圆弧
用圆角或圆弧角创建的倒角。

图 3-109 倒角角点对比

凹
用凹边创建的倒角。

笔直
用直边创建的倒角。

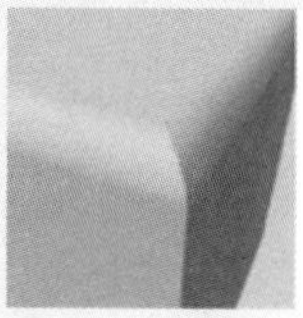

图 3-110 倒角的形状

↓ 倒角封口边:【倒角封口边】选项可设定曲面的倒角部分的形状,如图 3-110 所示。

凸
用凸边创建的倒角。

↓ 使用容差:【使用容差】选项允许用户创建原始输入曲线指定容差内的倒角。

3.5.9 倒角 +

【倒角 +】与【倒角】功能非常相似,区别在于【倒角 +】不仅可以挤出曲面和倒角面,还可以在倒角面处产生截面将曲面盖住,该工具非常适合制作文字模型。

3.6 编辑 NURBS 曲面

NURBS 曲面包含多个编辑元素,通过这些元素可以对 NURBS 曲面进行细节部分的调整。在曲面上单击鼠标右键,在弹出的快捷菜单中选择等参线、对象模式、控制顶点、壳、曲面面片、曲面 UV 和曲面点命令,即可进入相应的层级。

在 Maya 2014 中,编辑 NURBS 曲面的命令被整合在【编辑曲面】菜单中。本节将逐一向读者介绍这些工具的功能。

3.6.1 复制 NURBS 面片

【复制 NURBS 面片】可以将一个 NURBS 曲面进行复制,从而产生出一个与原曲面相同的曲面,如图 3-111 所示。

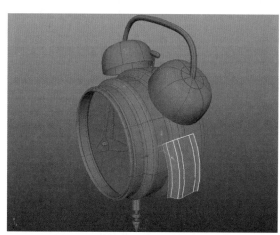

图 3-111 通过原曲面复制出来的 NURBS 面片

3.6.2 在曲面上投影曲线

【在曲面上投影曲线】命令可以将一条曲线投射到一个曲面上。

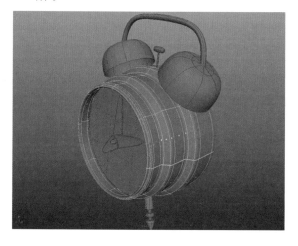

动手实践——投影曲线

本案例将利用一个 NURBS 的模型向大家介绍投影曲线的实现方法。在本案例中，将把一行文本投影到 NURBS 模型上。

01 打开随书光盘"场景文件 \Chapter03\ 投影曲线 .mb"文件，并在场景中创建 K 字样，如图 3-112 所示。

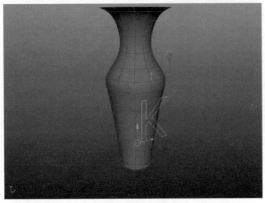

图 3-112 创建文本

02 确认文本处于选中状态，然后按住 Shift 键不放，再加选 NURBS 物体，如图 3-113 所示。

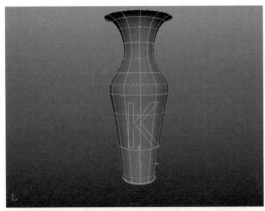

图 3-113 选中物体

03 执行【编辑 NURBS】|【在曲面上投影曲线】命令，即可将曲线投影到曲面上，如图 3-114 所示。

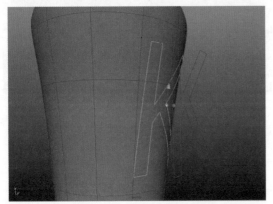

图 3-114 曲线投影效果

3.6.3 曲面相交

【曲面相交】可以在两个相交曲面的相交处产生曲线，然后可以配合剪切工具对相交的曲面进行剪切。

 动手实践——相交 NURBS 曲面

本案例使用两个相交的 NURBS 曲面向大家介绍【曲面相交】命令的功能。

01 使用 NURBS 圆柱体在场景中创建一个如图 3-115 所示的相交曲面。

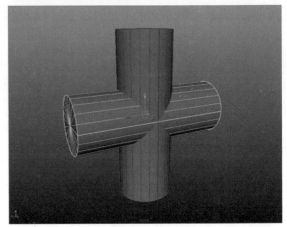

图 3-115 创建场景

02 在视图中依次选择两个 NURBS 圆柱体，执行【编辑 NURBS】|【曲面相交】命令，即可产生相交曲线，如图 3-116 所示。

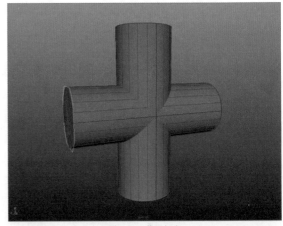

图 3-116 曲面相交

3.6.4 修剪工具

【剪切工具】命令可以裁剪两个已经相交的曲面，留下有用的部分。其效果如图 3-117 所示。

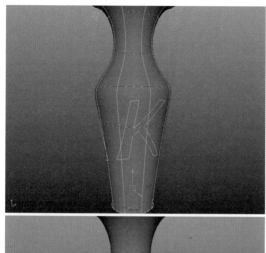

图 3-117 修剪效果

3.6.5 取消修剪曲面

使用【取消修剪曲面】命令可以将被剪切过的曲面还原到原始状态，如果曲面经过多次剪切，可以执行多次还原剪切面的操作。如果在剪切命令选项面板中启用了【收缩曲面】复选框，则剪切操作无法还原。

3.6.6 布尔运算

【布尔运算】可以将两个曲面物体或多个曲面物体进行计算，从而得到一个新的曲面。它分为 3 种基本形式，分别是合并运算、相交运算和相减运算，其分别对应 3 个子命令，即并集工具、差集工具和交集工具，现对其分别介绍如下。

1. 并集工具

【并集工具】可以将两个相交的 NURBS 曲面通过布尔运算合并起来，形成一个曲面物体，如图 3-118 所示。

图 3-118 并集效果

2. 差集工具

【差集工具】可以在相交的两个物体之间执行减运算，即被减物体减去物体，从而形成一个曲面，如图 3-119 所示。

图 3-119 差集效果

3. 交集工具

【交集工具】可以将两个物体的相交部分单独取出来，作为一个几何体，并将不相交的部分删除，如图 3-120 所示。

图 3-120 交集效果

3.6.7 附加曲面

【附加曲面】工具可以将两个单独的曲面连接在一起，形成一个单一的曲面。创建的曲面将被合并为一个曲面，并且能够创建出较为平滑的连接。

图 3-121 所示为【附加曲面】命令的参数设置对话框，关于其中的参数介绍如下。

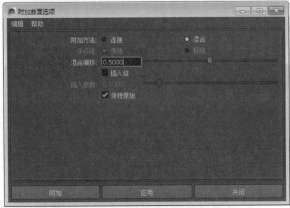

图 3-121 【附加曲面选项】对话框

 附加方法：选择附加的方法。其中，【连接】用于连接选择面，它不做任何变形处理；【混合】将对曲面进行一定的变形，从而使两个曲面的连接连续光滑。

 多点结：【保持】用于在两个曲面的连接处保留原来的节点不变，并合并原来的两个节点；【移除】则可以在连接处删除原来的节点，并重新创建两个节点。

 混合偏移：调整该参数，可以改变连接面的连续性。该参数只有在选择了 Blend 连接模式下才能被使用。

 插入结：如果启用该复选框，则可以在连接区域附近插入两条等位线。该复选框只有在选择了混合连接方式后才可用，其效果如图 3-122 所示。

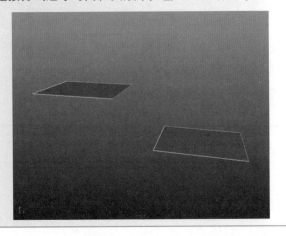

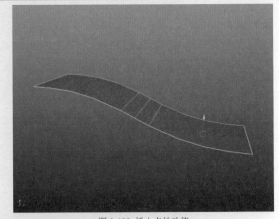

图 3-122 插入点的功能

 插入参数：该选项可以用来调整插入的等位线的位置。参数值越接近 0，则插入的结构线相距越近，混合形状越接近原来连接曲面的曲率。

动手实践——附加曲面

本案例将使用两个独立的平面向大家讲解如何使用【附加曲面】命令将其附加为一个物体。

01 需要在视图中创建两个相互独立的曲面对象，如图 3-123 所示。

图 3-123 创建 NURBS 平面

02 在任意一个曲面上单击鼠标右键，从打开的标记菜单中选择【等参线】命令，如图 3-124 所示。

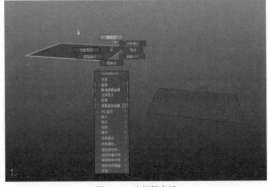

图 3-124 选择等参线

03 按住 Shift 键在视图中选择另一个曲面上相对应的等位线，如图 3-125 所示。

图 3-125 选择等位线

04 依次执行【编辑 NURBS】|【附加曲面】命令，即可形成一个连接曲面，如图 3-126 所示。

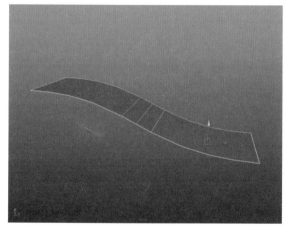

图 3-126 附加效果

3.6.8 附加而不移动

【附加而不移动】命令可以对曲面物体的等参线进行连接，在连接时曲面物体不产生任何移动。

3.6.9 分离曲面

【分离曲面】可以将一个曲面分离为多个曲面，如图 3-127 所示。其操作方法与【分离曲线】相同，这里不再详细介绍。

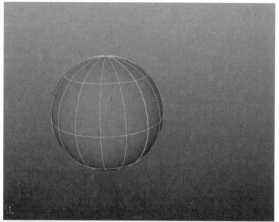

图 3-127 分离曲面效果

3.6.10 对齐曲面

【对齐曲面】命令可以将两个曲面沿指定的边界位置对接，并在对齐处保持曲面之间的连续性，从而形成无缝对齐的效果。该命令可以直接将两个曲面对齐，也可以对齐边界。

3.6.11 开放 / 闭合曲面

【开放 / 封闭曲面】命令可以开放或封闭曲面上的 U/V 向。对开放的曲面执行该命令会将曲线封闭；对封闭的曲面执行该命令会在起点处将曲线开放。

动手实践——开放 / 闭合曲面

在前面的学习中，我们曾经介绍过如何将曲线变换为封闭曲线或者开放曲线。本节向大家讲解如何把一个曲面设置为开放曲面或者一个封闭的曲面，详细的操作方法如下。

01 选择视图中已经存在的曲面,如图3-128所示。

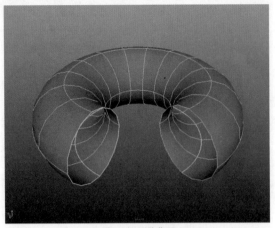

图 3-128 开放曲面

02 在视图中选择创建的曲面造型,依次执行【编辑 NURBS】│【打开 / 关闭曲面】命令将其转换为闭合曲面,如图 3-129 所示。

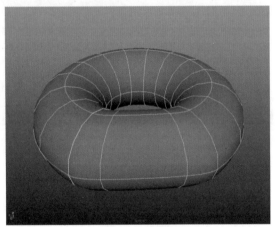

图 3-129 闭合曲面

如果是一个封闭的曲面,我们利用该工具同样可以将其转变为开放的曲面,操作方法和上述方法相同。

3.6.12 插入等参线

【插入等参线】命令可以在已选定的等参线的一侧创建一条等参线。通过使用该命令可以使用鼠标自由定位等参线的位置。

动手实践——在 NURBS 模型上插入等参线

01 在场景中创建一个 NURBS 锥体物体,以便于使用它来作为操作对象,如图 3-130 所示。

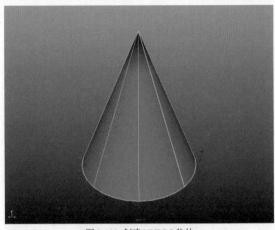

图 3-130 创建 NURBS 物体

02 在物体上单击鼠标右键,从打开的标记菜单中选择【等参线】命令,如图 3-131 所示。

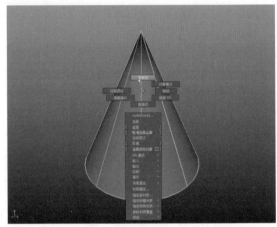

图 3-131 切换到等参线模式

03 在视图中选择如图 3-132 所示的等参线。

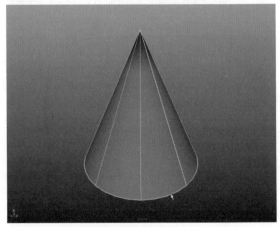

图 3-132 选择等参线

04 在视图中按住鼠标左键不放,向上移动鼠标指针,即可创建一条虚拟的曲线,如图 3-133 所示。

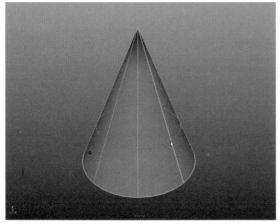

图 3-133 定义等参线位置

[05] 依次执行【编辑NURBS】|【插入等参线】命令，从而形成一条等位线，如图 3-134 所示。

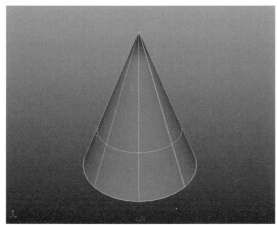

图 3-134 插入等参线

3.6.13 延伸曲面

延伸曲面与延伸曲线十分相似，延伸曲面可以将当前曲面延伸一个跨度、多个跨度或者分段数。关于延伸曲面的操作和上述的方法一样，首先选择一个用于延伸的等位线，然后依次执行【编辑 NURBS】|【延伸曲面】命令即可。

3.6.14 偏移曲面

使用【偏移曲面】命令可以在原有曲面的基础上产生一个新的曲面，该曲面沿着父曲面法线与指定的原始距离进行偏移，也就是说沿特定的距离复制出一个被缩小或者被放大的曲面，如图 3-135 所示。

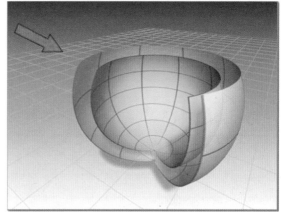

图 3-135 偏移曲面

动手实践——偏移曲面

下面使用一个小案例向大家讲解【偏移曲面】命令的使用方法以及其主要参数的功能。

[01] 在视图中选择一个要偏移的曲面，如图 3-136 所示。

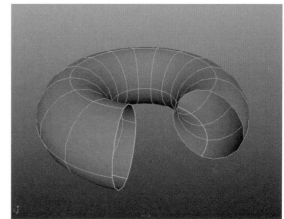

图 3-136 选中要偏移的曲面

[02] 执行【编辑 NURBS】|【偏移曲面】命令，图 3-137 所示是创建偏移曲面后的效果。

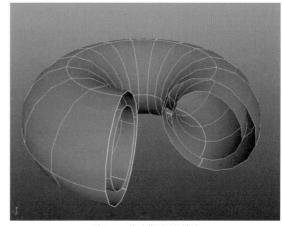

图 3-137 偏移曲面后的效果

上述的操作是采用系统默认的参数进行偏移操作的，如果选择【延伸曲面】命令右侧的小方块按钮，还可以打开其参数设置对话框调整它的参数设置，如图 3-138 所示。

图 3-138 【偏移曲面选项】对话框

> 方法：偏移曲面提供了两种基本的偏移方法，分别是曲面匹配和控制点匹配。其中【曲面拟合】可以使偏移曲面和原曲面的曲率保持一致；【CV 拟合】可以使偏移曲面保持 CV 沿其法线方向的位置偏移。

> 偏移距离：【偏移距离】可以用来设定偏移曲面相对于原始曲面的偏移距离。该参数可以为正值也可以为负值，正负值主要用来确定偏移的方向。

3.6.15 重建曲面

【重建曲面】命令用来重建曲面，通过重建曲面可以改变曲面的度数、CV 点数量、U/V 向上的段数以及参数范围。使用该命令前后的模型效果对比如图 3-139 所示。

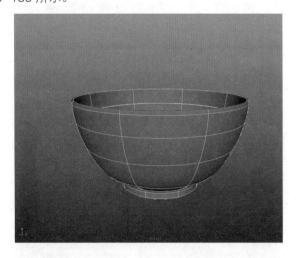

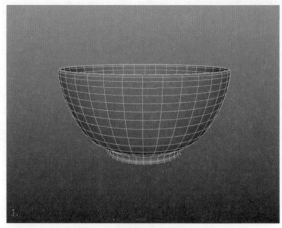

图 3-139 重建曲面前后效果对比

3.6.16 圆化工具

【圆化工具】命令可以将两个或两个以上的曲面在共享角与共享边处进行圆角处理。图 3-140 所示为该命令的参数设置对话框。

图 3-140 【工具设置】对话框

下面向读者介绍该命令参数的功能。

> 半径：指定选择边时所使用的圆角半径。

> 容差值：该选项用于设置圆角的容差。其中，【使用首选项】表示使用【首选项】对话框【设置】选项卡中的【位置】参数来定义容差；【覆盖】可以输入一个新值来覆盖【使用首选项】所定义的值。

> 位置：该选项用来指定圆角的放置位置。

3.6.17 曲面圆角

【曲面圆角】可以将两个曲面在交叉处产生圆角。该命令包含 3 个子命令，即圆形圆角、自由形式圆角和圆角混合命令。下面向读者介绍这 3 种混合方式的功能。

1. 圆形圆角

【圆形圆角】命令可以在两个曲面交叉处产生圆形倒角，执行该命令前后的效果对比如图 3-141 所示。

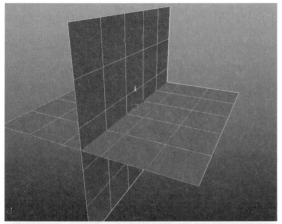

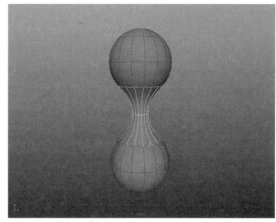

图 3-142 使用自由形式圆角的效果

3. 圆角混合

【圆角混合】命令可以混合两个边界，并创建出连接的圆角曲面，使用该工具可以创建一个曲面来产生两个曲面之间的平滑过渡等，如图 3-143 所示。

图 3-141 使用圆形圆角的效果

2. 自由形式圆角

【自由形式圆角】命令可以将两个曲面进行连接，然后在连接处产生自由圆角，如图 3-142 所示。

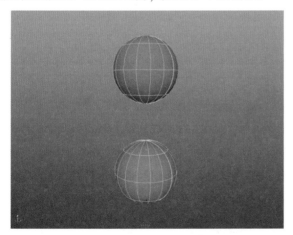

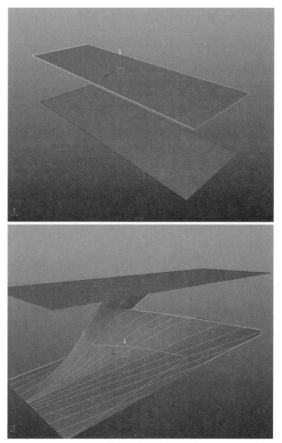

图 3-143 使用圆角混合的效果

3.6.18 缝合

【缝合】可以将两个曲面上的点、线缝合到一起。该命令包含 3 个子命令，即缝合曲面点、缝合边工具和全局缝合等。

动手实践——缝合曲面点

在 Maya 中，可以通过两个曲面点来缝合两个曲面。曲面点有多种类型，包括编辑点、控制点和曲面边界线上的点等，其操作方法如下。

01 在视图中选择两个需要缝合的曲面，单击鼠标右键，从打开的菜单中选择【曲面点】命令，选择两个控制点，如图 3-144 所示。

图 3-144 选择曲面点

提示

在选择曲面点时，可以在一个物体上显示出控制点以后，按住 Shift 键不放选择另外一个 NURBS 物体。然后，松开 Shift 键，再选择右键菜单中的【控制点】命令，此时可以同时进入两个物体的控制点编辑层级。

02 执行【编辑 NURBS】|【缝合】|【缝合曲面点】命令，即可将选择的顶点缝合，如图 3-145 所示。

图 3-145 缝合效果

动手实践——缝合曲面边

【缝合边工具】可以将两个曲面的等参线进行缝合，具体的操作方法如下。

01 打开随书光盘"场景文件 \Chapter03\ 缝合曲面边 .mb"文件，这是一个由 4 个曲面组成的简单场景，如图 3-146 所示。

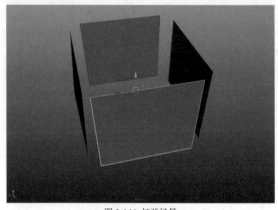

图 3-146 打开场景

02 执行【编辑 NURBS】|【缝合】|【缝合边工具】命令，在视图中选择如图 3-147 所示的边。

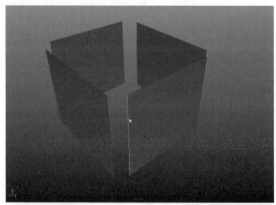

图 3-147 选择边

03 然后，再选择如图 3-148 所示的边，按键盘上的 Enter 键即可完成缝合。

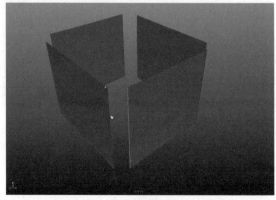

图 3-148 选择边

04 缝合完成后，将在缝合边的上部和下部出现两个控制柄，通过调整该控制柄，即可调整缝合的部位以及缝合边的长度，如图 3-149 所示。

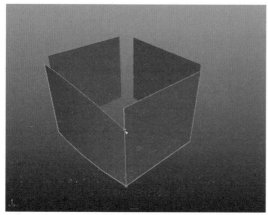

图 3-149 调整缝合边

05 使用相同的方法将所有的曲面全部缝合，从而完成操作。

动手实践——全局缝合曲面

【全局缝合】可以将多个曲面物体进行缝合，其功能类似于上面两个工具的结合体。

01 打开随书光盘"场景文件 \Chapter03\ 全局缝合 .mb"文件，如图 3-150 所示。这是一个由 3 个 NURBS 曲面组成的物体，各个面之间都是相互独立的。

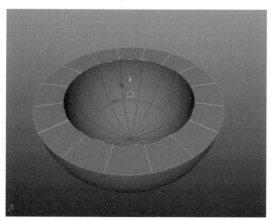

图 3-150 打开文件

02 框选场景中的所有曲面，如图 3-151 所示。

03 执行【编辑 NURBS】|【缝合】|【全局缝合】命令，从而将所有面缝合到一起，如图 3-152 所示。

04 曲面缝合到一起后，可以通过拖动观察其效果，如图 3-153 所示。

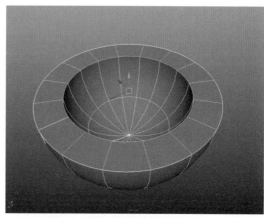

图 3-151 框选所有曲面

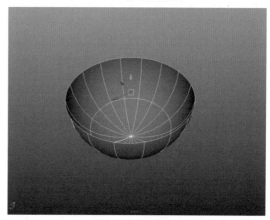

图 3-152 全局缝合

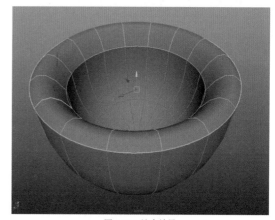

图 3-153 缝合效果

3.6.19 雕刻几何体工具

在 Maya 中，【雕刻几何体工具】专门用于几何体的雕刻，它可以应用于 NURBS、多边形和细分模型。该工具可以对 NURBS 曲面的 CV 点执行推、拉、平滑等移动操作。雕刻工具提供了多种操作方式对曲面进行雕刻操作，它们分别是推动、拉动、平滑、松弛、收缩、滑动和擦除等。

动手实践——雕刻波浪纹

本案例将使用【雕刻几何体工具】在平面上绘制波浪纹，具体的操作方法如下。

01 在场景中创建一个 NURBS 平面，并调整一下平面的细分数量，如图 3-154 所示。

图 3-154 创建 NURBS 平面

02 执行【编辑 NURBS】|【雕刻几何体工具】命令，设置雕刻工具的方式、笔刷大小和绘制强度等，如图 3-155 所示。

图 3-155 调整笔刷

03 在 NURBS 平面上按住鼠标左键拖动鼠标，即可雕刻物体，如图 3-156 所示。

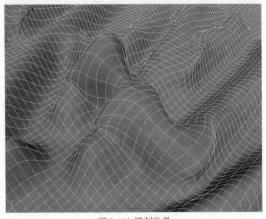

图 3-156 雕刻效果

图 3-157 所示是该工具参数设置对话框，下面向读者简单介绍这些参数的功能。

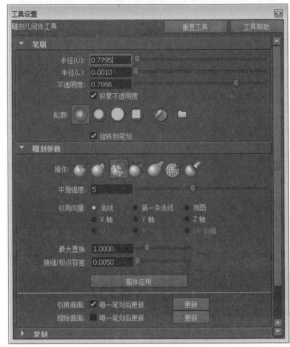

图 3-157 【工具设置】对话框

* 半径（U）：该选项用于设置笔刷半径的大小。

* 半径（L）：该选项用于设置笔刷半径的最小半径下限。

* 不透明度：用于控制笔刷强度的比率。

* 轮廓：该选项用于选择各种笔刷的图案，产生不同的图案效果。

* 操作：该选项用于控制笔刷的多种操作方式，其分别为推动、拉动、平滑、松弛和擦除等。

* 平滑强度：在雕刻的同时对曲面上的笔触进行平滑处理，每执行一步雕刻都会自动平滑。

* 引用向量：用于控制模型在雕刻时的拖拉方向。

* 最大置换：设置推拉操作的最大高度，在视图中标志的箭头长度显示了最大位移的大小，它和不透明度共同决定了雕刻的强度。

3.7 综合练习——闹钟

本章向大家讲解了 NURBS 物体的创建与编辑方法。本节将利用一个闹钟的创建过程向大家介绍如何利用这些 NURBS 工具为自己的创作提供方法。

01 打开 Maya，进入顶视图，利用 CV 曲线工具在视图中创建一条 CV 曲线，如图 3-158 所示。

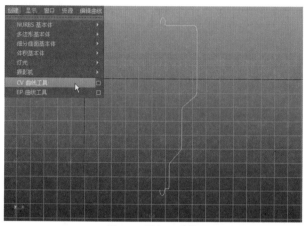

图 3-158 创建 CV 曲线

02 按下组合键 D+X，在视图中移动坐标轴，将曲线的枢轴中心吸附到网格中心，如图 3-159 所示。

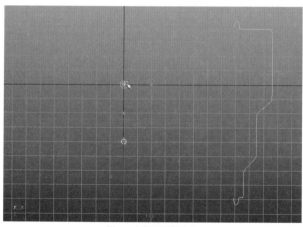

图 3-159 调整枢轴中心

03 选择如图 3-160 所示的曲线，执行【修改】|【冻结变换】命令，执行该命令对其进行冻结。

04 执行【曲面】|【旋转】命令，并按照图 3-161 所示设置修改其参数。

05 选择曲线，执行【曲面】|【旋转】命令，对曲线进行 Z 轴的旋转扫描，生成如图 3-162 所示的模型。

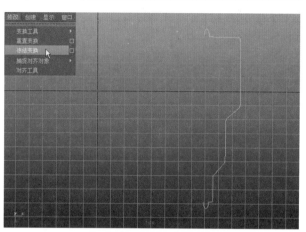

图 3-160 冻结曲线

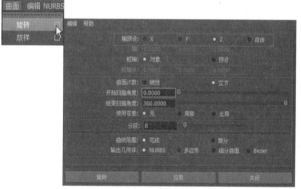

图 3-161 设置参数

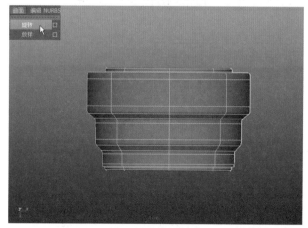

图 3-162 旋转生成模型

06 选择模型，打开【属性编辑器】并切换到 revolvedSurfaceShape1 选项卡，展开【NURBS 曲面显示】卷展栏，将【曲线精度着色】修改为 50，如图 3-163 所示。

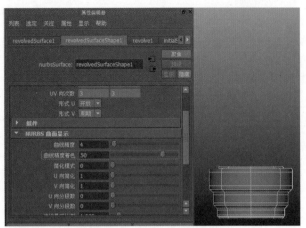

图 3-163 修改着色精度

07 执行【创建】|【CV 曲线工具】命令，并在视图中创建如图 3-164 所示的曲线。

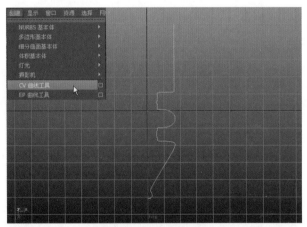

图 3-164 绘制曲线

08 执行【曲面】|【旋转】命令，使其进行 Z 轴的扫描，生成如图 3-165 所示的模型。

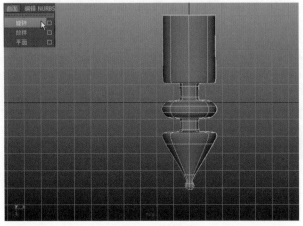

图 3-165 旋转效果

09 确认模型处于选中状态。利用移动、旋转和缩放工具将其调整到适当位置，并调整其角度及大小，如图 3-166 所示。

图 3-166 调整模型

10 执行【修改】|【冻结变换】命令，对模型进行冻结，如图 3-167 所示。

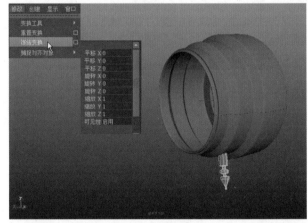

图 3-167 冻结模型

11 按组合键 Ctrl+D 对模型进行复制，并沿 X 轴移动和缩放模型，如图 3-168 所示。

图 3-168 调整并移动模型

12 进入前视图，执行【创建】|【CV 曲线工具】命令，在视图中创建如图 3-169 所示的曲线。

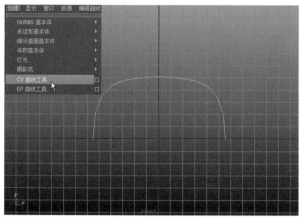

图 3-169 绘制曲线

13 选择曲线，执行【曲面】|【旋转】命令，并按照图 3-170 所示的参数修改旋转设置。设置完成后，单击【应用】按钮生成模型。

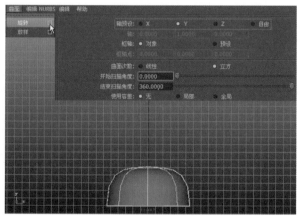

图 3-170 旋转效果

14 打开属性编辑器，切换到 revolvedSurfaceShape4 选项卡，展开【NURBS 曲面显示】卷展栏并将【曲线精度着色】设置为 50，使模型更加圆滑，如图 3-171 所示。

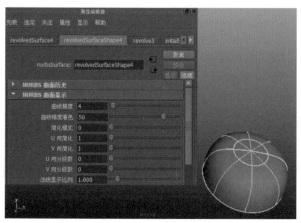

图 3-171 设置精度参数

15 选择模型，将其进行移动、旋转、缩放到合适的形状及位置，如图 3-172 所示。

图 3-172 调整位置

16 选择模型，执行【修改】|【冻结变换】命令将模型冻结，如图 3-173 所示。

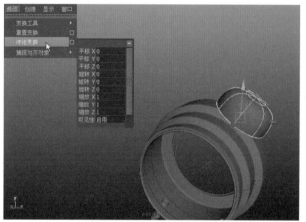

图 3-173 冻结模型

17 选择模型，复制出同样的模型，再对其进行移动、旋转到合适的位置，参数设置如图 3-174 所示。

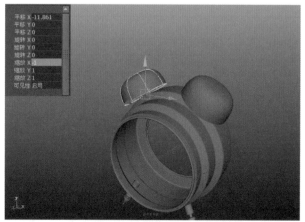

图 3-174 调整副本位置

18 进入前视图，执行【创建】|【CV 曲线工具】命令在视图中创建一条如图 3-175 所示的曲线。

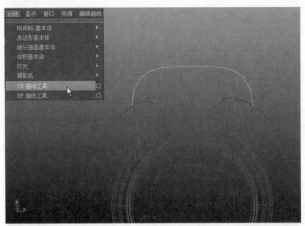

图 3-175 创建 NURBS 曲线

19 进入顶视图，在工具栏上切换到【曲线】选项卡，选择【NURBS 圆形】，在视图中创建如图 3-176 所示的圆形曲线。

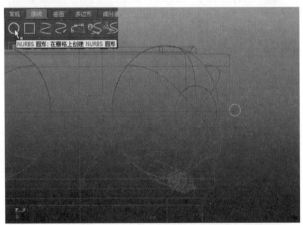

图 3-176 绘制圆形曲线

20 进入透视图，按住 C 键和鼠标中键沿曲线滑动，使其吸附到曲线一端，如图 3-177 所示。

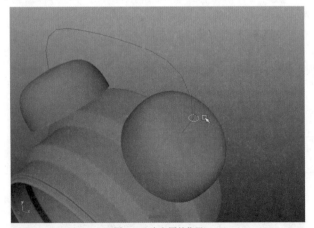

图 3-177 定义圆的位置

21 在视图中先选择圆形 NURBS 曲线，按住 Shift 键再选择曲线，如图 3-178 所示。

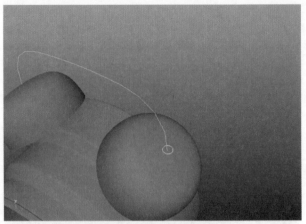

图 3-178 选择 NURBS 曲线

22 执行【曲面】|【挤出】命令，执行该命令生成一个管状模型，如图 3-179 所示。

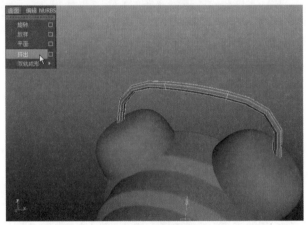

图 3-179 创建挤出效果

23 选择挤出模型，打开属性编辑器，切换到 extrudedSurfaceShape1 选项卡，展开【NURBS 曲面显示】卷展栏，将【曲线精度着色】设置为 50，使模型更加圆滑，如图 3-180 所示。

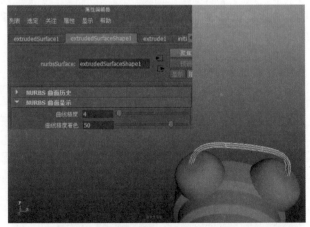

图 3-180 圆滑模型

24 在视图中创建如图 3-181 所示的圆形曲线。

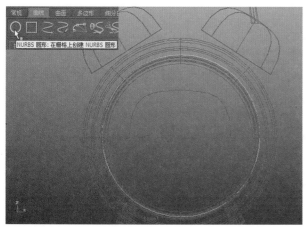

图 3-181 绘制圆形曲线

25 选择圆形曲线，执行【曲面】|【平面】命令，使其生成一个圆形平面，如图 3-182 所示。

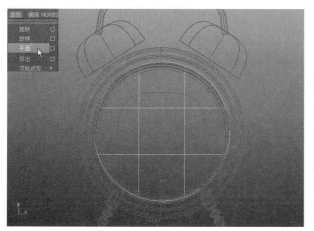

图 3-182 平面化

26 进入透视图，选择如图 3-183 所示的平面。

图 3-183 选择平面

27 移动圆形平面到合适的位置，执行【冻结变换】命令将其冻结，如图 3-184 所示。

图 3-184 冻结模型

28 选择平面，复制出同样的平面，移动到合适的位置并将其冻结，如图 3-185 所示。

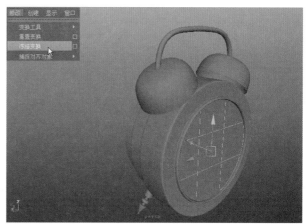

图 3-185 冻结副本

29 进入前视图，在视图中创建如图 3-186 所示的圆形曲线。

图 3-186 创建圆形曲线

30 选择圆形曲线，进入【控制顶点】模式，并将圆形曲线调整为如图 3-187 所示的形状。

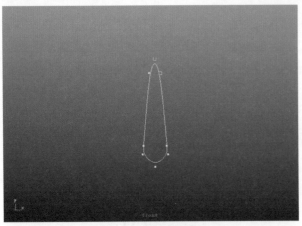

图 3-187 调整曲线的形状

图 3-190 冻结模型

31 选择曲线，执行【曲面】|【倒角 +】命令，使其生成一个模型，如图 3-188 所示。

34 进入前视图，移动模型的中心（枢轴）到合适的位置，如图 3-191 所示。

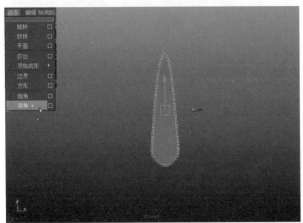

图 3-188 执行倒角

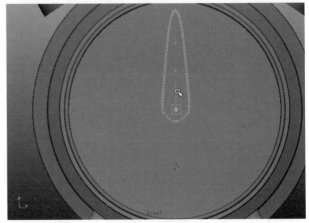

图 3-191 调整轴心

32 选择模型，调整其厚度，如图 3-189 所示。

35 选择上述模型，复制出两个副本，并进行旋转、缩放到合适的大小及摆放的位置，如图 3-192 所示。

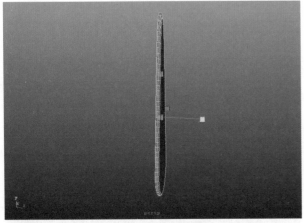

图 3-189 调整厚度

图 3-192 调整副本位置

33 将其移动到合适的位置，将其冻结，如图 3-190 所示。

36 移动模型的 Z 轴，使 3 个指针模型不重叠在一起，如图 3-193 所示。

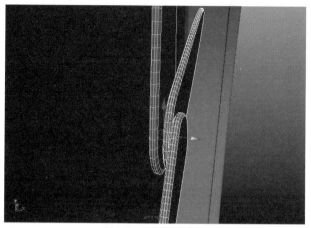

图 3-193 调整指针的位置

37 进入前视图，使用【CV 曲线工具】创建出一条曲线，按住键盘上的 D 和 C 键，将曲线中心"枢轴"移动到合适的位置，如图 3-194 所示。

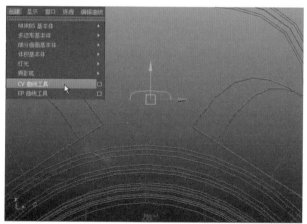

图 3-194 创建曲线

38 选择绘制的曲线，执行【曲面】|【旋转】命令，在其参数设置面板中，启用轴预设的【X】单选按钮，完成后单击【应用】按钮，生成如图 3-195 所示的模型。

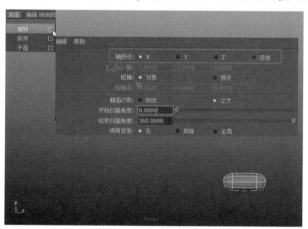

图 3-195 设置旋转参数

39 选择上图中所创建的模型，执行【修改】|【居中枢轴】命令，执行该命令使其枢轴居中，如

图 3-196 所示。

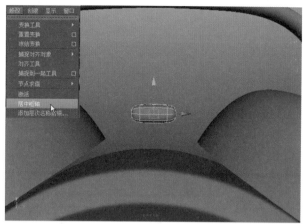

图 3-196 枢轴居中

40 选择模型，按组合键 Ctrl+D 复制一个同样的模型，如图 3-197 所示。

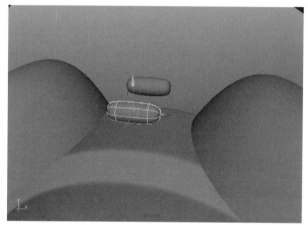

图 3-197 复制模型

41 将复制出的模型进行移动、旋转、缩放到合适的形状，调整好位置，如图 3-198 所示。

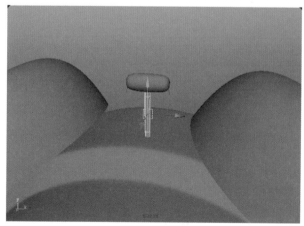

图 3-198 调整位置

42 选择上述模型，按组合键 Ctrl+D 复制出一个同样的模型，如图 3-199 所示。

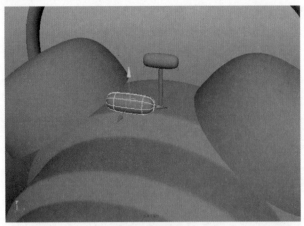

图 3-199 复制模型

43 将复制出的模型进行移动、旋转、缩放到合适的形状，并调整好位置，如图 3-200 所示。

图 3-200 调整位置

44 选择视图中所有的曲线，执行【编辑】|【按类型删除】|【历史】命令，对所有曲线进行历史删除，完成操作后删除所有曲线，如图 3-201 所示。

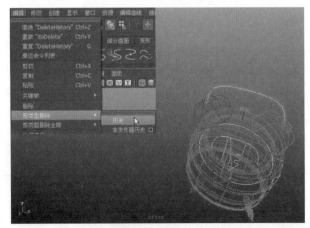

图 3-201 删除历史

45 选择视图中所有的模型，执行【冻结变换】命令，对所有模型进行数据冻结，如图 3-202 所示。

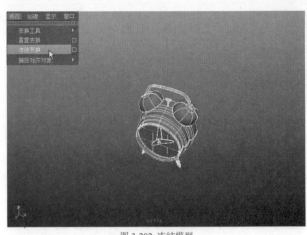

图 3-202 冻结模型

46 选择视图中所有的模型，执行【编辑】|【按类型删除】|【历史】命令，对所有的模型进行历史删除，如图 3-203 所示。

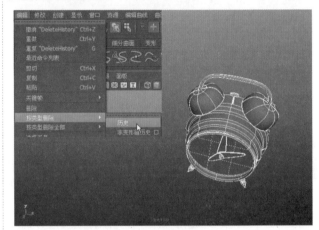

图 3-203 删除历史

47 最终完成效果如图 3-204 所示。

图 3-204 最终效果

第 4 章 多边形建模

多边形是 Maya 软件最早的一种建模形式，也是目前使用最为广泛的一种建模体系。多边形建模使用简单的几何形体，通过各种多边形命令将其进行延伸、变形，从而制作出复杂的模型外观。多边形建模在大多数三维软件都得到应用，非常适合用于建筑物、游戏人物、动画角色等模型的创建。

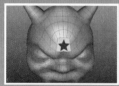  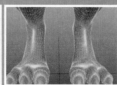  

4.1 多边形模型要点

多边形建模是创建动画的基础，是一个完整的系统。在动手操作之前，本节先向大家介绍一些多边形建模的要点。

4.1.1 多边形建模规则

在使用多边形工具建模时，要遵循一定的建模规律，这是为了优化后面的工作流程，一个含有较多错误的多边形模型会给后期的贴图和动画工作带来许多不便。

1. 多边形的面

在创建多边形时，尽量保持多边形的面由 4 条边组成，如果不能使用四边形，可以由 3 条边组成，但要注意的是千万不能使用超过 4 条边的面，因为超过 4 条边的面在渲染时会造成扭曲的现象。

2. 历史操作节点

在开始创建多边形之前，要先单击状态栏上的图标，打开构造历史，以便建模时可以随时修改模型命令。但是由于历史记录的累积，会使系统的运行速度变慢，影响操作的便捷性，所以要定时清理历史记录，以删除不需要的历史节点，加快操作速度。用户只需选中要删除历史操作的模型，执行【删除历史】命令，即可删除模型的全部历史节点。

3. 多边形法线的一致性

创建的多边形物体要保持法线的一致性，错误的法线方向会造成纹理的错误，也会造成多边形面与面之间无法缝合。

4.1.2 模型布线规则

使用多边形创建角色建模时，拓补结构的布线是一个非常重要的知识点，因为在动画的创作过程中，角色的布线好坏和疏密直接影响后期的动画效果及渲染速度。那么在创建模型时怎样把握网格线的分布和疏密，有没有统一的科学的布线方法？本节将详细向读者介绍。

1. 布线的疏密依据

模型布线的疏密在不同制作领域的要求各有不同，大致可分为 3 类：一是超写实电影级别角色，在好莱坞大片中对角色的精细度要求相当高，无论摄像机在什么机位，都要保证肉眼看不到任何破绽，一个兽人的制作至少要百万个面，如图 4-1 所示。

图 4-1 写实角色布线

第二类就是前面讲的实时游戏模型，这类模型的面数要尽可能精简，一个普通的角色一般要低于 5000 个面，如图 4-2 所示。还有一类就是处于这两类中间的模型，比如三维动画剧集中的角色，或者三维电影中没有特写镜头的角色，这类角色一般要几十万个面。

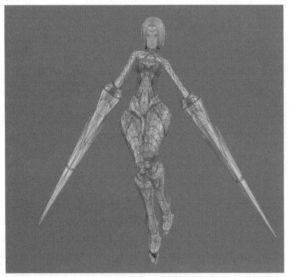

图 4-2 游戏角色布线

2. 网格线划分原则

如果制作的模型需要制作动画，无论是动画级还是电影级，在布线方法上没有太大出入，基本上可以遵循这样的规律：运动幅度大的地方网格线密集，比如关节、腰部等，如图 4-3 所示。

对于角色的面部，如果要制作表情动画，则表情丰富的地方布线要密，且最好沿着面部肌肉的走向安排布线，如图 4-4 所示。

另外还有一个比较重点的布线原则，就是要尽量避免五星线和多边面，因为五星线或者五边形在表情或肌肉变形时比较难以控制，不能很好地伸展，一般

五星线出现在哪里，伸展就会在哪里停止。然而，鉴于有机物体的复杂性，很多时候五星线难以避免，在这种情况下最好能将五星线安排在动作幅度小的位置，如图 4-5 所示。

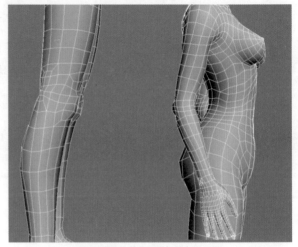

图 4-3 关节和腰部的布线

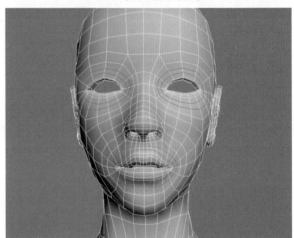

图 4-4 面部布线

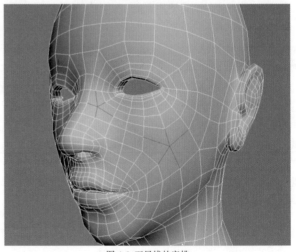

图 4-5 五星线的安排

4.1.3 多边形的组成

在进行多边形建模时，通过不断改变模型的属性及构成元素的位置和数量，来逐步改变模型的造型，以演变出新的物体。Maya 中多边形的元素有 4 种，分别是点、边、面和 UV，下面介绍这几种元素的切换方法。

动手实践——切换多边形元素

01 在视图中创建一个立方体。在该物体上单击鼠标右键，在打开的快捷菜单中选择【顶点】命令，如图 4-6 所示。

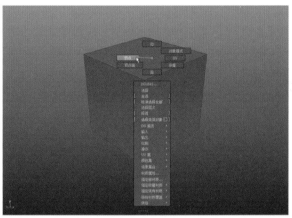

图 4-6 选择【顶点】命令

02 此时立方体模型会进入点的显示模式，我们可以选中模型上的一个点，对其进行移动，如图 4-7 所示。

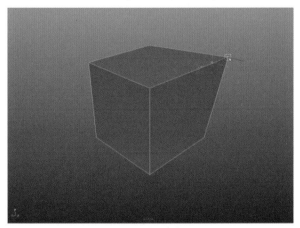

图 4-7 调整元素位置

03 用户还可以单击 Polygon 模型上的边，将其选中，然后按 Delete 键，即可将其删除，如图 4-8 所示。

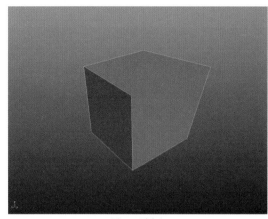

图 4-8 删除边

04 同样的方法，在右键菜单中选择【面】命令，并选择立方体的一个面，按 Delete 键即可将所选面删除，如图 4-9 所示。

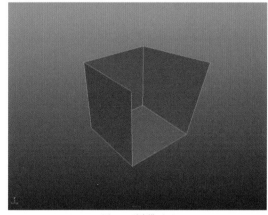

图 4-9 删除模型面

我们可以单击状态栏中 图标右侧的多个图标按钮，来切换所选多边形的元素显示模式。其中单击 ，切换点显示模式；单击 ，切换 UV 点显示模式；单击 ，切换到面显示模式；单击 ，切换到边的显示模式。

 提示

此外，也可以通过快捷键来快速切换元素的显示模式。按 F8 键在模型选择状态和定点状态间来回切换，按 F9 键进入 Vertex 显示模式，按 F10 键进入 Edges 模式，按 F11 键进入 Faces 模式，按 F12 键进入 UVs 模式。

4.2 Polygon 基础

从本节开始，我们学习如何利用多边形建模创建属于自己模型。本节首先向读者介绍一些关于多边形建模的基础知识，包括创建多边形原始物体、多边形的显示以及法线等。

4.2.1 创建多边形基本体

Maya 2014中自带了12种基本原始多边形物体，包括球体、立方体、圆柱体、圆锥体、平面、圆环体、棱柱体、棱锥体、管状体、螺旋体、足球体和理想形体。图4-10所示是这12种原始多边形物体的造型。

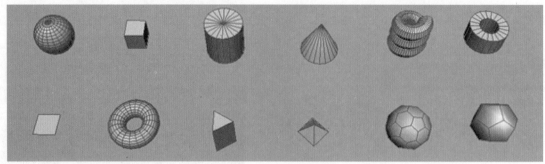

图4-10 多边形原始几何体

读者可以使用两种常见的方法进行创建：第一种是利用【创建】│【多边形基本体】子菜单中的命令进行创建；另外一种方法则是利用工具架中的相关命令创建，如图4-11所示。

图4-11 使用工具架创建多边形

4.2.2 显示多边形信息

在制作一些比较特殊的模型，特别一些高精度模型时，需要了解所创建模型的各种结构数据，比如模型的点数、边和面数等。此时就需要使用多边形数据显示的工具，下面我们介绍如何使用该多边形数据显示工具。

动手实践——显示多边形信息

执行【显示】│【平视显示仪】│【多边形数量】命令，此时会在4个视图的左上角显示多边形元素数量动态列表，如图4-12所示。这些信息分别显示了多边形模型的点数量、边数量、面数量、三角面和UV点。其操作方法如下。

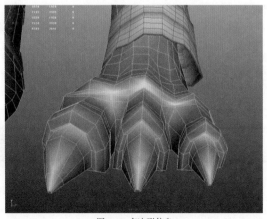

图4-12 多边形信息

01 新建一个场景。执行【显示】│【多边形数量】命令后，显示多边形信息，如图4-13所示。由于场景中没有物体，所以此时模型的显示信息均为0。

图4-13 显示信息

02 在场景中创建一个圆柱体，此时在视图左上上将显示该管状体的数量信息，如图4-14所示。

03 选择右键菜单中的【面】命令，并在视图中选择几个面，观察此时的信息变化，如图4-15所示。

通过上述操作发现，多边形信息包含3组数据，第1组是指当前视图所有多边形在该元素下的总量；第二组数据指用户所选择物体在该元素下的总量；第三组数据是指用户在该元素下的实际选择数量。

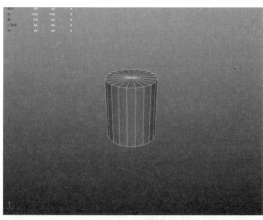

图 4-14 创建物体

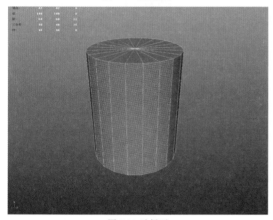

图 4-15 选择面

4.2.3 多边形法线

多边形的法线方向决定了多边形面的方向。如果多边形的法线方向出现错误，会对自身的贴图造成不正常显示，并且也会使模型无法合并、动力学计算出现错误等。

如果多边形的法线出现问题，则可以通过执行【法线】菜单中的命令进行纠正。图 4-16 所示是多边形法线工具。

图 4-16 法线菜单

下面对多边形一些常用的法线工具进行说明。

- ⚙ 顶点法线编辑工具：用于控制显示物体点的法线，并可以旋转该物体点的法线方向。

- ⚙ 设置顶点法线：用于通过设置顶点在 x、y、z 轴方向上的数值，来改变物体点的法线方向。同时也可以只对物体部分顶点的法线方向进行修改。

- ⚙ 锁定法线：用于锁定法线方向。

- ⚙ 解除锁定法线：用于取消法线的锁定。

- ⚙ 平均化法线：用于平均所选物体的法线。

> **提示**
>
> 其中，【平均化前规格化】是指在法线被平均之前，将所有被计算的法线长度统一为 1，每条法线都趋向等于平均值；【平均化后规格化】则是指将每条法线先趋向于平均值，再将所有被计算的法线长度统一为 1；【不规格化】则表示不做法线长度计算。

- ⚙ 设置为面：用于设置将顶点法线转化为面法线，并且顶点法线会分裂到与其相连的每个面上。

- ⚙ 反向：用于控制是否反转多边形面的法线方向。

- ⚙ 一致：用于将所有法线统一到一个方向。

- ⚙ 软化边：软化法线边缘。

- ⚙ 硬化边：硬化法线边缘。

- ⚙ 设置法线角度：执行该命令后，可以在打开的对话框中设置法线的角度。

4.2.4 选择多边形

多边形主要由点、面和边组成。如果模型比较复杂时，可以利用【选择】菜单中的相关命令选择，从而可以大大提高工作效率。图 4-17 所示是【选择】菜单。

图 4-17 选择菜单

⊿ 对象 / 组件：用于控制所选物体在被选择和其最后一次选择的元素之间快速切换。假如最后一次是选择顶点模式，则可以在对象 / 顶点模式之间切换。

⊿ 顶点 / 边 / 面 /UV/ 顶点面：分别快速切换到顶点、边、面、UV、顶点面，其快捷键分别是 F9、F10、F11、F12 和 Alt+F9。

⊿ 多组件：切换到多组件模式。该功能是 Maya 2014 的新增功能。在该模式下，我们可以同时选择多个不同的子元素，即可以同时选择多个顶点、面等。

⊿ 选择循环边工具：用于控制是否选择相连接的循环边。在执行该命令后，我们可以进入物体的边编辑模式，在模型其中一条边上连续单击，即可选择整个循环边。

⊿ 选择环形边工具：用于控制是否选择相连接面上的环状循环边。

⊿ 选择边界边工具：用于控制选择物体的边界边。

提示

所谓的边界边是指多条边线依次首尾相接所形成的一个封闭的形状。在多边形模型上，它的外观表现为"洞"。

⊿ 选择最短边路径工具：单击两个顶点 /UV 点，并执行该命令，可以选择这两个点之间的最短路径。

⊿ 转化当前选择：用于控制将所选择的物体上的元素转化为其他元素模式。例如，在图 4-18 中，左侧模型上选择的是顶点，执行【转换当前选择】|【到面】命令后，则转换为选择面。

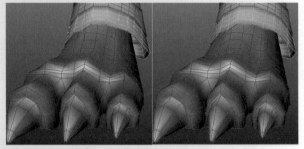

图 4-18 转化选择

⊿ 扩大选择区域：用于扩充所选元素的范围。

⊿ 收缩选择区域：用于缩减所选元素的范围。它的工作原理与上一命令正好相反。

⊿ 选择当前选择边界：用于控制只选择元素所在的边界边。

⊿ 选择连续边：用于控制只选择条件限制下的连续边。比如在选择模型面上的一条边后，执行该命令，会选择这条边所在的整条循环边。

⊿ 使用约束选择：Maya 允许我们使用该命令通过制定约束规则来选择物体。

4.3 多边形网格

Maya 2014 对多边形编辑工具进行了归类，基础编辑工具被集成在【网格】菜单中。该类工具主要用于对多边形物体做整体上的修改，如合并、分离、细分等，用户只需切换到【多边形】模块，展开【网格】菜单，即可展开多边形工具列表。本节将向读者介绍一些常用的网格工具的使用方法。

4.3.1 结合

在多边形建模中，我们可以使用【结合】工具将两个或两个以上的对象合并成一个对象。在使用合并操作时，要确保合并对象的法线一致，如果法线不一致，可以使用【法线】|【翻转】命令进行纠正，否则，在映射纹理贴图的时候会出错。

动手实践——完善护臂

01 打开随书光盘"场景文件 \Chapter04\ 结合 .mb"文件，这个场景中有 3 个模型共同组成了一个角色人物的护臂，如图 4-19 所示。

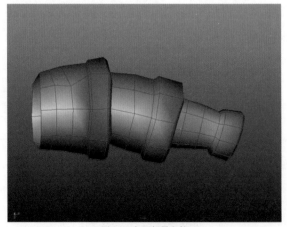

图 4-19 打开场景文件

02 在视图中选择一个模型，并按住 Shift 键不放，再使用鼠标左键选择另外两个模型，如图 4-20 所示。

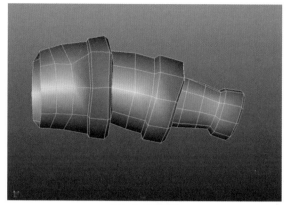

图 4-20 选择模型

03 执行【网格】|【结合】命令，即可将它们结合到一起，如图 4-21 所示。

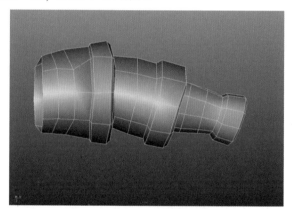

图 4-21 结合结果

4.3.2 分离

【分离】命令用于将包含有多个独立个体的单一多边形物体分离成多个个体。如果一个单一的多边形物体的各个部分之间有共同点、共同边或面，则该多边形物体不能被分离。例如，上一案例中我们将 3 个物体通过【结合】命令将其结合为一个物体。而利用【分离】命令可以将其重新"拆开"，如图 4-22 所示。

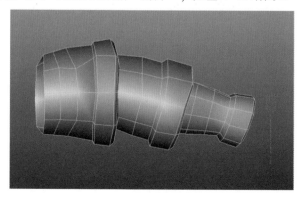

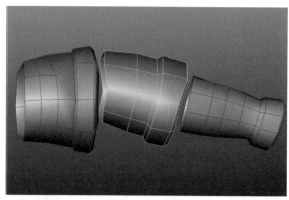

图 4-22 分离模型

4.3.3 提取

【提取】命令主要用于提取多边形物体上的面，可以是一个面或多个面，如图 4-23 所示。它不同于复制多边形面命令，该命令可以将所选面从原模型上切割开，并且如果原所选面之间彼此相邻，有共同的边，则被提取出的面依旧相连。

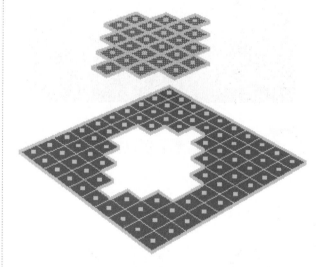

图 4-23 提取效果

动手实践——完善护心镜

提取，它是在已有模型上将选定面提取出来，作为一个单独的模型使用。本节将使用一个护心镜的模型向大家讲解其使用方法。

01 打开随书光盘"场景文件 \Chapter04\ 提取 .mb"文件，这是一个护心镜的模型，如图 4-24 所示。

02 选择右键菜单中的【面】命令，切换到面编辑模式。然后，使用鼠标选择如图 4-25 所示的面。

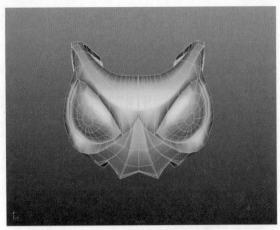

图 4-24 打开护心镜

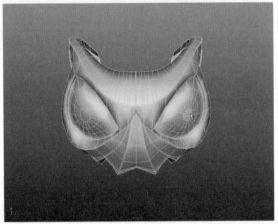

图 4-25 选择面

注意

由于选择的面较多，因此在选择时需要按住 Shift 键进行多选。如果面选择错误，则可以按住 Alt 键取消选择。

03 执行【网格】|【提取】命令，即可将选择的面提取出来，如图 4-26 所示。

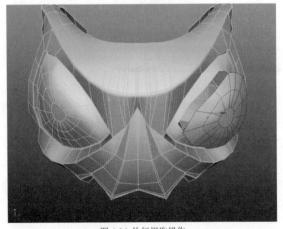

图 4-26 执行提取操作

这样，我们就完成了一次提取操作。当提取操作

成功后，被提取出来的面将被视为一个单独对象进行操作。因此，如果我们对提取的面执行操作时，将不会影响源物体。

4.3.4 布尔

布尔运算是一种比较实用和直观的建模方法，它可以将两个多边形物体进行合并、相减或者相交处理，从而产生新的多边形模型。布尔运算包含 3 种方式，分别是并集、交集和差集。

动手实践——并集

并集命令可以将两多边形相加在一起，并将相交的部分减去。下面通过一个零件的模型向大家讲解并集的操作方法。

01 打开随书光盘"场景文件 \Chapter04\ 布尔.mb"文件，如图 4-27 所示。

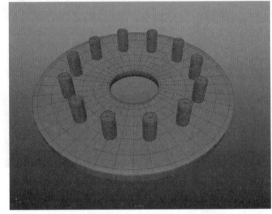

图 4-27 打开场景

02 选择下面的圆盘，再按住 Shift 键选取上面的圆柱体，如图 4-28 所示。

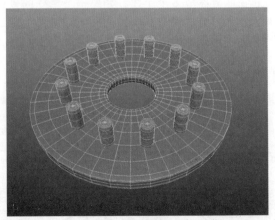

图 4-28 选择模型

03 执行【网格】|【布尔】|【并集】命令，即可完成布尔操作，如图 4-29 所示。

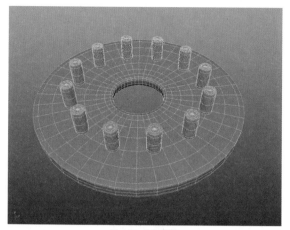

图 4-29 并集效果

> **注意**
>
> 　　布尔的并集效果虽然从表面上看和【结合】相似，但实际上是有区别的：并集操作会将两个物体相交的部分删除，而【结合】仅仅是将两个物体结合在一起，如果两个物体有相交的部分，则执行计算后相交部分仍然存在。

动手实践——差集

　　差集命令可以将两个多边形重叠的部分删除掉，操作方法如下。

 仍然打开上一素材，并选择圆柱体沿 Y 轴向下适当移动一下，如图 4-30 所示。

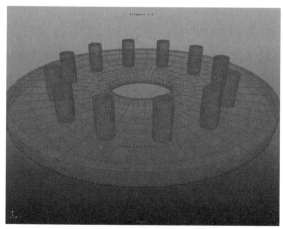

图 4-30 调整模型

 按照上述方法，在视图中先选择底部圆盘，再选择圆柱体，并执行【网格】|【布尔】|【差集】命令，计算结果如图 4-31 所示。

　　通过上述操作可以看出，差集就是在被计算物体上减去计算物体与之相交的部分，从而保留被计算物体部分。

图 4-31 差集效果

动手实践——交集

　　交集可以将两个相交多边形"相交"的部分保留，并删除没有相交的部分。

 仍然打开上一素材，为了能够使效果更加明显，可以适当调整一下圆柱体的位置，如图 4-32 所示。

图 4-32 调整模型

 按照上述方法，在视图中先选择底部圆盘，再选择圆柱体，并执行【网格】|【布尔】|【交集】命令，计算结果如图 4-33 所示。

图 4-33 差集效果

4.3.5 平滑

使用【平滑】命令能够使物体的基本布线过渡更柔和，使物体所要表现的造型特质更为凸出。该命令主要针对多边形物体所增加的细节进行平滑处理，如图 4-34 所示。

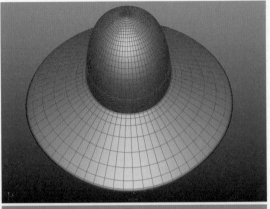

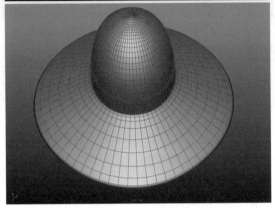

图 4-35 平均化顶点效果

上图是执行前效果，下图是经过【平均化顶点】工具处理后的效果。

4.3.7 传递属性

【传递属性】命令用于在不同拓扑结构的多边形物体之间传递点位置、UV 和颜色等属性。

在场景中选择物体，执行【网格】|【传递属性】命令，即可完成创建操作。

在对物体创建传递属性之前，可以先设置传递属性的参数，以改变物体之间的传递效果，单击【传递属性】命令右侧的■图标，打开其属性设置面板，如图 4-36 所示。

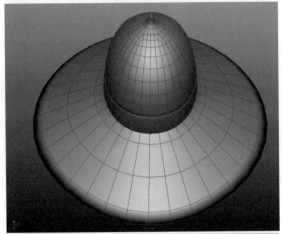

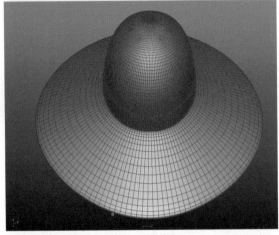

图 4-34 平滑效果

它的使用方法也很简单，选择要光滑的模型，然后在菜单栏中执行【网格】|【光滑】命令即可。此外，该命令还允许多次应用于一个模型。

4.3.6 平均化顶点

【平均化顶点】命令用于对模型上的点之间的距离做平均化处理，使点与点之间的过渡更自然，如图 4-35 所示。不过，这种处理不会改变多边形物体的拓扑结构。

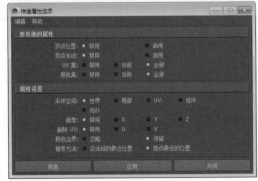

图 4-36 传递属性参数面板

⏷ 顶点位置：用于控制是否启用顶点位置属性设置。

⏷ 顶点法线：确定是否传递顶点法线。

⏷ UV 集：用于设置传递 UV 属性。

⏷ 颜色集：用于设置传递色彩属性设置。

⏷ 采样空间：用于设置采样的空间。

⏷ 镜像：用于设置镜像方式。

⏷ 翻转 UV：用于设置镜像 UV 的方式。

⏷ 颜色边界：用于设置边缘色彩。

⏷ 搜索方法：用于控制从源模型到目标模型点之间的空间关联方式。

4.3.8 绘制传递属性权重

【绘制传递属性权重】工具只有在执行【减少】操作后，且在【减少】工具设置中启用了【保持原始】复选框的前提下才可被激活，用于对原物体表面进行简化绘制。黑色表示没有施加多余的简化，白色表示该区域内的简化效果被加强，如图 4-37 所示。

图 4-37 绘制传递属性权重

4.3.9 传递着色集

使用【传递着色集】可以对多边形之间的着色集进行传递。图 4-38 所示为该工具的参数设置面板。

图 4-38 传递着色集面板

⏷ 采样空间：设置多边形之间采样空间的类型。

⏷ 世界：【世界】可以使用基于世界空间的传递，可确保属性传递与在场景视图中看到的内容匹配。

⏷ 局部：使用【局部】选项，可以并列比较源网格对象和目标网格对象。

⏷ 搜索方法：控制点从源网格关联到目标网格的空间搜索方法。

4.3.10 剪贴板操作

【剪贴板操作】提供了类似于剪贴板一样的功能，能够将一个模型上的颜色、UV、着色复制到另外一个模型上。它提供了 3 个子命令，分别是复制属性、粘贴属性、以及清空剪贴板。

下面利用【复制属性】命令的面板向读者介绍其参数的功能。图 4-39 所示为其参数设置面板。

图 4-39 复制属性选项

⏷ UV：将复制功能设定为与选定多边形面相关的 UV 属性复制到剪贴板。

⏷ 着色器：将复制功能设定为与选定多边形面相关的着色器属性复制到剪贴板。

⏷ 颜色：将复制功能设定为与选定多边形面相关的逐顶点颜色信息复制到剪贴板。

动手实践——复制并粘贴对象的属性

下面我们通过一个练习文件学习使用【剪贴板操作】命令的使用方法。

01 打开随书光盘"场景文件 \Chapter04\ 剪切 .mb"文件，如图 4-40 所示。

02 选择左侧带有贴图的模型，选择右键菜单中的【面】选项，并在视图中选择如图 4-41 所示的面。

03 执行【网格】|【剪贴板操作】|【复制操作】命令右侧的 ▢ 按钮，在打开对话框中按照图 4-42 所示的参数进行设置。

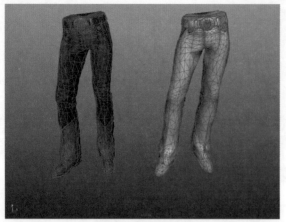

图 4-40 打开场景文件

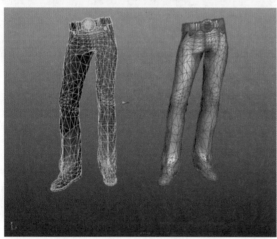

图 4-41 选择面

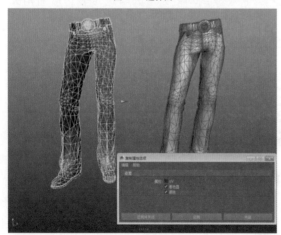

图 4-42 设置参数

04 设置完成后，单击【应用并关闭】按钮。然后，在视图中选择右侧的模型，进入面选择状态，选择如图 4-43 所示的面。

05 执行【网格】|【剪贴板操作】|【粘贴属性】命令，即可完成操作。此时的结果如图 4-44 所示。

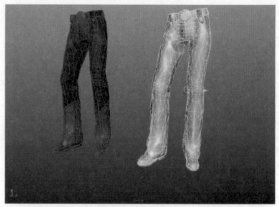

图 4-43 选择面

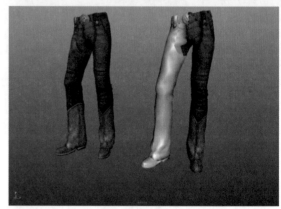

图 4-44 粘贴属性

4.3.11 减少

【减少】命令可以减少多边形网格中选定区域的多边形数，也可以在选择要减少区域时考虑 UV 和顶点颜色。图 4-45 所示是【减少选项】对话框。

图 4-45 减少选项

下面对【减少选项】对话框中的属性参数进行介绍。

1. 减少方法

◉ 减少方法：选择用于执行减少操作的方法，包括百分比、顶点限制和三角限制 3 种方法。

◉ 百分比：该下拉列表会随着【减少方法】设置的不同而改变，用于设置【减少方法】所设置的执行方法的减少比例。

2. 形状

◉ 保留四边形：用于控制所保留四边面的数量。Maya 会在减少时尝试在网格上保持任何现有的四边形拓扑。取值范围为 0~1 之间。

> **提示**
>
> 　　该数值默认取值为 1，即最大效果。如果减少后的形状变化不太理想，则减少数值即可。

◉ 锐度：该数值越接近 0 时，Maya 将尽量保持原始模型的形状，但可能会产生尖锐的、非常不规则的三角面。

◉ 对称类型：当【保留四边面】取值小于 1 时，该数值变为有效。该参数用于选择四边面的对称类型。

◉ 对称容差：用于设置对称四边面允许的误差。

◉ 对称平面：当【对称类型】设置为【平面】时，该选项有效。该选项用于设置产生对称时所参照的平面。

3. 功能保留

◉ 网格边界：Maya 会在减少时尝试保持多边形边界的形状。

◉ UV 边界：Maya 会在减少时尝试保持 UV 边界的形状。如果有许多 UV 边界，则尽量不要使用该选项，否则有可能产生无法预料的错误。

◉ 颜色边界：Maya 会在减少时尝试保持多边形的颜色边界的形状。

◉ 材质边界：Maya 会在减少时尝试保持多边形的材质边界的形状。

◉ 硬边：使用该选项，Maya 会尝试保持标记为 "硬" 的边形状。

◉ 顶点位置：锁定顶点的位置，以便尽可能保持网格的原始形状。

4.3.12 绘制减少权重工具

　　使用【绘制减少权重工具】可以通过笔刷来绘制权重，从而达到简化多边形的目的。

动手实践——绘制减少权重以简化模型

　　本例将使用【绘制减少权重工具】减少模型的权重，大家在学习中注意【减少】工具在绘制权重过程中的作用。

01 打开随书光盘 "场景文件 \Chapter04\ 绘制权重 .mb" 文件，如图 4-46 所示。

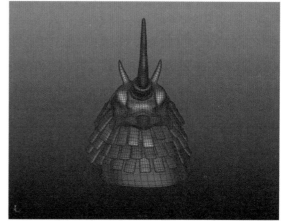

图 4-46 打开场景

02 选择模型，单击【网格】|【减少】命令右侧的■按钮，在打开的对话框中按照图 4-47 所示的参数调整其设置。

图 4-47 设置减少参数

03 执行【网格】|【剪贴板操作】|【粘贴属性】命令，即可完成操作。设置完成后，单击【减少】按钮，此时在场景中会出现两个物体，如图 4-48 所示。

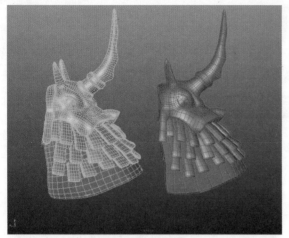

图 4-48 执行减少操作

04 确认物体处于选中状态。执行【网格】|【绘制减少权重工具】命令，并在左侧的模型上通过涂抹来减少权重，如图 4-49 所示。

图 4-49 执行简化

> **提示**
>
> 在绘制的过程中，要时刻注意右侧模型的网格变化。

4.3.13 清理

【清理】命令用于减少多边形物体中多余的面和错误的面，用户只需选中要操作的多边形物体，执行【网格】|【清除】命令，即可完成物体的清除操作。其参数设置面板如图 4-50 所示。

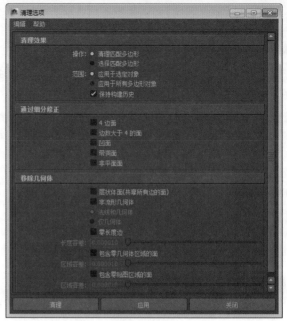

图 4-50 清理选项

下面向读者介绍一下【清理选项】对话框中的参数功能。

- ◎ **操作**：设置清除运算的方式。其中，【清理匹配多边形】选项用于清除符合条件的多边形物体；【选择匹配多边形】可以选中符合条件的多边形物体，但是不执行清除操作。

- ◎ **范围**：设置清除范围。其中，【应用于选定对象】只对被选择的物体使用清理命令；【应用于所有多边形对象】可以应用于全部的多边形物体。

- ◎ **保持构建历史**：保存物体的构建历史。

- ◎ **通过细分修正**：该选项用于选择需要清除面的类型，包括 4 边面、边数大于 4 的面、凹面、带洞面和非平面面。

- ◎ **层状体面（共享所有边的面）**：该选项可以用于共享所有的面，从而减少重复的面。

- ◎ **非流形几何体**：该选项用于清除无效的几何体。

- ◎ **法线和几何体**：该选项用于在清除无效顶点、边时，确定其法线方向。

- ◎ **仅几何体**：该选项用于清除物体，但不会改变其法线。

- ◎ **零长度边**：该参数用于设置在一定长度公差内的边。

- ◎ **长度容差**：该选项用于设置长度公差值。

- ◎ **包含零几何体区域的面**：该选项用于清除模型中零面积的面，可以在下面【区域容差】中设置面积，小于该面积的面将被清除。

包含零贴图区域的面：该参数用于清除模型中零 UV 面积的面。可以通过在下面的【区域容差】中设置面积，小于该面积的面将被清除。

4.3.14 三角形化

【三角形化】的转化命令在制作低模时非常实用，它可以保护模型的布线及造型效果。使用该命令可以将非三角面的多边形物体的面转化为三角面。该命令工具的操作原理是在非三角面上添加切割边，将该非三角面分割为三角面。

动手实践——简化人物角色

下面我们通过一个人物角色的模型，向大家介绍如何将一个模型的非三角面转换为三角面。

`01` 打开随书光盘"场景文件 \Chapter04\ 三角化 .mb"文件，这是一个人物角色模型，如图 4-51 所示。

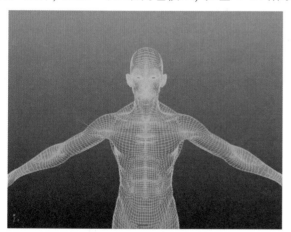

图 4-51 打开场景

`02` 在视图中选择模型，执行【网格】|【三角形化】命令，即可将模型的网格变为三角形面，如图 4-52 所示。

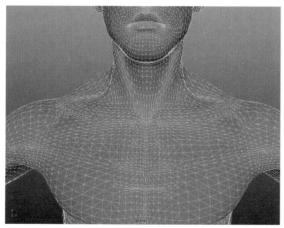

图 4-52 三角形面

`03` 如果要转换模型上的部分面，则可以进入到【面】编辑模式，并选择需要转换的面，如图 4-53 所示。

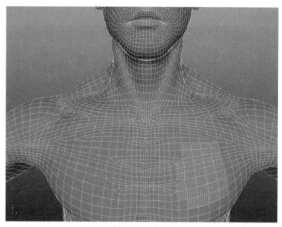

图 4-53 选择面

`04` 执行【网格】|【三角形化】命令即可，如图 4-54 所示。

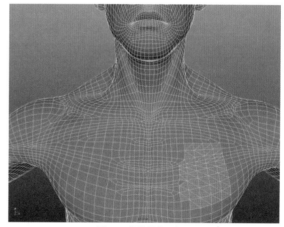

图 4-54 转换部分三角面

4.3.15 四边形化

使用【四边形化】命令可以将多边形物体的三角面合并为四边面。图 4-55 所示为该工具的参数设置面板。

图 4-55 四边形面参数

● 角度阈值：可以设定两个合并三角形的极限参数（极限参数是两个邻接三角形的面法线之间的角度）。

提示

当【角度阈值】为 0 时，只有共面的三角形被合并；当【角度阈值】为 180 时，所有相邻三角形都可能被转化为四边形面。

● 保持面组边界：启用该复选框后可以保持面组的边界。当禁用该复选框后，面组的边界将被修改。Maya 默认为启用状态。

● 保留硬边：启用该复选框可以保留多边形中的硬边。当禁用该复选框后，在两个三角形面之间的硬边将被删除。

● 保持纹理边界：启用该复选框后，Maya 将保持纹理贴图的边界。

● 世界空间坐标：该参数用于设置【角度阈值】项的参数是处于世界坐标系中的两个相邻三角形面法线之间的角度。

4.3.16 填充洞

使用【填充】命令可以在多边形上自动创建三角面或多边形面，从而填充多边形上的"漏洞"区域。这个区域必须以 3 个或者更多的多边形为边界。

动手实践——修改头像

本案例使用一个人物头像的模型向大家讲解如何使用【填充洞】将模型上的洞填充。

01 打开随书光盘"场景文件\Chapter04\补洞.mb"文件。这是一个人物头像的效果，且模型的双臂都没有封闭，如图 4-56 所示。

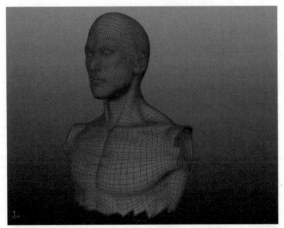

图 4-56 打开场景

02 选择模型，执行【网格】|【填充洞】命令，此时的效果如图 4-57 所示。

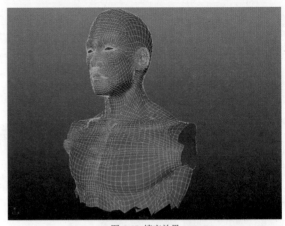

图 4-57 填充效果

此时，模型已经被封闭，但是通过该命令进行填充的区域是没有布线的。

4.3.17 生成洞工具

使用【生成洞工具】可以在多边形的一个面中创建一个洞，也可以在另一个面的图形中创建一个洞。图 4-58 所示为该工具的参数设置对话框。

图 4-58 参数设置

该工具只有一个参数设置，即合并模式，下面向读者介绍该参数提供的设置选项的功能。

● 第一个：选择的第 2 个面进行变换，从而使其与中心匹配。选择的第 1 个面不进行变换。

● 中间：第 1 个面与第 2 个面都进行变换，从而使其中心匹配。

● 第二个：选择的第 1 个面进行变换，以使中心匹配。选择的第 2 个面不进行变换。

● 投影第一项：选择的第 2 个面投影到选择的第 1 个面上，而且中心不匹配。

● 投影中间项：两个面都投影到位于它们之间的平面上，它们的中心不一定匹配。

投影第二项：选择的第 1 个面投影到选择的第 2 个面上，而且中心不匹配。

无：直接投影到选择的面平面上，该设置为系统的默认设置。

动手实践——兽头

下面通过一个兽头的案例向大家演示如何在已有的模型上创建一个洞，详细步骤如下。

01 打开随书光盘"场景文件 \Chapter04\ 创建洞 .mb"文件，如图 4-59 所示。

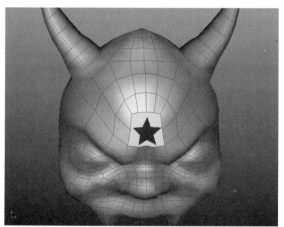
图 4-59 打开场景文件

02 在视图中选择星型物体和兽头，执行【网格】|【结合】命令，将它们结合为一个物体，如图 4-60 所示。

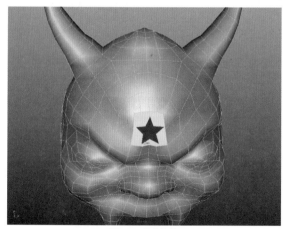
图 4-60 结合物体

03 单击【网格】|【生成洞工具】右侧的■按钮，打开其参数设置对话框，并将【合并模式】设置为【投影第一项】。此时，场景模型的变化如图 4-61 所示。

04 在视图中选择星型模型，然后再选择需要投射的面，按键盘上的 Enter 键，即可完成操作，如图 4-62 所示。

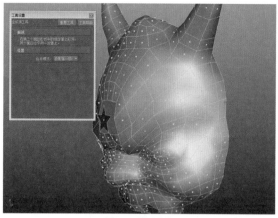
图 4-61 模型变化

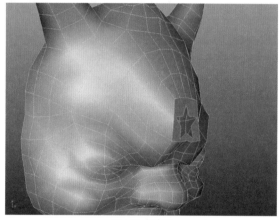
图 4-62 创建洞

4.3.18 创建多边形工具

该工具是一种比较自由的创建多边形的工具，用户可以在执行该命令后，在场景中创建多个点，根据这些点的位置来确定自己想要的造型效果。同时也可以在该命令的属性设置面板中设置所要创建的多边形的细分段数，该工具常用于制作造型轮廓比较凸出的物体模型。图 4-63 所示为该工具的参数设置面板。

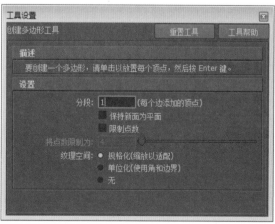
图 4-63 工具设置

⊡ 分段：指定要将创建多边形的边分割的分段数量，默认取值为 1。

⊡ 保持新面为平面：启用该复选框，则使用该工具添加的任何面将位于附加到的多边形网格的相同平面。如果需要将多边形附加在其他平面上，则需要禁用该复选框。

⊡ 限制点数：指定新多边形所需要的顶点数量。默认值为 4，表示可以创建四边形。如果要创建三角形，则可以将该选项设置为 3。

提示

在【限制点数】选项中指定了顶点数量后，多边形将自动封闭，并可以在视图中继续单击创建新的多边形，而不必重新执行该工具。

⊡ 纹理空间：指定如何为新多边形创建 UV 纹理坐标。

⊡ 规格化：该选项可以将纹理坐标缩放从而适合 0~1 范围内的 UV 纹理空间，同时保持 UV 面的原始形状。

⊡ 单位化：选择该选项后，纹理坐标将放置在纹理空间 0~1 的角点和边界上。具有 3 个顶点的多边形将具有一个三角形 UV 纹理贴图，而具有 3 个以上顶点的多边形将具有方形 UV 纹理贴图。

⊡ 无：选择该选项后，将不为新的多边形创建 UV。

动手实践——创建多边形

本案例将使用【创建多边形】工具创建一个 H 型多边形物体，详细制作方法如下。

`01` 新建一个场景。执行【网格】|【创建多边形】命令，此时将打开其参数设置面板，且鼠标指针变为十字形状，如图 4-64 所示。

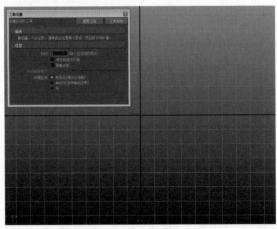

图 4-64 执行命令

`02` 启用【捕捉到栅格】工具 ，并在顶视图中绘制图形，如图 4-65 所示。

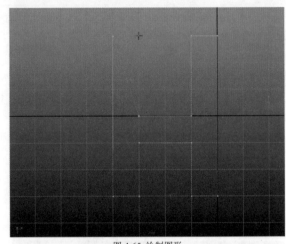

图 4-65 绘制图形

`03` 绘制完毕后，按键盘上的 Enter 键，即可创建多边形，如图 4-66 所示。

图 4-66 创建多边形

4.3.19 雕刻几何体工具

使用雕刻几何体工具可以雕刻多边形的细节，和 NURBS 的【雕刻几何体工具】相同，都是采用笔刷的形式来进行雕刻。使用该工具可以雕刻 NURBS、多边形和细分曲面。图 4-67 所示为该工具的参数面板。

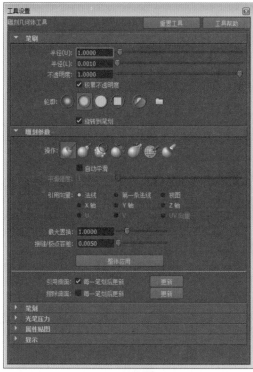

图 4-67 雕刻参数

动手实践——雕刻肌肉

关于雕刻工具的使用方法，在讲解 NURBS 的时候就讲解过。这里我们以一个人体胸部的肌肉雕刻为例，向大家讲解雕刻多边形工具的使用方法。

01 打开随书光盘"场景文件 \Chapter04\ 肌肉 .mb"文件，如图 4-68 所示。

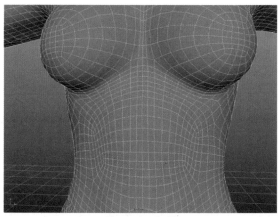

图 4-68 打开场景

02 选中场景中的模型，执行【网格】|【雕刻几何体工具】命令，此时在场景中会出现一个红色的笔刷控制器，如图 4-69 所示。

03 按键盘 B 键同时再按鼠标中键不放并水平拖动中键，调整笔刷的大小，在图 4-70 所示的位置涂绘，此时观察模型的造型变化。

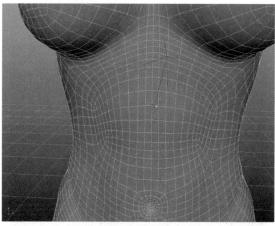

图 4-69 激活工具

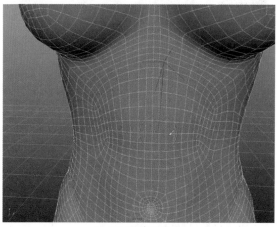

图 4-70 调整笔刷大小

04 单击 Maya 界面右上角的 图标，打开雕刻属性设置面板，单击【雕刻参数】属性下的 图标，即选用【平滑】的雕刻方式，设置【平滑强度】为 0.5，如图 4-71 所示。

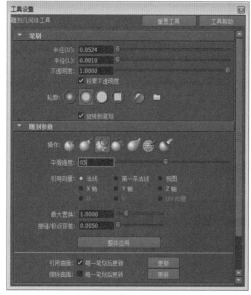

图 4-71 设置笔刷属性参数

05 然后,在模型上过度突起的部位进行涂刷雕刻,突起效果会有明显改变,如图 4-72 所示。

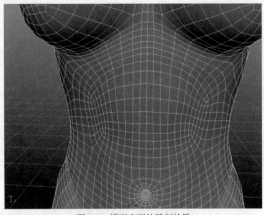

图 4-72 模型表面的雕刻效果

4.3.20 镜像切割

该工具对原始物体制作镜像物体,以及制作镜像物体与原始物体的剪切效果。图 4-73 所示是该工具的参数设置面板。下面向读者介绍其参数的功能。

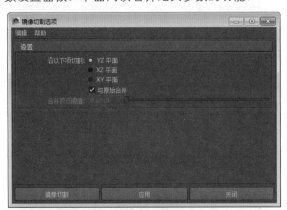

图 4-73 镜像切割选项

🔽 沿以下项切割:用于设置剪切平面所处的位置,包括 YZ、XZ 和 XY 3 个不同平面的镜像方式。

🔽 与原始合并:用于设置是否将镜像部分与原始物体合并。

🔽 合并顶点阈值:镜像部分与原始物体合并点的极限值。该属性必须在启用【与原始合并】复选框后才能使用。当该值设置为 0 时,镜像的物体与原始物体独立存在。

动手实践——镜像切割模型

本节使用一个人头的模型向大家讲解【镜像切割】工具的使用方法。

01 打开随书光盘"场景文件 \Chapter04\ 镜像切割 .mb"文件,如图 4-74 所示。

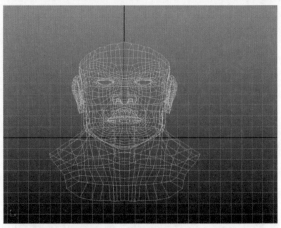

图 4-74 打开场景

02 单击【网格】|【镜像切割】右侧的▣按钮,打开【镜像切割选项】对话框,并按照图 4-75 所示的参数进行设置。

图 4-75 镜像切割选项

03 在场景中选择模型,并单击【镜像切割选项】对话框中的【镜像切割】按钮。在视图中调整镜像模型的位置,如图 4-76 所示。

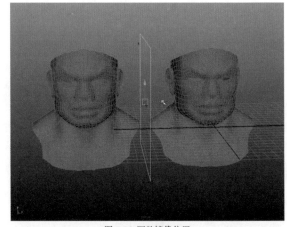

图 4-76 调整镜像位置

技巧

当移动镜像剪切操作产生的控制手柄时,若镜像物体与原始物体重合,则它们重合的部分会被剪切,若两物体不重合,则它们是各自独立的,并且共同构成一个完整的新个体。

4.3.21 镜像几何体

【镜像几何体】命令可以通过轴镜像选择的多边形，从而创建一个副本。图 4-77 所示是该工具的选项对话框。

图 4-77 镜像选项

> 📥 **镜像方向**：指定希望 Maya 镜像选定多边形对象的方向。默认为 +X 方向。

> 📥 **与原始合并**：选择希望多边形如何合并。如果启用该复选框，则 Maya 会复制并翻转原始多边形，并将复制的多边形与原始多边形合并。如果禁用该复选框，则 Maya 会复制并翻转原始多边形，但不会合并单独的壳。

> 📥 **合并顶点**：选择该选项可合并相邻的顶点，从而创建独立壳。

> 📥 **连接边界边**：选择该选项可以使原始多边形与镜像多边形在边界边处连接，从而填充面以形成封闭图形。

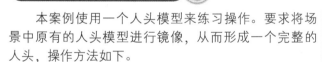

本案例使用一个人头模型来练习操作。要求将场景中原有的人头模型进行镜像，从而形成一个完整的人头，操作方法如下。

01 打开随书光盘"场景文件\Chapter04\镜像.mb"文件，这是一个只有一半的人头，如图 4-78 所示。

02 选择模型，单击【网格】│【镜像选项】右侧的▣按钮，打开【镜像选项】对话框，并按照图 4-79 所示的参数进行设置。

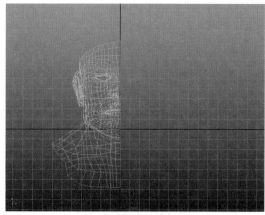

图 4-78 打开场景

图 4-79 设置参数

03 设置完成后，单击【镜像】按钮，即可完成操作，如图 4-80 所示。

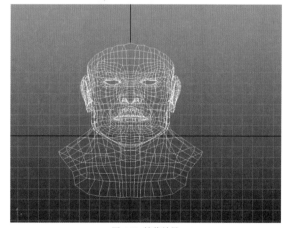

图 4-80 镜像效果

4.4 编辑多边形网格

前面我们讲了多边形构成元素的一些简单的变换和移除操作，本节将学习构成元素的较复杂且具有技巧性的操作。这些操作工具可以帮助用户方便快捷地完成工作。

4.4.1 显示建模工具包 ▶

该命令是 Maya 2014 的新增功能。该工具类似于 3ds max 中的多边形建模方式，它将一些常用的工具集成为一个工具面板。当执行该命令时，将会在界面左侧打开一个面板，读者可以通过单击其中的按钮来快速完成相应的多边形编辑操作。图 4-81 所示为该面板。

图 4-81 Maya 建模工具包

下面向读者介绍该工具包中提供的一些工具的功能。

1. 选择工具

● 多组件：单击该按钮，可以在视图中同时选择顶点、边和面。

● 顶点选择▦：单击该按钮，可以在视图中的多边形上选择顶点。

● 边选择▦：单击该按钮，可以在视图中的多边形上选择边。

● 面选择▦：单击该按钮，可以在视图中的多边形上选择面。

● 拾取／框选▦：用于拾取单个多边形元素或进行矩形框选。

> **提示**
>
> 使用 Ctrl+Shift 组合键配合鼠标左键即可在已选择的多边形元素上添加新元素；按住 Ctrl 键配合鼠标左键可以在已选择的多边形元素上删除元素。

● 射线投射▦：用于通过在任意亮显多边形元素上单击并拖动鼠标来绘制选择。

> **提示**
>
> 按住 Tab 键可暂时激活该工具。释放 Tab 键可返回到先前选择的工具。

● 射线投射／框选▦：用于在【射线投射】和【框选】工具之间切换。当某个组件处于高亮度显示状态时，Maya 会切换到【射线投射】工具。当光标超出高亮度显示范围时，Maya 将切换到【框选】工具。

● 调整／框选▦：用于在【调整】模式和【框选】工具之间切换。当某个元素（顶点、边或面）处于高亮度显示状态时，Maya 会切换到【调整】模式。当没有元素处于高亮度显示状态时，Maya 会切换到【框选】工具。

● 亮显背面：启用该复选框时，背面组件将被预先选择亮显或可选择。禁用此选项时，背面组件仍然可选择，但不会被预先选择亮显。

● 预览循环／环形：启用时，可实时预览包括在循环／环形选择中的组件。若要预览循环／环形，请选择一个组件，然后按住 Shift 键，同时将光标悬停在同一路径的相邻组件。

● 对称：用于激活对称模式。

● 选择约束：选择约束可以使用户能够更好地控制选择，包括角度、边界、壳。单击▦按钮，在打开的下拉列表中即可选择。

> **提示**
>
> 角度可以选择展到相邻的多边形以形成小于或等于角度字段值的角度；边界用于选择边界元素。壳将选择自动展开到所有连续元素。

● 变换约束：变换约束可以使用户能够更好地控制变换，包括角度、边界、壳。单击▦按钮，在打开的下拉列表中即可选择。

2. 编辑多边形网格

借助【网格编辑工具】可以创建和编辑多边形。默认情况下，用户可以从【建模工具包】窗口内实现 7 个工具之间的快速切换。

> ⬇ 倒角：可以对多边形网格的顶点进行切角处理，或使其边成为圆形边。等同于【编辑网格】|【倒角】工具。

> ⬇ 桥接：可以在现有多边形网格上选定的对边之间创建桥（其他面），等同于【编辑网格】|【桥接】工具。

> ⬇ 连接：可以通过其他边连接顶点和 / 或边，等同于【编辑网格】|【连接】工具。

> ⬇ 挤出：可以从现有面、边或顶点挤出新的多边形，等同于【编辑网格】|【挤出】工具。

> ⬇ 多切割：用于分割多边形、切割面和插入循环边，等同于【编辑网格】|【切割】工具。

> ⬇ 目标焊接：可以以交互方式将顶点或边合并到另一个顶点或边，等同于【编辑网格】|【目标焊接】工具。

> ⬇ 四边形绘制：可以创建四边形。

关于该工具包的功能就介绍这么多。该工具实际上是将 Maya 常用的建模工具集成到一个面板中，以方便用户使用。工具的具体功能可以参考本章其他部分相关介绍。

4.4.2 保持面的连接性 ⊘

在对模型进行挤出时，面与面合并工具可以让多个相邻的挤出面拥有共同的公共边。这个命令是配合挤出命令一起使用的。如果选择这个命令，执行挤出、提取、复制命令，然后拖拉相邻的面或边，则相邻的面或边是连接在一起的；如果不选择这个命令，在执行挤出命令后拖拉相邻的面或边，则相邻的面或边是彼此独立的，其对比效果如图 4-82 所示。

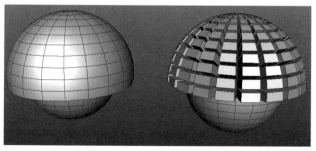

图 4-82 禁用该复选框前后效果对比

4.4.3 挤出 ⊘

【挤出】命令是多边形建模中最常用的工具，用户可以快速选择指定的点、线或面，然后执行该命令，即可挤出新的拉伸点、线或面，以创建出新的造型效果。图 4-83 所示为【挤出面选项】对话框。

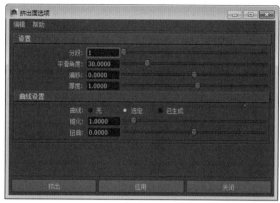

图 4-83 挤出选项

下面向读者介绍挤出选项的功能。

> ⊙ 分段：该选项用于控制沿着挤出长度的分段数。

> ⊙ 平滑角度：该选项用于指定挤出几何体的边是光滑的，还是尖锐的。

> ⊙ 偏移：当在该选项中输入一个数值时，则拉伸的元素将根据指定的这个数值进行挤出、提取或者复制面的边。

> ⊙ 厚度：该选项用于为拉伸的面指定厚度，即拉伸出来的面距离原面的高度。

> ⊙ 曲线：将该选项设置为【选定】或【已生成】时，需要将场景中的选定曲线用作路径进行挤出。这种挤出效果可以沿路径曲线进行扭曲和锥化。

> ⊙ 锥化：在挤出的多边形沿着曲线移动时进行缩放。

> ⊙ 扭曲：在挤出的多边形沿着曲线移动时旋转它们。

动手实践——制作战帽

本案例使用一个战帽的案例，向大家讲解如何使用挤出工具制作一个沿曲线进行挤出的多边形效果。

> 01 打开随书光盘"场景文件 \Chapter04\ 战帽 .mb"文件，如图 4-84 所示。

> 02 在场景中绘制一条曲线，并调整一下它的位置，如图 4-85 所示。

> 03 在场景中选择要挤出的面，然后选择曲线，如图 4-86 所示。

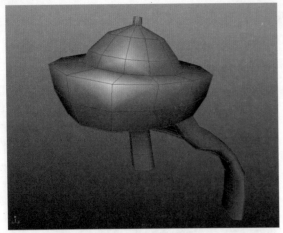

图 4-84 打开场景文件

图 4-85 绘制曲线

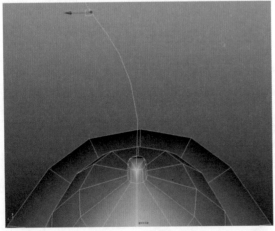

图 4-86 选择元素

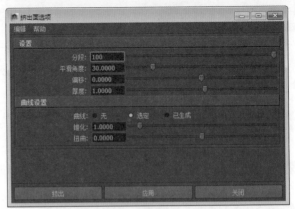

图 4-87 设置参数

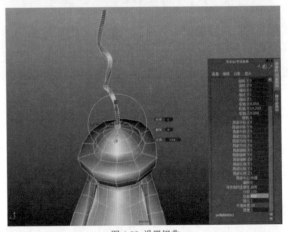

图 4-88 设置扭曲

06 将【锥化】设置为 0.2，效果如图 4-89 所示。

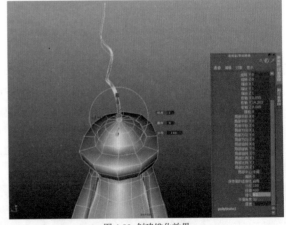

图 4-89 创建锥化效果

04 单击【编辑网格】|【挤出】右侧的 ■ 按钮，打开【挤出选项】对话框，将【分段】设置为 100，如图 4-87 所示。设置完毕后，单击【应用】按钮即可完成挤出操作。

05 确认模型处于选中状态，在通道栏中将【扭曲】设置为 400，效果如图 4-88 所示。

4.4.4 桥接

【桥接】工具可以在选定的多边形网格上的成对边界边之间构造桥接多边形网格。生成的桥接多边形网格与原来的多边形组合在一起，而且它们的边会进行合并。图 4-90 所示为【桥接选项】对话框。

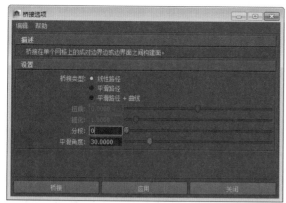

图 4-90 桥接选项

🔽 **桥接类型**: 该选项区域主要用来选择连接的方式。

🔽 **线性路径**: 选择该选项后, 已创建的桥接多边形网格将变为直线。该方式创建的多边形网格不能产生扭曲和锥化效果。

🔽 **平滑路径**: 选择该选项后, 已创建的桥接多边形网格会根据内部或曲线在选定边之间以平滑方式过渡。通过创建可延伸到选定边任意一侧的曲线, 可确定桥接多边形网格的形状。其中, 曲线延伸到选定边任意一侧的角度垂直于选定边每侧所对应的平均曲面法线。

🔽 **平滑路径 + 曲线**: 选择该选项后, 已创建的桥接多边形网格会在选定边之间以平滑方式过渡。

🔽 **扭曲**: 在最初选定的边界之间旋转桥接多边形网格。默认角度为 0。当在【桥接类型】中选择【平滑】或【平滑路径 + 曲线】后该选项可用。

🔽 **锥化**: 沿桥接多边形的宽度方向控制桥接区域的图形。默认设置为 1, 即不产生锥化效果。

🔽 **分段**: 该选项用于指定在选定边界边之间创建的等间距分段数。

🔽 **平滑角度**: 指定在完成操作之后是否自动软化或硬化桥接面上插入的边以及桥接边。

 提示

将【平滑角度】设置为 180 时, 插入的边将显示为软化。将【平滑角度】设置为小于 180 的值, 则插入的边将显示为硬化。

动手实践——桥接球体

本案例将使用两个球体向大家讲解【桥接】工具的使用方法。

01 打开随书光盘"场景文件 \Chapter04\ 桥接 .mb"文件, 这是一个已经有两个边界的球体, 如图 4-91 所示。

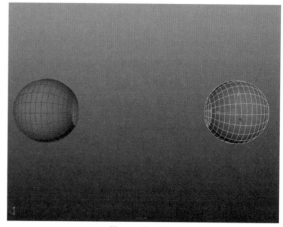

图 4-91 打开场景

02 选择两个球体, 执行【网格】|【结合】命令, 将两个球体结合为一个模型, 如图 4-92 所示。

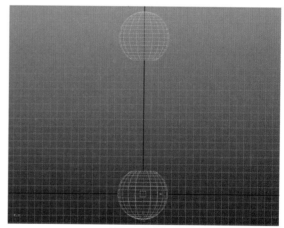

图 4-92 结合模型

03 选择模型, 选择右键菜单中的【边】命令, 并在视图中选择两个将要执行桥接的边界, 如图 4-93 所示。

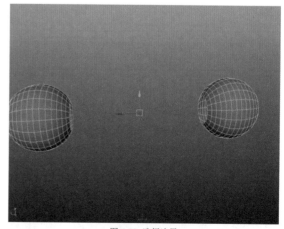

图 4-93 选择边界

04 单击【编辑网格】|【桥接】右侧的■按钮, 在打开对话框中按照图 4-94 所示设置参数。

桥接效果如图 4-97 所示。

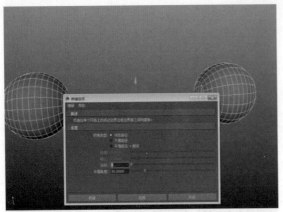

图 4-94 设置参数

05 设置完毕后，单击【桥接】按钮，即可完成创建，效果如图 4-95 所示。

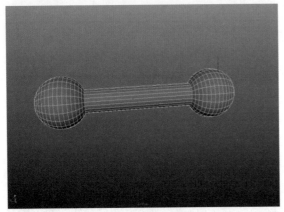

图 4-95 桥接效果

提示

这种效果仅仅是一种规则的桥接多边形，如果需要桥接部分产生扭曲或者锥化，则需要按照下面的步骤操作。

06 选择两个对称边界后，打开【桥接选项】对话框，并按照图 4-96 所示设置参数。

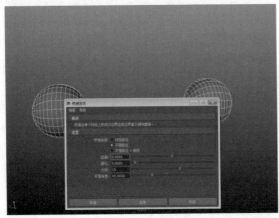

图 4-96 平滑桥接

07 设置完成后，单击【桥接】按钮，制作完成的

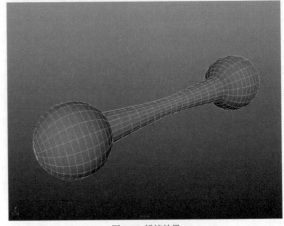

图 4-97 桥接效果

4.4.5 附加到多边形工具 >

使用【附加到多边形工具】命令可以将多边形添加到现有的网格上，将多边形边当做起点。图 4-98 所示是该工具的设置对话框。

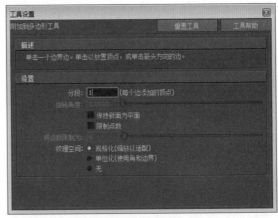

图 4-98 工具设置

分段： 指定要沿正在附加多边形的边添加的顶点数，默认值为 1。图 4-99 所示为不同的分段数所产生的不同效果。

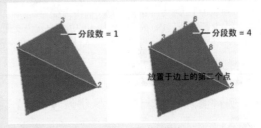

图 4-99 分段数的影响

旋转角度： 该选项仅在为附加多边形放置顶点时可用。在完成附加操作之前，使用该参数可以旋转新顶点，如图 4-100 所示。

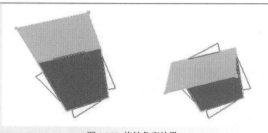

图 4-100 旋转角度效果

⊙ 保持新面为平面：默认情况下，使用该工具创建的面与附加到的多边形网格位于同一平面。如果不需要在同一平面上创建面，则需要禁用该复选框。

⊙ 限制点数：启用该复选框，且指定了点数后，多边形将自动关闭。用户可以继续通过在视图中单击来创建新的多边形。

⊙ 将点数限制为：指定附加多边形所需的顶点数。默认值为 4，这表示创建的多边形是四边形。如果将其设置为 3，则创建的多边形为三角形。

⊙ 纹理空间：本选项主要用于指定如何为附加的多边形创建 UV 纹理坐标，包括规格化、单位化、无 3 个选项。不同的纹理效果如图 4-101 所示。

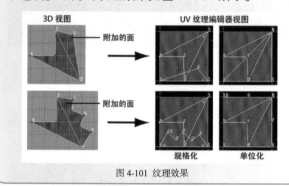

图 4-101 纹理效果

4.4.6 在网格上投影曲线

该命令可以将曲线投影到多边形曲面上。图 4-102 所示是【在网格上投影曲线选项】对话框。下面向读者介绍其参数功能。

图 4-102 设置参数

⊙ 沿以下项投影：指定将投影网格上的曲线的方向，分别为当前视图方向、XY、ZX 和 XY 平面。

⊙ 仅投影到边：编辑点放置到指定多边形的边。否则，编辑点将会出现在沿面和边的点处。

4.4.7 使用投影的曲线分割网格

该命令可以在多边形曲面上分割或分割并分离边。图 4-103 所示是【使用投影的曲线分割网格】对话框。

图 4-103 参数设置

⊙ 分割：将多边形的曲面切割。但是，整个多边形组件仍然连接在一起，且只有一组顶点。

⊙ 分割并分离边：沿分割的边分离多边形。分离多边形的组件，有两组或更多组的顶点。

4.4.8 切割面工具 >

【切割面工具】可以沿切割线分割所有多边形面。该工具可以将多边形切割、删除或者将面提取出来。图 4-104 所示是该工具的参数设置面板。

图 4-104 切割面工具选项

下面向读者介绍【切割面工具】的参数功能。

⊙ 切割方向：选择切割物体模式。Maya 提供了 4 种切割模式，详细介绍如下。

交互式：该模式可以使用一条定位线来手动设置切割线。在该模式中，按住 Shift 键还可以限制定位线旋转为 45 度之内。

YZ 平面：可以将切割面设置为 XY 平面。

ZX 平面：可以将切割面设置为 ZX 平面。

YX 平面：可以将切割面设置为 YX 平面。

删除切割面：删除剪切部分。

提取切割面：对剪切部分进行偏移设置，偏移部分始终与原物体构成一个整体。

提取偏移：设置切面偏移的轴向，分别是 X、Y 和 Z。

在使用该工具时，当启用【删除切割面】复选框后，如果使用【交互式】方式来剪切物体，定位线上将多出一个垂直于定位线的虚线，虚线指向方向的物体部分将被删除。

4.4.9 交互式分割工具

使用【交互式分割工具】可以通过跨面绘制一条线以指定分割位置来分割网格中的一个或多个多边形面。图 4-105 所示是该工具的参数设置对话框。

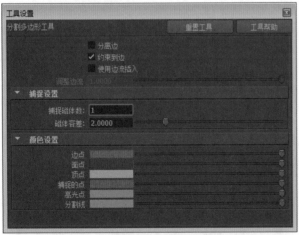

图 4-105 工具设置

下面向读者介绍该工具的参数功能。

分离边：将分割出来的边分割出来。

约束到边：将定义的点直接约束到与其相近的边上。

使用边流插入：允许捕捉到沿边的点。

磁体容差：控制顶点与某个捕捉点要离多近才能捕捉到该捕捉点。将该值设定为 10，以将顶点约束为始终位于捕捉点处。

颜色设置：该区域用于设置在执行分割过程中各种元素的颜色，可以拖动相应元素右侧的滑块来调整颜色。

动手实践——分割多边形

本案例将使用一个人物腿部的模型向大家介绍如何使用【交互式分割工具】在已有模型上进行分割。

01 打开随书光盘"场景文件\Chapter04\ 交互式分割 .mb"文件，如图 4-106 所示。

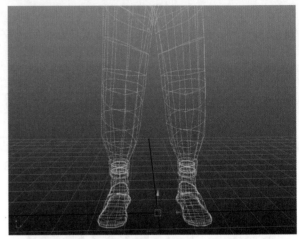

图 4-106 打开场景

02 执行【编辑网格】|【交互式分割工具】命令，激活该工具，如图 4-107 所示。

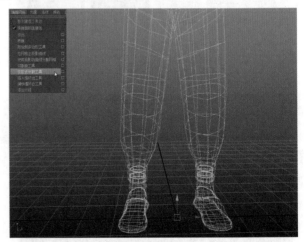

图 4-107 激活工具

03 在视图中选择用于执行分割的一条边线，如图 4-108 所示。

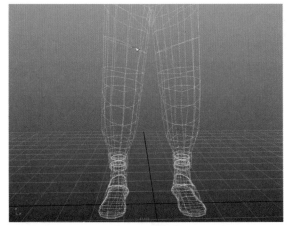

图 4-108 选择边线

[04] 再拖动鼠标移动到另外一条需要分割的边线上，并单击鼠标左键确定一个分割点，如图 4-109 所示。

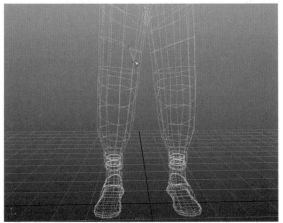

图 4-109 选择边线

[05] 再拖动鼠标移动到其他边线上，产生一条用于分割的高亮度示意图，如图 4-110 所示。

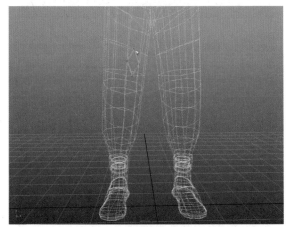

图 4-110 执行分割

[06] 最后，当分割执行完成后，按键盘上的 Enter 键即可完成分割，效果如图 4-111 所示。

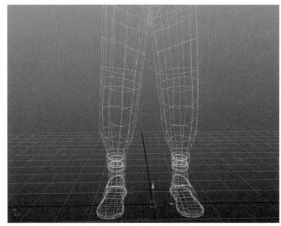

图 4-111 完成效果

4.4.10 插入循环边工具

使用【插入循环边工具】可以在多边形网格上创建整个或局部环形边。该环形边是按共享顶点顺序连接的多边形路径。环形边是按共享面顺序连接的多边形的路径。图 4-112 所示是【插入循环边工具】选项。

图 4-112 工具设置

下面向读者介绍该对话框中参数的功能。

○ 与边的相对距离：该命令用于控制循环线上每个点的位置与所在边长度的比例保持相同，如图 4-113 所示。

与边的相对距离 = 启用
插入边预览定位器根据其相对选定边的百分比距离来沿边放置。

图 4-113 相对位置效果

○ 与边的相等距离：可以使循环线上每个点的位置与处于最短边上的点与最近端点距离相等，如图 4-114 所示。这样，可以使循环线与边平行，特别是当物体表面是不规则形状时，通过使用该命令可以快速找到平行线。

图 4-114 相等距离效果

▶ 多个循环边：选中该单选按钮后，可以同时在模型上添加多条等分边的循环线，每个点的位置处于等距点上，如图 4-115 所示。

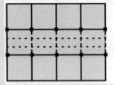
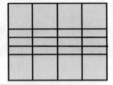

图 4-115 多个循环边效果

▶ 使用相等倍增：该选项与剖面曲线的高度和形状相关。使用该选项时应用最短边的长度来确定偏移高度。

▶ 循环边数：用于设置循环线数。如果取值为 1，则只有一条循环线，且位置处于每个边的中心点上；如果取值为 3，则创建 3 条循环线，每个点处于边上的 1/4 位置。

▶ 自动完成：确定是否自动完成整条循环，默认处于选中状态。

▶ 固定的四边形：启用该选项时，会自动分割由插入循环边生成的三边形和五边形区域，以生成四边形区域。当保持网格的四边形完整性非常重要时，该选项非常有用。

▶ 使用边流插入：该功能是 Maya 2014 对【插入循环边工具】进行的优化功能。它可以插入遵循周围网格曲率的循环边，效果如图 4-116 所示。

不使用边流插入边

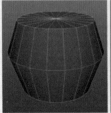

使用边流插入边

图 4-116 使用该功能前后效果对比

▶ 调整边流：在插入边之前，输入值或调整滑块以更改边的形状。将该值设置为 1 时，可变换曲面曲率以遵循周围网格的曲率。设置为 0 时，这些边将移动到附近其他边的中间，从而形成平面，如图 4-117 所示。

无边流　　　调整边流 = 1　　　调整边流 = 0

图 4-117 不同取值效果对比

▶ 平滑角度：用于设置平滑的角度，默认参数为 30 度。

 动手实践——修改腿部布线结构

　　本案例以上一案例中使用的腿部模型为例，向大家讲解如何使用【插入循环边工具】修改腿部的循环边。

01 打开随书光盘"场景文件 \Chapter04\ 插入循环边 .mb"文件，如图 4-118 所示。

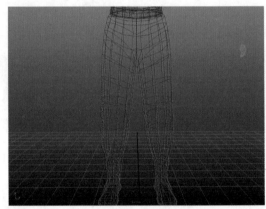

图 4-118 打开场景

02 执行【编辑网格】|【插入循环边工具】命令，并在模型上单击边线，产生一个循环边线的放置位置，如图 4-119 所示。

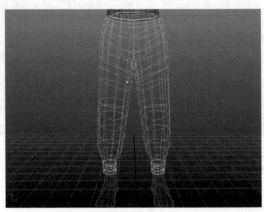

图 4-119 放置循环边

03 确定位置后，松开鼠标左键，即可创建一条循环边，如图 4-120 所示。

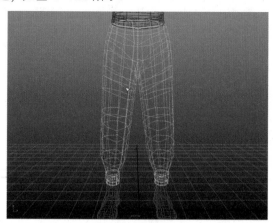

图 4-120 插入循环边

4.4.11 偏移循环边工具

使用【偏移循环边工具】可以在选择的任意边两侧插入两个循环边。循环边是由共享顶点按顺序连接多边形的路径。图 4-121 所示为【偏移循环边工具】对话框。

图 4-121 选项设置

下面向读者介绍该工具参数的功能。

🔘 删除边：默认为启用且不可用状态。用于删除边，只有在【按 Enter 键】单选按钮处于选中状态下才变为可用状态。

🔘 使用边流插入：Maya 2014 新增的参数设置。可以插入遵循周围网格曲率的循环边。

🔘 调整边流：在插入边之前，输入值或调整滑块以更改边的形状。

🔘 开始 / 结束顶点偏移：确定两个顶点在选定边两端上的距离将从选定边的原始位置向内偏移还是向外偏移，效果如图 4-122 所示，默认取值为 1。

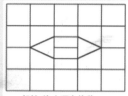
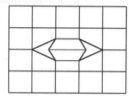

起始/终止顶点偏移 = 0   起始/终止顶点偏移 = 0.3

图 4-122 顶点偏移效果

🔘 平滑角度：指定完成操作后是否自动软化或硬化沿循环边插入的边。如果该值为 180，则插入的边将显示为软边。如果取值小于 180，则插入的边将显示为硬边。

🔘 工具完成：设置工具的完成方式。其中，【自动】表示自动完成创建，松开鼠标即表示结束；【按 Enter 键】表示需要按 Enter 键作为结束的命令。

4.4.12 添加分段

该命令用于对多边形添加面的细分段数，并且所添加的细分段数是等距离分布的。使用该命令添加模型的细分与【平滑】命令类似，但该命令只会增加模型的面数，而不改变模型的外形。图 4-123 所示为该工具的参数设置面板。

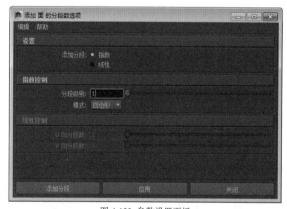

图 4-123 参数设置面板

下面向读者介绍该面板中的参数功能。

🔘 添加分段：该选项用于控制模型的细分方式。

　🔘 指数：指数方式用于控制模型在单位面积内整体的细分效果，细分的程度较强。

　🔘 线性：线性方式是指模型在 U 向、V 向的细分效果。

🔘 分段级别：用于控制模型细分的级别，级别值越大，物体生成的细分段数越多。

> ◎ 模式：用于控制所产生细分面的模式。该工具提供了两种面的细分模式，即四边形和三角形。

> ◎ U/V 向分段数：用于控制物体分别在 U 向和 V 向的细分段数。

动手实践——细分面的分段数

本节将使用一个士兵帽子的模型向大家讲解在模型上添加分段的操作方法。

[01] 打开随书光盘"场景文件 \Chapter04\ 添加分段 .mb"文件，如图 4-124 所示。

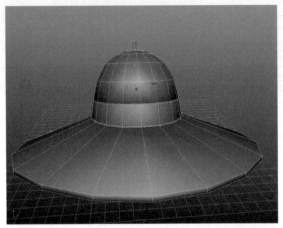

图 4-124 打开场景

[02] 选中场景中的模型，选择鼠标右键菜单中的【面】命令，进入面编辑模式，选中如图 4-125 所示位置的几个面。

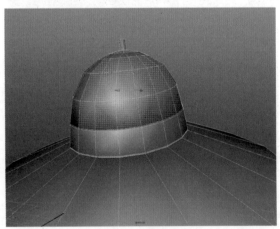

图 4-125 选择局部面

[03] 对选中的面执行【编辑网格】|【添加分段】命令，对其进行细分操作，此时所选面的分段数会增加，如图 4-126 所示。

[04] 若想增加所选多边形面的细分，用户可单击【添加分段】命令右侧的◻按钮，在弹出面板中设置【分段级别】值为 2，如图 4-127 所示。

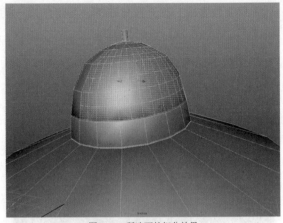

图 4-126 所选面的细分效果

图 4-127 设置细分级别

[05] 设置完毕后，单击【应用】按钮，执行添加细分操作，再观察所选模型面的细分效果，如图 4-128 所示。

图 4-128 修改细分效果

4.4.13 滑动边工具

使用【滑动边工具】可以将选择的边滑动到其他位置。在滑动过程中是沿着对象原来的走向进行滑动，这样可使滑动操作更加方便。图 4-129 所示为【滑动边工具】设置面板。

图 4-129 滑动边

图 4-130 参数设置面板

● 相对：基于绝对距离沿选定边移动选定边 / 循环边。例如，当滑动循环边到滑动边约一半的位置时，所有选定边将显示在相对于其原始位置一半的位置。

● 绝对：基于绝对距离沿选定边移动选定边 / 循环边。当沿滑动边的距离为可变时，该工具默认使用最短边以确定边 / 循环边可以移动的最大距离。当希望定位边 / 循环边在距其他现有边特定距离的位置时，该选项非常有用。

提示

默认情况下，【滑动边工具】会在选定顶点接触滑动边的下一个顶点时停止滑动边。可以按住 Ctrl 键以便顶点移出，来覆盖该行为。

● 使用捕捉：确定是否使用捕捉设置。

● 捕捉点：控制滑动顶点将捕捉的捕捉点数量。其取值范围为 0~10，默认值为 1，表示捕捉到中点。

● 捕捉容差：控制在顶点捕捉到它之前必须距离捕捉点的靠近程度。滑块范围在 0~1 之间。当希望确保顶点始终捕捉到捕捉点时，设定该值为 1。

4.4.14 变换组件 >

使用【变换组件】可以在创建历史节点时相对于法线变换（移动、旋转或缩放）多边形组件（边、顶点、面和 UV）。图 4-130 所示是该工具的参数设置面板。该工具只有一个参数，用于随机变换组件，其取值范围为 0~1。

4.4.15 翻转三角形边 >

【翻转三角形边】命令用于改变物体三边面上边的排列方式。在多边形数量较少的模型形状中，使用该工具可以改善多边形网格的拓扑结构。

动手实践——调整布线拓扑

本案例使用一个怪兽的腿部结构向大家讲解如何使用【翻转三角形边】工具执行操作。在翻转之前，需要先把模型上的四边形面转换为三角形。

01 打开随书光盘"场景文件 \Chapter04\ 翻转三角面 .mb"文件，如图 4-131 所示。

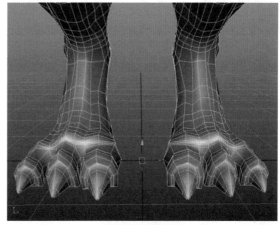

图 4-131 打开场景

02 选择模型，执行【网格】|【平滑】命令，将模型光滑。执行【网格】|【三角化】命令将四边形转换为三角形，如图 4-132 所示。

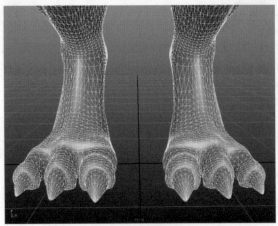

图 4-132 转换为三角形

 03 进入边选择级别，并选择如图 4-133 所示的边线。

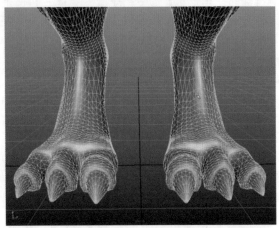

图 4-133 选择变形

 04 执行【编辑网格】|【翻转三角形边】命令，即可将边翻转，如图 4-134 所示。

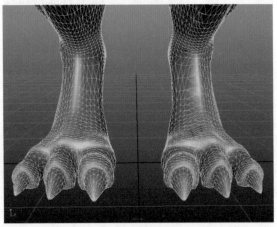

图 4-134 翻转三角形边

4.4.16 正向/反向自旋边

执行【正向自旋边】命令可以朝其缠绕方向自旋

选定边；执行【反向自旋边】命令则可以朝其缠绕方向的反方向自旋选定边。在执行这两个命令时，必须将它们附加到两个面上。

4.4.17 编辑边流

【编辑边流】是 Maya 2014 提供的一个全新的网格编辑工具。它可以用来调整边的位置，从而使其能够适合周围网格的曲率。

动手实践——编辑圆环

本案例使用一个多边形圆环来讲解【编辑边流】工具的使用方法。由于该工具是一个新增的工具，因此将详细讲解。

01 新建一个场景，使用【多边形圆环】工具在透视图中创建一个圆环，如图 4-135 所示。

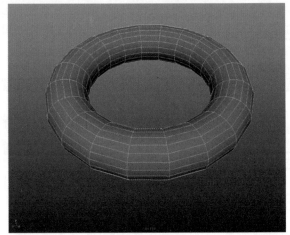

图 4-135 创建模型

02 选择右键菜单中的【边】命令，并在视图中选择两条边线，如图 4-136 所示。

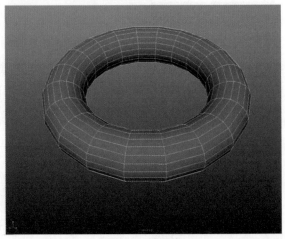

图 4-136 选择边线

为了能够获得准确的效果，最好选择两条或一条边执行该命令。

03 单击【编辑网格】|【编辑边流】右侧的■按钮，打开【编辑流选项】对话框。将【调整边流】设置为 0，如图 4-137 所示。

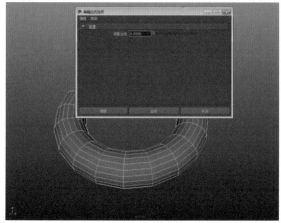

图 4-137 设置参数

04 设置完毕后，单击【编辑】按钮，即可完成操作。图 4-138 所示是编辑后的圆环效果。

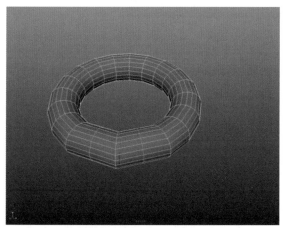

图 4-138 编辑后的边线效果

4.4.18 刺破面

执行【刺破面】命令可以在选择面的中心产生一个新的顶点，并将该顶点与周围的顶点连接起来。在新的顶点处有一个控制手柄，可以通过调整手柄来对顶点进行移动操作。图 4-139 所示是【刺破面选项】对话框。

图 4-139 刺破面选项

● 顶点偏移：该选项用于指定 X、Y、Z 方向以及新顶点将与原始面的偏移距离。

● 世界（在对象上忽略缩放）：该选项表示在世界坐标空间中的偏移。

● 局部：该选项以局部空间单位指定偏移。即顶点偏移将相对于对象单位。

动手实践——刺破多边形面

本例使用【刺破面】工具将选择的面在世界空间和局部空间进行调整。

01 打开随书光盘"场景文件\Chapter04\刺破面.mb"文件，这是一把斧头的模型，如图 4-140 所示。

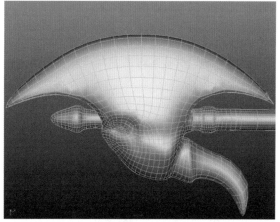

图 4-140 打开场景

02 选择模型，选择右键菜单中的【面】命令，并在视图中选择如图 4-141 所示的面。

03 确认面处于选中状态。单击【编辑网格】|【刺破面】右侧的■按钮，打开【刺破面选项】对话框。启用【世界】单选按钮，并在视图中调整顶点位置，如图 4-142 所示。

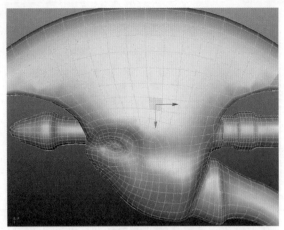

图 4-141 选择面

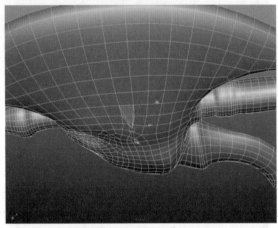

图 4-142 调整顶点位置

04 按组合键 Ctrl+Z 返回。打开【刺破面选项】对话框，并选中【局部】单选按钮。关闭该对话框，在视图中拖动手柄，观看此时的坐标方式，如图 4-143所示。

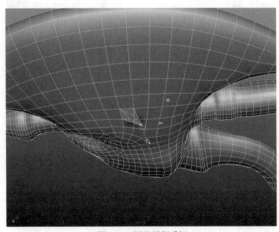

图 4-143 调整局部手柄

4.4.19 楔形面

【楔形面】命令可以基于面和一条边进行挤出并旋转，最终得到一组面。图 4-144 所示是【楔形面选项】对话框。

图 4-144 楔形面选项

下面向读者介绍该面板中的参数功能。

弧形角度：该参数设置围绕枢轴边旋转的度数。

分段：该参数用于设置楔形面的细分段数。该数值越高，则楔形面就越光滑。

动手实践——创建战帽

本案例利用一个战帽的模型向大家介绍如何使用【楔形面】工具修改模型。在修改过程中，注意如何同时选择模型上的面和边。

01 打开随书光盘"场景文件 \Chapter04\ 楔形面.mb"文件，如图 4-145 所示。

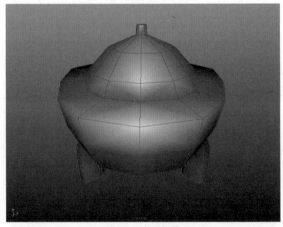

图 4-145 打开场景

02 执行【选择】|【多组件】命令，并在视图中选择如图 4-146 所示的两个多边形面。

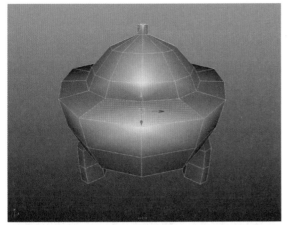

图 4-146 选择面

03 按住 Shift 键不放，在视图中选择如图 4-147 所示的边。

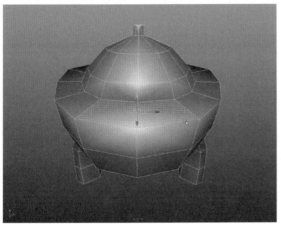

图 4-147 选择边

04 单击【编辑网格】|【楔形面】■按钮，打开【楔形面选项】对话框，并按照图 4-148 所示的参数进行设置。

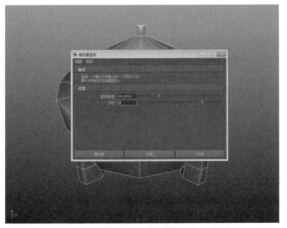

图 4-148 设置参数

05 设置完毕后，单击【楔形面】按钮，即可完成操作，效果如图 4-149 所示。

图 4-149 楔形面效果

4.4.20 复制面

使用【复制面】命令可以把指定的面复制一个副本，并且可以将该副本作为一个单独的对象分离出来。图 4-150 所示是【复制面】的参数设置面板。

图 4-150 复制面选项

下面向读者介绍【复制面选项】对话框的参数功能。

- 分离复制的面：复制后将面分离为独立的面。该选项为默认设置。如果禁用该选项，则复制的副本将作为源物体的一部分。

- 偏移：该选项用于设置复制的面距离源物体的距离，取值越大，则距离越远。

4.4.21 连接组件

【连接组件】主要用于在模型上连接选定的组件（点、边、面），并在连接的组件之间创建一条线。

动手实践——连接组件

本案例将使用一个手臂的模型向大家讲解【连接组件】的使用方法。

01 打开随书光盘"场景文件 \Chapter04\ 连接组件 .mb"文件，如图 4-151 所示。

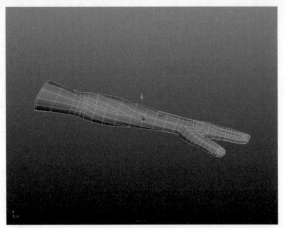

图 4-151 打开场景

02 选择模型。选择【选择】|【多组件】命令，并在视图中选择一条边线和一个顶点，如图 4-152 所示。

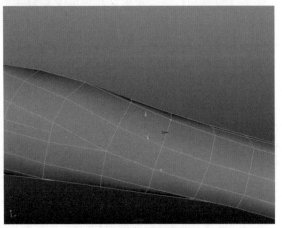

图 4-152 选择元素

03 执行【编辑网格】|【连接组件】命令，即可在两个元素之间创建连接，并显示连接的边线，如图 4-153 所示。

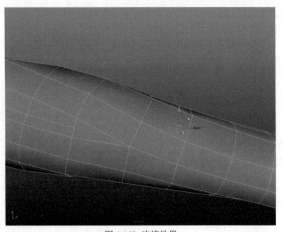

图 4-153 连接效果

4.4.22 分离组件

【分离组件】工具可以将一个物体的点、边、面元素独立为单一的元素。

4.4.23 合并

使用【合并】工具可以将模型上的两个或多个点、面合并成一个点、面。图 4-154 所示是该工具的参数设置面板。

图 4-154 合并顶点选项

下面向读者介绍该对话框中参数的功能。

▶ 阈值：用于设置合并元素之间距离的极限值，在这个参数值内的元素将被合并。

▶ 始终为两个顶点合并：用于控制是否将两合并点缝合在一起，从而具有一个共同的 UV 点。

4.4.24 合并到中心

【合并到中心】命令可以将选中的点、边、面等元素合并到一个中心，就是说如果选择两个物体上的边进行合并时，它会将所选择的这两条边合并到一个中心点上。选择面、点进行合并时，道理相同，而且这些元素可以不在同一个物体上。

4.4.25 收拢

【收拢】工具是一种很好的缝合工具，它可以将所选模型的多个面或边缝合在一起，以减少模型的面数或边数。在制作模型时，为避免三角面的产生会影响动画效果，我们可以使用这个工具来消除三角面。使用这个工具，需要执行【编辑网格】|【收拢】命令。

动手实践——收拢多边形的面

01 在模型上选择需要收拢的面，如图 4-155 所示。

02 执行【编辑网格】|【收拢】命令，即可将多边形收拢为一个顶点，如图 4-156 所示。

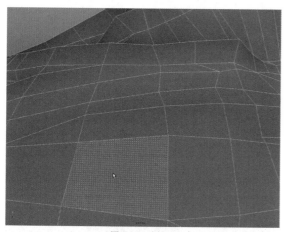

图 4-155 选择面

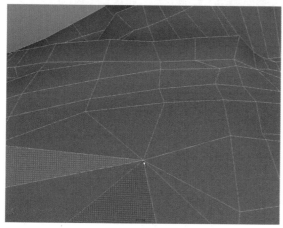

图 4-156 收拢效果

4.4.26 合并顶点工具

【合并顶点工具】主要用于对物体模型上独立的点进行缝合操作，要缝合的点必须处于同一模型上（即执行【结合】操作后的模型），才能执行【编辑网格】｜【合并点工具】命令，从而将独立的顶点缝合起来。

4.4.27 合并边工具

【合并边工具】用于对单一物体上的边界边进行缝合处理，也可以对两个执行【结合】命令后合并在一起的物体的边界边进行缝合处理。

4.4.28 删除边 / 顶点

【删除边 / 顶点】命令用于删除物体上指定的点、边。通常我们选中模型的边或面，按 Delete 键将其删除，

但是再将其切换到点显示模式，这条边上的点依然存在，因此使用 Delete 键，只能删除两点之间所形成的边，不能删除这条边上的顶点元素。此时就需要使用该工具来完成。

动手实践——删除顶点

本案例将使用一个角色脚部的模型向大家讲解删除顶点的操作方法。本案例要求读者在已有模型上删除选定的边及顶点，并保持面完整。

01 打开随书光盘"场景文件 \Chapter04\ 删除顶点 .mb"文件，如图 4-157 所示。

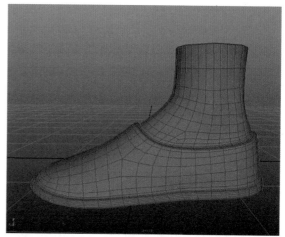

图 4-157 打开文件

02 选择模型，选择右键菜单中的【边】命令，并选择如图 4-158 所示的边。

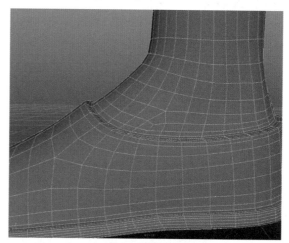

图 4-158 选择边线

03 执行【编辑网格】｜【删除边 / 顶点】命令，即可将模型上的边线和顶点移除，如图 4-159 所示。

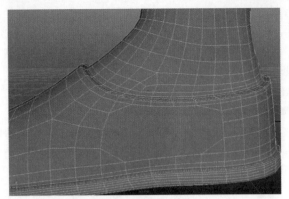

图 4-159 删除后的效果

4.4.29 切角顶点

【切角顶点】工具主要用于将一个顶点分散到各个与其相连的边上，也可以理解为使一个顶点转化为一个斜面。

动手实践——编辑脚部模型

本案例向大家讲解【切角顶点】的使用方法。

01 打开上一节中使用的脚部模型。选择右键菜单中的【顶点】命令，并选择如图 4-160 所示的顶点。

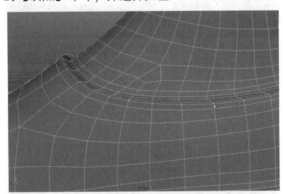

图 4-160 选择顶点

02 执行【编辑网格】|【切角顶点】命令，将选择的顶点转换为一个切面，如图 4-161 所示。

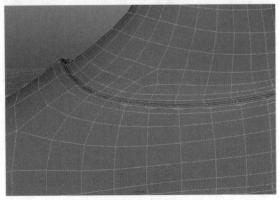

图 4-161 创建的切面

4.4.30 倒角

多边形倒角工具用于对模型边缘比较尖锐的棱角进行倒角，以制作出很好的边缘光滑效果，同时又不影响模型大体的造型效果。图 4-162 所示是【倒角】工具的参数设置对话框。

图 4-162 倒角选项

单击【编辑网格】|【倒角】右侧的■按钮，将会打开上图所示的对话框。下面我们将具体介绍参数的含义。

● **偏移类型**：该选项后面有两个单选按钮，【分形】是指以倒角的边为中心向两边扩展；【绝对】是指以倒角的边为起点向外进行扩展。

● **偏移空间**：偏移空间可以设定倒角的坐标系，可以选择【世界】空间和【局部】空间两种坐标系。

● **宽度**：该值用来决定倒角距离的大小，值越大，倒角越大，不同的取值效果对比如图 4-163 所示。

图 4-163 宽度效果对比

● **分段**：设定细分倒角面的段数，值越大，得到倒角的效果就越精确，当然倒角面上的边数也就越多，图 4-164 所示是不同的分段设置所展示的不同效果。

图 4-164 倒角分段对比

🡇 圆度：该参数可以设定倒角的圆滑度，值越大，倒角越圆滑。只有禁用【自动适配倒角到对象】复选框后才能使用，图 4-165 是圆度效果对比。

图 4-165 圆度效果对比

动手实践——倒角多边形

自 Maya 6.5 版本起，大大增强了倒角的功能，可以和 NURBS 的倒角一样处理模型。本案例将向大家介绍倒角的操作方法。

01 使用【创建多边形】工具在视图中创建一个"工"字多边形，如图 4-166 所示。

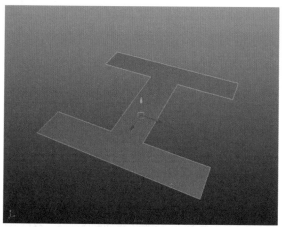

图 4-166 创建多边形

02 进入到面编辑状态，选中面，然后在菜单栏执行【编辑网格】|【挤出】命令，使用操纵手柄移动面，结果如图 4-167 所示。

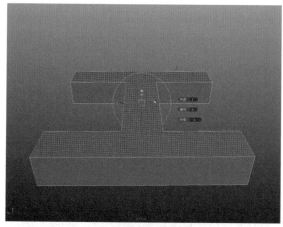

图 4-167 挤出面

03 切换到边编辑模式，并在视图中选择如图 4-168 所示的边。

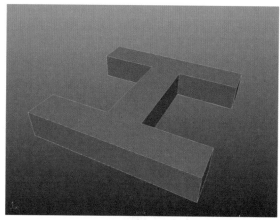

图 4-168 选择边

04 接着执行【编辑网格】|【倒角】命令，这时字体就出现了倒角，如图 4-169 所示。

图 4-169 倒角效果

如果需要调整倒角的外观，可以打开倒角参数设置面板，然后根据实际需要进行设置即可。

4.4.31 折痕工具 ⟩

【折痕工具】可以对模型的边进行折痕处理，使模型在平滑时产生硬角。图 4-170 所示是该工具的参数设置对话框。

图 4-170 工具设置

下面向读者介绍该工具的参数功能。

- 绝对：启用【绝对】设置时，多个边和顶点的折痕是相同的。也就是说，如果选择多个边或顶点来生成折痕，且它们具有已存在的折痕，那么完成之后，所有选定组件将具有相似的折痕值。

- 相对：启用【相对】设置时，会相对于彼此维护多个边和顶点的折痕。希望维护网格上已存在的折痕，且需要增加或减少折痕总体数量时，则需要使用该设置。

- 延伸到折痕组件：启用该设置时，会将折痕边的当前选择自动延伸到连接到当前选择的任何折痕。这样可省去必须单独选择所有折痕的工作。生成顶点的折痕时，该选项没有任何效果。

动手实践——创建折痕

本案例将使用一个模型向大家介绍折痕工具的使用方法。该工具在平滑多边形模型时作用很大。

01 打开随书光盘"场景文件 \Chapter04\ 折痕.mb"文件，如图 4-171 所示。

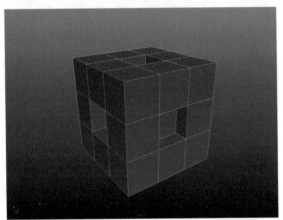

图 4-171 打开场景

02 选择模型，切换到【边】编辑模式，并选择如图 4-172 所示的边。

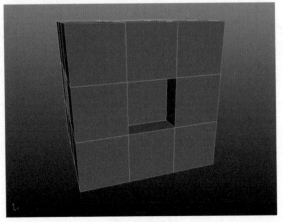

图 4-172 选择边

03 执行【编辑网格】|【折痕工具】命令，并在视图中按住鼠标中键并拖动鼠标，即可创建折痕边，如图 4-173 所示。

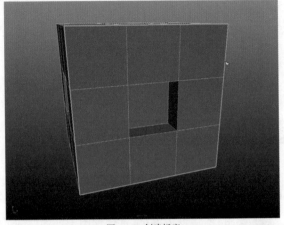

图 4-173 创建折痕

04 使用相同的方法在其他边线上创建折痕，效果如图 4-174 所示。

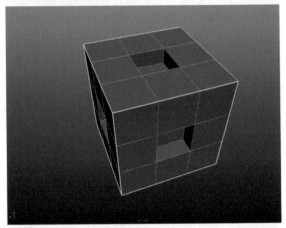

图 4-174 创建折痕

05 按键盘上的快捷键 2 来光滑模型，观察此时的效果，如图 4-175 所示。

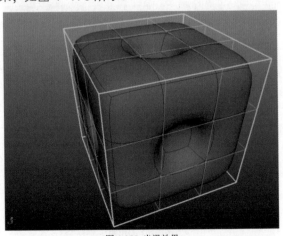

图 4-175 光滑效果

4.4.32 移除选定折痕

执行【移除选定折痕】工具，可以将选择的折痕从模型上移除掉，而未被选择的褶皱元素不会被删除。

动手实践——移除模型上的折痕

本案例将使用上一节中使用的模型，向大家演示如何将模型上的折痕移除掉。

01 选择【选择】|【多组件】命令，并在视图中选择如图 4-176 所示的折痕。

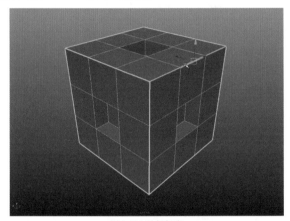
图 4-176 选择折痕

02 执行【编辑网格】|【移除选定折痕】命令，即可将选定的折痕从模型上移除掉，如图 4-177 所示。

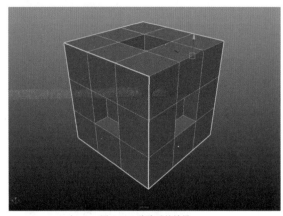
图 4-177 移除后的效果

4.4.33 删除所有折痕

【删除所有折痕】命令也是用于删除模型褶皱元素，但是它不同于【移除选定折痕】命令，它可以直接选择添加过褶皱的物体，然后执行【编辑网格】|【删除所有折痕】命令，即可删除该物体上所包含的所有褶皱元素。

4.4.34 折痕集

当用户在使用褶皱工具时，【折痕集】命令主要用于创建一个褶皱集，并且该褶皱集还包含当前被选择的褶皱元素，如多边形边和点，从而便于在以后的修改操作中快速地选择这些元素。当褶皱集被创建后，都会事先产生一个默认的褶皱设置。

4.4.35 指定不可见面

该工具可以将选定面切换为不可见。指定为不可见的面不会显示在场景中。但是，这些面仍然存在，仍然可以对其执行操作。

4.5 综合练习——民用飞机

本章向大家介绍了多边形建模的常用工具及其使用方法。本节将带领读者通过一架飞机模型的实战，来帮助读者提高实际动手操作能力。图 4-178 所示是本案例的模型效果。

图 4-178 飞机模型

4.5.1 创建机体

01 在视图中创建一个圆柱体,如图 4-179 所示。

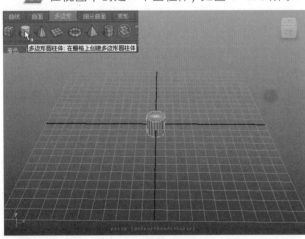

图 4-179 创建圆柱体

02 将创建好的圆柱体进行旋转、缩放到合适的形状和位置,参数设置如图 4-180 所示。

03 切换到侧视图,执行【编辑网格】|【插入循环边工具】命令,插入如图 4-181 所示的 3 条循环边。

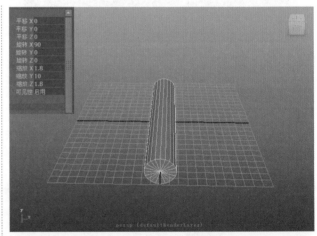

图 4-180 旋转、缩放圆柱体

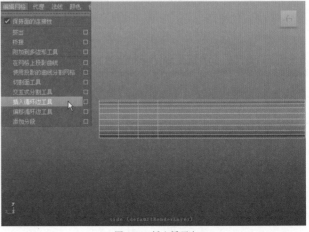

图 4-181 插入循环边

04 进入到【点】编辑模式，将圆柱体模型调整为如图 4-182 所示的形状。

命令，对模型进行 Z 轴的局部挤出操作，如图 4-185 所示。

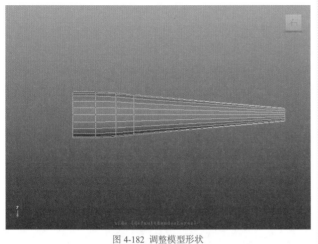

图 4-182 调整模型形状

05 进入【面】编辑模式，选择如图 4-183 所示的面。

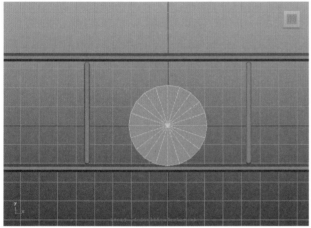

图 4-183 选择面

06 执行【编辑网格】|【挤出】命令，将选择的面挤出，如图 4-184 所示。

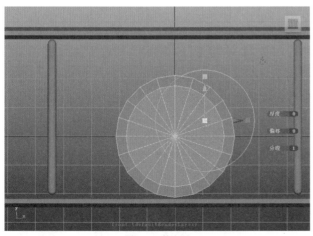

图 4-184 挤出面

07 进入透视图，再次执行【编辑网格】|【挤出】

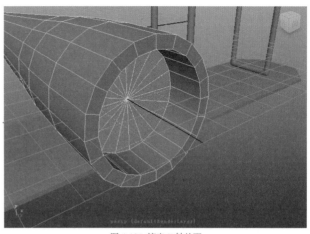

图 4-185 挤出 Z 轴的面

08 切换到顶视图，执行【编辑网格】|【插入循环边工具】命令，为模型插入两条循环边，如图 4-186 所示。

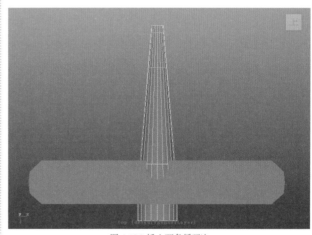

图 4-186 插入两条循环边

09 切换到【面】编辑模式，选择如图 4-187 所示的两个面。

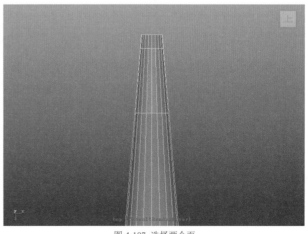

图 4-187 选择两个面

10 执行【编辑网格】|【挤出】命令，对选择的面执行挤出操作，如图 4-188 所示。

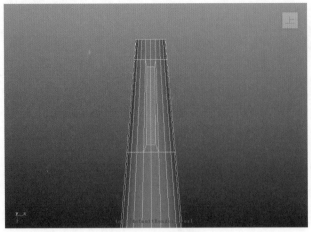

图 4-188 局部缩放面

11 切换到透视图，执行【编辑网格】|【挤出】命令，对模型进行面的局部挤出操作，如图 4-189 所示。

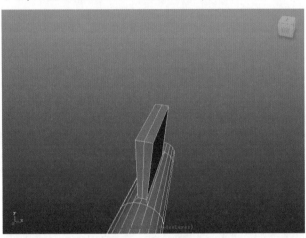

图 4-189 挤出局部面

12 使用缩放工具调整一下挤出面的厚度，如图 4-190 所示。

图 4-190 缩放调整面

13 切换到侧视图，执行【编辑网格】|【插入循环边工具】命令，为模型插入 3 条循环边，如图 4-191 所示。

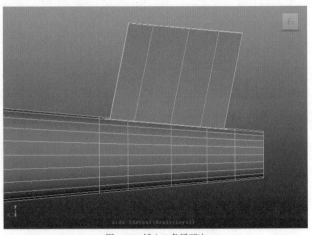

图 4-191 插入 3 条循环边

14 进入到【点】模式，调整点至如图 4-192 所示的形状。

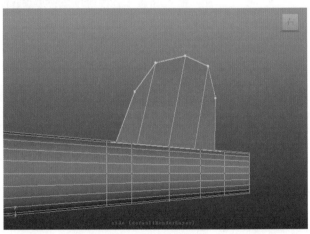

图 4-192 调整点的位置

15 执行【编辑网格】|【插入循环边工具】命令，执行该操作为模型插入一条循环边，如图 4-193 所示。

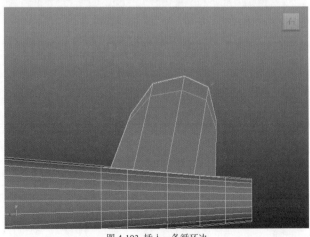

图 4-193 插入一条循环边

16 使用相同的方法，在模型上插入如图 4-194 所示的 3 条循环边。

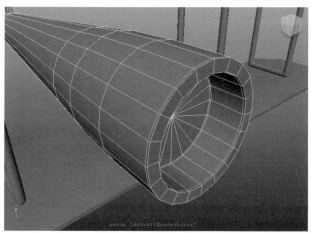

图 4-194 插入 3 条循环边

17 切换到侧视图，进入【面】模式，框选如图 4-195 所示的面。

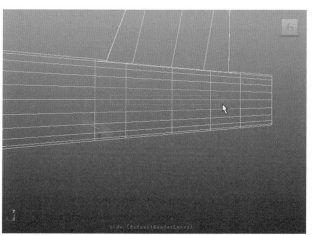

图 4-195 框选面

18 切换到透视图，执行【编辑网格】|【挤出】命令，并适当调整一下挤出面的位置，如图 4-196 所示。

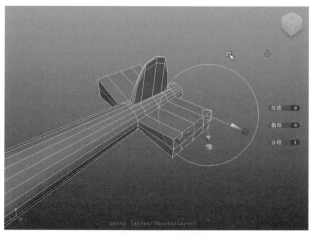

图 4-196 做 Z 轴的局部平移

19 缩放所挤出的面，如图 4-197 所示。

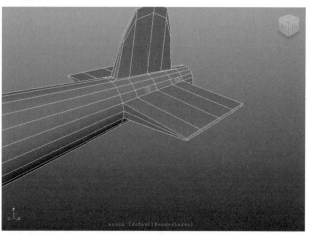

图 4-197 缩放挤出的面

20 切换到顶视图，进入【顶点】编辑模式，调整顶点的位置，如图 4-198 所示。

图 4-198 调整顶点的位置

21 执行【编辑网格】|【插入循环边工具】命令，插入如图 4-199 所示的 4 条循环边。

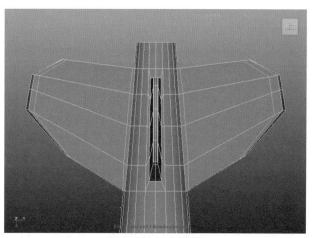

图 4-199 插入 4 条循环边

22 切换到透视图，执行【编辑网格】|【插入循环边工具】命令，插入一条循环边，如图 4-200 所示。

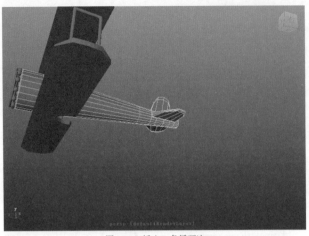

图 4-200 插入一条循环边

23 进入【面】编辑模式，选择如图 4-201 所示的两个面。

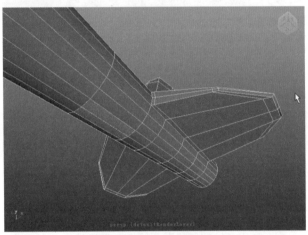

图 4-201 选择两个面

24 执行【编辑网格】|【挤出】命令，选择缩放手柄，进行中心局部比例的缩放，如图 4-202 所示。

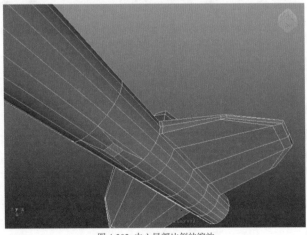

图 4-202 中心局部比例的缩放

25 执行【编辑网格】|【挤出】命令，对模型进行局部拉伸。然后再缩放两个面的大小，如图 4-203 所示。

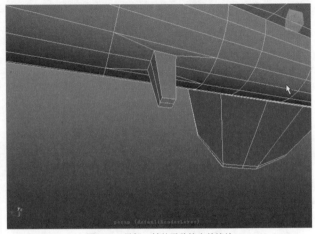

图 4-203 局部 Z 轴的平移挤出并缩放

26 执行【编辑网格】|【插入循环边工具】命令，插入两条循环边，如图 4-204 所示。

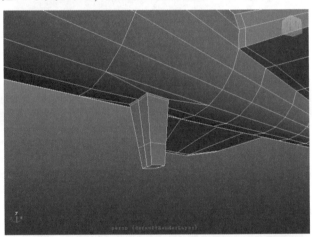

图 4-204 插入两条循环边

27 选择如图 4-205 所示的两个面。

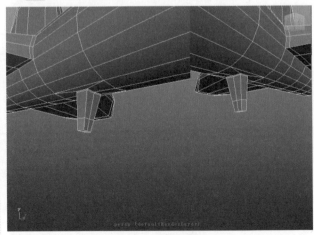

图 4-205 选择两个面

28 执行【编辑网格】|【挤出】命令，对面进行【Z 轴】的局部平移操作，如图 4-206 所示。

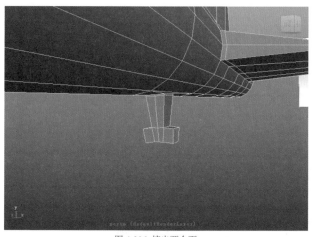

图 4-206 挤出两个面

29 选择如图 4-207 所示的两个面。

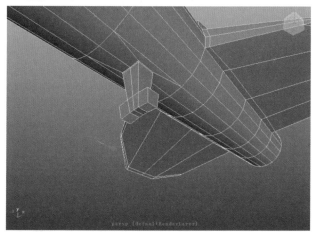

图 4-207 选择两个面

30 执行【编辑网格】|【挤出】命令，对两个面进行挤出操作，如图 4-208 所示。

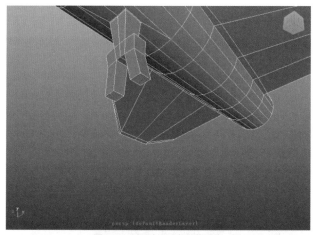

图 4-208 对两个面进行局部平移

31 执行【编辑网格】|【插入循环边工具】命令，

对模型插入两条循环边，如图 4-209 所示。

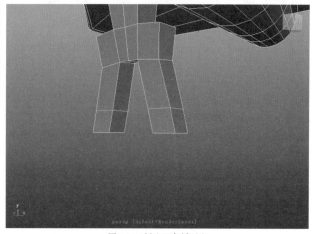

图 4-209 插入两条循环边

32 选择如图 4-210 所示的两个面。

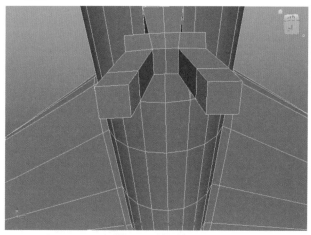

图 4-210 选择两个面

33 执行【编辑网格】|【挤出】命令，对模型执行挤出操作，如图 4-211 所示。

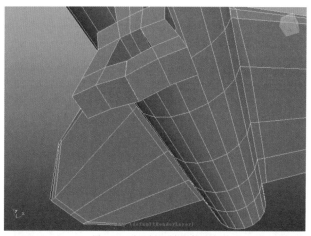

图 4-211 对两个面进行局部平移

34 创建一个圆环，对其进行移动、缩放到合适的形状及位置，如图 4-212 所示。

图 4-212 创建圆环并调整形状及位置

4.5.2 创建机翼

01 在视图中创建一个立方体，调整为如图 4-213 所示的形状。

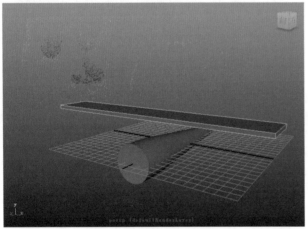

图 4-213 创建并调整立方体

02 切换到顶视图，使用【插入循环边】工具，为多边形插入一条循环边，如图 4-214 所示。

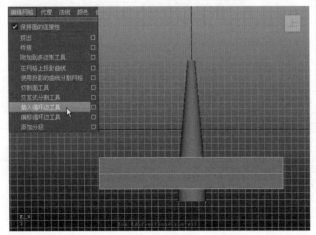

图 4-214 插入循环边

03 进入到【点】编辑模式，将多边形调整为如图 4-215 所示的形状。

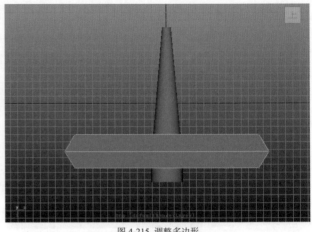

图 4-215 调整多边形

04 执行【编辑网格】|【偏移循环边工具】命令，执行该命令为多边形插入偏移循环边，如图 4-216 所示。

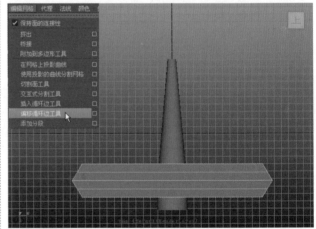

图 4-216 插入偏移循环边

05 选择两条循环边，调整为如图 4-217 所示的形状。

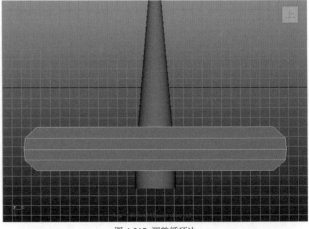

图 4-217 调整循环边

06 在侧视图中进入【点】编辑模式，选择点，调整为如图 4-218 所示的形状。

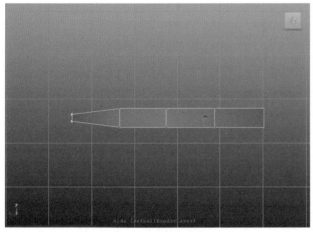

图 4-218 调整多边形点

07 在顶视图中执行【编辑网格】|【插入循环边工具】命令，为模型插入一条循环边，如图 4-219 所示。

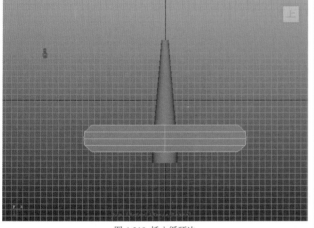

图 4-219 插入循环边

08 执行【编辑网格】|【偏移循环边工具】命令，为模型插入 4 条循环边，如图 4-220 所示。

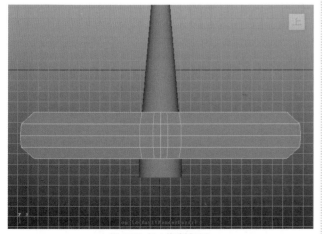

图 4-220 插入偏移循环边

09 进入【点】编辑模式，调整多边形的点为如图 4-221 所示的形状。

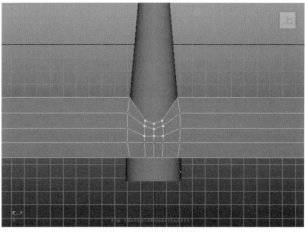

图 4-221 调整多边形的点

10 执行【编辑网格】|【插入循环边工具】命令，为模型插入两条循环边，如图 4-222 所示。

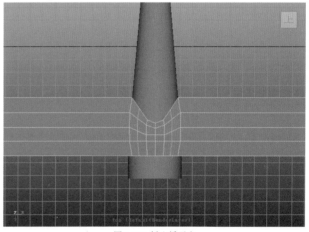

图 4-222 插入循环边

11 进入【点】编辑模式，调整点为如图 4-223 所示的形状。

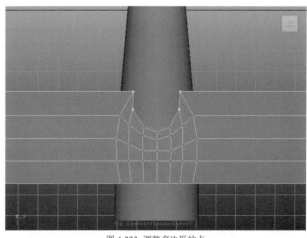

图 4-223 调整多边形的点

12 在侧视图执行【编辑网格】|【插入循环边工具】命令，为模型插入两条循环边，如图 4-224 所示。

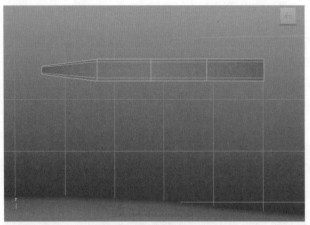

图 4-224 插入循环边

13 切换到顶视图，执行【编辑网格】|【插入循环边工具】命令，为模型插入 4 条循环边，如图 4-225 所示。

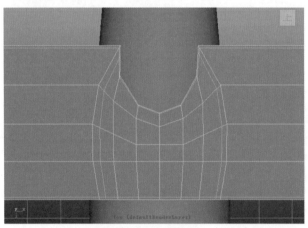

图 4-225 插入循环边

14 切换到前视图，选择上图做好的模型，按组合键 Ctrl+D 复制出同样的模型并进行移动调整，如图 4-226 所示。

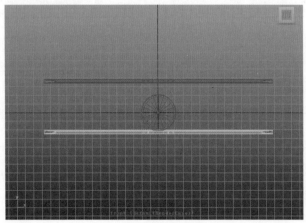

图 4-226 复制并调整模型

4.5.3 创建机翼搭架

01 创建一个立方体并调整多边形的形状及位置，如图 4-227 所示。

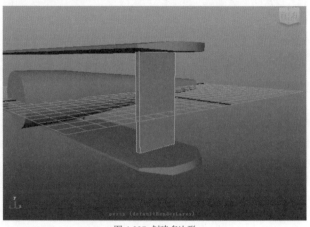

图 4-227 创建多边形

02 进入【面】编辑模式，选择如图 4-228 所示的两个面并删除所选择的面。

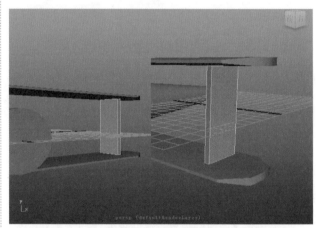

图 4-228 选择面并删除

03 选择模型，执行【编辑网格】|【挤出】命令，为模型挤出厚度，如图 4-229 所示。

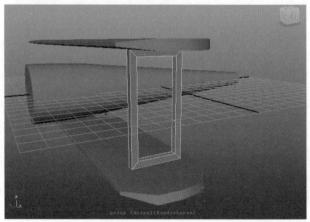

图 4-229 挤出模型厚度

04 切换到侧视图，执行【编辑网格】|【插入循环边工具】，为模型插入 8 条循环边，如图 4-230 所示。

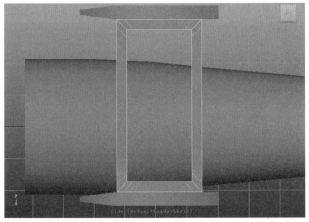

图 4-230 插入循环边

05 选择右键菜单中的【对象模式】命令。在视图中选择模型，执行【网格】|【平滑】命令，对模型进行平滑，如图 4-231 所示。

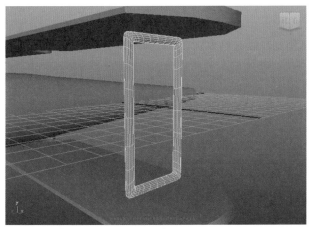

图 4-231 平滑两次模型

06 切换到前视图，选择模型，按组合键 Ctrl+D，复制出 3 个同样的模型，并移动到合适的位置，如图 4-232 所示。

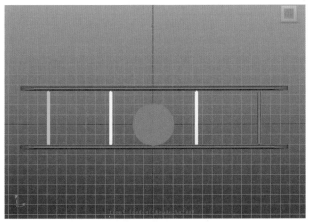

图 4-232 复制并移动模型

4.5.4 创建机头局部

01 创建一个多边形球体，并移动、缩放到合适的形状及位置，如图 4-233 所示。

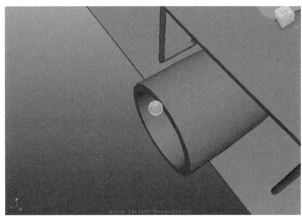

图 4-233 创建球体并调整形状及位置

02 切换到前视图，按组合键【D+V+ 鼠标中建】，吸附枢轴到【点】，如图 4-234 所示。

图 4-234 吸附枢轴到点

03 执行【编辑】|【特殊复制】命令，打开特殊复制选项卡，调整旋转 Z 轴度数和【副本数】，调整完成后单击【应用】按钮，参数设置如图 4-235 所示。

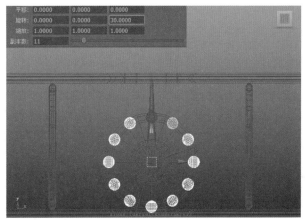

图 4-235 对模型进行特殊复制

04 在视图中创建一个圆柱体，移动、缩放到合适的形状和位置，如图 4-236 所示。

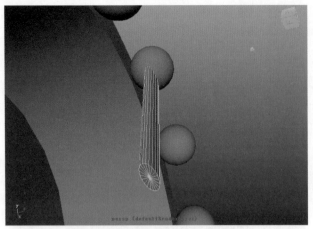

图 4-236 创建圆柱体并调整形状及位置

05 切换到前视图，按组合键【D+V+ 鼠标中建】，将枢轴吸附到点上，如图 4-237 所示。

图 4-237 吸附枢轴到点

06 确认该模型处于选中状态，执行【编辑】|【特殊复制】命令，对模型进行特殊复制，如图 4-238 所示。

图 4-238 对模型进行特殊复制

07 切换到透视图，创建一个圆环，并调整模型的【半径】和【界面半径】数据，移动、旋转到合适的形状及位置，参数设置如图 4-239 所示。

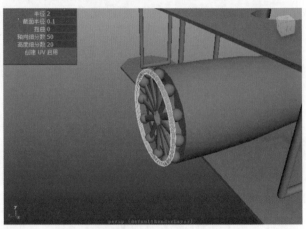

图 4-239 创建圆环并调整参数、形状和位置

4.5.5 创建前轮

01 创建一个多边形立方体，对其进行移动、缩放调整到合适的形状及位置，如图 4-240 所示。

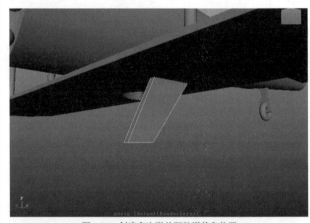

图 4-240 创建多边形并调整形状和位置

02 选择如图 4-241 所示的两个面并删除。

图 4-241 选择两个面并删除

03 选择如图 4-242 所示的模型。

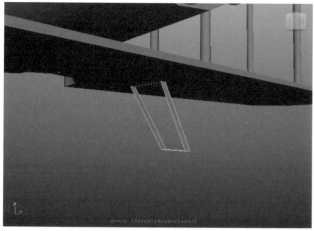

图 4-242 选择模型

04 执行【编辑网格】|【挤出】命令，为模型挤出厚度，如图 4-243 所示。

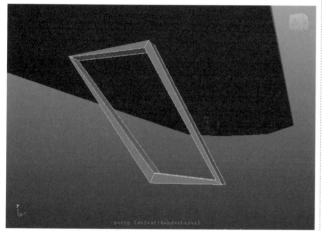

图 4-243 挤出模型厚度

05 切换到侧视图，进入【顶点】编辑模式，将模型调整到如图 4-244 所示的形状。

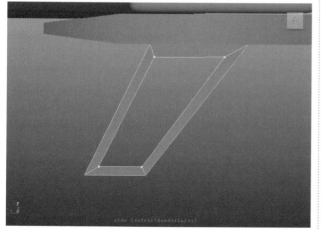

图 4-244 调整模型顶点

06 执行【编辑网格】|【插入循环边工具】命令，插入如图 4-245 所示的 8 条循环边。

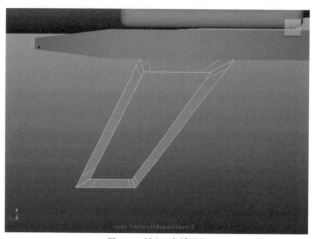

图 4-245 插入 8 条循环边

07 再插入如图 4-246 所示的 3 条循环边。

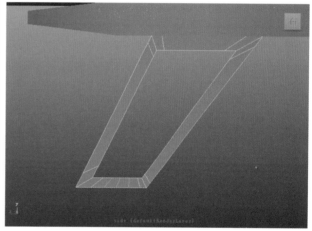

图 4-246 插入 3 条循环边

08 进入到【顶点】编辑模式，调整顶点到如图 4-247 所示的形状及位置。

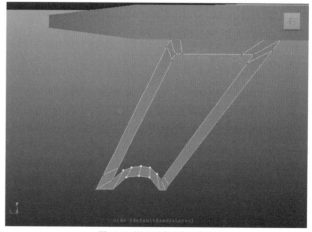

图 4-247 调整顶点形状及位置

09 选择如图 4-248 所示的模型。

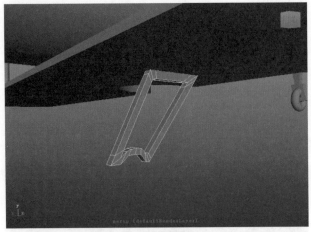

图 4-248 选择模型

10 执行【网格】｜【平滑】命令，执行两次该命令，使模型变得更平滑，如图 4-249 所示。

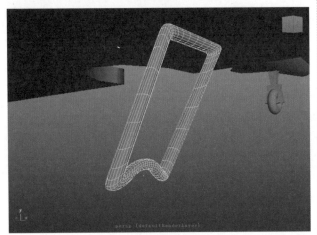

图 4-249 平滑两次模型

11 选择平滑后的模型，按组合键 Ctrl+D，复制出同样的模型并移动到合适的位置，如图 4-250 所示。

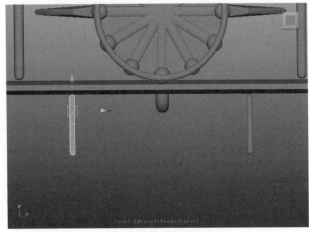

图 4-250 复制并移动模型

12 创建一个圆柱体，对其进行旋转、缩放到合适的形状及位置，如图 4-251 所示。

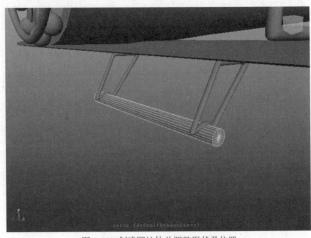

图 4-251 创建圆柱体并调整形状及位置

13 切换到前视图，执行【编辑网格】｜【插入循环边工具】命令，插入两条循环边，如图 4-252 所示。

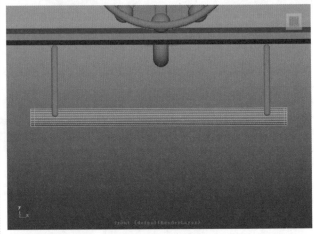

图 4-252 插入两条循环边

14 选择如图 4-253 所示的面。

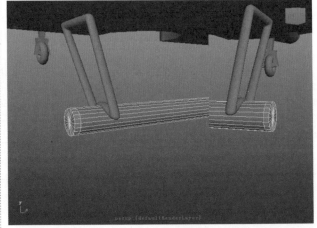

图 4-253 选择面

15 执行【编辑网格】|【挤出】命令，挤出一个面，如图 4-254 所示。

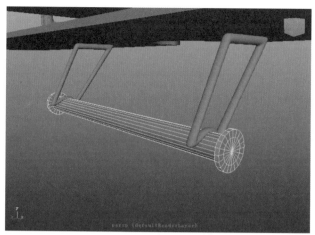

图 4-254 Z 轴的局部平移

16 创建一个环形，调整到合适的形状及位置，如图 4-255 所示。

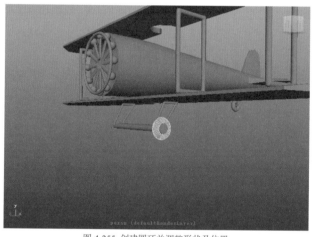

图 4-255 创建圆环并调整形状及位置

17 选择上图所示的模型，按组合键 Ctrl+D 复制出同样的模型并移动到合适的位置，如图 4-256 所示。

图 4-256 复制并移动模型

4.5.6 创建飞机排气筒

01 创建一个圆柱体，如图 4-257 所示。

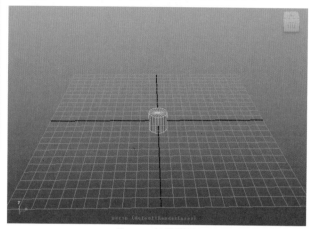

图 4-257 创建圆柱体

02 切换到前视图，调整其长度，并执行【编辑网格】|【插入循环边工具】命令，插入两条循环边，如图 4-258 所示。

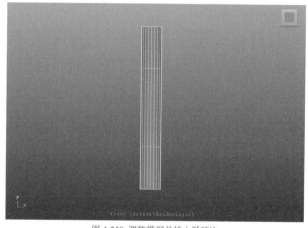

图 4-258 调整模型并插入循环边

03 选择如图 4-259 所示的面。

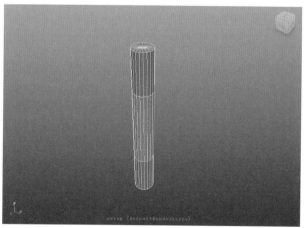

图 4-259 选择面

04 执行【编辑网格】|【挤出】命令,对其进行【Z 轴】的局部平移操作,如图 4-260 所示。

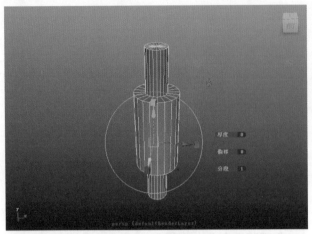

图 4-260 对 Z 轴进行局部平移

05 执行【编辑网格】|【插入循环边工具】命令,插入 3 条循环边,并旋转调整循环边的形状及位置,如图 4-261 所示。

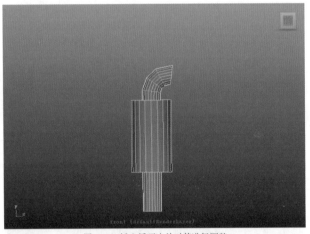

图 4-261 插入循环边并对其进行调整

06 选择如图 4-262 所示的面。

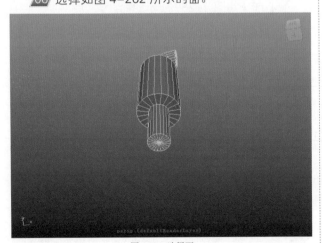

图 4-262 选择面

07 执行【编辑网格】|【挤出】命令,执行该命令对其进行局部比例的中心缩放,如图 4-263 所示。

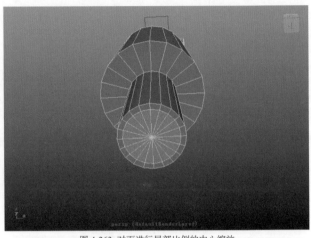

图 4-263 对面进行局部比例的中心缩放

08 再次执行【挤出】命令,对其进行 Z 轴的局部平移,如图 4-264 所示。

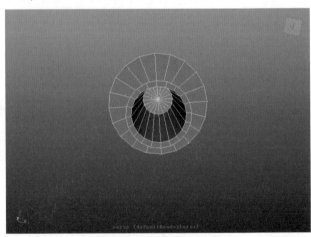

图 4-264 进行局部平移的操作

09 进入【顶点】模式,选择如图 4-265 所示的顶点。

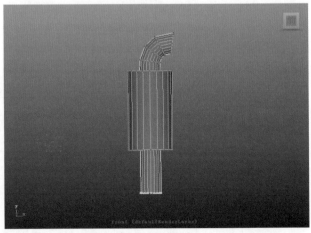

图 4-265 选择顶点

10 将选择的顶点调整到如图 4-266 所示的形状及位置。

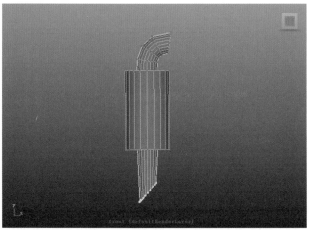

图 4-266 调整顶点的形状及位置

11 执行【编辑网格】|【插入循环边工具】命令，插入如图 4-267 所示的 3 条循环边。

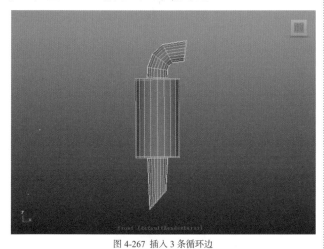

图 4-267 插入 3 条循环边

12 再插入如图 4-268 所示的两条循环边。

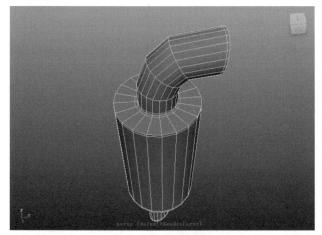

图 4-268 插入两条循环边

13 继续插入如图 4-269 所示的两条循环边。

图 4-269 插入两条循环边

14 将做好的模型进行移动、旋转、缩放到合适的形状及位置，如图 4-270 所示。

图 4-270 调整到合适的形状及位置

4.5.7 创建飞机螺旋桨

01 创建一个立方体，将其调整到合适的形状及位置，如图 4-271 所示。

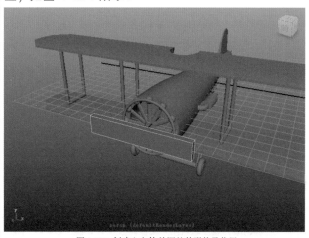

图 4-271 创建立方体并调整其形状及位置

02 切换到前视图，执行【编辑网格】|【插入循环边工具】命令，插入一条循环边，如图 4-272 所示。

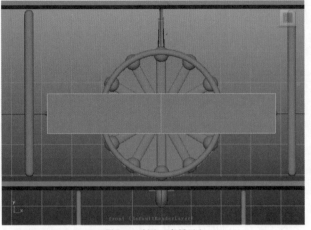

图 4-272 插入一条循环边

03 执行【编辑网格】|【偏移循环边工具】命令，插入 4 条循环边，如图 4-273 所示。

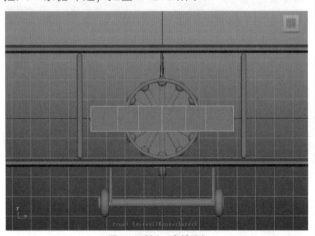

图 4-273 插入 4 条循环边

04 进入【动画】编辑模块，执行【创建变形器】|【非线性】|【扭曲】命令，对其进行扭曲，参数设置如图 4-274 所示。

图 4-274 扭曲变形模型

05 选择模型，执行【编辑】|【按类型删除】|【历史】命令，对其进行历史的删除，如图 4-275 所示。

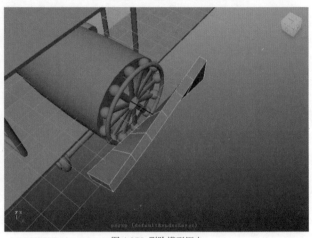

图 4-275 删除模型历史

06 选择模型，进入顶视图，将其旋转到合适的角度和位置，如图 4-276 所示。

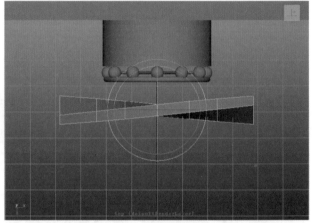

图 4-276 旋转模型的角度

07 执行【编辑网格】|【插入循环边工具】命令，插入一条循环边，如图 4-277 所示。

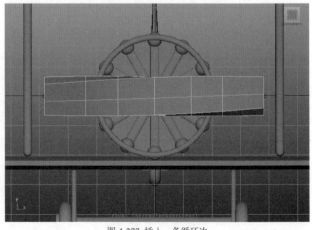

图 4-277 插入一条循环边

08 进入【边】编辑模式，选择边，执行【编辑网格】|【滑动边工具】命令，将其调整到如图 4-278 所示的形状。

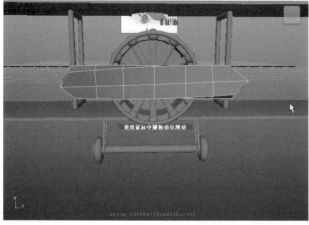

图 4-278 调整 4 条边的形状及位置

09 进入【面】编辑模式，选择如图 4-279 所示的 4 个面。

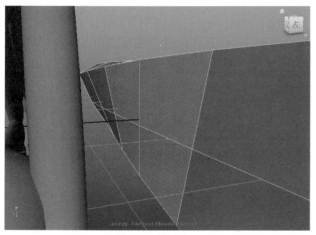

图 4-279 选择 4 个面

10 执行【编辑网格】|【挤出】命令，对其进行局部比例的中心缩放，如图 4-280 所示。

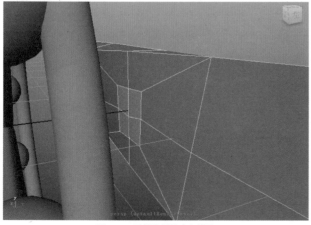

图 4-280 局部比例的中心缩放

11 再次执行【编辑网格】|【挤出】命令，对 4 个面进行 Z 轴的局部平移操作，如图 4-281 所示。

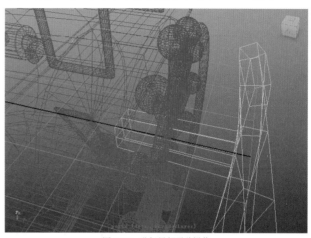

图 4-281 进行局部平移操作

12 进入到【边】模式，选择如图 4-282 所示的 4 条边。

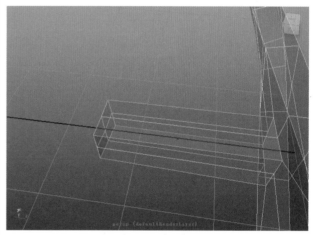

图 4-282 选择 4 条边

13 选择 4 条边，调整到如图 4-283 所示的形状及位置。

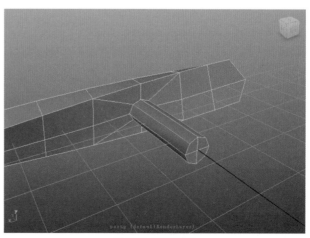

图 4-283 调整的位置

14 执行【编辑网格】|【插入循环边工具】命令，插入 3 条循环边，如图 4-284 所示。

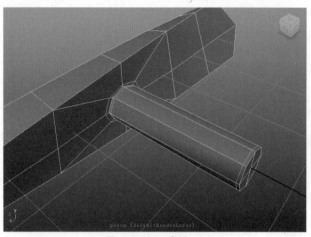

图 4-284 插入 3 条循环边

15 选择右键菜单中的【对象模式】命令，执行【网格】|【平滑】命令，平滑模型，如图 4-285 所示。

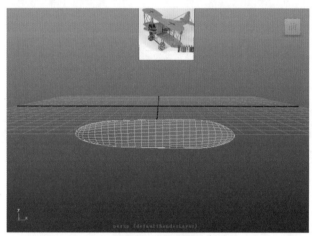

图 4-285 平滑两次模型

16 将模型调整到合适的形状及位置，如图 4-286 所示。

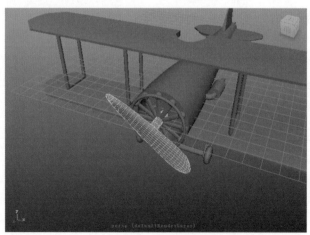

图 4-286 调整模型位置

4.5.8 平滑飞机模型

01 选择如图 4-287 所示的模型。

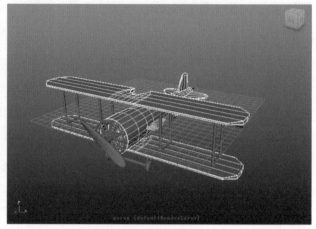

图 4-287 选择模型

02 执行【网格】|【平滑】命令，使模型更加平滑，如图 4-288 所示。

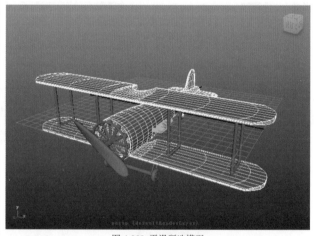

图 4-288 平滑所选模型

03 完成后的效果如图 4-289 所示。

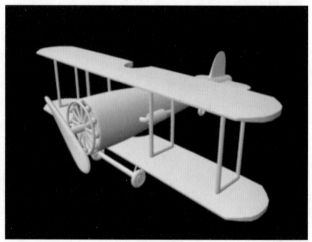

图 4-289 完成后的效果

第5章 灯光技术

灯光，是提供光线的一种设备。在 Maya 中，为了能够模拟各种不同的光线效果，专门为我们提供了一套完整的照明系统，即灯光系统。通过利用该系统可以帮助我们制作出各种灯光效果。本章首先向大家讲解 Maya 2014 中的灯光类型，然后讲解灯光的一些常用操作，以及灯光的常见属性。之后，将向大家讲解如何利用灯光制作一些特效，例如光晕、光斑等。

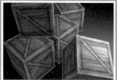

5.1 创建灯光

在 Maya 2014 中，灯光的创建方法有两种：一种是通过执行【创建】|【灯光】中的菜单命令创建，如图 5-1 所示。在每个灯光命令的右侧有一个参数按钮，单击该按钮可以对灯光进行细节设置。

图 5-1 使用创建命令创建灯光

另一种方式可以在【材质编辑器】中执行【创建】|【灯光】命令来创建灯光，如图 5-2 所示。

图 5-2 使用材质编辑器创建

灯光创建完毕后，灯光的图标就会出现在视图中，如图 5-3 所示。读者可以使用鼠标调整灯光位置及大小。

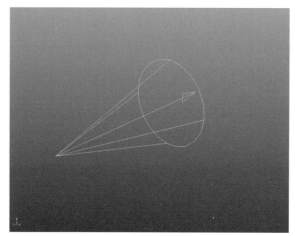

图 5-3 创建的灯光

如果需要对灯光进行类型切换，可以按组合键 Ctrl+A 在视图右侧的灯光属性栏中的【类型】选项栏中选择需要切换的灯光，如图 5-4 所示。

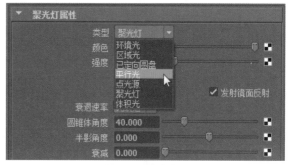

图 5-4 切换灯光类型

灯光创建完毕后，需要显示或者隐藏图标。可以执行【显示】|【显示】|【灯光】命令，即可显示视图中的灯光图标。执行【显示】|【隐藏】|【灯光】命令，即可隐藏灯光在视图中的图标。

5.2 灯光的类型

生活中有许许多多形形色色的灯光，而在 Maya 2014 中，有 6 种基本类型的灯光，它们分别是：环境光、平行光、点光源、聚光灯、区域光和体积光。灵活使用好这 6 种灯光可以模拟现实中的大多数光效。

5.2.1 环境光

环境光有两种照射方式：一种是光线从光源的位置平均地向各个方向照射，类似一个点光源，而另一种是光线从所有的地方平均地照射，犹如一个无限大的中空球体从内部的表面发射灯光一样。

该灯光可以通过属性编辑器中的【环境衰减】值的大小来控制光源，通常用来模拟反射回来的光线，如图 5-5 所示。

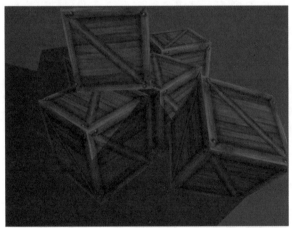

图 5-5 环境光效果

单击【创建】|【灯光】|【环境光】命令右侧的■按钮，即可打开【创建环境光选项】对话框，如图 5-6 所示。下面我们介绍一下这些参数的功能。

图 5-6 环境光的选项窗口

⬇ 强度：该选项可以控制灯光的强度，该选项数值越大，灯光的强度就越强，它可以用来模拟强光源。

⬇ 颜色：设置灯光的颜色，拖动滑块可以调整颜色的明亮程度，单击色块区域，会弹出拾色器，如图 5-7 所示。

图 5-7 拾色器

⬇ 环境光明暗处理：设置平行光和环境光的比率，最大值和最小值的效果对比如图 5-8 所示。

图 5-8 明暗效果对比

◎ 投射阴影：控制灯光是否投射阴影。

提示

在这里因为【环境光渐变】没有深度贴图阴影，只有光线追踪阴影，所以在此启用【投射阴影】复选框，即可打开光线追踪阴影。

◎ 阴影颜色：设置阴影的颜色，拖动滑块可以设置阴影的明亮程度，默认为黑色。

◎ 阴影光线数：控制阴影边缘的噪波程度，Maya 默认该参数为 1，最大值为 6。

5.2.2 平行光

平行光仅在一个地方平均地发射灯光，它的光线是互相平行的，使用平行光可以模拟一个非常远的点光源发射灯光，如图 5-9 所示。例如，从地球上看太阳，太阳就相当于一个平行光源。

图 5-9 平行光效果

单击【创建】|【灯光】|【平行光】命令右侧的■按钮，即可打开【创建平行光选项】对话框，如图 5-10 所示。下面我们介绍一下这些参数的功能。

图 5-10 平行光选项窗口

◎ 强度：设置灯光的照明强度，这里 Maya 的默认参数为 1，其最大值为 1，最小值为 0。

注意

该值越大，照明效果就越强；数值越小则越暗。需要注意的是，创建灯光后，在属性编辑器中可以设置【强度】为负值，从而可以吸收场景中的光照，减弱照明效果。

◎ 颜色：设置灯光的颜色，拖动右侧的滑块可以设置颜色的明亮程度，Maya 默认为白色。

◎ 投射阴影：控制灯光是否投射阴影。

◎ 阴影颜色：设置阴影的颜色，Maya 默认为黑色，可以单击该色块并在弹出的拾色器中调整阴影颜色。

◎ 交互式放置：启用该复选框后，视图会切换到灯光的视图，然后根据需要旋转、移动、缩放灯光视图来调节灯光作用于物体的地点，如图 5-11 所示。

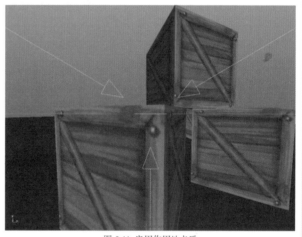

图 5-11 启用作用地点后

5.2.3 点光源

点光源是我们生活中最常用到的离我们生活最近的光源，该灯光是从光源位置处向各个方向平均发射光线，如图 5-12 所示。例如，可以使用点光源来模拟灯泡发出的光线，模拟夜空的星星。它具有非常广泛的应用范围。

图 5-12 点光源照明效果

单击【创建】|【灯光】|【点光源】命令右侧的▇按钮，即可打开【创建点光源选项】对话框，如图5-13 所示。下面我们来介绍一下这些参数的功能。

图 5-13 点光源的选项窗

图 5-14 聚光灯照明效果

🔽 **强度**：设置灯光的照明强度，这里 Maya 的默认参数为 1，其最大值为 1，最小值为 0。

🔽 **颜色**：设置灯光的颜色，拖动右侧的滑块可以设置颜色的明亮程度，Maya 默认为白色。

🔽 **衰退速率**：设置灯光的衰减速度，灯光沿着大气传播后会逐渐被大气所阻挡，这样就形成了衰减效果，它和美术学中的近实远虚是一个道理。

> **提示**
>
> 衰减速度分为 4 种类型，分别是无、线性、平方、立方。其中，【平方】比较接近真实世界灯光的衰减，而【线性】较慢，【立方】则较快，【无】表示没有衰减，灯光所找到的范围亮度均等，Maya 默认为【无】。

🔽 **投射阴影**：控制灯光是否投射阴影。

🔽 **阴影颜色**：设置阴影的颜色，Maya 默认为黑色，可以单击该色块并在弹出的拾色器中调整阴影颜色。

5.2.4 聚光灯

【聚光灯】是 Maya 中使用最为频繁的灯光类型，聚光灯可谓神通广大，无所不能，因为其参数众多，可以方便地设置衰减，聚光灯几乎可以模拟任何照明效果。聚光灯是在一个圆锥形区域中平均地发射光线，一般的室内照明使用聚光灯都可以很好地模拟。图5-14 所示是聚光灯的照明效果。

单击【创建】|【灯光】|【聚光灯】命令右侧的▇按钮，即可打开【创建聚光灯选项】对话框，如图5-15 所示。下面我们来介绍一下这些参数的功能。

图 5-15 创建聚光灯选项

🔽 **强度**：设置灯光的照明强度，这里 Maya 的默认参数为 1，其最大值为 1，最小值为 0。

🔽 **颜色**：设置灯光的颜色，拖动右侧的滑块可以设置颜色的明亮程度，Maya 默认为白色。

🔽 **圆锥体角度**：控制灯光照射时所产生的锥形的大小。

🔽 **半影角度**：控制灯光照射时产生的模糊大小。

> **提示**
>
> 【半影角度】取值为正时，圆锥形光源外部区域产生模糊；取值为负时，则圆锥形光源内部产生模糊。

🔽 **衰减**：控制灯光照射的光环大小。【衰减】的默认取值为 0，表示无衰减。

> **注意**
>
> 【衰减】值越大，灯光衰减的速率就越大，光线显得会比较暗，而光线的边界轮廓会更加柔和。该值最大值为 1，最小值为 0。

😀 衰退速率：设置灯光的衰减速度。

😀 投射阴影：控制灯光是否投射下阴影。

😀 阴影颜色：设置阴影的颜色，Maya 默认为黑色，可以单击该色块并在弹出的拾色器中调整阴影颜色。

😀 交互式放置：控制是否使用灯光的交互分布。当启用该复选框时，则可以在灯光视图中调整灯光的照射位置。

5.2.5 区域灯光

区域光常常被用来制作光线从窗户中穿过，照射进屋内。它可以自由地设置尺寸大小，而对于阴影的模拟，在 Maya 的这些灯光中，区域光模拟的是最为真实的。但是它的渲染速度也比较慢。区域光属于二维的矩形光源。使用 Maya 的变换工具可以调节灯光的尺寸，以及放置的位置等，操作简便。图 5-16 所示是区域灯光的照射范围。

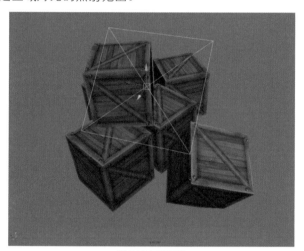

图 5-16 区域灯光

单击【创建】|【灯光】|【区域光】命令右侧的■按钮，即可打开【创建区域光选项】对话框，如图 5-17 所示。

图 5-17 创建区域光选项

区域光的参数设置和前文所介绍的【点光源】相同，这里不再赘述。图 5-18 所示是区域光的照明效果。

图 5-18 区域光照明效果

5.2.6 体积光

使用体积光可以更好地体现灯光的延伸效果或者限定区域内的灯光效果，利用它我们可以很方便地控制光线所到达的范围，使用缩放工具能改变光体的大小，使用移动和旋转工具可以更好地操作其位置和角度。体积光用来模拟发光物体，如图 5-19 所示。蜡烛照亮的区域就是由体积光生成的。

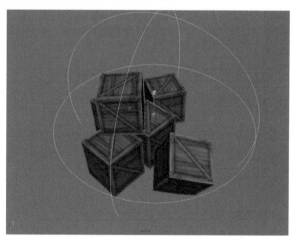

图 5-19 体积光照射范围

单击【创建】|【灯光】|【体积光】命令右侧的■按钮，即可打开【创建体积光选项】对话框，如图 5-20 所示。

图 5-20 创建体积光选项

体积光的参数设置和前文所介绍的【点光源】相同，这里不再赘述。图 5-21 所示是体积光的照明效果。

图 5-21 体积光照明效果

5.3 灯光的链接

【灯光的链接】可以把角色或场景中不需要的灯光排除，让某个灯光只照亮指定的物体，从而能够在实现效果的同时加快渲染速度。它在复杂场景布光中非常重要，如果需要照亮一个指定的表面，并且连接灯光到该表面上，可以执行【窗口】|【关系编辑器】|【灯光链接】命令，并在打开的子菜单中选择【以灯光为中心】或【以对象为中心】命令，如图 5-22 所示。

图 5-22 链接灯光命令

 动手实践——将灯光连接到物体

在 Maya 2014 中，我们既可以指定被灯光照亮的物体，也可以指定要照亮对象物体的灯光。具体的操作方法如下。

01 执行【窗口】|【关系编辑器】|【灯光链接】|【以灯光为中心】命令，打开该对话框，如图 5-23 所示。

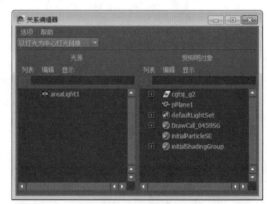

图 5-23 关系编辑器

02 在左侧栏【光源】列表中选择灯光，如图 5-24 所示。

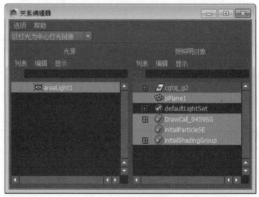

图 5-24 选择光源

03 在右侧栏中选择被照亮的对象。选中的内容将被显示出来，如图 5-25 所示。

图 5-25 灯光选择物体

关联，如图 5-26 所示。

图 5-26 物体选择灯光

使用物体为中心的方法也是一样，在左侧选择需要关联的物体，然后在右侧选择需要关联的灯光进行

5.4 灯光雾效

能够模拟灯光透过灰尘和雾的自然光照效果，利用它可很方便地模拟大雾中汽车前灯照射路面的场景，黑夜中手电筒射出的光柱，阳光透过窗户照射进屋内等效果。

5.4.1 增加雾效

在 Maya 中，灯光雾需要添加在创建的【目标聚光灯】上，而不需要创建专门的雾效对象。关于其创建方法如下。

动手实践——创建灯光雾

01 执行【创建】|【灯光】|【聚光灯】命令，在场景中创建一盏聚光灯，如图 5-27 所示。

图 5-27 创建灯光

02 选择聚光灯，按组合键 Ctrl+A 打开其属性栏，并按照图 5-28 所示的参数进行设置。

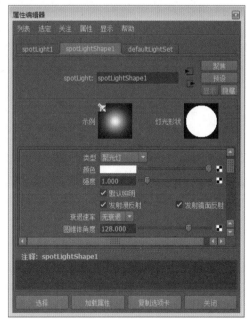

图 5-28 设置聚光灯参数

03 展开【灯光效果】卷展栏，并单击【灯光雾】右侧的■按钮，如图 5-29 所示。

04 此时将自动添加灯光雾特效，并展开【灯光雾】参数卷展栏。保持默认设置不变，渲染透视图观察效果，如图 5-30 所示。

图 5-29 选择灯光雾

图 5-30 灯光雾效果

5.4.2 灯光效果参数

当在视图中创建灯光后，可以在其参数设置面板中展开【灯光效果】卷展栏，并添加灯光雾效果。下面向大家讲解添加灯光雾特效相关参数的功能，如图 5-31 所示。

图 5-31 灯光特效属性栏

灯光雾：单击右侧的方块按钮可以创建灯光雾。左边的输入栏中可以自定义灯光雾的名称。

雾扩散：该参数控制灯光雾的分布状况，数值越低，光线分布越稀疏。当需要创建弱光源的灯光雾效果时，可以将该值设置的低一些，Maya 默认为 1。效果如图 5-32 所示。

图 5-32 雾扩散效果

雾密度：设置灯光雾的照明强度，这里 Maya 的默认参数为 1，数值越大，灯光雾就越强，数值越小就越弱。

5.4.3 灯光雾参数

当我们在【灯光效果】卷展栏中单击【灯光雾】右侧的按钮添加灯光雾后，将会弹出一个面板，在这里可以更加精确地设置灯光雾的属性，如图 5-33 所示。

图 5-33 灯光雾的创建面板

创建灯光雾后，灯光图标就会在视图中发生变化，多出一个大的圆锥体，而这个大圆锥体就是灯光雾的范围，如图 5-34 所示。

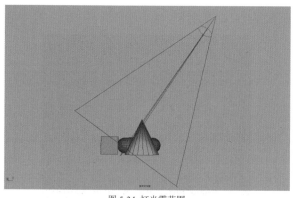

图 5-34 灯光雾范围

下面向读者介绍一下该卷展栏中参数的功能。

⚡ 颜色: 该选项控制灯光雾的颜色, 拖动滑块可以设置灯光雾颜色的明亮程度。单击色块区域, 会弹出一个拾色器, 可以选取需要的色彩。

⚡ 密度: 该参数控制灯光雾的密度, Maya 默认为 1, 其值越大, 密度就越高。

⚡ 基于颜色的透明度: 可以控制是否将雾中或雾后的物体进行模糊。

⚡ 快速衰减: 可以控制雾中或雾后物体受到的模糊程度是否相同。

5.5 灯光辉光 🔍

辉光效果可以产生一些比较绚丽的特效, 例如高光、光斑等。本节将向读者介绍如何在 Maya 中创建这些辉光效果。这些辉光效果包括辉光、光晕和镜头光斑等。

5.5.1 创建灯光辉光 ›

灯光辉光效果也是添加在灯光上的一种效果, 它必须依赖于灯光才可以产生效果。本节将向大家讲解如何在灯光上添加辉光效果。

动手实践——在灯光上添加辉光 🖱

 在场景中创建一盏泛光灯, 如图 5-35 所示。

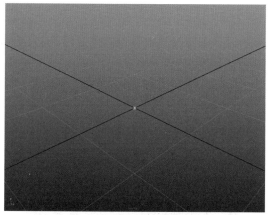

图 5-35 创建泛光灯

 按组合键 Ctrl+A 打开属性面板, 展开【灯光效果】卷展栏, 单击【灯光辉光】右侧的■按钮, 即可添加辉光效果, 如图 5-36 所示。

 此时将进入【光学效果属性】卷展栏, 如图 5-37 所示。读者可以通过该卷展栏设置灯光的特效。

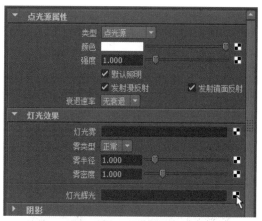

图 5-36 添加辉光

图 5-37 光学特效属性

下面向读者介绍该卷展栏中参数的功能。

⚡ 活动: 控制是否激活灯光中的辉光特效。

⚡ 镜头光斑: 控制是否模拟灯光在照耀摄像机镜头表面产生镜头光斑的效果。

⚡ 辉光类型: 控制灯光中的辉光类型。辉光类型效果如图 5-38 所示。

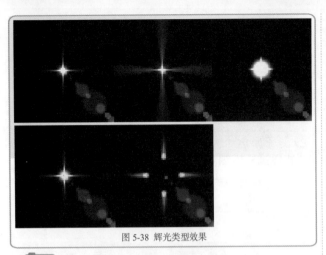

图 5-38 辉光类型效果

提示

单击【光晕类型】下拉列表可以选择不同的类型。其中,【无】表示不显示辉光特效;【线性】辉光可以从灯光的中心向外消失;【指数】可以使辉光从灯光的中心消失;【球】可以从灯光中心向指定的伸展距离迅速消失;【镜头光斑】模拟明亮的灯光照耀几个摄像机镜头的表面;【轮廓辉光】在柔和的辉光周围形成光环。

⬇ 光晕类型:控制灯光中辉光的光环类型。该下拉列表提供的选项和上一参数相同。

⬇ 径向频率:该选项用于设置辉光的辐射噪波频率。

⬇ 星形点:设置辉光的星形点的数量,图 5-39 所示是星形点设置为 4 和 6 的不同效果。

图 5-39 不同的星形点的效果

⬇ 旋转:可以设置辉光的旋转角度,如图 5-40 所示。

图 5-40 旋转对比效果

⬇ 忽略灯光:控制是否忽略灯光照射。

5.5.2 辉光属性

辉光是产生在光源位置的、明亮的、模糊的效果,如黄昏中的灯光效果,如图 5-41 所示。辉光的强度、形状和颜色都受到大气的影响,一般情况所看到的辉光都是由太阳所产生的。例如,太阳的辉光就比普通白炽灯的辉光要强烈的多。如果要得到一个较为理想的灯光,不仅要改变辉光的颜色和强度,而且还要改变辉光的尺寸和柔和度。

图 5-41 辉光

要设置辉光的参数设置,可以展开【辉光属性】卷展栏即可,如图 5-42 所示。下面向读者介绍这些参数的功能。

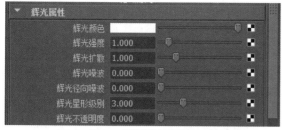

图 5-42 光学特效属性面板

🔽 辉光颜色：设置辉光的颜色，拖动滑块会设置颜色的明亮程度。

🔽 辉光强度：设置该值可以改变辉光的亮度。值越大，亮度越大。Maya 默认为 1。

🔽 辉光扩散：设置该值可以改变辉光的尺寸大小。值越大，辉光的尺寸越大，如图 5-43 所示。

图 5-43 设置辉光尺寸

🔽 辉光噪波：设置辉光的噪波强度，用它可以制作许多效果，如图 5-44 所示。

图 5-44 辉光燥波

🔽 辉光径向噪波：该值越大，光线的噪波越清晰，用它可以制作一些强光效果，如图 5-45 所示。

图 5-45 辉光光线噪波

🔽 辉光星形级别：设置辉光束的宽度，该参数越大，光束就越宽。

🔽 辉光不透明度：设置辉光的不透明度。

5.5.3 光晕属性

光晕效果指的是强光周围的一个光圈，主要是由于环境中粒子的折射以及反射形成的，如图 5-46 所示。根据产生光晕的物体表面类型和光的强度不同，光晕产生的大小和形状也有所不同。

图 5-46 光晕效果

一般情况下，在出现辉光效果的同时，也通常带有一些光晕效果。光晕的控制属性与辉光的控制属性基本相同，但也有一些自身所特有的属性，通过设置其自有属性，可以改变整个光晕的外表状态。在 Maya 中，可以通过设置光晕属性来设置其效果。用于模拟带有光圈的光源。

光环的创建方法和辉光相同，这里不再介绍。在 Maya 中，光晕分为 5 种类型，如图 5-47 所示。和辉光类型相同，选择不同光晕，就会得到不同的光晕效果。

图 5-47 光晕的 5 种类型

图 5-48 是光晕的参数设置选项，下面向读者介绍这些参数的功能。

图 5-48 光晕参数设置

☑ 光晕颜色：设置光晕的颜色，拖动滑块可以设置颜色的明亮程度。

☑ 光晕强度：调节该值，可以改变一个光晕的亮度。值越大，亮度越大，Maya 默认为 1，效果如图 5-49 所示。

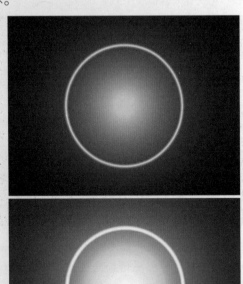

图 5-49 光晕强度对比

☑ 光晕扩散：通过调节光晕大小属性，可以改变一个光晕的大小，Maya 默认为 1，如图 5-50 所示。

图 5-50 改变光晕大小

5.5.4 镜头光斑属性

镜头光斑功能可以用来创建镜头中的耀斑效果，它是由几个不同尺寸大小，并且从光源向外延伸的圆盘状光环组成的。随着镜头靠近光源变得更加明显。镜头光斑常用来模拟强烈的阳光透过树林时发出的光斑和强光从镜头穿过时所折射的光斑，如图 5-51 所示。

图 5-51 镜头光斑

在 Maya 中，选中一盏灯光，然后打开其属性编辑面板，在【灯光特效】区域中，单击【灯光辉光】右侧的 ■ 按钮，创建镜头光斑。镜头光斑的面板如图 5-52 所示。

图 5-52 镜头光斑面板

> **注意**
>
> 如果要激活【镜头光斑】卷展栏中的参数，则需要在灯光属性参数设置面板中启用【光学效果属性】卷展栏中的【镜头光斑】复选框。

🔹 **光斑颜色**：可以改变镜头光斑的颜色，拖动滑块可以改变颜色的明亮程度。

🔹 **光斑强度**：可以设置光斑的强度，在模拟太阳光等高强度光源时，可以将其值调高一点，在模拟蜡烛等一些低强度光源时，可以将其值调低，Maya 默认认为 1，效果如图 5-53 所示。

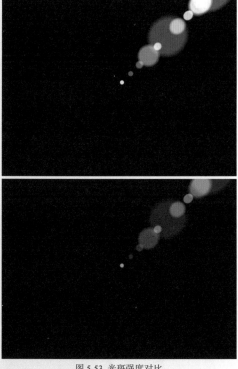

图 5-53 光斑强度对比

🔹 **光斑圈数**：此选项可以设置光斑光圈的数量，该值越大，光圈越多，可模仿镜头与发光物体之间角度的转换。Maya 默认该值为 20，效果如图 5-54 所示。

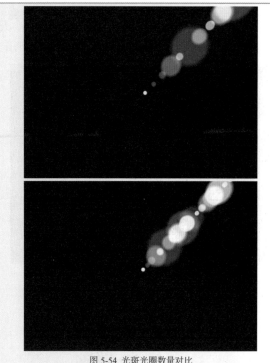

图 5-54 光斑光圈数量对比

🔹 **光斑最小值**：设置光斑的最小尺寸，Maya 默认该值为 0.1，最小尺寸不被 Maya 限制。

🔹 **光斑最大值**：设置光斑的最大尺寸，Maya 默认该值为 1，最大尺寸不被 Maya 限制。

🔹 **六边形光斑**：启用该复选框后，原来的圆形光斑会转化成为六边形光斑，如图 5-55 所示。

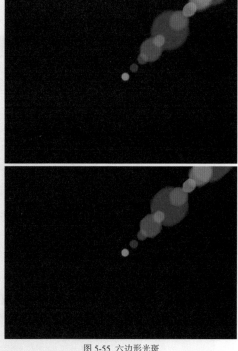

图 5-55 六边形光斑

光斑颜色扩散：使用该选项可以设置每个光圈的色相，如果需要设置光圈的颜色而且需要将每个光圈的颜色区别开来，可使用该选项，如图5-56所示。

光斑聚焦：该选项可以锐化光斑的边缘。

光斑垂直：控制光斑的垂直延伸方向。

光斑水平：控制光斑的水平延伸方向。

光斑长度：控制光斑的伸展尺寸，如图5-57所示。

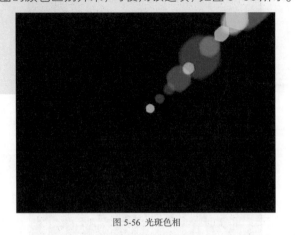

图 5-56 光斑色相

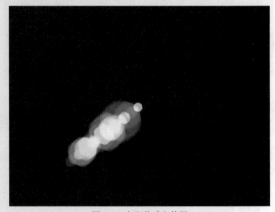

图 5-57 光斑移动和伸展

5.6 深度贴图阴影

在大部分情况下，深度贴图阴影能够产生出比较好的效果，但是会增加一些渲染的时间，一般的物体阴影都可以用它来模拟。深度贴图阴影是描述从光源到目标物体之间的距离，它的阴影文件中有一个渲染产生的深度信息。它的每一个像素代表了在指定方向上，从灯光到最近的投射阴影对象之间的距离，如图5-58所示。

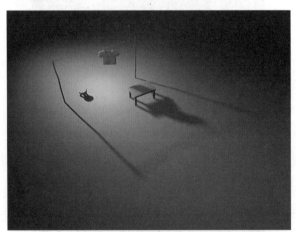

图 5-58 阴影效果

要创建深度贴图阴影，可以在场景中选择灯光，按组合键 Ctrl+A 打开其属性面板，然后，展开【阴影】卷展栏，并启用其中的【使用深度贴图阴影】复选框，即可激活深度贴图阴影，如图5-59所示。

图 5-59 深度贴图阴影属性

下面向读者介绍一下其参数的功能。

使用深度贴图阴影：只有启用该复选框时，深度贴图阴影才被激活。

分辨率：设置深度贴图阴影的分辨率。当该值设得很低时，阴影的边缘会出现锯齿，而当此项数值设得过高时，则会增加渲染的时间。

注意

【分辨率】的值最好是 2 的倍数，为避免阴影周围出现锯齿，该值不应该调得过低。

使用中间距离：被照亮物体的表面有时会有不规则的污点和条纹，这时候启用该复选框，将有效去除这种不正常的阴影。在默认状态下，此参数是打开的。

⬇ 使用自动聚焦：开启自动聚焦，默认为打开状态。

⬇ 聚焦：设置自动聚焦的聚焦值。

⬇ 过滤器大小：调节边缘柔化程度，参数越大，阴影越柔和，如图 5-60 所示。

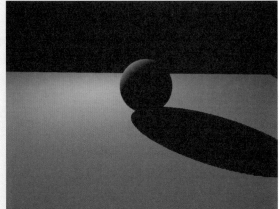

图 5-60 柔化阴影边缘

⬇ 偏移：调节可以使阴影和物体表面分离。调节该参数犹如给阴影增加一个遮挡蒙版，当数值变大时，灯光给物体投射的阴影就只剩下一部分，当此参数为 1 时，阴影就消失了，效果如图 5-61 所示。

图 5-61 深度贴图偏心率

⬇ 雾阴影强度：用于设置灯光雾的阴影浓度，在打开灯光雾时，场景中物体的阴影颜色会呈现不规则显示，这时可以调节该参数来增加灯光雾中的阴影强度。

⬇ 雾阴影采样：设置雾阴影的取样参数，此参数越大，打开灯光雾后的阴影就越细腻，但同样的会增加渲染的时间；参数越小，灯光雾后的阴影颗粒状就越明显。Maya 的默认值为 20，效果如图 5-62 所示。

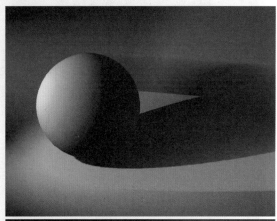

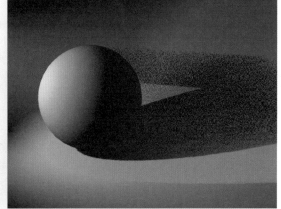

图 5-62 雾阴影采样

5.7 光线跟踪阴影

和深度贴图阴影一样，使用【光线跟踪阴影】也能够产生非常好的结果，如图 5-63 所示。在创建光线跟踪阴影时，Maya 会对灯光光线根据照射目的地到光源之间运动的路径进行跟踪计算，从而产生光线跟踪阴影。但这会非常耗费渲染时间。光线跟踪阴影和深度贴图阴影最大的不同是，光线跟踪阴影能够制作半透明物体的阴影，例如玻璃物体，而深度贴图阴影则不能。需要注意的是，尽量避免使用光线跟踪阴影来产生带有柔和边缘的阴影，因为这是非常耗时的。

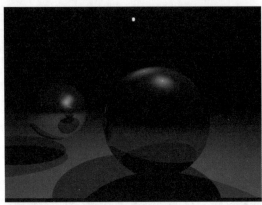

图 5-63 光线跟踪阴影

在创建光线跟踪阴影时，Maya 2014 会对灯光光线从照射摄像机到光源之间运动的路径进行跟踪计算，从而产生跟踪阴影。图 5-64 所示为【光线跟踪阴影属性】卷展栏，下面介绍一下【光线跟踪阴影】的功能参数。

图 5-64 光线跟踪阴影

💧 使用光线跟踪阴影：启用该复选框后将使用光线跟踪阴影。

💧 灯光半径：该选项用于扩大阴影的边缘，该值越大，阴影就越大，但是会使阴影边缘呈现粗糙的颗粒状。

💧 阴影光线数：数值越大，阴影边缘就越柔和，显得就越真实，它不会呈现粗糙和颗粒状，但是会相应地增加渲染时间。该数值越小，阴影的边缘就越锐利，如图 5-65 所示。

图 5-65 阴影辐射

💧 光线深度限制：调整该参数可改变灯光光线被反射或折射的最大次数。参数越大，反射次数就越多，该参数默认值是 1。

5.8 综合练习——烛光闪闪

本章向读者介绍了 Maya 中的灯光，本案例将创建一个简单的室内照明场景，该场景中将要体现出灯光的照明效果，并生成灯光的照明特效。此外，在本案例中将会向大家讲解一种经典的灯光照明方案，即三点照明。

5.8.1 制作烛光

本节将向读者介绍烛光照明效果的模拟。在这里，我们将利用一盏点光源通过添加贴图来产生火苗照射场景的效果。

`01` 打开随书光盘"Chapter05\ 烛光 .mb"文件，如图 5-66 所示。

图 5-66 场景文件

`02` 执行【创建】|【灯光】|【点光】命令，在场景中创建一盏点光，将其放置到如图 5-67 所示的位置。

图 5-67 创建点光源

`03` 选择点光灯，按 Ctrl+A 键打开其属性面板，然后单击【颜色】属性右侧的 ■ 按钮，在打开的对话框中选择【文件】选项，在属性面板中单击【图片名称】右侧的 ■ 按钮，将随书光盘中的"fire.1.tif"文件导入进去，如图 5-68 所示。

`04` 在点光灯属性面板中，将【强度】设置为 36，将【衰退速率】设置为【线性】，如图 5-69 所示。

`05` 展开【阴影】卷展栏，启用【深度阴影贴图】复选框，将【分辨率】设置为 1024，将【过滤器大小】设置为 6，如图 5-70 所示。

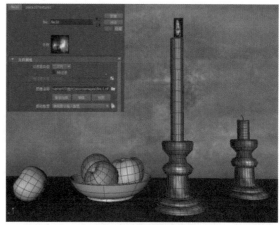

图 5-68 添加灯光颜色贴图

图 5-69 设置灯光属性

图 5-70 设置灯光属性

`06` 执行【窗口】|【渲染编辑器】|【渲染视图】命令，打开【渲染视图】并单击 ■ 按钮渲染当前灯光照明效果，如图 5-71 所示。

图 5-71 渲染效果

07 执行【窗口】|【关联编辑】|【灯光链接】|【以灯光为中心】命令，在【光源】列表中先选择pointlight1，然后点选 candel_base1 和 candel_fire，即可将它们与灯光取消链接，如图 5-72 所示。

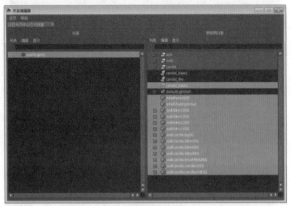

图 5-72 取消灯光链接

08 再次渲染当前视图，观察灯光照明效果，如图5-73 所示。

图 5-73 渲染效果

5.8.2 创建主光

主光源的主要职能是为了照明场景，并能够在场景中产生一些细节，例如阴影、明暗关系等。本节将利用一盏目标聚光灯来创建主光源。

01 执行【创建】|【灯光】|【聚光灯】命令，在场景中创建一盏聚光灯 spotlight1 作为场景的主光灯，然后将其放置到如图 5-74 所示的位置。

02 选择聚光灯 spotlight1，然后将【强度】设置为 20，将【衰减速率】设置为【线性】，将【圆锥体角度】设置为 75，将【半影角度】设置为 10，将【衰减】设置为 6，如图 5-75 所示。

03 单击工具栏上的██按钮，渲染当前灯光照明效果，如图 5-76 所示。

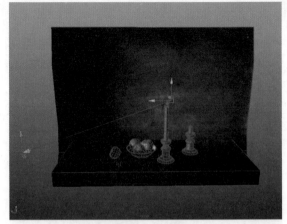

图 5-74 创建聚光灯

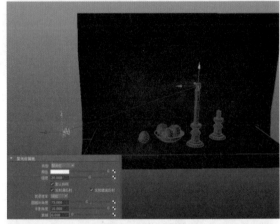

图 5-75 设置灯光属性

图 5-76 渲染效果

5.8.3 创建背光

背光的主要作用是为了中和阴影、突出场景的层次感。本节将使用一盏平行光来创建背光灯。详细实现过程如下。

01 执行【创建】|【灯光】|【平行光】命令，在场景中创建一盏方向灯 directionalLight1 作为背光灯，然后将其放置到如图 5-77 所示的位置。

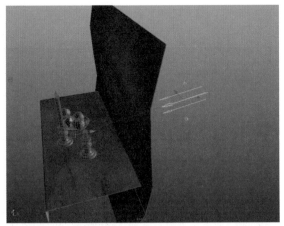

图 5-77 创建方向灯

02 选择平行光 directional light1，然后将【强度】设置为 0.6，将【颜色】设置为 (H: 198、S: 0.298、V: 1.0)，如图 5-78 所示。

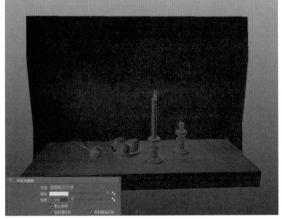

图 5-78 设置平行光属性

03 单击工具栏上 按钮，观察此时的灯光照明效果，如图 5-79 所示。

图 5-79 渲染效果

04 执行【窗口】|【关系编辑器】|【灯光连接】|【以灯光为中心】命令，在【光源】中先选择 directional light1，然后点选 wall_1 和 candel_base1，即可将它们与灯光取消链接，如图 5-80 所示。

图 5-80 取消灯光链接

05 单击 按钮，观察此时的渲染效果，如图 5-81 所示。

图 5-81 渲染效果

5.8.4 创建辅光

辅光的作用是为了补充主光的照明效果，通常位于主光源的另一侧，照射方向通常与主光源成 90 度角。本节将向读者介绍辅光的创建方法。

01 选择 spotlight1，按 Ctrl+D 键，将复制得到的聚光灯 spotlight2 作为辅光，然后将其放置到如图 5-82 所示的位置。

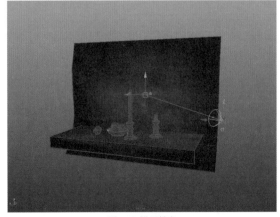

图 5-82 设置辅光

02 选择辅光灯 spotlight2，将【强度】设置为 2，然后单击█按钮，渲染当前的灯光照明效果，如图 5-83 所示。

图 5-83 渲染效果

03 至此，本例制作就完成了，最终效果如图 5-84 所示。

图 5-84 烛光效果

第6章 材质与贴图

在制作三维场景时，不仅仅是建好模型就完成了整个制作过程。实际上，模型仅仅是用来模拟真实事物的基础，要想能够真实再现物体的真实性，是离不开材质的。广泛的材质指的是物体表面所具有的物理特性和纹理表现。在 Maya 中，材质是通过一个名为 Hypershade 的容器来实现的。本章将以该容器的介绍为中心，向读者详细介绍 Maya 当中的材质实现方法。在本章的学习过程中，还需要读者掌握一个重要的知识点——对节点的操作。

6.1 认识 Hypershade 材质编辑器

在 Maya 2014 中，材质编辑器指的是 Hypershade，它是 Maya 提供的专门用来制作材质的容器。要打开材质编辑器，可以在菜单栏中执行【窗口】|【渲染编辑器】| Hypershade 命令，操作界面如图 6-1 所示。

图 6-1 Hypershade 操作界面

通过上图可以看出，材质编辑器是由多个模块组合而成，不同的模块担负着不同的功能。本节将详细向读者介绍 Hypershade 各个组成部分的功能。

6.1.1 菜单

Hypershade 窗口中共有 10 个菜单命令，通过这些菜单命令可以帮助我们快速执行相关操作，下面我们就来逐一学习这些菜单。

1. 文件

【文件】菜单主要用于文件数据的导入或导出，还可以在网络上下载相关的 Maya 材质，通过这些命令将其导入，也可以自己制作材质保存起来，供以后使用。

2. 编辑

【编辑】菜单主要用来对工作区域的节点进行编辑，如对节点执行删除、复制等相关操作。下面介绍该菜单中一些常用的命令。

- 删除未使用节点：用于删除场景中没有指定几何特征或粒子的所有节点，可以有效地清理不必要的材质数据，节省系统资源。

- 复制：该命令用于复制材质属性，包含3个子命令。

  - 着色网络：【着色网络】用于将节点完整复制。

  - 无网络：用于复制节点材质的全部属性，但不包含网络关系。

  - 已连接到网络：用于复制节点的全部属性，继承材质的上游节点网络连接，并共享网络连接，其对比效果如图 6-2 所示。

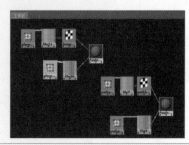

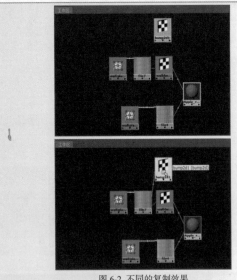

图 6-2 不同的复制效果

⬇ 将材质转换为文件纹理（Maya）：用于将材质或纹理转换成一个图像文件。

3. 视图

【视图】菜单主要用于工作区域的显示等。

4. 书签

【书签】菜单主要用于创建和编辑书签，便于用户进行观察。

5. 创建

【创建】菜单主要用于创建材质、纹理、常用工具、灯光和摄影机等。

6. 选项卡

【选项卡】菜单主要用于控制编辑器中的标签布局。

7. 图表

【图表】菜单主要用于控制材质节点网络在工作区域中的显示。

8. 窗口

【窗口】菜单为用户访问属性编辑器、属性总表和连接编辑器等编辑器提供了便利。

9. 选项

【选项】菜单主要用于控制编辑器界面的显示状态。

10. 帮助

【帮助】菜单用来打开帮助文件。

6.1.2 工具栏

在 Hypershade 的菜单栏下方是工具栏。这些工具主要是一些快捷工具，读者只需要单击相应的按钮，即可执行相应操作。下面讲解一些在 Hypershade 中常用的工具。

⬇ 开启/关闭创建栏▓：打开或关闭材质节点列表，关闭材质节点列表的效果如图 6-3 所示。

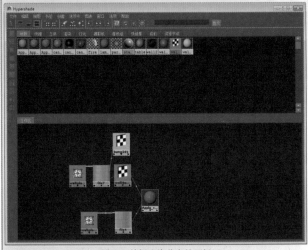

图 6-3 关闭渲染节点的面板

⬇ 显示顶/底选项卡▓▓▓：按下不同的按钮将显示不同的工作区域。图 6-4 所示的是按下▓按钮后的效果。

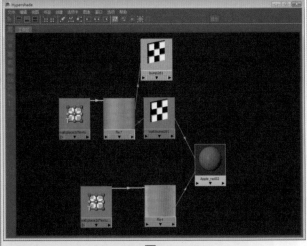

图 6-4 按下▓按钮后的效果

⬇ 显示上/下一个图表▓▓ ▓▓：分别用于显示上次和下次的连接。

清除图表🔧：删除选定连接。

重新排列图表：重新排列工作界面中的节点。

为选定对象上的材质制图：显示被选物体的材质节点网络。

输入连接：显示被选择节点的输入连接网络，如图 6-5 所示。

图 6-5 被选择节点的输入连接网络

输入和输出连接：显示被选择节点的输入和输出连接网络，如图 6-6 所示。

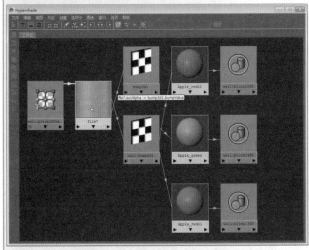

图 6-6 节点的输入和输出连接网络

输出节点：显示被选择节点的输出网络连接，如图 6-7 所示。

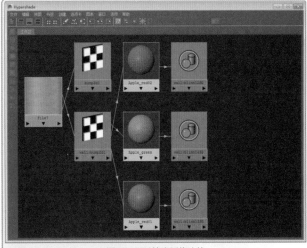

图 6-7 显示输出网络连接

节点容器：节点容器相关工具命令图标。

关于快捷工具就介绍这么多，这些快捷工具为以后的实际操作会提供很大的便利，需要好好掌握。

6.1.3 样本窗

样本窗主要用于显示场景中各种类型的节点。当一个场景被创建后，许多节点被默认建立。在样本窗中节点是被分类显示的，用户可以进行切换，进行观察，如图 6-8 所示。

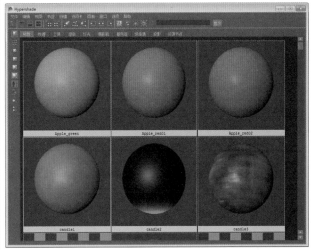

图 6-8 显示区域

6.1.4 节点区域

在 Maya 2014 中，有两种类型的节点，它们分别是 Maya 节点和 Mental Ray 节点，如图 6-9 所示。在 Hypershade 左侧的节点工具条中，可以在要选择的材质球上单击，即可在工作区域中创建材质球。

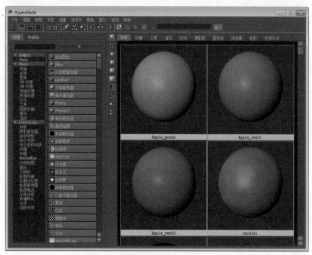

图 6-9 节点工具条

当我们在左侧的列表中选择某个节点后，在其右侧即可显示出包含在该类型中的材质类型。双击某一材质类型，即可将添加到【工作区域】区域中。

6.1.5 工作区域

工作区域主要用于节点的创建、连接和修改等编辑，如图 6-10 所示。在 Hypershade 中用户可以单击

节点工具条上的节点，创建和编辑节点。如果要设置材质节点的属性，可以双击材质球，打开属性编辑器窗口，设置材质节点的参数。

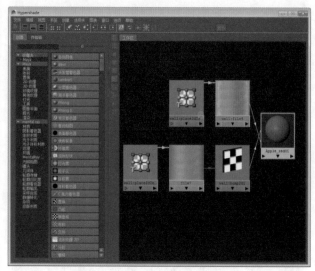

图 6-10 工作区域

6.2 创建材质

学习了 Hypershade 的环境后，下面就可以动手制作材质了。制作材质的第一步就是要选择一个合适的材质样本，将其添加到样本窗中进行编辑。本节将向读者介绍如何在 Maya 中创建一个材质以及常用的编辑手法。

动手实践——将材质赋予物体

材质节点的连接包括材质与物体的连接，以及材质节点与材质节点的连接，下面讲解几种常见的材质节点连接方法。

01 在 Hypershade 窗口中，单击节点工具条中的 Blinn 图标，在工作区域中创建 Blinn 材质节点，如图 6-11 所示。

02 选择场景中的物体，将鼠标指针放置到材质球上，按住鼠标中键不放，将其拖动到场景中的物体上，如图 6-12 所示。

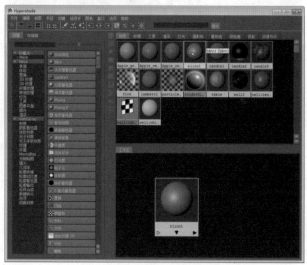

图 6-11 创建 Blinn 材质

图 6-12 将材质赋予物体

动手实践——连接材质节点

在 Maya 中，除了材质节点与物体的连接外，材质节点与材质节点也可以连接。材质节点之间的连接，主要是为了增加场景物体的细节，使场景物体表现的效果更加真实。下面通过一个实例介绍材质节点之间的连接方法。

01 在 Hypershade 窗口中单击节点工具条的 Blinn 按钮，创建两个 Blinn 材质球，并分别设置一下它们的颜色，如图 6-13 所示。

图 6-13 创建 Blinn 材质

02 在 Hypershade 编辑器中，选择【创建】选项卡中的【工具】选项，然后单击【采样器信息】和【条件】选项，创建这两个节点，如图 6-14 所示。

03 按住鼠标中键，将【采样器信息】节点拖到【条件】节点上，在弹出的菜单中选择【其他】命令，如图 6-15 所示。

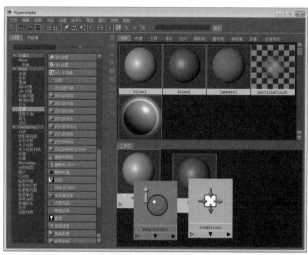

图 6-14 创建节点

图 6-15 执行连接操作

04 打开如图 6-16 所示的【连接编辑器】窗口，将【采样器信息】节点的 Flipped Normal 一元属性与 Condition1 节点的 First Term 一元属性相连接。

图 6-16 连接节点

05 使用上述方法，将 Blinn1 材质的 OutColor 连接到 Condition 节点的 ColorIfFalse 属性上，如图 6-17 所示。

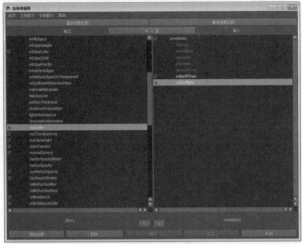

图 6-17 连接 OutColor 属性

06 将 Blinn2 材质的 OutColor 连接到 Condition 节点的 ColorIfTrue 属性上，如图 6-18 所示。

图 6-18 连接材质

通过这样的操作，我们已经将材质连接起来。在 Maya 中，这种节点之间的相互连接是很平常的操作。在执行这种操作时，需要读者理解节点的含义以及各个节点的功能。

动手实践——断开材质节点

在制作材质纹理时，有时需要将某些材质节点暂时断开或删除，使其失去对场景物体继续产生作用。

01 在 Hypershade 编辑器的工作区域中，选择要断开连接的两个节点之间的连接线，如图 6-19 所示。

图 6-19 选择连接线

提示

被选中的连接将会以黄色高亮度显示。

02 按 Delete 键直接将其删除即可，如图 6-20 所示。

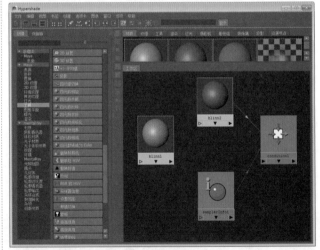

图 6-20 删除连接

 6.3 材质基本类型

Maya 针对不同的物体表面的光泽，制定了不同的方案，这些方案被称为材质。通过使用这些已经定义好的模板，能够快速帮助读者创建材质效果，本节将向读者介绍 Maya 中的一些常用材质类型。

6.3.1 各向异性材质

各向异性材质可以进行精确的高光调整和控制。常用来模拟具有细微凹凸的表面，其平面高光与凹凸的方向接近垂直，适用于制作 CD 光盘、毛发、天鹅绒、绸缎等具有光束效果的物体，如图 6-21 所示。

图 6-21 各向异性材质效果

动手实践——创建各向异性材质

01 在 Hypershade 窗口创建一个各向异性材质，如图 6-22 所示。

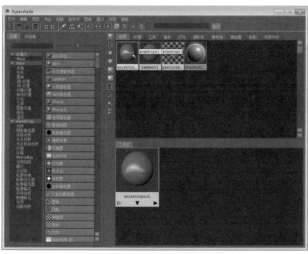

图 6-22 创建材质球

02 在工作区域中双击该材质球，即可在属性栏中打开其参数设置，如图 6-23 所示。

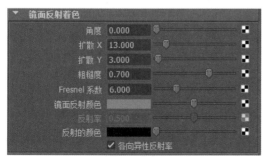

图 6-23 参数设置

下面向读者介绍其中的一些常用参数的功能。

- 角度：用于控制物体高光所在物体表面的角度，默认为 0，取值范围 0~360。

- 扩散 X：用来控制高光在 X 轴方向的扩散程度。

- 扩散 Y：用来控制高光在 Y 轴方向延伸的程度。

- 粗糙度：设置表面的整体粗糙程度，值越小越光滑，高光也越集中，值越大表面越粗糙，高光越分散，取值范围 0.1~100。

03 在各向异性材质公用属性栏中，将其颜色调整为红色，修改其高光属性参数，赋予场景中物体模型，效果如图 6-24 所示。

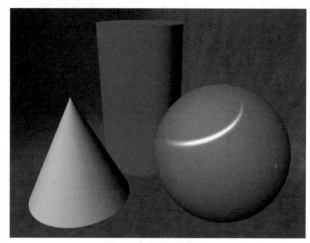

图 6-24 各向异性材质效果

6.3.2 Blinn 材质

Blinn 材质具有高质量的镜面高光效果，适用于有机物、水果、植物叶面、塑料、金属等表面具有光滑度的物体，Blinn 材质对于 Maya 软件中材质制作的使用非常广泛，如图 6-25 所示。

图 6-25 Blinn 材质效果

动手实践——创建 Blinn 材质

01 执行【窗口】|【渲染编辑器】|Hypershade 命令，打开 Hypershade 窗口。在窗口右侧的节点工具栏中单击 Blinn 材质球，在工作区创建一个 Blinn 材质，如图 6-26 所示。

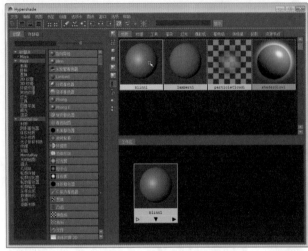

图 6-26 创建 Blinn 材质

02 在场景中创建几个几何体，选中其中的几何球体，在 Hypershade 窗口中选中创建的 Blinn 材质并单击鼠标右键，选中【为当前选择指定材质】命令，将创建的 Blinn 材质赋予球体模型，如图 6-27 所示。

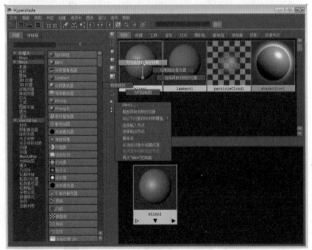

图 6-27 赋予物体材质

03 在属性栏中调整材质的颜色，渲染透视图观察此时效果，如图 6-28 所示。

图 6-28 Blinn 材质效果

6.3.3 头发管着色器

头发管着色器材质具有颜色渐变的调整特性，可以更好地调整颜色来影响当前材质所产生的效果，适用于模拟钢管等物体材质，如图 6-29 所示。

图 6-29 毛发管状材质效果

6.3.4 Lambert 材质

Lambert 材质不包含高光属性，不包含任何镜面反射属性，常用于制作粗糙物体，如：岩石、木头、布料、粉笔等不光滑的物体，在 Maya 材质系统中，Lambert 为默认的材质组，如图 6-30 所示赋予圆柱的 Blinn 材质与赋予球体的 Lambert 材质的渲染效果。

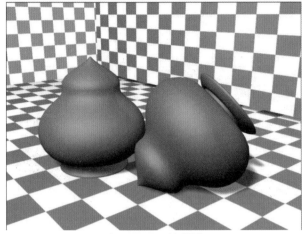

图 6-30 Lambert 材质属性

6.3.5 分层着色器

分层着色器是一种重要的材质合成工具，它可以模拟多种材质的组合效果。分层着色器的材质效果如图 6-31 所示。

图 6-31 分层材质效果

6.3.6 海洋着色器

海洋着色器材质主要用于流体，还可以模拟海洋、水、油等液体，如图 6-32 所示为海水材质的制作效果。

图 6-32 海洋材质属性

6.3.7 Phong 材质

Phong 材质有明显的高光区，可以使用【余弦幂】参数对 Blinn 材质的高光区域进行调节，适用于湿滑的、表面具有光泽的物体，如：塑料、玻璃、水等。图 6-33 是 Phong 材质的表现效果。

图 6-33 Phong 材质效果

6.3.8 Phong E 材质

Phong E 本身就是 Phong 的一种变异类型，只是增加了控制高光的参数，Phong E 的高光比 Phong 要柔和，容易控制，渲染的速度也快，它可以根据材质的透明度来控制高光效果，如图 6-34 所示为 Phong E 材质效果。

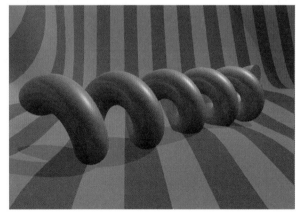

图 6-34 Phong E 材质效果

6.3.9 渐变着色器

渐变着色器材质不同于其他的高光属性，渐变材质中与颜色有关的属性都可以渐变方式来控制，它可以在每个控制高光的参数中细分出很多渐变控制，这样可以是材质的高光形成不同的颜色过渡，如二维卡通材质的制作，效果如图 6-35 所示。

图 6-35 渐变材质效果

6.3.10 着色贴图材质

着色贴图材质用于给表面添加一种颜色，它通常应用于非真实效果，例如卡通材质、阴影效果的制作等，如图 6-36 所示。在【着色贴图】属性面板中【颜色】和【着色贴图颜色】参数分别用于控制材质的三维效果和颜色。

图 6-36 着色贴图材质效果

6.3.11 表面着色材质

表面着色材质用于为材质节点赋予颜色，效果与【着色贴图】材质相似，但它还有透明度、辉光度、磨砂不透明等参数属性。目前制作卡通材质节点里大多使用【表面着色】材质，其效果如图 6-37 所示。

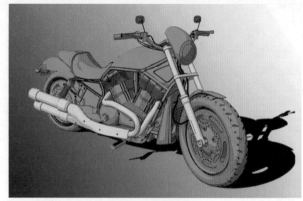

图 6-37 表面着色效果

6.3.12 使用背景材质

使用背景材质常用于单色背景的合成渲染、提取高光、反射和阴影等信息以及后期工作中的抠像处理。下面向读者介绍使用背景材质的方法。

动手实践——使用背景材质实现方法

[01] 在 Hypershader 编辑器窗口中创建一个【使用背景】材质，赋予视图中的模型，打开材质属性栏并修改属性参数，如图 6-38 所示。

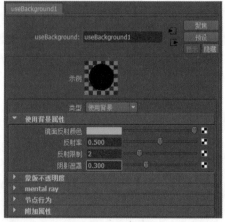

图 6-38 设置材质属性

下面向读者介绍【使用背景材质】属性栏中一些常用参数的功能。

▷ 镜面反射颜色：高光的颜色，还可以在此属性上插入一张纹理作为反射图案，用于模拟虚拟环境。

▷ 反射率：用来控制反射强度，值越大反射的纹理越清晰，反之越模糊。

▷ 反射限制：用来控制反射次数，值越大反射的次数越多。

▷ 阴影遮罩：用于控制阴影的密度，值为 0 时为看不到阴影，值为 1 时阴影为纯黑色。

02 选中模型并打开其属性栏,在属性栏中找到【渲染统计信息】属性选项并设置其渲染参数,如图 6-39 所示。

图 6-39 设置渲染属性

03 在视图中创建一盏聚光灯并打开阴影属性,按照图 6-40 所示的参数修改其设置,从而使其产生阴影效果。

图 6-40 调整灯光参数

04 单击【渲染】按钮,渲染效果如图 6-41 所示,可以看到模型的阴影效果。

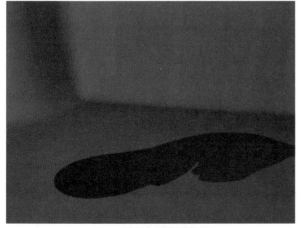

图 6-41 使用背景材质的效果

05 最后将模型和其阴影进行合成,效果如图 6-42 所示。

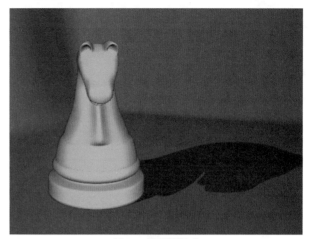

图 6-42 模型阴影合成

6.3.13 体积雾材质

体积雾材质在 Maya 中主要用于模拟环境中灯光雾、环境雾以及粒子特效等,对于场景后期渲染提供了有利的资源,本节将介绍简单的环境雾的创建和使用方法,如图 6-43 所示为给场景创建 Env Fog 材质后的效果。

图 6-43 环境雾效

6.3.14 置换材质

置换材质是一种特殊的材质,它可以实现真实的凹凸效果,这种材质可以直接改变模型的形状,成为真正意义上的凹凸,置换材质的效果主要由纹理来实现。

6.4 材质的公共属性

介绍了 Maya 的材质之后，下面向读者介绍材质的参数设置。在 Maya 中，材质的参数分为公共属性、高光属性、特殊属性、遮罩透明度以及光线跟踪等多种类型。本节将逐一向读者介绍它们。

6.4.1 公共材质属性

通用材质属性，是指大部分材质所共同拥有的常用属性。在转换一个材质的类型时，拥有这个属性的材质会保留原来的参数设置，它主要用来描述材质最基本的外部特征，如颜色、透明、环境色、自发光等，可以很直观地在软件中表现出来。本节将带领读者认识一下 Maya 的通用属性。图 6-44 所示是材质的公共材质属性卷展栏。

图 6-44 材质属性

提示

打开公共材质属性的方法是：在 Hypershade 窗口中单击右侧节点工具栏的 Blinn 材质，Blinn 材质在右侧的工作区中就被创建出来。此时，在显示区域中单击 Blinn 材质即可。

下面将向读者介绍常用的一些通用属性的参数功能。

⬇ 颜色：用来控制材质的颜色，也就是物体所固有的颜色，如图 6-45 所示。

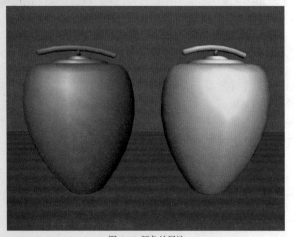

图 6-45 颜色的属性

⬇ 透明度：用来设置材质显示的透明度，默认值为 0。图 6-46 所示是不同的取值所创建的不同效果。

图 6-46 材质的透明属性

提示

若调整参数值为 1，则表示材质完全透明，若调整参数值为 0，则表示材质完全不透明。此外，也可以通过调整该参数的颜色来调整材质的透明度。

⬇ 环境色：用来设置和模拟环境颜色，如图 6-47 所示。

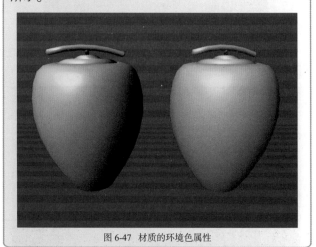

图 6-47 材质的环境色属性

提示

默认颜色（黑色）下不影响材质的任何属性，当该颜色变亮时，它将会改变材质的颜色并将颜色和环境色混合，使暗面的颜色变亮。

❷ 白炽度：即自发光效果，用于模仿白炽状态的物体，是物体自身的明亮表现，但它并不照亮其他物体，如图 6-48 所示。

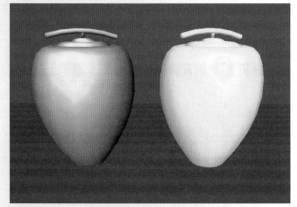

图 6-48 材质的白炽属性

❷ 凹凸贴图：用于控制物体的凹凸效果，不同的效果对比如图 6-49 所示。

图 6-49 材质的凹凸属性

提示

通过对凹凸映射纹理的颜色进行设置，在渲染时改变物体表面的法线，使物体看上去有凹凸感，而实际凹凸贴图物体的表面并没有改变，在渲染球形凹凸贴图物体时查看其边缘，依然是圆的。

❷ 漫反射：用于描述物体在场景中各方向反射光线的能力，不同的效果对比如图 6-50 所示。

提示

【漫反射】的作用就像一个比例系数，该参数的取值越高，漫反射区域的颜色越接近物体设置的表面颜色，默认值为 0.8，最大值为 1。

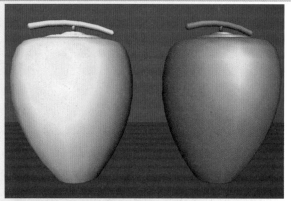

图 6-50 材质的漫反射属性

❷ 半透明：控制光线通过并不完全透明的状态。其范围为 0~1，默认值为 1，它用来控制物体表面透过光和漫反射光的能力，它可以使材质接收来自外界的光线，使物体具有很好的通透感；如玉石、蜡烛、花瓣等具有透明属性的事物，如图 6-51 所示。

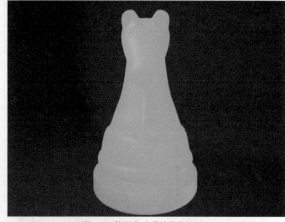

图 6-51 使用半透明效果前后对比

❷ 半透明深度：用来控制灯光穿透半透明物体的深度，当数值为零时物体将变为完全不透明，它的计算方式是以世界坐标的形式为基准的，效果如图 6-52 所示。

图 6-52 使用半透明深度参数的效果对比

半透明的焦距：控制光线穿过半透明物体所形成阴影的大小，值越大阴影越大，并且可以穿透物体，反之值越小，形成阴影就越小，并且光线只在物体表面穿透或反射，效果如图 6-53 所示。

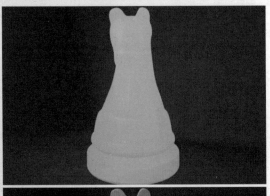

图 6-53 半透明焦距影响对比

6.4.2 镜面反射着色

在 Blinn 材质的属性通道盒中展开【镜面反射着色】卷展栏，如图 6-54 所示。该卷展栏中的参数也是大多数常用材质所共有的，它们控制着物体表面反射光线的范围和强度，以及表面炽热所产生的辉光的外观。

图 6-54 镜面反射着色

下面向读者介绍关于高光属性的一些参数的含义。

偏心率：用来设置高光范围大小。图 6-55 所示的是将该参数设置为 0.05 后，球体所表现出来的高亮部分。

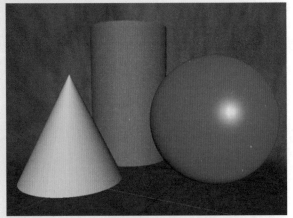

图 6-55 偏心率材质效果

镜面反射衰减：用来控制模型表面反射环境光的能力，值越大反射强度越高，反之越弱。其效果对比如图 6-56 所示。

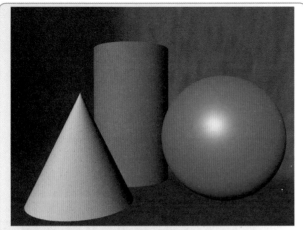

图 6-56 镜面反射衰减效果对比

🔽 镜面反射颜色：用来设置材质高光的颜色，读者可以单击其右侧的颜色块来自定义高光的颜色，如图 6-57 所示高光颜色调整为紫色。

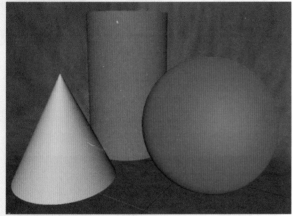

图 6-57 镜面反射颜色

🔽 反射率：用来控制反射周围环境光的强度设置，最大值为 1，表示完全反射周围的环境光，对与透明的物体参数设置的不要太高，以免影响物体本身的效果，如图 6-58 所示，透明球体在地面上的反射。

图 6-58 反射率材质效果

🔽 反射的颜色：用拍摄的环境图片来模拟周围环境，而获得预期的效果，从而节省了完全使用光线追踪来模拟环境的渲染速度，如图 6-59 所示。

图 6-59 反射颜色效果

6.4.3 特殊效果

【特殊效果】卷展栏提供了一种特殊效果，它可以模拟物体因表面反射光线或表面炽热所产生的辉光效果，如图 6-60 所示。常用来模拟灯光、月光等效果。

图 6-60 特殊效果卷展栏

🔽 隐藏源：使不可见，而只显示辉光的效果。启用与禁用该复选框的效果对比如图 6-61 所示。

图 6-61 隐藏源物体效果对比

辉光强度：用于控制表面辉光的亮度，不同取值的效果对比如图 6-62 所示。

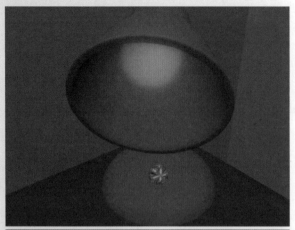

图 6-62 辉光强度效果对比

6.4.4 蒙版不透明度

通过【蒙版不透明度】卷展栏可以设置材质的不透明度，可以用来制作类似于玻璃的透明材质。图 6-63 所示是该参数面板。

图 6-63 蒙版不透明度

Maya 提供了 3 种模式，分别是不透明度增益、匀值蒙版和黑洞等。下面分别进行介绍。

不透明度增益：它可以同时显示反射和阴影。当取值为 1 时，它的 Alpha 完全覆盖下面物体的 Alpha；当取值为 0 时，它将下面物体的 Alpha 完全抠除，如图 6-64 所示。

图 6-64 不透明缩放对比

匀值蒙版：使用该参数可以得到一个固定的遮罩数值。它不受不透明度值的影响，如图 6-65 所示。

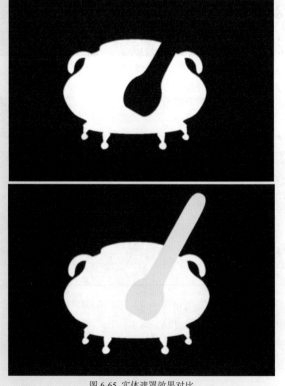

图 6-65 实体遮罩效果对比

黑洞：在选择这个模式时，【匀值蒙版】值将失去效果，它忽略了物体的所有属性设置。它的 Alpha 值为 0，即没有 Alpha 值，也就无法显示，如图 6-66 所示。

图 6-66 黑洞效果

光线追踪用于模拟真实的现实生活环境，使得最终的渲染效果达到近似真实或超乎想象的境界，如图 6-67 所示。

图 6-67 光线跟踪的折射效果

图 6-68 所示是【光线跟踪选项】卷展栏，下面介绍光线追踪的一些常用属性。

图 6-68 光线追踪属性栏

折射：用来模拟光线跟踪的折射效果。

折射率：用于指定光线穿过透明物体时被弯曲的强度，设置折射率为 1 时，光线沿直线传播。

折射限制：用于设置光线被折射的最大次数，默认值为 6，取值范围为 0~ 无穷大，用来模拟物体整体折射效果，如图 6-69 所示，设置不同的折射限制值所渲染的折射效果。

图 6-69 材质的折射限制效果对比

灯光吸收：用于控制材质吸收光线的强度，值越大，对光线的吸收越强，同时会导致物体的反射和折射下降，图 6-70 所示是不同的参数值所得到的不同渲染效果。

图 6-70 灯光吸收效果对比

图 6-70 灯光吸收效果对比（续）

🔽 **表面厚度**：用来控制介质的厚度，调整该项可以影响材质折射的范围，也就是说可以将一个物体面片渲染出具有厚度的物体，如图 6-71 所示。

图 6-71 材质的表面厚度属性

🔽 **阴影衰减**：可以在透明的物体中模拟灯光的聚焦效果，通常不采用该项设置。

🔽 **色度色差**：不同颜色的光线在通过透明物体时会以不同的角度折射，会将颜色混合到一起产生最终的色彩效果，如图 6-72 所示为透明物体所产生的色彩的折射效果。

图 6-72 色差效果

🔽 **反射限制**：用于设置光线被反射的最大次数，默认值为 1，取值范围为 0~ 无穷大，用来模拟物体整体反射效果，如图 6-73 所示为玻璃的反射效果。

图 6-73 反射限制效果对比

🔽 **镜面反射度**：用来控制模型表面反射的强度。

6.5 综合练习 1——鼠标

在 Maya 当中，材质和纹理并不是一个概念。材质指的是物体表面所表现出来的物理特性，而贴图指的是物体表面的纹路表现。本章向大家介绍了 Maya 当中的材质类型，下面以一个具体的实例为例，介绍材质的具体应用方法。

01 打开随书光盘"场景文件 \Chapter06\shubiao.mb"文件，如图 6-74 所示。

图 6-74 导入场景

02 依次执行【窗口】|【渲染编辑器】|Hypershade 命令，打开 Hypershade 窗口，如图 6-75 所示。

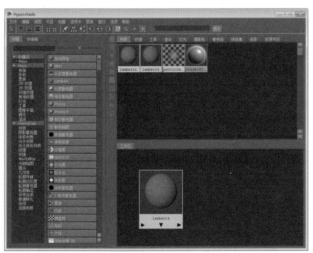

图 6-75 打开 Hypershade 窗口

03 在材质列表中单击 Blinn 选项，创建一个 Blinn 材质球，双击这个材质球，打开属性面板，如图 6-76 所示。

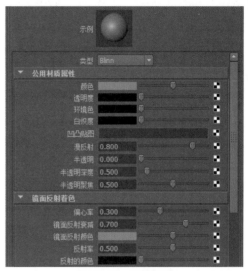

图 6-76 blinn 的属性面板

04 在【公用材质属性】卷展栏中，将【颜色】设置为 HSV：120、0、0，如图 6-77 所示。

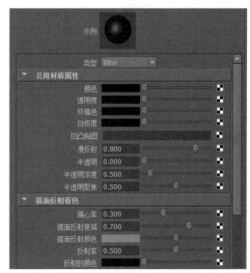

图 6-77 设置 Blinn 属性

05 打开 Hypershade 窗口，将制作的材质赋予场景如图 6-78 所示的模型。

图 6-78 赋予材质

图 6-81 反射率

06 在材质类型列表中单击 phong 选项，创建一个 phong 材质球，双击这个材质球，打开属性面板，如图 6-79 所示。

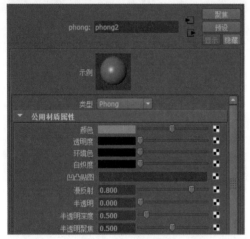

图 6-79 phong 属性面板

07 在公用材质属性卷展栏中，将【透明度】设置为 HSV：120、0、1，如图 6-80 所示。

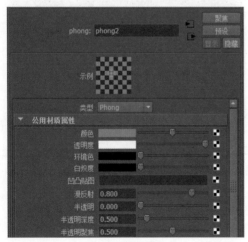

图 6-80 设置透明度

08 将【反射率】设置为 1，如图 6-81 所示。

09 在 Hypershade 窗口中，单击材质列表中的【分层着色器】选项，创建一个分层着色器材质球，双击这个材质球，打开属性面板，如图 6-82 所示。

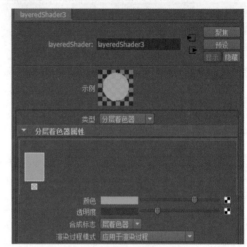

图 6-82 分层着色器属性面板

10 完成以上步骤，打开 Hypershade 窗口，选择 Phong 材质球，并按住鼠标中键不放，将其拖动到【分层着色器】属性面板的【分层着色器属性】卷展栏中，如图 6-83 所示。

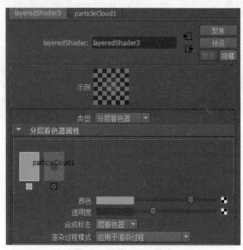

图 6-83 连接 Phong 材质

11 在【分层着色器属性】卷展栏中单击如图 6-84 所示的色块，将其删除。

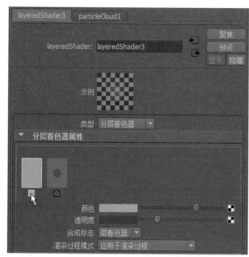

图 6-84 删除色块

12 将创建的 blinn 材质也拖到【分层着色器】属性面板中的【分层着色器属性】卷展栏，如图 6-85 所示。

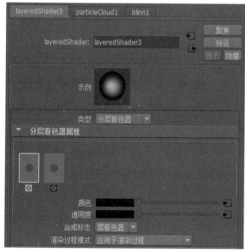

图 6-85 LayeredShader 属性面板

13 选中 LayeredShader1 材质，在 Hypershade 窗口中执行【编辑】|【复制】|【着色网络】命令，复制出一个同样的材质球，如图 6-86 所示，将 blinn2 的 Color 设置为 HSV：120、0、1。

14 执行【窗口】|【大纲视图】命令，打开【大纲视图】窗口，展开 Mouse 卷展栏，选中 Mouse1，将 layeredShader2 拖拉到 Mouse1 上，如图 6-87 所示。

15 选中 Mouse2 和 Mouse3，将 LayeredShader1 拖拉到它们上，从而为它们赋予材质。操作完毕后，快速渲染当前视图观察此时的效果，如图 6-88 所示。

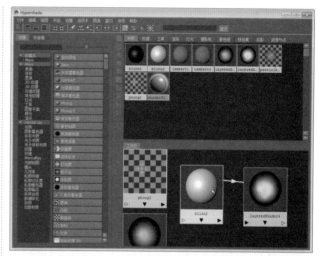

图 6-86 复制材质球

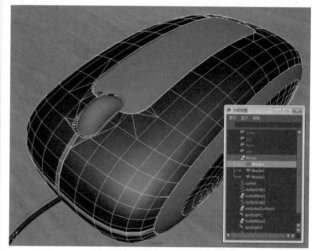

图 6-87 赋予 Mouse1 材质

图 6-88 渲染效果

6.6 纹理的操作

纹理，是指包裹在物体表面上的一层花纹，如人体和动物的皮肤、汽车表面的烤漆、墙壁表面的凹凸和金属表面的锈斑等。纹理是材质的一种属性，它可以控制物体表面的质感，能增加材质的细节。图6-89所示是一张人物的皮肤纹理图片，图6-90所示是一张具有丰富纹理的场景图片。

图 6-89 皮肤纹理

图 6-90 金属纹理图片

本节将向读者介绍纹理的常用操作方法，包括如何创建纹理节点、如何断开纹理节点以及如何删除纹理节点。

动手实践——创建纹理节点

在前文中我们介绍过，在 Maya 中任何事物都是以节点的形式来显示和计算的，例如我们创建的模型、材质球、灯光或曲线都可以被视为一个计算节点。本节中我们介绍的纹理贴图也可以被视为一个纹理节点，

首先介绍如何创建纹理节点。

01 打开 Hypershade 窗口，创建一个 blinn 材质，按组合键 Ctrl+A 打开其属性卷展栏。然后单击【颜色】右侧的■按钮，如图 6-91 所示。

图 6-91 属性卷展栏

02 在弹出的窗口中，可以看到 Maya 所包含的 4 种纹理，2D 纹理、3D 纹理、环境纹理和其他纹理，如图 6-92 所示。

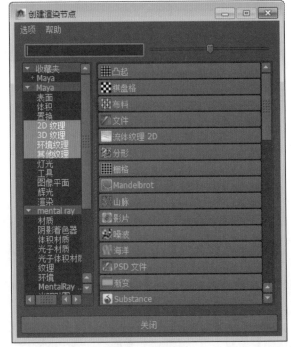

图 6-92 纹理节点窗口

03 选择【2D 纹理】选项，在其右侧的列表中选择【棋盘格】节点，为所选材质球添加一个二维纹理贴图，如图 6-93 所示。

04 在 Hypershade 窗口中，可以看到材质球 blinn1 的表面变为黑白的网格显示状态，表示二维纹理贴图添加成功，如图 6-94 所示。

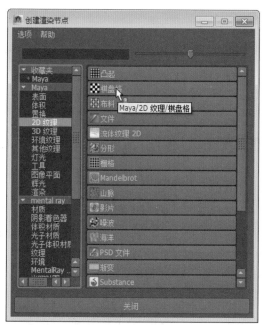

图 6-93 选择节点

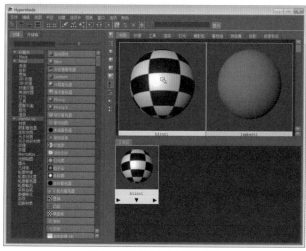

图 6-94 添加节点后的材质球效果

05 在属性面板中可以看到，新添加的一个名为 checker1 的属性节点。调整【棋盘格属性】卷展栏下的颜色值，可改变该纹理的颜色，如图 6-95 所示。

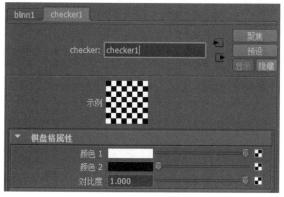

图 6-95 棋盘格属性

06 在 Hypershade 窗口中单击 按钮，可以看到材质球 blinn1 发生了变化，并且在该材质的属性设置面板中，其显示样式也发生了变化，如图 6-96 所示。

图 6-96 材质的变化效果

动手实践——断开纹理节点

01 创建材质球 blinn1，打开其属性设置面板。然后，在【颜色】右侧的空白处单击鼠标右键，在弹出的命令列表中选择【断开连接】命令，即可断开纹理与材质球的连接，如图 6-97 所示。

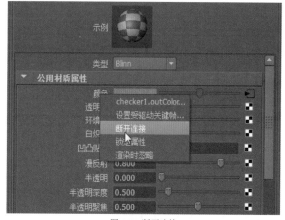

图 6-97 断开连接

02 我们也可以在材质编辑窗口的工作区域中，选中纹理节点与材质球的连接线，然后按 Delete 键即可将它们的连接断开，如图 6-98 所示。

图 6-98 删除连接线

图 6-99 选择纹理节点

动手实践——删除纹理节点

在 Hypershade 编辑窗口中，我们使用类似的方法，来练习如何将连接在材质球上的纹理节点进行删除。

01 在 Hypershade 窗口中，选择连有纹理节点的材质球 blinn1，然后单击 ▣ 按钮，以在工作区域显示其纹理节点的输入连接并框选中该纹理节点，如图 6-99 所示。

02 按 Delete 键，即可将所选节点删除，从而只剩下材质球 blinn1 和其输出连接节点，如图 6-100 所示。

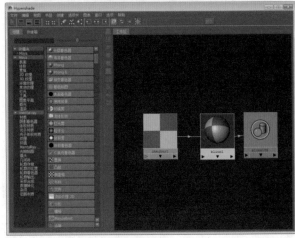

图 6-100 删除纹理节点

6.7 常见 2D 纹理

2D 纹理通常贴图到几何对象的表面。在实际使用过程中，最为简单的 2D 纹理是位图，而其他种类的二维贴图则是由纹理程序自动生成。本节将向读者介绍 Maya 中的 2D 纹理的相关知识。

6.7.1 纹理的公共属性 ⟩

和材质相同，纹理也有自身的控制属性。当在 Hypershade 中添加一个纹理后，按组合键 Ctrl+A 即可打开其属性卷展栏，如图 6-101 所示。

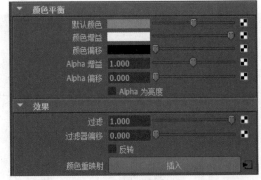

图 6-101 公共属性

1. 颜色平衡卷展栏

下面向读者介绍这些参数的功能。

- 默认颜色：纹理的默认颜色。
- 颜色增益：纹理的输出颜色的缩放系数。
- 颜色偏移：纹理的输出颜色的偏移系数。
- Alpha 增益：当纹理被用于凹凸或位移贴图时才有效。它应用于输出 Alpha 通道的缩放系数。
- Alpha 偏移：它应用于输出 Alpha 通道的偏移系数。
- Alpha 为亮度：设置 Alpha 的亮度。

2. 效果卷展栏

下面向读者介绍【效果】卷展栏中的参数功能。

- 过滤：调整过滤器的强度。
- 过滤器偏移：设置过滤器的偏移程度。
- 反转：反转所有的纹理颜色。
- 颜色重映射：使用【映射】节点调整纹理的颜色。

6.7.2 常见 2D 纹理简介

2D 纹理包含多种子类型，使用不同的纹理可以创建出不同的效果。为了使读者能够灵活应用 Maya 纹理，本节将向读者详细介绍常见 2D 纹理的功能。

1. 凸起

用程序创建一个边缘逐渐变灰暗的白色方形的栅格纹理。可使用【凹凸贴图】或者【置换贴图】来创建表面凸起，使用透明贴图或者高光贴图来模拟现实的物体。例如，边缘脏污的窗户、模拟瓷砖的颜色贴图。图 6-102 所示是【凸出】贴图的参数设置。

图 6-102 凸起属性

凸起属性包括两个参数，其中，【U 向宽度】用于设置凸起效果在 U 向上的宽度；【V 向宽度】用于设置凸起效果在 V 向上的宽度。

2. 棋盘格

用于模拟具有两种颜色的正方形方格效果。但是通常使用文件棋盘格纹理，是因为 Maya 中的程序

棋盘格纹理没有文件棋盘格纹理预览效果好，如图 6-103 所示。

图 6-103 棋盘格效果

图 6-104 所示是棋盘格纹理的属性卷展栏，下面向读者介绍这些参数的功能。

图 6-104 棋盘格属性

- 颜色 1：设置颜色 1 的颜色，可以通过其右侧的色块进行设置。
- 颜色 2：设置颜色 2 的颜色，可以通过其右侧的色块进行设置。
- 对比度：设置【颜色 1】和【颜色 2】的对比度。

3. 布料

【布料】纹理用来模拟布料及其花纹效果。在材质球的属性节点上连接纹理节点后，都会在其属性设置面板中显示其属性。

4. 文件

【文件】纹理允许读者使用一张贴图作为二维纹理使用，这是一种常用的纹理方式。所谓的贴图，就是利用【文件】纹理将绘制好的贴图"贴"到创建好的模型的表面。

5. 流体纹理 2D

创建二维流体纹理，该类型的纹理通常应用在流体特效中。

6. 分形

用粒子的频数分布来表现随机的参数。将碎片纹理作为凹凸或者置换贴图，可以模拟岩石或者山脉、

或者作为透明贴图来模拟云层和火焰。碎片纹理在任何扩大级别都具有相同的细节级别。

7. 栅格

该纹理可以创建一个能自由缩放的格子图案，如图 6-105 所示。

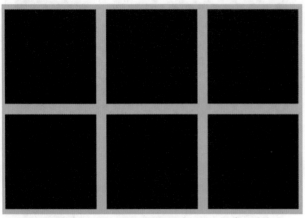

图 6-105 栅格效果

8. 山脉

使用二维不规则图案模拟山岩地形。同时使用山脉纹理作为颜色贴图和凹凸贴图或者置换贴图可以模拟积雪盖顶的山脉。

9. 电影

使用视频格式作为二维纹理。具体的操作方式是，直接将 Maya 支持的视频格式添加到指定的模型表面。

10. 噪波

【噪波】纹理用于制作含义不均匀噪波效果的纹理贴图，如图 6-106 所示。

图 6-106 噪波效果

11. 海洋

【海洋】纹理用于模拟海平面的波纹纹理效果，如图 6-107 所示。

图 6-107 海洋效果

12. PSD 文件

【PSD 文件】用于控制是否使用文件纹理类型的位图图像作为纹理贴图。

13. 渐变

【渐变】纹理用于制作具有渐变过渡效果的纹理贴图效果，如图 6-108 所示。

图 6-108 渐变效果

14. 水

【水】纹理用于制作水面的涟漪效果。

6.7.3 2D 纹理的位置参数

当给一个材质节点指定了 2D 纹理后，就会出现【纹理坐标】节点，在超级着色器的工作区中可以看到。双击 Place2dTexture 节点，可以打开其属性通道盒，如图 6-109 所示。在这里可以控制纹理的范围、重叠、旋转等操作。

图 6-109 属性通道盒

2D 纹理放置属性的参数控制介绍如下。

> 🔘 交互式放置：用于将纹理放置在模型表面，可以交互式地控制纹理的坐标，其使用方法和模板贴图中的交互式工具是一样的。

> 🔘 覆盖：该参数控制纹理在物体表面的覆盖面积。如图 6-110 所示，左图为默认贴图效果，右图是将覆盖值设置为 0.5、0.5 之后的效果。

图 6-110 覆盖参数效果对比

🔘 平移帧：该参数用于控制物体的 UV 坐标原点相关帧的布置，在图 6-111 中右侧的图是将【平移帧】分别设置为 0.5、0.3 的结果。

图 6-111 位移帧效果对比

🔘 旋转帧：用于控制纹理的旋转角度。图 6-112 所示是分别将该值设置为 60 和 90 的效果。

图 6-112 旋转帧设置

UV 向重复：该参数用于控制纹理在 UV 方向上的重复，不同的取值获得不同的效果，如图 6-113 所示。

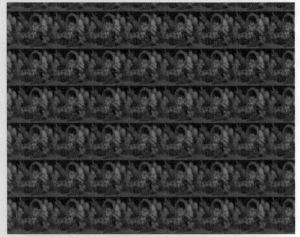

图 6-113 UV 向重复效果

偏移：用于控制纹理的相对位置的偏移。与下面的【UV 向旋转】结合使用方能看出效果。

UV 向旋转：主要控制纹理在 UV 方向上的旋转，不同的取值所产生的不同效果如图 6-114 所示。

图 6-114 UV 向旋转效果

噪波：该参数控制纹理在 UV 方向上的噪波，如图 6-115 所示是将噪波值设置为 0.02、0.1 的结果。

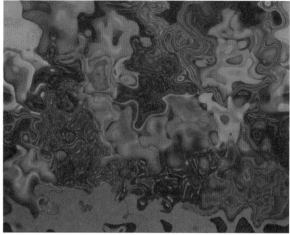

图 6-115 噪波效果对比

6.8 3D 纹理

Maya 中的 3D 纹理是根据程序以三维方式生成的图案。3D 纹理已经包含了 XYZ 坐标，所以使用 3D 纹理的模型不需要贴图坐标，不会出现纹理拉伸现象。在 3D 纹理程序中所有的纹理、图案都可以通过参数来调节。本节将向读者介绍 Maya 中常见的 3D 纹理功能。

6.8.1 常见 3D 纹理简介

3D 纹理的创建方式和 2D 纹理相同，在 Haypershade 窗口中选择 3D 纹理，即可在其右侧的列表中选择相应的纹理类型。下面逐一向读者介绍这些 3D 纹理的功能。

1. 布朗纹理

控制布朗纹理的参数包括间隙度、增量、倍频程、权重 3D。布朗纹理与前面的【噪波】、【分形】纹理类似，都是黑白相间不规则的随机纹理。但随机的方式不太一样。布朗纹理同样可以表现岩石表面、墙壁、地面等随机纹理，也可以用来做凹凸纹理，如图 6-116 所示。

图 6-116 岩石表面

2. 云纹理

云，黑白相间的随机纹理，可以表现云层、天空等纹理，如图 6-117 所示。我们可以通过【颜色 1】和【颜色 2】来调整云纹理的色彩，Maya 默认的是黑白两色。【对比度】可以控制【颜色 1】和【颜色 2】两种色彩的对比度，而振幅、深度、涟漪、软边、边阈值、中心阈值、透明范围、比率等参数可以控制云纹理的更多细节。

图 6-117 云的纹理效果

3. 凹陷

凹陷，可以表现地面的凹痕、星球表面的纹理等，如图 6-118 所示。调整【控制器】可以控制凹陷纹理的外观；通过 3 个色彩通道即通道 1、通道 2 和通道 3，可以调整凹陷的色彩；如果把其他纹理如噪波、分形等连接到这 3 个通道上，可以得到更加丰富的混合纹理效果。【融化】可以控制不同色彩边缘的混合；【平衡】控制 3 个色彩通道的分布；【频率】控制色彩混合的次数。

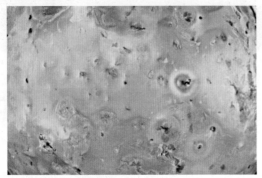

图 6-118 凹陷纹理

4. 流动纹理 3D

流体纹理可模拟 3D 流体的纹理，设定 3D 流体的密度、速度、温度、燃料、纹理、着色等。

5. 花岗岩

花岗岩，常常用来表现岩石纹理，尤其是花岗岩，如图 6-119 所示。该纹理可以通过颜色 1、颜色 2、颜色 3 和填充颜色 4 种色彩调整花岗岩的颜色。而【细胞大小】可以控制岩石单元纹理的大小。通过调整密度、混合比率、斑点化度、随机度、阀值、折痕等参数可以调整花岗岩的细节。

图 6-119 花岗岩效果

6. 皮革

皮革，常常用来表现皮衣、鞋面等纹理，也可以表现某些动物的皮肤，如图 6-120 所示。如果配合【凹凸】贴图效果会更好。其属性参数有细胞颜色、折痕颜色、细胞大小、密度、斑点化度、随机度、阀值和折痕等。

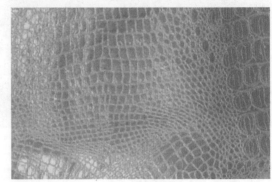

图 6-120 皮革效果

7. 大理石

大理石，可以表现大理石等的纹理，如图 6-121 所示。其参数有填充颜色、脉络颜色、脉络宽度、扩散和对比度等。

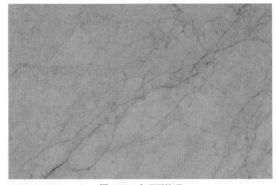

图 6-121 大理石纹理

8. 岩石

岩石，常常用来表现岩石表面的纹理，可以通过【颜色 1】和【颜色 2】控制岩石色彩，调整颗粒大小、扩散、混合比可以得到更多效果。

9. 雪

雪，可用来表现雪花覆盖表面的纹理，配合使用噪波、分形等纹理来模拟凹凸作用，可以得到不错的效果。雪纹理的参数有雪颜色、表面颜色、阀值、深度衰退、厚度等。

10. 匀值分形

匀值分形，与分形类似，是黑白相间的不规则纹理，但分形是 2D 纹理，匀值分形是 3D 纹理。该纹理的参数包括阀值、振幅、比率、频率比、涟漪、深度、偏移等。如果启用【已设置动画】复选框还可以使用动画纹理，使其随时间的不同而变化。

11. 灰泥

灰泥，可表现水泥、石灰墙壁等纹理，如图 6-122 所示。其中，【振动器】可以控制灰泥纹理的外观，【通道 1】和【通道 2】是色彩通道，Maya 默认色彩是红和蓝，如果把其他纹理连接到这两个通道上，可以得到更加丰富的混合纹理效果。

图 6-122 灰泥效果

12. 体积噪波

体积噪波，可以表现随机纹理或作凹凸贴图使用，其参数有阀值、振幅、比率、频率比、最大深度等。

13. 木纹

木纹，可表现木材表面的纹理，如图 6-123 所示。其参数有填充颜色、脉络颜色、纹理扩散、层大小、随机度、年龄、颗粒颜色、颗粒对比度、颗粒间距、中心等。

图 6-123 木纹效果

6.8.2 3D 纹理的位置参数

当给一个材质节点指定了 3D 纹理后，就会出现【纹理坐标】节点，在超级着色器的工作区中可以看到。双击 Place2dTexture 节点，可以打开其属性通道盒，如图 6-124 所示。在这里可以控制纹理的范围、重叠、旋转等操作。

图 6-124 3D 纹理位置参数

下面向读者介绍这些参数的功能。

- 平移：在 X、Y、Z 三个轴向上移动纹理的位置。
- 旋转：在 X、Y、Z 三个轴向上旋转纹理的角度。
- 缩放：在 X、Y、Z 三个轴向上缩放纹理的大小，可 3 个轴向同时缩放。
- 斜切：通过制定的数值对模型上的贴图执行斜切操作。
- 旋转顺序：设置旋转顺序，可以是 XYZ、YZX、ZXY、XZY、YXZ、ZYX 等。
- 旋转轴：设置旋转轴向的参数。
- 继承变换：确定是否在子对象上继承已设置的变换属性。

6.9 综合练习2——苹果

在 Maya 中，材质的制作是一种全新的概念，它抛除了常用软件中的概念，利用了"节点"的形式，这对我们初次使用 Maya 的读者来说，可能会造成一定的困惑。下面我们通过一个练习使读者理解 Maya 是如何让材质和贴图产生联系的，下面是关于苹果材质的具体实现流程。

6.9.1 创建盘子材质

盘子的材质是一个典型的透明玻璃材质，所以不必添加纹理，只需要调整材质的属性使其产生光泽并产生反射、模拟出来折射效果即可。

01 打开随书光盘"场景文件\Chapter06\pingguo1.mb"文件，如图 6-125 所示。

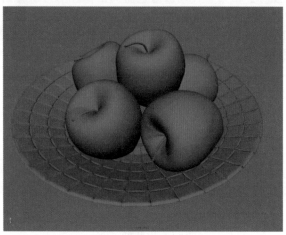

图 6-125 打开场景文件

02 依次执行【窗口】|【渲染编辑器】|Hypershade 命令，打开 Hypershade 窗口，如图 6-126 所示。

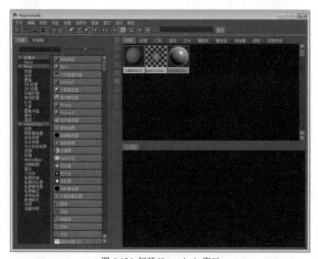

图 6-126 打开 Hypershade 窗口

03 在材质列表中单击 Phong 选项，创建一个

Phong 材质球，如图 6-127 所示。

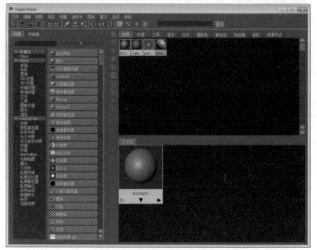

图 6-127 创建 Phong E 材质球

04 双击该材质球，在属性面板中打开其参数设置，如图 6-128 所示。

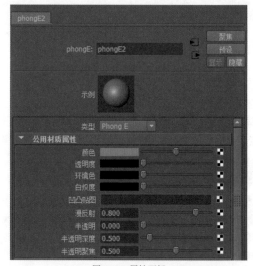

图 6-128 属性面板

05 在公用材质属性卷展栏中，将【颜色】设置为 HSV: 70.65、0、0.498，将【透明度】设置为 HSV: 70.65、0、0.777，如图 6-129 所示。

06 在镜面反射着色卷展栏中，将【偏心率】设置为 4，将【镜面反射颜色】设置为 HSV: 70.65、0、1，将【反射率】设置为 1，如图 6-130 所示。

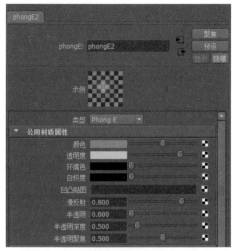

图 6-129 设置颜色

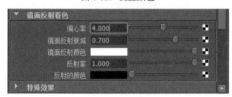

图 6-130 设置参数

07 将制作好的材质拖到盘子上，完成对盘子材质的制作，此时的默认效果如图 6-131 所示。

图 6-131 渲染效果

6.9.2 创建苹果材质

苹果的材质分为两部分，一部分用来模拟苹果表面的光泽度，另一部分则用来模拟苹果表面的纹理。其中，光泽度部分用材质即可实现，而表面的纹理则需要使用贴图来实现。

01 在 Hypershade 窗口中的材质列表中单击 Blinn 选项，创建一个 Blinn 材质球，图 6-132 所示。

02 双击这个材质球，打开其属性面板。在公用材质属性卷展栏中，单击【颜色】右边的■按钮，打开【创建渲染节点】窗口，如图 6-133 所示。

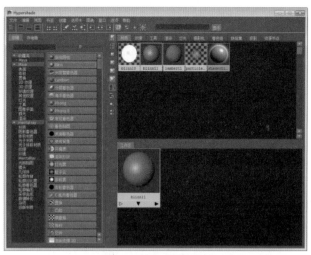

图 6-132 创建 Blinn 材质球

图 6-133 创建渲染节点

03 单击【文件】节点图标，打开它的属性面板，单击【图像名称】右侧的■按钮，找到随书光盘目录下的苹果贴图，如图 6-134 所示。

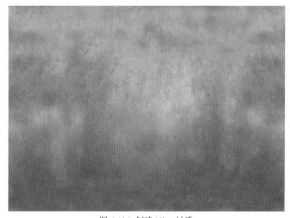

图 6-134 创建 blinn 材质

04 单击按钮返回上一层级。展开【镜面反射着色】卷展栏，将【偏心率】设置为 0.264，将【镜面反射衰减】设置为 1，将【反射率】设置为 1，如图 6-135 所示。

图 6-135 设置镜面反射参数

05 设置完成后，将制作的材质赋予场景中的苹果模型，渲染效果如图 6-136 所示。

图 6-136 渲染效果

6.9.3 创建地板材质

这里所使用的地板材质其实就是为了装点一下背景，所以不需要多么精致的材质，通常只需要在材质球上添加一张纹理贴图即可。

01 在 Hypershade 窗口中创建一个 Blinn 材质，如图 6-137 所示。

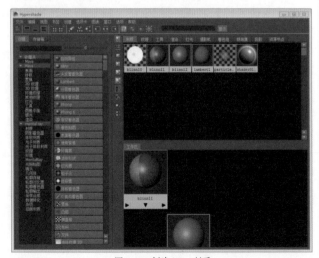

图 6-137 创建 Blinn 材质

02 在公用材质属性卷展栏中，单击【颜色】右侧的按钮，在打开的窗口中双击【文件】选项，并将随书光盘中的木纹贴图添加进来，如图 6-138 所示。

图 6-138 添加木纹贴图

03 将创建的材质赋予地板模型，默认的渲染效果如图 6-139 所示。

图 6-139 渲染效果

6.9.4 渲染输出

当材质制作完成后，就可以在场景添加灯光照明，然后渲染出来。下面是该场景的渲染过程。

01 执行【创建】|【灯光】|【点光源】命令，创建点光源，并复制两个副本，如图 6-140 所示，并分别调整它们的位置。

02 将它们的【强度】分别设置为 0.65、0.4、0.3。

03 完成以上步骤，完成对苹果材质以及苹果柄材质的设置，渲染的效果如图 6-141 所示。

图 6-140 创建灯光　　　　　　　　　　　　　图 6-141 渲染效果

6.10 综合练习 3——蝙蝠

本节将向读者介绍一只蝙蝠的贴图过程。在贴图的过程中，还要向大家讲解关于 UV 方面的一些常见操作。

01 打开随书光盘"场景文件 \Chapter06\Bat2. mb"文件，如图 6-142 所示。

图 6-142 打开场景

02 选择 BATHEAD，单击【创建 UV】|【圆柱形映射】命令，对头部执行圆柱形映射，如图 6-143 所示。

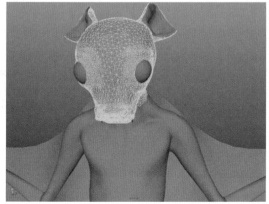

图 6-143 设置圆柱形映射

03 打开 Hypershade 窗口，单击材质列表中的 Lambert 选项，创建一个 Lambert 材质球，双击这个材质球，打开属性面板，如图 6-144 所示。

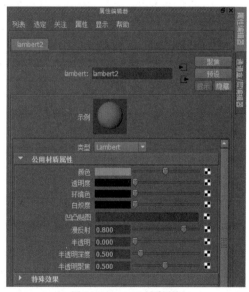

图 6-144 Lambert2 材质属性

04 在【公用材质属性】卷展栏，单击【颜色】右边的■按钮，打开【创建渲染节点】窗口，选择【文件】节点，打开它的属性面板，单击【文件属性】卷展栏中【图像名称】右侧的▢按钮，在打开的窗口中检索到随书光盘中的 Bathead.jpg 文件，并将其导入进来，如图 6-145 所示。

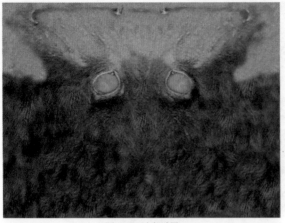

图 6-145 头部贴图

05 观察透视图中的效果，如图 6-146 所示。

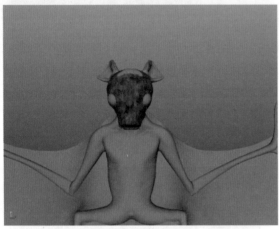

图 6-146 蝙蝠头部效果

06 在 Hypershade 窗口中，双击工作区中的 place2dTexture2 图标，在打开的属性面板中修改【UV 向旋转】为 180，如图 6-147 所示。

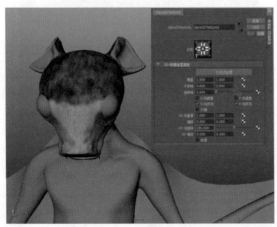

图 6-147 调整 UV 角度

07 打开 Hypershade 窗口，双击材质列表中的 Lambert 选项，创建一个 Lambert 材质球，双击这个材质球，打开属性面板。将图 6-148 所示的贴图导入到【颜色】属性中。

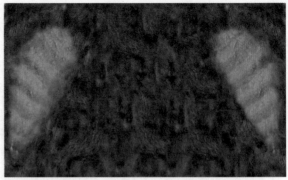

图 6-148 Batear 文件

08 制作完成后将该材质赋予蝙蝠的耳朵模型，效果如图 6-149 所示。

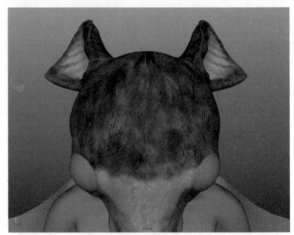

图 6-149 耳朵效果

09 在【大纲视图】中，选中 BATBODY Object01、Object02、Object03、BATBODY2 模型，如图 6-150 所示。

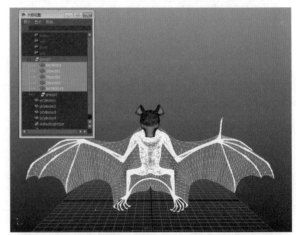

图 6-150 选择物体

10 分别执行【创建 UV】|【平面映射】命令，创建平面映射，如图 6-151 所示。

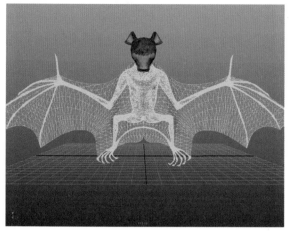

图 6-151 执行平面映射

11 打开 Hypershade 窗口，双击材质列表中的 Lambert 图标，创建一个 Lambert 材质球，双击这个材质球，打开属性面板。将如图 6-152 所示的贴图添加到【颜色】选项中。

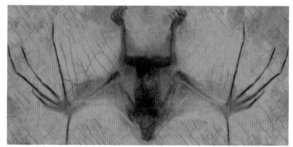

图 6-152 Batear 文件

12 将制作的材质赋予蝙蝠的身体部分，观察此时的效果，如图 6-153 所示。

图 6-153 贴图效果

提示

此时，蝙蝠身体的纹理和蝙蝠的身体有点错位，这是由于贴图的角度错误引起的，可以使用以下方法纠正。

13 打开 Hypershade 窗口。在工作区中双击蝙蝠身体材质的材质球，再双击 place2dTexture4 图标，在其属性面板中将【UV 向旋转】设置为 180，如图 6-154 所示。

图 6-154 调整材质 UV 角度

14 在 Hypershade 窗口中创建一个 Blinn 材质球，双击这个材质球，打开属性面板。将随书光盘中的 BATEYE.jpg 文件导入进来，如图 6-155 所示。

图 6-155 创建 Blinn 材质球

15 将制作的材质赋予蝙蝠眼睛物体，创建的效果如图 6-156 所示。

图 6-156 蝙蝠眼睛效果

16 在 Hypershade 窗口中创建 Blinn 材质球，双击这个材质球，打开属性面板。在【公用材质属性】卷展栏单击【颜色】右侧的■按钮，将随书光盘中的"ELETUSK.jpg"文件导入进来，如图 6-157 所示。

图 6-157 导入文件贴图

17 将制作的材质赋予蝙蝠的牙齿物体，效果如图 6-158 所示。

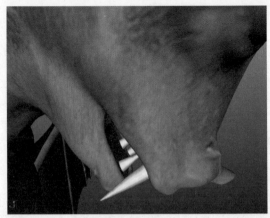

图 6-158 牙齿效果

18 牙齿制作完成后，可以布置一个场景，即可将效果渲染出来，如图 6-159 所示。

图 6-159 渲染最终效果

第 7 章　渲染功能

渲染，是将所有的设计思路转换为成果的必然过程。在 Maya 中，渲染是一个独立的模块，它提供了两种常用的渲染系统，一种是默认渲染，另外一种则是使用 mental ray 渲染器插件进行渲染。本章将逐一向读者介绍这两种渲染方式的使用方法、参数功能等。

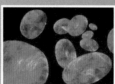

7.1　渲染设置

在渲染之前，首先需要做的是设置好渲染环境。因为，只有设置合理的渲染环境才能使制作的产品得到更好的效果。本节将向大家如何设置 Maya 的公用渲染环境。

7.1.1　打开渲染设置

Maya 中的渲染设置被集成在一个面板中。执行【窗口】|【渲染编辑器】|【渲染设置】命令，即可将其打开，如图 7-1 所示。另外，还可以直接在工具栏上单击 按钮打开该面板。

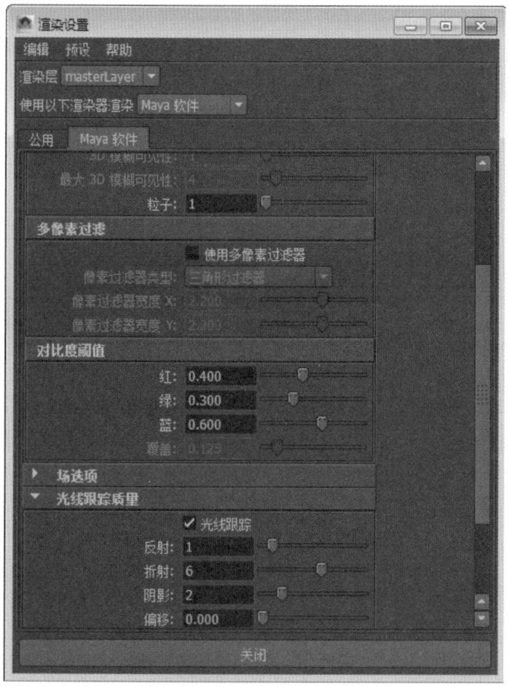

图 7-1　渲染设置

该面板中包含两个选项卡，其中【公用】选项卡用来定义渲染的公共控制参数；【Maya 软件】则会根据读者在【使用以下渲染器渲染】列表中所选定的不同渲染方式进行变化。

7.1.2　渲染公共控制

【渲染设置】面板中提供了两种控制参数，一个是公共控制参数，另一个则是不同的渲染方式提供的不同的参数设置。本节将向大家讲解公用参数的功能及其使用方法。关于渲染方式的专有参数将在后面章节中分别介绍。

1. 设置渲染器

该区域用于设置渲染所使用的渲染器，以及选择需要渲染的层。

● 渲染层：渲染选择的图层。

● 使用以下渲染器渲染：设置最终的渲染方式，包括软件渲染、硬件加速渲染、Mental ray 等多种方式。

2. 文件输出

该卷展栏主要用来定义渲染输出文件的格式、渲染输出文件的名称以及可渲染的摄像机视图等。图 7-2 所示是【文件输出】卷展栏。

图 7-2 文件输出

> 📥 **文件名前缀**：设置图像文件名。

> 📥 **图像格式**：设置输出图像的格式。

> 📥 **帧 / 动画扩展名**：设置渲染文件名称与渲染文件格式间的位置。

> 📥 **帧填充**：设置序列单帧文件扩展名的数字位数。

> 📥 **帧缓冲区命名**：设置帧缓冲区中文件的命名方式，通常采用默认即可。

3. 帧范围

　　该卷展栏用于设置需要渲染的动画的范围，如果渲染的为静帧效果，则无需设置该卷展栏中的参数。图 7-3 所示是该卷展栏。

图 7-3 帧范围

> 📥 **开始帧**：设置渲染当前动画的起始帧范围。

> 📥 **结束帧**：设置渲染当前动画的结束帧范围。

> 📥 **帧数**：设置需要渲染的动画的总帧数。

> 📥 **跳过现有帧**：跳过动画指针当前指向的帧。

4. 图像大小

　　该卷展栏用来定义文件的输出尺寸格式、输出文件的宽高比例、输出文件的分辨率等，如图 7-4 所示。

图 7-4 图像大小

> 📥 **预设**：通过该列表选择系统设置好的图像尺寸。

> 📥 **保持宽度 / 高度比率**：保持宽高比不变。

> 📥 **保持比率**：选择使用像素纵横比还是使用设备纵横比。

> 📥 **宽度 / 高度**：设置图像的宽度和高度。

> 📥 **大小单位**：设置图像大小的单位。

> 📥 **分辨率**：设置图像的分辨率。

> 📥 **分辨率单位**：选择分辨率所采用的单位。

> 📥 **设备纵横比**：设置当前的显示设备的宽高比。该选项的结果为图片的宽高比与像素宽高比的乘积。

> 📥 **像素纵横比**：设置显示设备单个像素的纵横比。

7.2　软件渲染 🔍

　　软件渲染，是 Maya 内置的一种渲染方式。这种渲染方式可以使用软件对当前场景文件进行渲染输出，而且可以计算光线跟踪所产生的特效。要使用软件渲染，直接在【使用以下渲染器渲染】列表中选择【软件渲染】即可。

7.2.1 抗锯齿质量 ▶

　　【抗锯齿质量】卷展栏主要用来控制渲染结果的抗锯齿效果，如图 7-5 所示。

图 7-5 抗锯齿质量

🔽 质量：用于设置抗锯齿的质量级别。图 7-6 所示的是产品级质量效果。

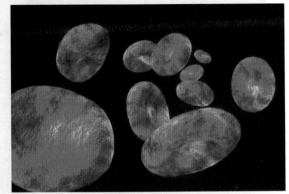

图 7-6 质量效果

🔽 边缘抗锯齿：该选项用来控制物体边缘渲染抗锯齿的程度，图 7-7 所示的是低质量的边缘抗锯齿产生的效果。

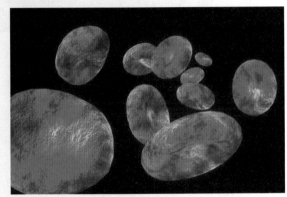

图 7-7 低质量抗锯齿效果

7.2.2 采样数

该选项用于设置各种项目的采样数值，通常采样数值设置的越高渲染出的图像效果越好，但是花费的渲染时间也就越长。图 7-8 所示是【采样数】卷展栏。

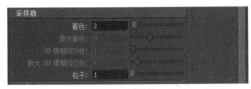

图 7-8 采样数

🔽 着色：设置所有表面的采样数值。

🔽 最大着色：设置物体表面最大可允许的采样点数量。

🔽 3D 模糊可见性：设置一个带有运动模糊设定的物体在穿越其他物体时，其可视性的采样值。

🔽 最大 3D 模糊可见性：设置物体在进行可视性采样时，一个像素点被采样的最大数值。

🔽 粒子：设置粒子采样的数值，也可以在每个粒子属性面板中单独进行设置。

7.2.3 光线跟踪质量

该卷展栏用于控制渲染一个场景时是否采用光影跟踪，以及光影跟踪的质量，如图 7-9 所示。

图 7-9 光线跟踪质量

🔽 光线跟踪：启用该复选框，则 Maya 在渲染时将会计算光线跟踪。

🔽 反射：光线被反射的最大次数。

🔽 折射：光线被折射的最大次数。

🔽 阴影：光线被反射 / 折射后对物体投射阴影的最大次数。

7.2.4 运动模糊

【运动模糊】卷展栏提供了与运动模糊相关的参数，利用该卷展栏可以为物体添加类似于物体运动中由于速度而形成的视觉模糊效果。图 7-10 所示是该卷展栏。

图 7-10 运动模糊

🔽 运动模糊：确定是否打开场景中的运动模糊功能。

🔽 运动模糊类型：设置是以 2D 方式或 3D 方式产生运动模糊。

🔽 模糊帧数：设置在产生运动模糊后的模糊程度。

- 模糊长度：设置 2D 模糊的长度。

- 使用快门打开 / 快门关闭：确定是否启用或者关闭快门。

- 快门打开 / 关闭：设置快门打开和关闭的速度。

- 模糊锐度：设置使用 2D 运动模糊方式物体的清晰程度。

- 平滑：设置 2D 平滑方式，包含 Alpha 和颜色两种方式。

- 平滑值：设置使用 2D 运动模糊方式后边缘模糊的平滑程度。

- 保持运动向量：设置是否在渲染时保存所有可见物体的运动矢量信息，但不对图片进行模糊。

- 使用 2D 模糊内存限制：设置是否在使用手动方式指定模糊操作方式时使用内存的最大值。

- 2D 模糊内存限制：设置模糊操作时使用内存的最大值。

7.2.5 IPR 选项

【IPR 选项】可以快速进行渲染，提高渲染速度，可以用来对场景进行预览渲染，如图 7-11 所示。

图 7-11 IPR 选项

- 渲染着色、照明和辉光：设置在 IPR 渲染中是否包含阴影、照明和辉光效果。

- 渲染阴影贴图：设置在 IPR 渲染中是否包含深度映射贴图阴影。

- 渲染 2D 运动模糊：设置在 IPR 渲染中是否包含 2D 运动模糊效果。

7.3 硬件渲染

硬件渲染主要依赖于用户计算机的显卡渲染效果。一般情况下，硬件渲染比软件渲染速度快，但是生成的图像质量没有软件渲染的效果好。此外，Maya 中的硬件渲染不能进行高级阴影、高级反射、以及后期处理效果等任务。本节将向读者介绍硬件渲染的相关知识。

7.3.1 质量

【质量】卷展栏可以设置硬件渲染输出时的渲染质量、采样等信息，如图 7-12 所示。

图 7-12 质量卷展栏

- 预设：设置在使用硬件渲染时的输出质量，包括自定义、预览质量、中间质量、产品质量、带透明度的产品级质量等。

- 高质量照明：设置在渲染输出时是否使用高质量灯光效果。

- 加速多重采样：设置在渲染输出时是否使用多重加速采样方式。

- 采样数：设置采样的数量值，读者可以从该下拉列表中手动选择。

- 帧缓冲区格式：设置在渲染输出时的缓冲结构方式，读者可以在该下拉列表中手动选择。

- 透明度阴影贴图：设置是否在渲染时开启透明阴影贴图功能。

- 透明度排序：设置渲染输出时使用的排序方式。

- 颜色分辨率：设置硬件渲染时的颜色分辨值。

- 凹凸分辨率：设置硬件渲染时的凹凸分辨值。

- 纹理压缩：设置硬件渲染时纹理的压缩方式。

- 非二的幂纹理：设置在渲染时是否使用不影响或二次纹理方式。

7.3.2 渲染选项

【渲染选项】卷展栏用来设置硬件渲染输出的其他属性，如图 7-13 所示。

图 7-13 渲染选项

🔲 消隐：设置在硬件渲染时剔除的渲染方式。

🔲 小对象消隐阈值：设置是否开始对小对象进行选择。

🔲 图像大小的百分比：设置硬件渲染时图像大小的百分比。

🔲 硬件几何缓存：设置是否开启硬件几何缓存。

🔲 最大缓存大小：设置硬件渲染时的最大缓存值。

🔲 硬件环境查找：设置硬件渲染时是否开启查找硬件环境功能。

🔲 运动模糊：设置是否在硬件渲染时渲染场景内物体的运动模糊效果。

🔲 运动模糊帧数：设置当运动模糊开启时运动模糊的帧数。

🔲 曝光次数：设置当运动模糊开启时运动模糊的曝光值。

🔲 启用几何体遮罩：设置在硬件渲染时是否开启几何体遮罩功能。

7.4　Maya 向量渲染

向量渲染，其实就是我们所说的矢量渲染。它是 Maya 增加的一个强大的渲染功能，可以渲染单色和多色喷绘效果，可以制作简单的卡通勾边，形成卡通效果，也可以输出矢量文件。输出的矢量文件可以通过其他矢量软件继续调整。本节向大家讲解 Maya 的向量渲染。

7.4.1 外观选项 >

【外观选项】卷展栏主要用于设置输出效果的外观细节，如图 7-14 所示。

图 7-14 外观选项

🔲 曲线容差：设置曲线的容差值。

🔲 二级曲线拟合：启用该复选框，Maya 允许使用二级曲线拟合。

🔲 细节级别预设：设置细节的预设级别，包括自动、低、中、高与自定义等 5 种方式。

🔲 细节级别：设置细节的级别值。

7.4.2 填充选项 >

【填充选项】卷展栏主要用于设置场景输出的填充方案，例如输出的色彩组成等。图 7-15 所示是该卷展栏。

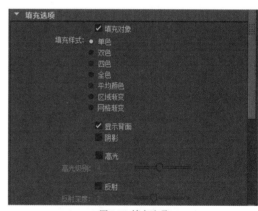

图 7-15 填充选项

🔲 填充对象：设置是否填充渲染物体。

🔲 填充样式：设置填充的风格。包含单色、双色、四色、全色等多种类型。不同的风格创建的效果对比如图 7-16 所示。

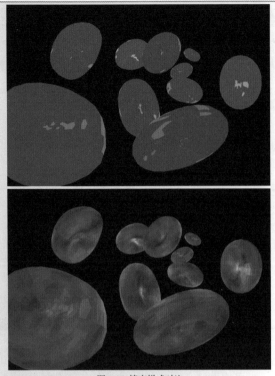

图 7-16 填充样式对比

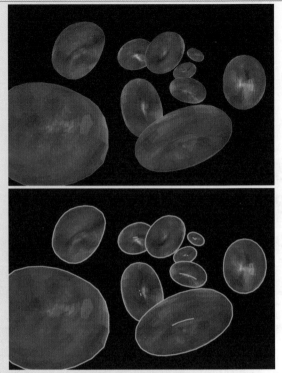

图 7-18 边权重预设效果对比

🔵 显示背面：设置是否统一渲染法线方向的正反两面。

🔵 阴影：设置是否渲染场景中的阴影。

🔵 高光：设置是否产生高光。

🔵 高光级别：设置当产生高光时高光的细分层数。

🔵 反射：设置是否在渲染中计算反射信息。

🔵 反射深度：设置当计算反射时的反射深度。

🔵 边权重：设置描边后边缘颜色的强弱。

🔵 边样式：设置描边的方式。其中，轮廓只描绘物体的边界；整个网格描出物体细化后的三角面，如图 7-19 所示。

7.4.3 边选项

【边选项】卷展栏用于设置在使用向量渲染时，物体的边缘以及拓扑线结构的输出效果，如图 7-17 所示。

图 7-17 边选项

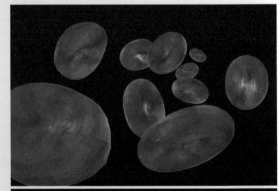

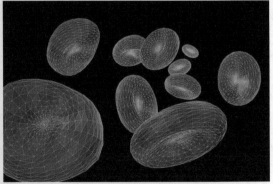

图 7-19 边样式效果

🔵 包括边：设置是否在渲染时对物体进行描边处理。

🔵 边权重预设：设置描边线的粗细值的计算方式，不同的效果对比如图 7-18 所示。

⊙ 隐藏的边：设置是否显示物体的内部结构线。

⊙ 边细节：设置是否显示出物体曲面的边缘线。

⊙ 在相交处绘制轮廓线：在物体相交处显示轮廓线。

⊙ 最小边角度：设置曲面弯曲角的大小所表现出的描边效果。

7.4.4 渲染优化

【渲染优化】卷展栏主要用来设置渲染优化的级别，如图 7-20 所示。

图 7-20 渲染优化

该卷展栏只有一个参数，即渲染优化。读者只需要在其右侧的下拉列表中选择相应的选项即可。

7.5 渲染输出

当我们设置好渲染器的参数后，就可以将制作的作品输出出来。在执行输出操作时，首先需要接触到的是【渲染视图】。本节首先将向读者介绍该视图中工具的功能，然后再向大家讲解如何输出作品。

【渲染视图】主要用来将设置好的场景进行渲染输出，以便于观察材质的最终表现效果。通过该窗口可以渲染场景物体、保存渲染文件等操作，如图 7-21 所示。

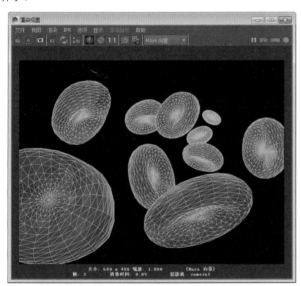

图 7-21 渲染视图

下面向读者介绍该窗口中一些常用工具的功能。

⊙ 渲染当前帧▨：单击该按钮可以对场景文件进行测试渲染。

⊙ 渲染区域▨：按下该按钮，可以在该窗口中划定指定的区域进行渲染，如图 7-22 所示。

⊙ 快照▨：用于建立一个快照，如图 7-23 所示。

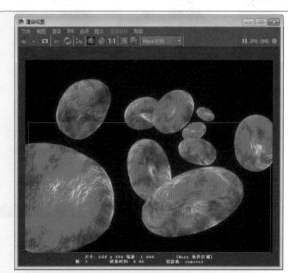

图 7-22 区域渲染

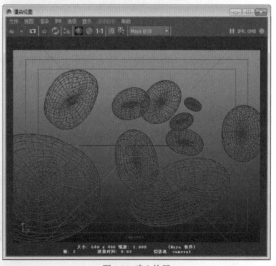

图 7-23 建立快照

IPR 渲染当前帧：当用户更改渲染设置时，IPR 信息可能不能及时更改，此时就可以通过单击该按钮来解决。

刷新 IPR 图像：手动刷新 IPR 图像。

显示渲染设置：打开【渲染设置】对话框。

显示 RGB 通道：显示图像的颜色信息，即 RGB 通道。

显示 Alpha 通道：显示出图像的 Alpha 通道，如图 7-24 所示。

图 7-24 图像的 Alpha 通道

提示

黑色区域表示完全透明，而白色区域表示完全不透明。

显示实际大小：使用 1:1 的比率是出图像的实际大小。

保持图像：将渲染的图像存放到缓存中。

移除图像：当将图像存到缓存后，单击该按钮即可将图像删除。

动手实践——输出效果

学习了如何设置 Maya 的渲染设置后，下面来动手渲染输出一个场景。

01 打开随书光盘"场景文件\Chapter07\输出.mb"文件，如图 7-25 所示。

02 执行【窗口】|【渲染编辑器】|【渲染设置】命令，打开【渲染设置】对话框。将渲染方式设置为【软件渲染】，如图 7-26 所示。

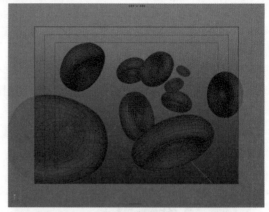

图 7-25 打开文件

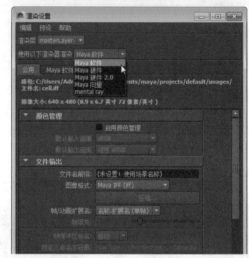

图 7-26 设置渲染方式

03 展开【图像大小】卷展栏，将宽度和高度分别设置为 1200、800，如图 7-27 所示。

图 7-27 设置图像宽高比

04 切换到【Maya 软件】选项卡，展开【抗锯齿质量】卷展栏，并按照图 7-28 所示的参数进行设置。

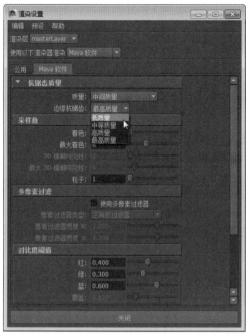

图 7-28 设置渲染参数

05 展开【光线跟踪质量】卷展栏，启用【光线跟踪】复选框，如图 7-29 所示。

06 关闭【渲染设置】对话框。单击工具栏上的 按钮，开始观察输出效果，如图 7-30 所示。

这样我们就把一个场景输出为效果了。读者可以根据上述的操作步骤，尝试更改一下参数配置来渲染输出，并观察效果，从而加深对渲染器参数设置的认识。

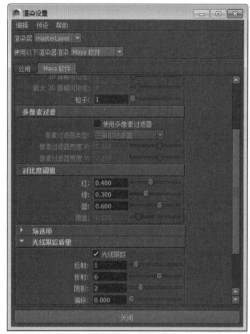

图 7-29 启用光线跟踪

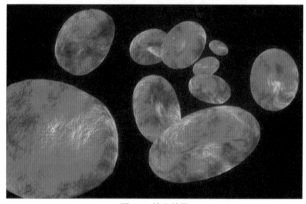

图 7-30 输出效果

7.6 mental ray 渲染

mental ray 是一个专业的 3D 渲染引擎，它可以生成令人难以置信的高质量真实感图像。它在电影领域得到了广泛的应用和认可，被认为是市场上最高级的三维渲染解决方案之一。现在，该渲染引擎已经被集成在了 Maya 2014 当中，本节将带领读者学习使用它。

7.6.1 采样

Maya 2014 中的 mental ray 进行了全新的升级，一些工具面板也进行了相应的调整，展现给我们的参数设置也成了全新的面貌。本节将向大家介绍决定渲染质量的相关设置，即【采样】卷展栏，如图 7-31 所示。

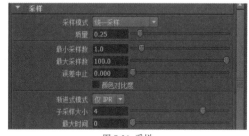

图 7-31 采样

采样模式：提供了统一采样、旧版光栅化器模式、旧版采样模式 3 种采样模式，可以在其下拉列表中选择。

质量：使用该滑块可以自适应地控制图像质量。使用统一采样时，这是用于调整图像质量的主控件，不同的质量效果如图 7-32 所示。

图 7-32 质量效果对比

最小 / 大采样数：每像素最小和最大采样数。

提示

如果调整【质量】后，发现效果并没有多大变化，此时可以增大【最大采样数】的值。如果启用了诊断采样选项，且 mr_diagnostic_buffer_samples 反映渲染看起来杂乱的某些区域已达到最大采样数，请增加【最大采样数】值。

误差中止：误差低于该阈值时停止采样像素。除非绝对必要，否则不要调整该属性。

颜色对比度：每通道控制采样质量。对于调整渲染非常有用，但应视其为专家选项；非必须情况不使用。

渐进式模式：渐进式渲染开始时使用较低的采样速率，然后逐步优化采样数量以达到最终结果。

注意

若要使用该功能，必须启用"渲染视图"窗口中的 IPR｜IPR 质量｜IPR 渐进式模式命令。详细信息请参见渲染视图菜单栏。可以将该功能与可选的【子采样大小】和【最大时间】设置一起使用。

子采样大小：可以将该设置与【渐进式模式：仅】一起使用。使用该设置可通过最初欠采样像素进行快速预览。值越大意味着欠采样程度越高，从而获得更快的初始预览。

最大时间：为渲染设置最大时间限制（以秒为单位），其中，设置为 0 表示没有时间限制。

7.6.2 采样选项

【采样选项】卷展栏提供了一些用于辅助采样的选项，如图 7-33 所示。

图 7-33 采样选项

过滤器：在渲染器中应用过滤，可以得到更好的渲染效果。包含 5 个子选项，简介如下。

高斯：可以生成最佳结果，但渲染速度最慢。

提示

高斯使用曲线衰减的采样贡献。几乎像素中心所有的采样都具有近乎相同的贡献权重，但迅速衰减（平滑）。高斯要求过滤器大小至少为 3，该过滤器模式会使图像更模糊。

长方体：获得相对理想结果的最快方法。

三角形：处理器比长方体更加密集，但可以提供更理想的结果。

米切尔：可以代替提供细微对比度变化效果。

兰索士：可以代替提供细微对比度变化效果，其作用高于米切尔。

过滤器大小：控制用于对渲染图像中的每个像素插值的过滤器大小。值越大，相邻像素的信息越多。值越大，图像越模糊。

抖动：通过在采样位置引入系统变化减少瑕疵。如果不使用抖动，则会在像素或子像素的角点处采样；抖动会按照由照明分析确定的数量置换采样。

采样锁定：锁定在像素中采样的位置。如果启用，该选项可以确保在每个像素的同一位置进行子像素采样，这一点对于消除噪波和闪烁结果很重要。

诊断采样：通过生成指示采样密度的灰度图像，显示空间超级采样如何在渲染的图像中排布。调整空间超级采样的级别和对比度阈值时，该选项非常有用。

7.6.3 光线追踪

选择光线跟踪作为辅助渲染器，这样当主渲染器（扫描线、光栅化器或光线跟踪）检测到需要折射或反射时，它将切换到仅光线跟踪模式，如图 7-34 所示。【光线跟踪】可以产生物理上最为精确的反射、折射、阴影、全局照明、焦散和最终聚集。

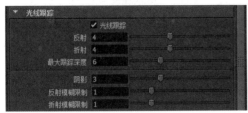

图 7-34 光线跟踪

> 📎 光线跟踪：启用光线跟踪。

> 📎 反射：光线可以被反射曲面反射的最大次数。

> 📎 折射：光线可以通过非不透明曲面折射的最大次数。

> 📎 最大跟踪深度：反射设置和折射设置分别设定光线可以反射或折射的最大次数。

> 📎 阴影：阴影光线将穿透透明或折射对象的最大次数。

> 📎 反射 / 折射模糊限制：确定反射或折射的模糊度。

7.6.4 运动模糊

运动模糊包含两部分内容，被分别安置在两个不同的卷展栏中，分别是运动模糊、运动模糊优化，如图 7-35 所示。本节将向大家讲解这两个卷展栏中的参数含义。

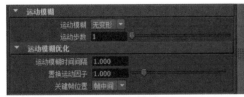

图 7-35 运动模糊

> 📎 运动模糊：选择运动方式，包括禁用、无变形以及完全 3 种类型。

> 📎 运动步数：该选项指定应为场景中的所有运动变换创建多少个运动路径分段。数字必须介于 1~15之间。默认值 为 1。

> 📎 运动模糊时间间隔：用于放大运动模糊效果。增加该值会降低达到的逼真效果，但如果需要，可以产生增强的效果。

> 📎 置换运动因子：根据可视运动的数量控制精细置换质量。允许随着对象移动速度的加快而减少细分密度。

> 📌 提示
>
> 该属性提供了一种根据给定对象部分的运动数量自动调整置换质量的方式。对于依赖于视图的精细多边形置换，自适应细分检查屏幕空间中的运动长度。测量出的运动长度用于修改近似常量的使用。仅在具有强运动的对象区域中减少几何体。
>
> 该属性修改相对于静态情况的几何体减少数量。值为 0 时禁用该功能。默认值为 1，值越高减少数量越大。几何体简化可以对运动产生大约 16 像素的影响。运动速度越慢，应使用的值越高。例如，因子值为 8 时，会减少对象移动速度为每帧 2 像素的区域中的几何体。

> 📎 关键帧位置：计算运动模糊时的运动偏移。

7.6.5 阴影

【阴影】卷展栏控制的是对阴影进行渲染时的运算参数，如图 7-36 所示。关于阴影的渲染参数被安置在两个卷展栏中，即【阴影】和【阴影贴图】卷展栏。

图 7-36 阴影

> 📎 阴影方法：提供已禁用、简单、已排序、分段 4种类型。

> 📎 阴影链接：选择阴影链接的方法，包括启用、遵守灯光链接和禁用 3 个选项。

> 📎 格式：用于设置阴影贴图的方法，包括已禁用阴影贴图、常规、常规（OpenGL 加速）、细节等。

> 📌 提示
>
> 【禁用阴影贴图】表示不使用阴影贴图；【常规】表示mental ray 使用 OpenGL 加速度（如果图形硬件可使用该功能）渲染阴影贴图；【细节】表示阴影贴图选项是常规阴影贴图功能和光线跟踪阴影功能的组合，这意味着它可以收集更多有关阴影投射对象的信息。

> 📎 重建模式：确定是否重新计算所有阴影贴图。
>
> > 📎 重用现有贴图：如果可能，从文件加载阴影贴图或从以前渲染的帧重用阴影贴图。否则，新建阴影贴图。
> >
> > 📎 重建全部并覆盖：重新计算阴影贴图，并使用重新计算的点覆盖现有点。

> 🔽 **重建全部并合并**：仍将执行默认的阴影贴图计算，并使用重新计算的点覆盖现有点，但唯一前提是新建的点更接近光源。

> 🔽 **运动模糊阴影贴图**：确定是否应对阴影贴图应用运动模糊，以使移动对象沿运动路径投射阴影。

注意

由于阴影贴图不处理透明对象，并且运动模糊在边缘处引入某种形式的透明度，因此如果对象快速移动，阴影贴图阴影在运动方向上会显得过大。

动手实践——阴影测试

本节将利用一个已经制作好的场景来测试一下 mental ray 对阴影的渲染质量。

01 打开随书光盘"场景文件 \Chapter07\mental.mb"文件，如图 7-37 所示。

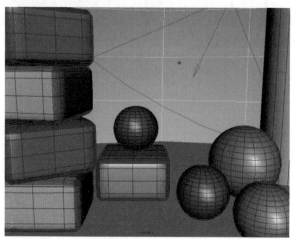
图 7-37 打开场景文件

02 单击工具栏上的 按钮，快速渲染摄像机视图，观察此时的渲染效果，如图 7-38 所示。

图 7-38 渲染效果

03 单击工具栏上的 按钮，打开【渲染设置】对话框。在【使用以下渲染器渲染】下拉列表中选择 mental ray 选项，如图 7-39 所示。

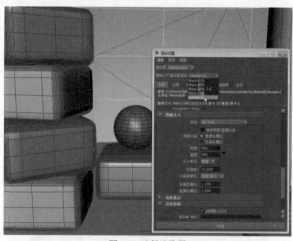
图 7-39 选择渲染器

04 切换到【质量】选项卡，展开【阴影】卷展栏，在【阴影方法】下拉列表中选择【已禁用】选项，如图 7-40 所示。

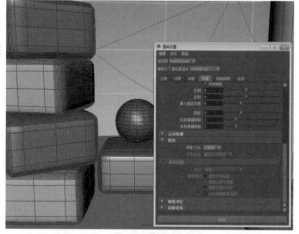
图 7-40 设置阴影

05 单击工具栏上的 按钮，渲染摄像机视图，观察此时的效果，如图 7-41 所示。

图 7-41 渲染效果

提示

此时，由于禁用了阴影，所以渲染的场景中不再有阴影效果。

06 按照上述方法,在【阴影方法】下拉列表中选择【分段】选项,如图 7-42 所示。

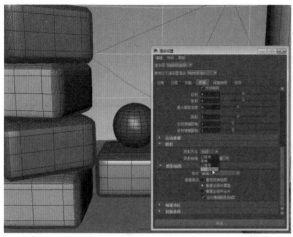

图 7-42 设置阴影

07 渲染摄像机视图,观察此时效果,如图 7-43 所示。

图 7-43 渲染效果

渲染完毕后,读者可以对比这 3 个渲染效果,仔细体会 mental ray 对阴影的控制,以及各种阴影方法所产生的不同效果。

7.6.6 全局照明

全局照明主要控制 mental ray 对整个场景的光照控制,如图 7-44 所示。本节将逐一介绍该卷展栏中参数的功能。

图 7-44 全局照明

🔽 全局照明:使用该选项可启用或禁用全局照明,全局照明是一种允许使用间接照明和颜色溢出等效果的过程。

🔽 精确度:更改用于计算全局照明的局部强度的光子数量。默认的数量为 64;数量越大会使全局照明越平滑,但同时会增加渲染时间。

🔽 比例:使用该设置可以控制间接照明效果对全局照明的影响。

🔽 半径:控制 mental ray 对全局照明使用光子的最大距离。

注意

当该值保留为 0(默认值)时,mental ray 将根据场景的边界框计算适当的半径数。如果结果太杂乱,则增加该值到 1,然后以较小的增量增加,最大不超过 2,可减少噪波,但结果会更加模糊。若要减少模糊,必须增加光源所发射的全局照明光子数。

🔵 合并距离:合并指定的世界空间距离内的光子。对于光子分布不均匀的场景,该属性可以极大地降低光子贴图的大小。

7.6.7 焦散

一种源于对象表面对光线的镜面反射或折射,被称为表面反射。这是一种源于复数光线的单个或多个焦点所产生的光学现象。图 7-45 所示是【焦散】卷展栏。

图 7-45 焦散

🔵 焦散:启用或禁用焦散。只有启用了光子发射的光源可以产生焦散。必须将接收焦散的材质着色器设定为接收焦散。

🔵 精确度:控制用于估计焦散亮度的光子数,默认值为 100。设置越高,数量越大,焦散也就越平滑,效果对比如图 7-46 所示。

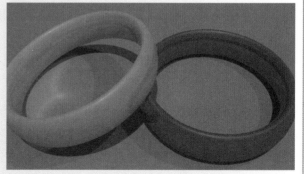

图 7-46 精确度对比

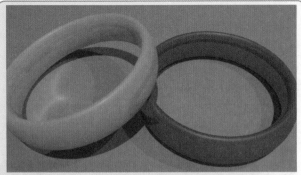

图 7-46 精确度对比（续）

🔽 **比例**：使用该设置可以控制间接照明效果对焦散的影响，还可以通过其右侧的颜色块来定义焦散的颜色，效果对比如图 7-47 所示。

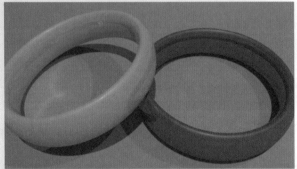

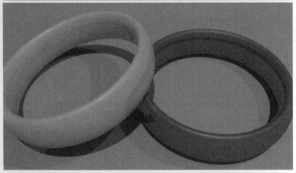

图 7-47 比例对比

🔽 **半径**：控制 mental ray 对焦散使用光子的最大距离。

> **注意**
>
> 当该值保留为 0 时，mental ray 将根据场景的边界框计算适当的半径数。如果结果太杂乱，则增加该值减少噪波，但结果会更加模糊。若要减少模糊，必须增加光源所发射的焦散光子数。切记，该数值最好不要超过 2。

🔽 **合并距离**：合并指定的世界空间距离内的焦散光子。该属性可以极大地降低焦散光子贴图的大小。

🔽 **焦散过滤器类型**：控制焦散的锐度。

🔽 **焦散过滤器内核**：内核越大，焦散越柔和。

动手实践——创建焦散效果

产生焦散效果的因素有两个，一是有投射光子的对象；二是有接收光子的对象。前者，可以使用 Maya 灯光来实现，而后者则需要具有反射、或者折射的材质的物体来实现。本节将向大家介绍一个焦散效果的实现方法。

01 打开随书光盘"场景文件 \Chapter07\ 焦散 .mb"文件，如图 7-48 所示。

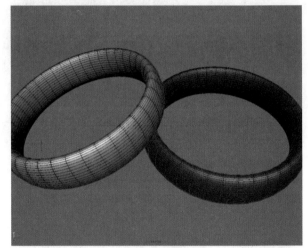

图 7-48 打开光盘文件

02 渲染默认的摄像机视图，观察此时的效果，如图 7-49 所示。

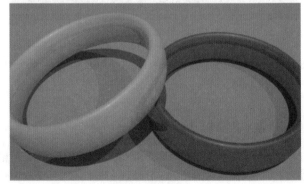

图 7-49 渲染效果

03 在视图中选择目标聚光灯，打开属性面板。展开 mental ray 卷展栏，启用其中的【发射光子】复选框，如图 7-50 所示。

04 打开【渲染设置】面板。切换到【间接照明】选项卡，启用【焦散】卷展栏中的【焦散】复选框，如图 7-51 所示。

05 渲染选定的摄像机视图，观察此时的效果，如图 7-52 所示。

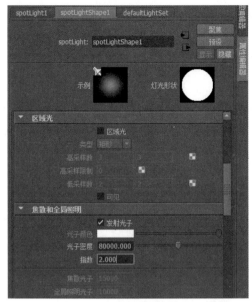

图 7-50 启用焦散

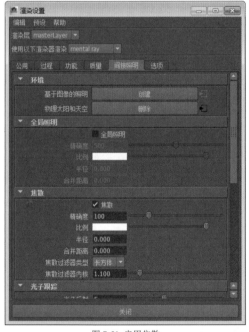

图 7-51 启用焦散

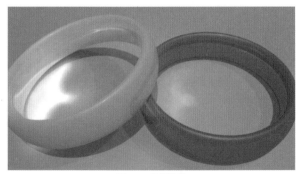

图 7-52 焦散效果

06 选择聚光灯，展开 mental ray 卷展栏，将【光子密度】设置为 16000，将【焦散光子】设置为 12000，如图 7-53 所示。

图 7-53 设置光子参数

07 选择摄像机视图，渲染该视图观察效果，如图 7-54 所示。

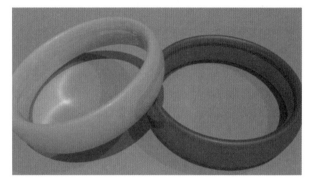

图 7-54 焦散效果

7.6.8 光子跟踪

【光子跟踪】卷展栏用于设置光子的具体跟踪参数，用户可以在这里设置光子从投射区域到物体上进行反射、折射的质量。图 7-55 所示是【光子跟踪】卷展栏。

图 7-55 光子跟踪

🌑 光子反射：使用该设置限制光子将在场景中反射的次数。

🌑 光子折射：使用该设置限制光子将在场景中折射的次数。

🌑 最大光子深度：使用该设置限制光子在第一次反弹之后将在场景中反弹的次数。

7.6.9 光子贴图

【光子贴图】卷展栏主要用来设置光子贴图和光子体积。它们的具体参数设置被整合在【光子贴图】和【光子体积】卷展栏中，如图 7-56 所示。

图 7-56 光子贴图

💡 **重建光子贴图**：如果该选项处于启用状态，则将忽略任何现有文件，并将重新计算光子贴图和覆盖现有文件。

💡 **光子贴图文件**：指定 mental ray 要用作当前光子贴图的光子贴图文件。

💡 **启用贴图可视化器**：使 Maya 创建存储的光子和最终聚集贴图的可视化贴图。

💡 **直接照明阴影效果**：除了从光子产生间接阴影之外，还可以从直接灯光产生阴影效果。

💡 **诊断光子**：对场景中的光子进行诊断，将产生一个黑白分布图。

💡 **光子密度**：显示所有材质上的光子密度的伪彩色渲染。

💡 **光子自动体积**：启用体积跟踪模式，跟踪摄影机所在的体积并负责内部 / 外部决策。

💡 **精确度**：控制如何使用光子贴图估计参与介质内的焦散或全局照明的强度。

💡 **半径**：控制 mental ray 对参与介质使用光子的最大距离。

💡 **合并距离**：合并指定的世界空间距离内的体积光子。

7.6.10 最终聚集 ＞

【最终聚集】卷展栏主要用于控制渲染时颜色与颜色之间的染色，如图 7-57 所示。

图 7-57 最终聚集

💡 **最终聚集**：启用最终聚集。

💡 **精确度**：设置最终聚集的精确值。

💡 **点密度**：设置最终聚集的密度点。

💡 **点插值**：设置最终聚集时的插补点值。

💡 **主漫反射比例**：设置第一漫反射缩放的颜色。

💡 **次漫反射比例**：设置第二漫反射缩放的颜色。

💡 **次漫反射反弹数**：设置第二漫反射的反弹值。

关于 mental ray 渲染器的参数设置就介绍这么多。关于 mental ray 渲染技术，需要大家熟悉其参数的功能，并多动手、多操作才能渲染出好的作品。

第 8 章 Maya 的基础动画知识

Maya 的一个最重要的模块就是动画模块。通过该模块可以制作诸如游戏角色、动画片头、广告、或者为电影和电视制作特效动画等。Maya 中的动画分为多种类型，例如变形动画、角色动画等。本章将向读者介绍 Maya 的动画环境以及关键帧动画的制作方法。

8.1 动画控制命令

和所有的模块一样，Maya 的动画模块也提供了很多工具，通过使用这些工具可以帮助我们快速制作动画。图 8-1 所示是动画控制区域。本节将向读者介绍该区域中工具的功能及使用方法。

图 8-1 动画控制区

1. 时间轴

可以将其理解为一卷展开的电影胶卷，时间轴上的数字序号代表了每一帧的帧序列号，默认为第一帧为起始单位。Maya 默认的时间轴上显示了 1~24 帧的范围。

2. 时间滑块

用来播放显示时间轴上每一帧的画面。当时间滑块拖动到某一帧时，视图区就会显示当前帧的场景画面。

3. 当前帧

动态显示时间滑块停留的帧位置。

4. 动画控制

动画控制用于对当前范围滑块内的动画进行播放预览，从而观看动画的效果，如图 8-2 所示。

图 8-2 播放器控制菜单

下面介绍各个控制按钮的功能。

⬇ ⏮	设置播放头回到起始帧。
⬇ ◀	回到上一帧。
⬇ ⏴	回到上一关键帧。
⬇ ◁	倒序播放。
⬇ ▷	顺序播放。
⬇ ⏵	进入下一关键帧。
⬇ ▶	进入下一帧。
⬇ ⏭	跳到末端。

该区域的工具有点类似于影碟机所提供的功能，例如正向播放、反向播放、向前快进、向后快退等。

8.2 创建关键帧动画

关键帧动画是制作所有动画的基础。通过利用这种动画实现方法，可以演化出多种动画形式。本节将向读者介绍 Maya 中关键帧动画的制作方法。

8.2.1 动画参数预设

在制作动画之前，首先需要对动画的一些制作和播放参数进行设置，以便于根据自己的实际需要制作动画。

要对动画制作和播放参数进行预设，需要执行【窗口】|【设置/首选项】|【首选项】命令，打开【首选项】窗口，如图 8-3 所示。

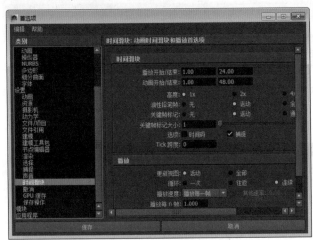

图 8-3 参数预设

下面介绍【时间滑块】的参数功能。

- 播放开始/结束：播放的起始和结束帧。
- 动画开始/结束：动画的起始和结束帧。
- 高度：软件界面下方时间轴的高度。
- 关键帧标记：关键帧的标记。
- 关键帧标记大小：关键帧标记的大小。
- 选项：确定动画的使用方式。
- 更新视图：设置动画在什么视图中进行更新。
- 循环：确认是否循环播放动画。
- 播放速度：设置动画的播放制式。关于该列表中的参数介绍如下。
  - 播放每一帧：通常在制作粒子动画时才会用到，因为粒子动画是以帧为单位进行实时运算的，在这个速率设置下进行动画预览时的播放速度，完

全是依靠计算机硬件性能进行决定的。不同硬件性能的计算机播放起来播放速度会不同，所以在制作关键帧动画时不能选择此选项。

- 半速 12fps/ Twice[48fps]：该选项可以将动画每秒固定预览播放 12 帧。
- 两倍 48fps：该选项可以将动画为每秒固定预览播放 48 帧。
- 其他：允许自定义其播放速率。

8.2.2 快速创建关键帧

制作关键帧最常用的方法就是按下 S 键快速添加关键帧。它实际与 Maya 动画模块下，执行【动画】|【设置关键帧】命令的作用相同。

动手实践——创建关键帧

下面我们利用一个简单的小球跳动的动画，向大家介绍关键帧的设置方法。

01 在 Maya 中新建一个场景，并创建一个球体和一个平面体，如图 8-4 所示。

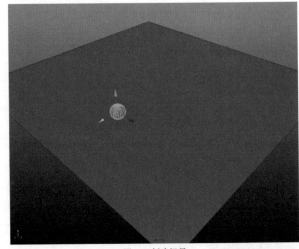

图 8-4 创建场景

02 将时间滑块拖动到第 1 帧，按键盘上的 S 键创建一个关键帧，如图 8-5 所示。

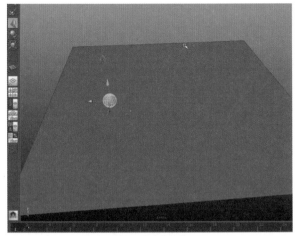

图 8-5 定义关键帧

03 将时间滑块拖动到第 12 帧处，然后在透视图中调整球体的位置，如图 8-6 所示。

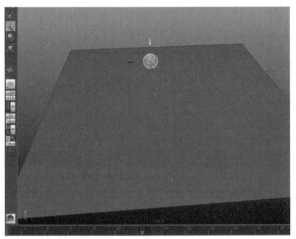

图 8-6 调整球体位置

04 执行【动画】|【设置关键帧】命令，在第 12 帧处创建一个关键帧，如图 8-7 所示。

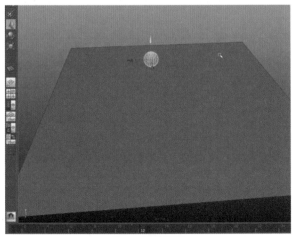

图 8-7 创建关键帧

这样，就创建了一个简单的关键帧动画，读者可以在视图中拖动时间滑块来预览动画效果。

8.2.3 自动关键帧动画

Maya 2014 中的自动关键帧动画被重新编排，它不再显示在主界面上，而是被集成在【首选项】面板中，本节将向大家讲解自动关键帧动画的设置方法。

动手实践——创建自动关键帧

下面简单地制作小球关键帧动画来学习该操作方式。

01 打开上一练习中使用的场景。执行【窗口】|【设置 / 首选项】|【首选项】命令，打开【首选项】面板，如图 8-8 所示。

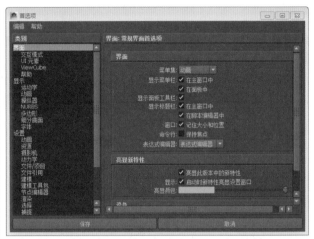

图 8-8 首选项

02 在【类别】列表中选择【动画】选项，并在其右侧的面板中启用【自动关键帧】复选框，如图 8-9 所示。

图 8-9 启用自动关键帧

03 单击【保存】按钮，完成自动关键帧的设置。

04 将时间滑块拖放到第 1 帧，并按下 S 键，创建第一个关键帧，如图 8-10 所示。

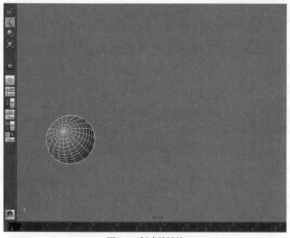

图 8-10 创建关键帧

05 将时间滑块拖放到第 12 帧，调整小球 Y 轴上的高度，可以看到时间轴上的第 12 帧处变为红色关键帧标记，如图 8-11 所示。

图 8-11 设置第 12 帧处的关键帧

06 将播放头拖动到第 18 帧，将小球移动到原点位置。Maya 将自动在第 18 帧处设置关键帧，如图 8-12 所示。

图 8-12 创建第 18 帧处的关键帧

8.2.4 快速编辑关键帧

在关键帧操作中，Maya 允许我们在时间轴上直接对关键帧进行移动、剪切、复制、粘贴等操作，以便于快速编辑关键帧序列。我们根据上一案例制作小球的 3 个关键帧动画为例，来讲解快速编辑关键帧的编辑。

动手实践——剪切与粘贴

01 首先在时间轴上选择第 18 帧，使之黑色高亮显示，如图 8-13 所示。

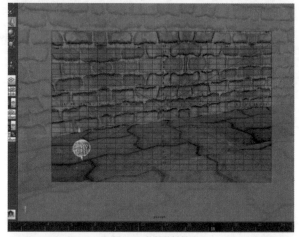

图 8-13 选择关键帧

02 选择右键菜单中的【剪切】命令，将该处的关键帧剪切，如图 8-14 所示。

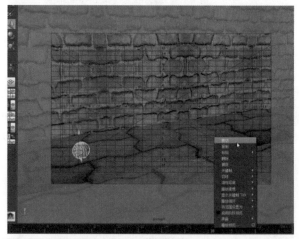

图 8-14 剪切关键帧

03 将时间滑块拖动到第 16 帧处，再在时间轴上单击鼠标右键，选择【粘贴】|【粘贴】命令，如图 8-15 所示。

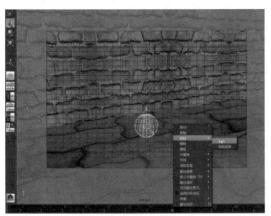

图 8-15 粘贴关键帧

动手实践——复制关键帧

继续使用上面剪切复制过的文件，来讲解复制粘贴命令操作。

01 将鼠标指针拖动到第 16 帧上，然后单击右键，在弹出的菜单中选择【复制】命令，对所选关键帧进行复制，如图 8-16 所示。

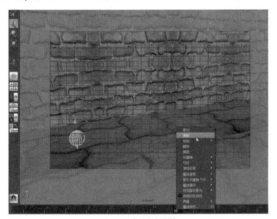

图 8-16 复制关键帧

02 再将时间滑块拖动到第 18 帧，然后单击鼠标右键，在弹出的菜单中选择【粘贴】|【粘贴】命令，执行粘贴帧操作，如图 8-17 所示。

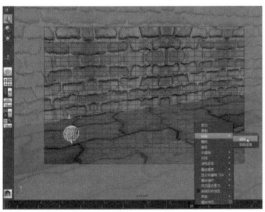

图 8-17 粘贴关键帧

动手实践——平移关键帧

平移关键帧也是一种常用的编辑方法，它可以将关键帧移动到指定的帧，具体的操作方法如下。

01 将播放头移动到第 16 帧，然后按住 Shift 键，再单击第 80 帧，时间轴上就会出现红色方体标记，如图 8-18 所示。

图 8-18 选择关键帧

02 此时释放 Shift 键，则当前第 16 帧被选择，可以任意拖动。单击选中并拖动这个红色的方块到第 24 帧，如图 8-19 所示。

图 8-19 移动关键帧

8.2.5 动画预览

使用 Maya 的动画预览功能，可以快速预览制作的动画所产生的动作，以便及时发现问题进行修正。本节将向读者介绍 Maya 中的动画预览功能。

动手实践——创建预览动画

01 继续使用前面制作的小球弹跳动画，在时间轴上的任意一帧处右击，在弹出的菜单中单击【播放预览】右侧的 按钮，如图 8-20 所示。

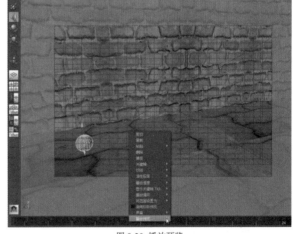

图 8-20 播放预览

02 打开播放预览属性设置面板，在这里用户可以设置输出预览动画的属性参数，如图 8-21 所示。

03 这里使用默认设置，单击【播放预览】按钮，执行动画预览操作，此时会生成一个 AVI 格式的播放样片，如图 8-22 所示。

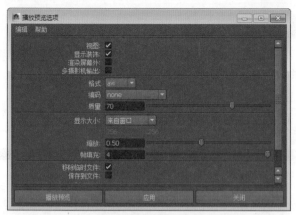

图 8-21 播放预览属性面板

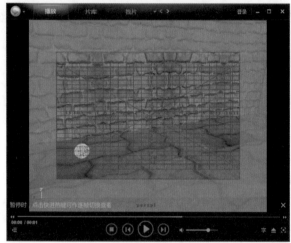

图 8-22 播放样片

动手实践——创建重影动画

使用 Maya 的重影功能，可以显示当前帧或以后某些帧的动画对象，而重影指的是显示当前时间以外的某一时间点的角色影像。

01 继续使用前面制作的小球动画，选中动画中的小球，如图 8-23 所示。

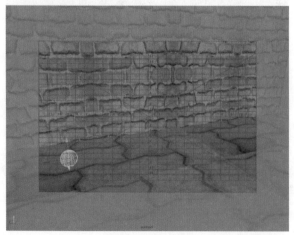

图 8-23 选定对象

02 切换到动画模块，执行【动画】|【为选定对象生成重影】命令，如图 8-24 所示。

图 8-24 执行命令

03 在打开的【重影选项】面板中，启用【重影类型】属性列表框中的【自定义帧步数】选项，并按照图 8-25 所示设置重影参数。

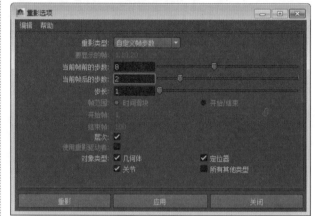

图 8-25 设置重影选项

04 播放动画，观察小球的动画重影效果，如图 8-26 所示。

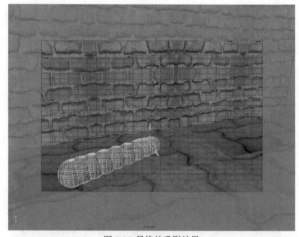

图 8-26 最终的重影效果

05 若要关闭所选择对象的重影，可以选择动画对象，执行【动画】|【取消选定对象的重影】命令即可。

8.3 摄影表

【摄影表】编辑器可以直观精确地反应关键帧和时间轴之间的关系。在制作动画过程中经常用它来快速调节关键帧时序、缩放整体动画的节奏等。

打开上一节创建的球体动画场景，选中球体，然后执行【窗口】|【动画编辑器】|【摄影表】命令，打开摄影表编辑器。该编辑器可以划分为 4 个部分：菜单栏、工具栏、对象列表、编辑区，如图 8-27 所示。

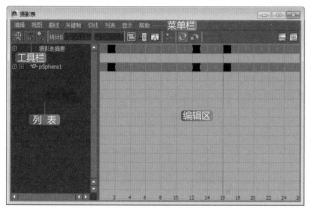

图 8-27 摄影表

1. 菜单栏

在菜单栏中分类集成了各种关于帧操作的命令，它和曲线编辑器中菜单栏的命令有很多重复选项。这些选项我们将在后面的操作中逐渐讲到。

2. 对象列表

显示当前被选择物体的各节点属性。单击前面的＋号可以展开并显示该物体所有关键属性。单击左侧的属性名称，在右侧的编辑区中将显示该属性的所有关键帧。

3. 编辑区

该区域显示当前被选中物体上的所有关键帧序列，编辑区中每一个黑色小方块都代表单独的一个关键帧，被选中属性的关键帧以黄色小方块显示。最顶部的横轴帧序列代表当前所有帧序列的组合。

4. 工具栏

该工具栏中集成了对关键帧进行各种操作的工具，下面我们将详细介绍这些工具的作用。

选择帧工具：按下该按钮后，在编辑区中可以单击选择，也可以框选关键帧，以蓝色区域确定选择范围，被选择的帧以黄色显示，如图 8-28 所示。

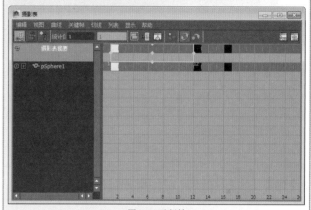

图 8-28 选择帧

移动最近拾取关键帧：按下该工具后，在编辑区中选择一个或多个要移动的关键帧，使其以黄色高亮显示，然后按下鼠标中键不放，这时鼠标指针会变成一个双向箭头，水平移动鼠标即可移动关键帧，如图 8-29 所示。

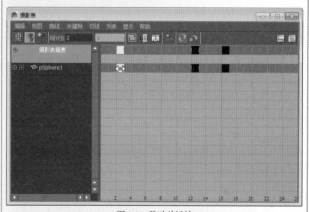

图 8-29 移动关键帧

插入关键帧工具：按下该按钮后，使用鼠标中键在编辑区的帧序列后面的空白处单击，即可添加关键帧，如图 8-30 所示。

统计信息：第一个文本框显示当前帧所在的位置，第二个文本框显示的是当前帧物体的属性值。

框显所有显示的关键帧：单击该按钮可以快速显示所有关键帧序列，如图 8-31 所示。

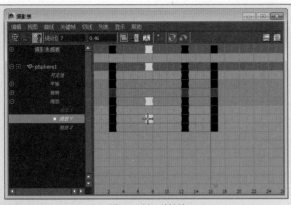

图 8-30 插入关键帧

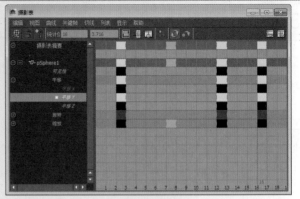

图 8-31 显示关键帧

⬇ 框显播放范围：单击该按钮，编辑区中只显示时间轴播放范围上的关键帧序列。

⬇ 使视图围绕当前时间居中：单击该按钮，可以将选中的关键帧序列居中到编辑区，以方便我们编辑。

⬇ 以下层次 / 无：按下该按钮可以显示层级物体上的关键帧序列。比如，一个组物体中包含两个设有动画的子物体，而组物体本身没有动画。如果在对象列表中选择组物体，按下层级显示按钮，则在编辑区的关键帧显示会发生变化。

8.4 编辑动画曲线

曲线编辑器提供了精确修改动画的能力。其功能和摄影表功能相似，只是表现形式不一样。本节将向读者介绍曲线编辑器的使用方法。

8.4.1 曲线编辑器

本节学习如何在曲线编辑器中编辑、修改动画曲线。学习曲线编辑器首先要理解物体的运动轨迹与时间轴之间的关系。在学习曲线编辑器之前，我们先打开上节练习中的动画场景。选中小球，在菜单栏中执行【窗口】|【动画编辑器】|【曲线编辑器】命令，弹出的窗口如图 8-32 所示。

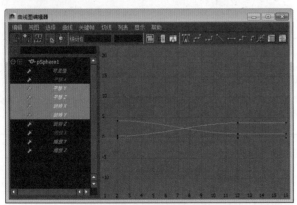

图 8-32 曲线编辑器

曲线编辑器对话框和摄影表编辑器的布局是一样的。在对象列表中选择物体，则在编辑区中会显示该物体的所有动画曲线，如果选择物体的单一属性，则在编辑区中只显示该属性的动画曲线。

在编辑区中，横轴代表帧序列，纵轴代表当前帧上曲线点的数值。红色的竖线代表时间轴，竖线的下方还有当前帧的标识。在时间轴上移动时间滑块，这里的时间轴也随着运动。

提示

在曲线编辑器的编辑区中，运动曲线以绿色显示，运动曲线上每一个黑色的点都代表一个关键帧，其实曲线上的每一个点都对应一个球体在 Y 轴上运动的数值，运动曲线就是由这无数个数值点构成。

切换到左视图，一边在时间轴上拖动时间滑块，一边观察编辑区中时间轴的运动，会发现场景中小球在 Y 轴上的运动会随着曲线的起伏而变化，如图 8-33 所示。

接下来介绍曲线编辑器工具栏上的常用工具，这里，和摄影表中相同的工具就不再介绍了，只介绍曲线编辑器特有的编辑工具。

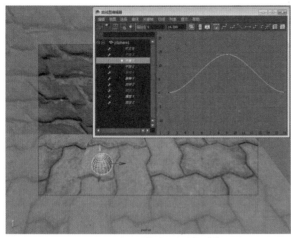

图 8-33 观察运动曲线和小球的运动

⚫ 自动切线🅰：默认为按下状态。该工具可以在相邻两个关键点之间产生平滑的过渡曲线。

⚫ 样条线切线▦▦：该工具可以使相邻的两个关键点之间产生光滑的过渡曲线，关键帧上的操纵手柄在同一水平线上，旋转一边的手柄同时会带动另一边手柄的同角度旋转，这样能够使关键帧两边曲线曲率进行光滑连接，如图 8-34 所示。

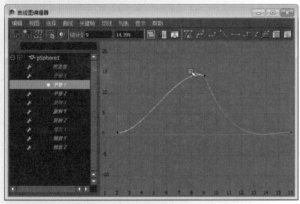

图 8-34 样条曲线

⚫ 钳制切线▦▦：该工具可以使动画曲线既有样条线的特征又有直线的特征，如图 8-35 所示。

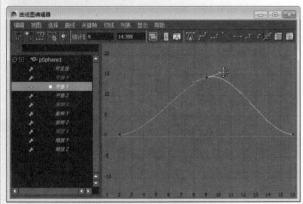

图 8-35 钳制切线

⚫ 线性切线◥：该工具可以使两个关键帧之间的曲线变为直线，并影响到后面的曲线连接，如图 8-36 所示。

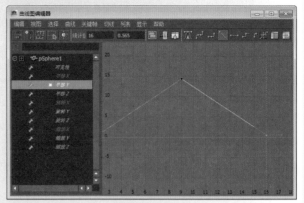

图 8-36 线性化曲线

⚫ 平坦切线▬▬：该工具可以将选择的关键帧上的控制手柄全部旋转到水平角度，结果如图 8-37 所示，注意控制手柄的变化。

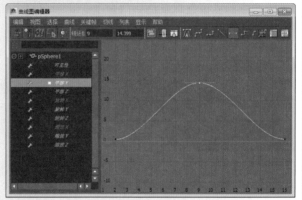

图 8-37 平坦切线

⚫ 阶跃切线▬▬：该工具可以将任意形状的曲线强行转换成锯齿状的台阶形状，如图 8-38 所示。

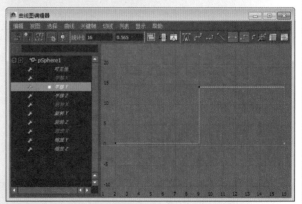

图 8-38 阶跃切线

⚫ 高原切线▬▬：该工具可以将关键帧上打断的控制手柄再次连接成一个相关联的手柄，调节一个手柄，另一个手柄也跟随运动，如图 8-39 所示。

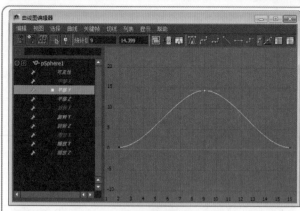

图 8-39 高原切线

⊙ 受约束的 X 轴拖动 ：按下该按钮后，曲线关键点的移动将被限制在 X 轴上。

8.4.2 编辑曲线曲率

Maya 中的动画曲线非常灵活，我们可以随意地改变曲线的控制点位置以及曲线的长度等。本节将向读者介绍一些常见的编辑动画曲线的方法。

动手实践——移动、插入、缩放关键帧

本节将在动画曲线编辑器中向大家演示如何在已有的动画曲线上移动、添加、插入、缩放关键帧。

1. 移动关键帧

01 打开上面所制作的小球动画。执行【窗口】|【动画编辑器】|【曲线图编辑器】命令，打开曲线编辑器，如图 8-40 所示。

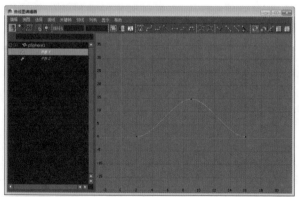

图 8-40 打开曲线编辑器

02 按下工具栏上的 按钮，然后选择需要移动的关键帧，如图 8-41 所示。

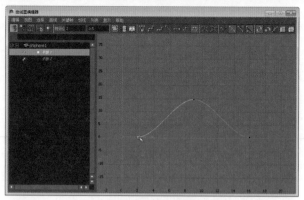

图 8-41 选择关键帧

03 按住鼠标中键不放，此时鼠标光标将变为一个十字形，如图 8-42 所示。

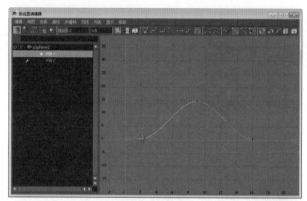

图 8-42 激活移动

04 拖动鼠标中间，即可将所选的关键帧进行移动，如图 8-43 所示。

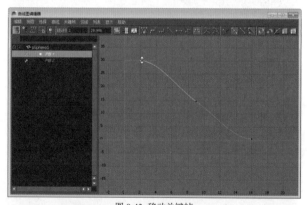

图 8-43 移动关键帧

2. 插入关键点

01 在曲线编辑器中选择曲线，按下工具栏上的 按钮，如图 8-44 所示。

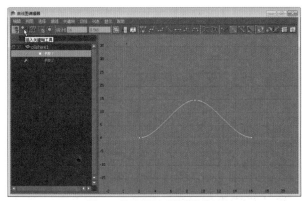

图 8-44 按下【插入关键帧】按钮

02 在曲线上需要添加关键帧的位置单击鼠标中键，即可添加关键帧，如图 8-45 所示。

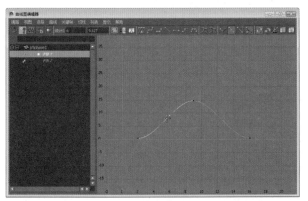

图 8-45 插入关键帧

03 此外，还可以利用该工具在动画的头部或尾部延长动画曲线，如图 8-46 所示。

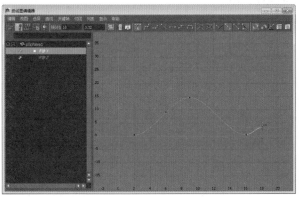

图 8-46 延长曲线

3. 缩放关键帧

01 在曲线编辑器中选择需要缩放的关键帧，如图 8-47 所示。这里可以是一个关键帧，也可以是多个关键帧。

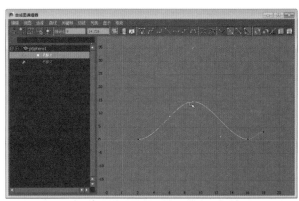

图 8-47 选择关键帧

02 按下工具栏上的 按钮，在编辑区域中显示一个用于控制关键帧的操控柄，如图 8-48 所示。

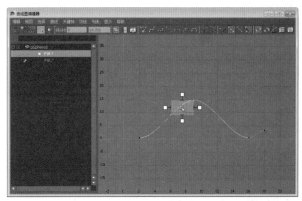

图 8-48 显示缩放控制柄

03 此时，可以使用鼠标指针控制不同方向的缩放控制柄进行调整，从而达到缩放关键帧的目的，如图 8-49 所示。

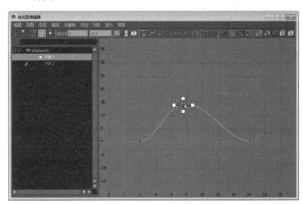

图 8-49 缩放关键帧

8.4.3 优化运动曲线

通过前文对曲线动画的初步讲解，相信读者对曲线动画有了很好的认识，下面我们通过一个小实例来巩固曲线动画的编辑方法。

动手实践——编辑动画曲线

01 打开前面练习中使用的小球动画,选择小球,通过时间轴观察动画关键帧,如图 8-50 所示。

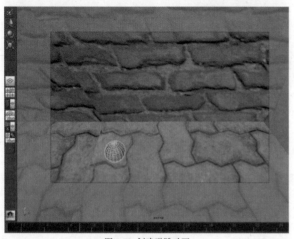

图 8-50 创建弹跳动画

02 选中球体并打开曲线图编辑器,以显示球体所有关键属性的动画曲线。其中直线表示当前属性被设置了关键帧,但没有任何动画效果,如图 8-51 所示。

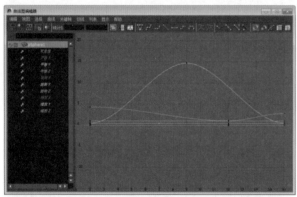

图 8-51 动画曲线

03 选中球体,执行【编辑】|【按类型删除】|【静态通道】命令,以删除没有动画效果的关键性属性,曲线编辑器中的直线被自动删除,如图 8-52 所示。

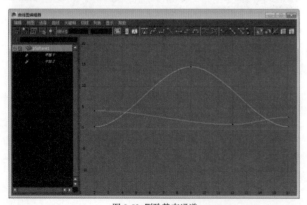

图 8-52 删除静态通道

04 选择【平移 Y】属性第 9 帧处的关键帧,在 Stats 栏中修改关键属性值为 20,从而调整小球在 Y 轴上的高度,如图 8-53 所示。

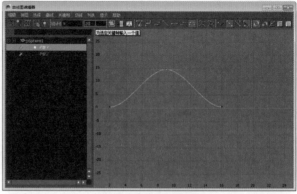

图 8-53 调整小球弹跳的高度

05 选择【平移 Y】属性的首端和末端的关键帧点,单击工具栏上的■按钮,以调整小球弹跳开始和结束时动作姿态的平滑度,如图 8-54 所示。

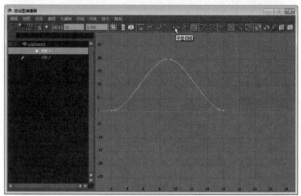

图 8-54 平滑动画曲线

06 同时选中平移 Y、平移 Z 选项,分别选中第 9、12 帧处的关键点,并将其值设置为 25。观察此时的运动曲线的变化,如图 8-55 所示。

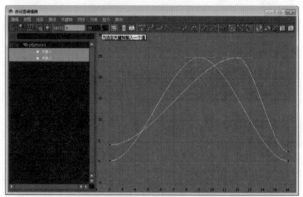

图 8-55 修改关键帧的值

07 选择【平移 Z】属性,选择第 16 帧处的关键帧,可以看到 Stats 栏中的关键帧属性值为 2.781,并不是理想的整数值,如图 8-56 所示。

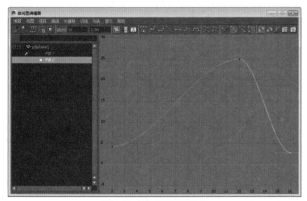

图 8-56 查看关键帧属性值

08 单击【编辑】|【捕捉】命令右侧的方块按钮，在弹出的窗口中选中【捕捉】区域中的【值】单选按钮，如图 8-57 所示。

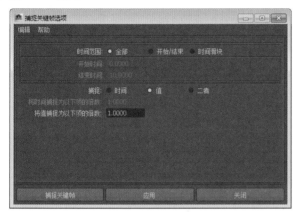

图 8-57 设置捕捉参数

09 单击【应用】按钮，即可将当前的关键帧属性值调整为整数，如图 8-58 所示。

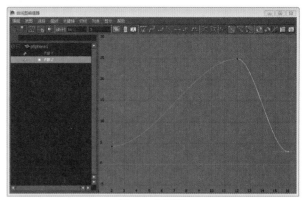

图 8-58 观察效果

通过上述操作，我们就对动画的运动曲线进行了优化，从而能够按照我们的设计初衷进行运动。

8.5 动画曲线的高级操作

上一节向读者介绍了关于曲线编辑器的使用方法。本节将继续向读者介绍关于动画曲线的操作方法，所不同的是本节将向读者介绍的是关于动画曲线的一些高级操作。

8.5.1 自动循环动画

要创建循环动画。首先需要在曲线编辑器的菜单栏中执行【视图】|【无限】命令，激活曲线延伸的显示。然后选中曲线，执行【曲线】|【向前循环】命令，打开循环、带偏移的循环、往返、线性、恒定等命令的关联菜单，如图 8-59 所示。

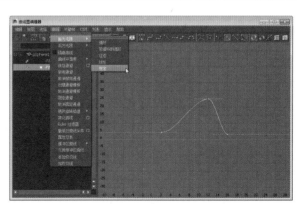

图 8-59 显示曲线运动方式

下面对动画曲线的几种循环命令进行详细介绍。

循环：曲线自动循环延伸，这种循环方式通常用在均衡的循环动画中，如鸟的匀速飞行、人行走时手臂规则的摆动、机械轴的往复运动、角色的行走动画等。

如图 8-60 所示，图中的水平轴为时间轴，垂直轴是物体运动参数轴，实线代表我们创建出的动画曲线，虚线代表 Maya 自动生成的动画曲线。

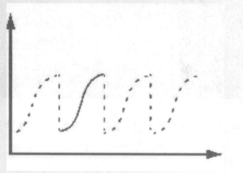

图 8-60 循环

带偏移的循环：这种方式可以使曲线在延伸时，使下一段曲线的开始端位于前一段曲线的末端，并累计产生位置偏移，如图 8-61 所示。

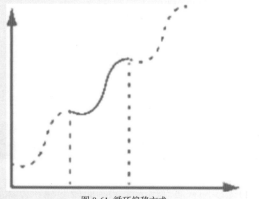

图 8-61 循环偏移方式

往返：这种方式可以使曲线每延伸一次就镜像翻转一次，如图 8-62 所示。可以用在运动周期完全对称的动画上。

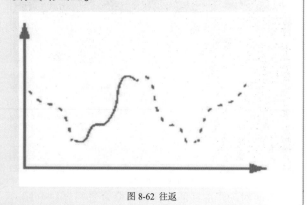

图 8-62 往返

线性：使用这种方法会使动画曲线的首尾端延伸时，可以沿当前曲线的切线方向进行延伸，如图 8-63 所示。

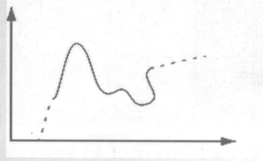

图 8-63 线性

恒定：平直延伸是 Maya 默认的延伸方式，其首尾端点的延伸线都是水平延伸，但没有任何动画延伸效果，如图 8-64 所示。

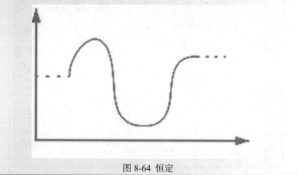

图 8-64 恒定

动手实践——创建自动循环

本节仍然以小球的实例为例，向大家介绍如何创建一个自动循环的动画效果。这种动画的优点在于用户只需要定义好一个动作后，系统自动将该动作延续到无限帧。

01 在曲线编辑器窗口中选择【平移 Y】曲线，执行【视图】|【无限】命令，显示动画曲线的虚线延伸部分，如图 8-65 所示。

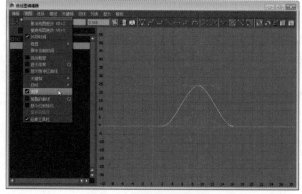

图 8-65 查看动画延伸曲线

02 保持动画曲线处于选中状态，执行【曲线】|【后方无限】|【循环】命令，即可为其添加往复循环运动，如图 8-66 所示。

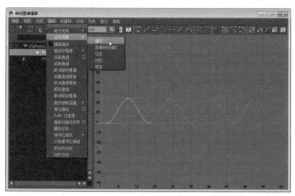

图 8-66 向后循环

通过上述操作后，大家可以发现：在选中曲线的后半部分出现了动画的循环效果，而选中曲线的前半部分则没有任何变化。

03 选择第一个动画周期的开始点和结束点，单击 ■ 按钮更改一下动画曲线的运动方式，并且观察循环曲线的变化，如图 8-67 所示。

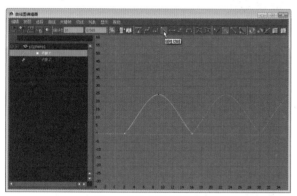

图 8-67 更改曲线运动方式

04 选择曲线末端帧的关键帧，在状态栏中设置其关键帧参数值为 30，此时观察循环曲线变化，如图 8-68 所示。

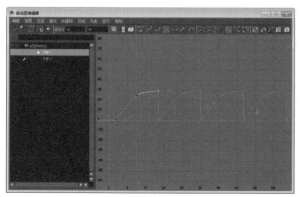

图 8-68 修改关键帧属性值

05 再选中曲线中间帧上的关键帧点，单击工具栏中的 ■ 按钮，调整曲线的切线方向，如图 8-69 所示。

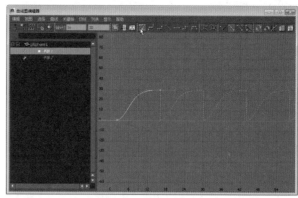

图 8-69 调整切线方向

06 执行【曲线】|【前方无限】|【循环】命令，即可使当前所选曲线无限向后循环，如图 8-70 所示。

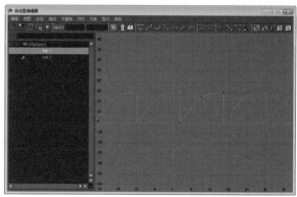

图 8-70 向前循环

通过上述设置，设置的动画就可以循环播放了。如果在播放的过程中出现抖动的现象，则是由于末端曲线率与延伸曲线连接不平滑所导致的。此时可以调整该处关键帧的控制手柄，使其变得更平滑一些。

8.5.2 烘焙动画曲线

通过上面的操作可以发现，自动虚幻延伸出的动画曲线是无法进行编辑打断的。那么如何将这些虚线转化成可以进行编辑的关键帧动画曲线呢？Maya 为我们提供了动画曲线烘焙命令，它可以对动画曲线进行编辑控制。

动手实践——烘焙曲线

01 使用前面的小球动画曲线实例，打开并编辑动画曲线外形，如图 8-71 所示。

02 先使动画曲线从末端帧开始向后进行无限循环，并且该循环曲线会依照末端切线方向产生一定的偏移，如图 8-72 所示。

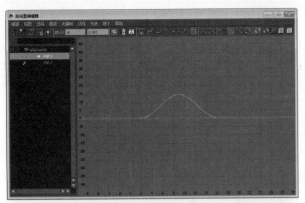

图 8-71 观察小球动画的动画曲线

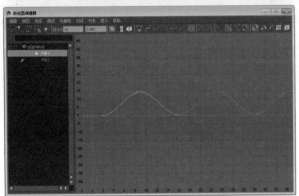

图 8-72 创建动画循环

03 现在我们希望小球跳到第 50 帧结束。在曲线编辑窗口中选择【平移 Y】选项，再执行【曲线】|【烘焙通道】命令，打开【烘焙通道选项】面板，如图 8-73 所示。

图 8-73 烘焙通道选项

04 选中【开始/结束】单选按钮并设置【结束时间】为 60，再单击【应用】按钮，执行动画曲线烘焙操作，如图 8-74 所示。

05 此时可看到曲线在第 1 ~ 60 帧内生成多个关键帧，如图 8-75 所示。

06 执行【曲线】|【向后循环】|【恒定】命令，取消自动循环。再次播放动画，就可以看到小球在 60 帧停止跳动，如图 8-76 所示。

图 8-74 设置烘焙范围

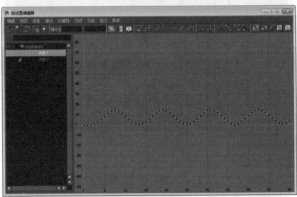

图 8-75 生成关键帧

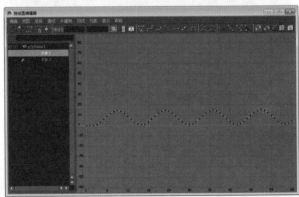

图 8-76 调整运动方式

下面对【烘焙通道选项】面板中的属性进行说明。

- 时间范围：用来设置烘焙曲线的时间范围。
- 时间滑块：按照当前播放时间轴上的时间范围来烘焙动画曲线。
- 开始/结束：自定义烘焙曲线的时间范围。
- 开始时间：设置烘焙曲线的第一帧。
- 结束时间：设置烘焙曲线的末帧。
- 采样频率：把自动延伸的曲线烘焙成关键帧曲线时的时间采样值，即帧数。

保持未烘焙关键帧：保留烘焙范围以外的曲线上的关键帧，否则烘焙后会将这些关键帧删除。

稀疏曲线烘焙：细化曲线烘焙，烘焙后的曲线上的关键帧数目最少。

8.5.3 曲线复制粘贴

在前文中介绍了快速粘贴关键帧的方法，在动画曲线编辑中，还有一种更为完善的复制和粘贴工具，使用它们可以极大地提高动画的制作效率。下面以前文制作的小球动画为例，介绍这两种工具的使用方法。

动手实践——复制和粘贴动画曲线

01 在曲线编辑器窗口中，选择【平移 Y】属性，可以看到小球在第 16 帧处停止运动，如图 8-77 所示。

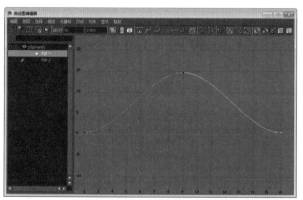

图 8-77 动画停止位置

02 单击【编辑】|【复制】右侧的 ■ 按钮，打开如图 8-78 所示的属性面板。

图 8-78 设置复制参数

03 在打开的属性面板中，选中【开始/结束】和【关键帧】单选按钮，并设置【结束时间】为 16，以控制曲线复制范围为 0 ～ 16 帧，如图 8-79 所示。

图 8-79 设置复制参数

下面向读者介绍【复制关键帧选项】对话框中的参数功能。

时间范围：用于控制所要复制曲线的时间范围。

全部：用于控制复制该属性上的整段动画曲线，默认为选中该选项。

开始 / 结束：用于自定义曲线的复制范围。

时间滑块：表示按照时间轴的播放范围进行复制。

开始时间：用于设置复制曲线的起始时间。

结束时间：用于设置复制曲线的结束时间。

帮助图像：表示复制曲线的图片显示，该选项配合 Method 使用，多为初学者使用。

方法：用于控制曲线复制的方式。

关键帧：用来复制设定范围内关键帧之间的动画曲线部分。

分段：用来复制设定范围内的动画曲线段。

范围：对设定范围内的曲线进行复制，但是在复制后不会在范围端点处添加关键帧，容易与原曲线混合。

04 单击【编辑】|【粘贴】右侧的 ■ 按钮，在弹出的面板中选中【开始 / 结束】单选按钮，并且设置【开始时间】值为 16，将【结束时间】设置为 80，将【副本】值设置为 5，如图 8-80 所示。

05 单击【粘贴关键帧】按钮，即可一次性对设定范围内的曲线进行 5 次粘贴，即表示物体会在循环运动到第 80 帧处停止，如图 8-81 所示。

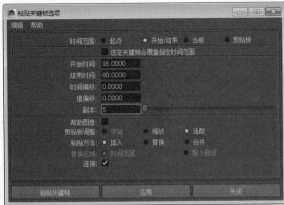

图 8-80 设置复制区间

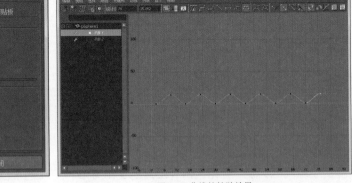

图 8-81 曲线的粘贴效果

8.6 综合练习——盒子下落动画

本节将以一个盒子下落的动画来提高读者的实际操作能力。在本案例中，将综合利用关键帧、编辑关键帧、编辑动画曲线等知识实现。

01 执行【窗口】|【设置 / 首选项】|【首选项】命令，在弹出的窗口中按照图 8-82 所示的参数进行设置。

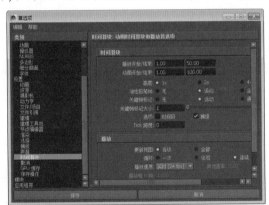

图 8-82 设置播放速度

02 执行【创建】|【多边形基本体】|【立方体】命令，创建出如图 8-83 所示的两个模型。

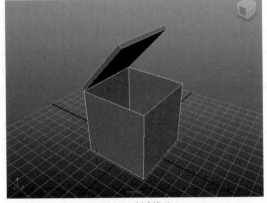

图 8-83 创建模型

03 选择如图 8-84 所示的模型，按【D+C+ 鼠标中键】组合键，将模型的枢轴吸附到模型的一条边上。

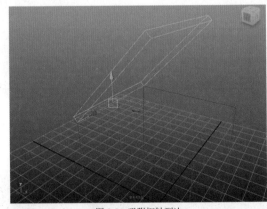

图 8-84 吸附枢轴到边

04 先选择上面的物体，再选择下面的物体，按 P 键建立父子关系，如图 8-85 所示。

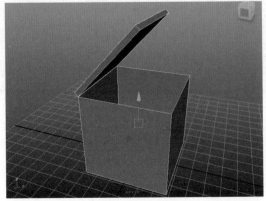

图 8-85 建立父子关系

05 将【时间滑块】拖动到第 1 帧，选择模型，将模型沿 Y 轴向上移动 33 个单位，按 S 键设置关键帧，如图 8-86 所示。

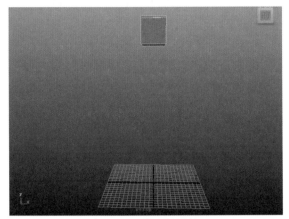

图 8-86 设置第 1 帧关键帧

06 将【时间滑块】拖动到第 10 帧，选择模型，将 Y 轴平移参数设置为 0，按 S 键设置关键帧，如图 8-87 所示。

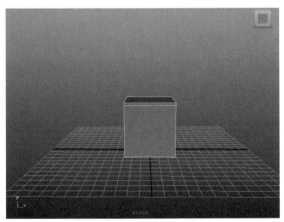

图 8-87 设置第 10 帧关键帧

07 将【时间滑块】拖动到第 12 帧，选择模型，将 Y 轴平移 1.5 个单位，并沿 Z 轴旋转 12 个单位，按 S 键设置关键帧，如图 8-88 所示。

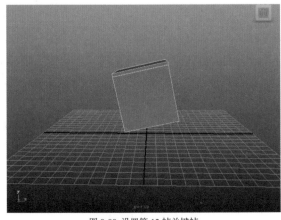

图 8-88 设置第 12 帧关键帧

08 选择如图 8-89 所示的模型，在第 12 帧处按 S 键设置关键帧。

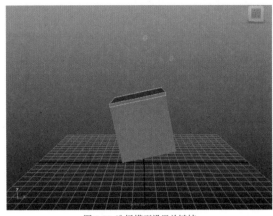

图 8-89 选择模型设置关键帧

09 将【时间滑块】拖动到第 14 帧，选择模型，将其沿 Y 轴平移 0.5，沿 Z 轴旋转 -10，按 S 键设置关键帧，如图 8-90 所示。

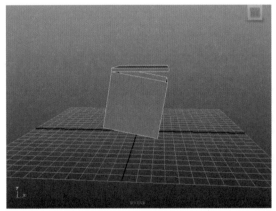

图 8-90 设置第 14 帧关键帧

10 选择如图 8-91 所示的模型，将其沿 Z 轴旋转 10 度，按 S 键设置关键帧。

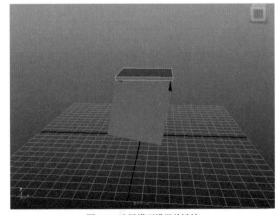

图 8-91 选择模型设置关键帧

11 将【时间滑块】拖动到第 16 帧，选择模型，将其沿 Y 轴平移 0.35，沿 Z 轴旋转 6，按 S 键设置关键帧，如图 8-92 所示。

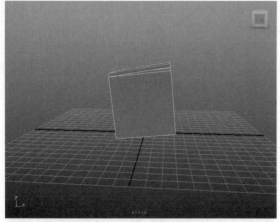

图 8-92 设置第 11 帧关键帧

12 选择如图 8-93 所示的模型，在第 16 帧处，将其沿 Z 轴旋转 3 度，按 S 键设置关键帧。

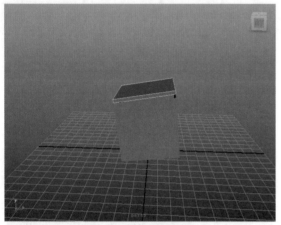

图 8-93 选择模型设置关键帧

13 将【时间滑块】拖动到第 18 帧，选择模型按 S 键设置关键帧，如图 8-94 所示。

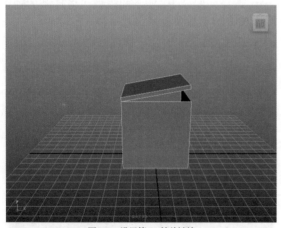

图 8-94 设置第 18 帧关键帧

14 选择如图 8-95 所示的模型，在第 18 帧处，将其沿 Z 轴旋转 10 度，按 S 键设置关键帧。

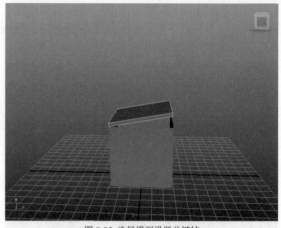

图 8-95 选择模型设置关键帧

15 将【时间滑块】拖动到第 22 帧，选择如图 8-96 所示的模型，按 S 键设置关键帧。

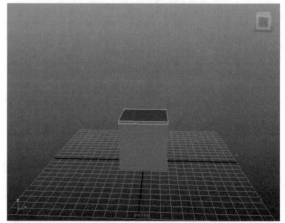

图 8-96 选择模型设置关键帧

16 选择所有模型，执行【窗口】|【动画编辑器】|【曲线图编辑器】命令，将模型的运动曲线进行调整，使其运动更加顺畅，如图 8-97 所示。

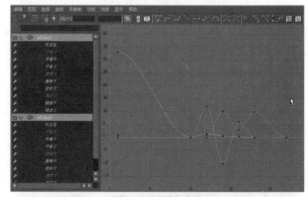

图 8-97 调整动画曲线

17 动画设置完成后，可以为制作的盒子创建材质贴图、布置灯光，并将其渲染输出。

第 9 章 变形功能

在 Maya 中，要想使物体发生变形，最直观的方法就是利用位移工具调整模型上的顶点、面使物体发生变形。但是，这种方式对于拥有成千上万个顶点、面的模型而言，要实现变形就难上加难了。为此，Maya 提供了一组专门用来进行变形的工具，即变形。变形是 Maya 中的一种动画技术。它是指模型的形状发生变化，而物体的拓扑结构保持不变，比如点、面、线的数目并没有发生变化。

9.1 变形的概念和用途

Maya 提供的、用于实现模型变形的工具组合，统称为"变形器"。它对模型进行变形的方法是控制模型顶点的位置变化来产生变形。它的优势在于可以通过一个变形器来控制一个区域内的所有模型的顶点。这样，模型变形的操作就被大大简化，大量的顶点操作可以分别由无数个变形器综合操作完成。

变形器类型根据变形效果的不同，可以将变形器分为混合变形、晶格、包裹、簇、非线性、雕刻变形、线性变形、抖动变形和褶皱变形等类型。关于它们的简介如下：

🔽 混合变形：通过混合变形控制器，可以使模型在多个外形变化效果中过渡切换显示，经常用于制作面部表情。

🔽 晶格：晶格变形为模型提供了精确的变形控制器，经常用在建模或者动画变形中。

🔽 包裹：包裹变形器可以使用其他几何体来控制变形，从而使变形过程变得更具有可操控性。

🔽 簇：通过 Maya 定义的一个簇控制器控制一个指定区域内的顶点产生变形。在实际应用过程中，通常配合融合变形器使用。

🔽 非线性变形：这是一个工具的组合，它提供了 6 种快捷变形方式，可以用于实现弯曲、扭曲、扩张、正弦、挤压、波浪变形等效果。

🔽 雕刻变形：雕刻变形器通过球形控制器影响物体的外形变化。

🔽 抖动变形：抖动变形可以模拟物体运动时，使其产生摇动、晃动效果。

🔽 褶皱变形：这种变形器可以像线性变形器那样用线控制产生复杂变形。例如布料的褶皱、老人的皱纹以及其他复杂建模效果。

9.2 混合变形

【混合变形】可以将一个物体变形成其他物体，可以使用相同的或不同的顶点对物体形状进行混合。混合变形可以完成人物面部表情等动画。

动手实践——创建混合变形

创建混合变形的前提条件是需要同一个物体的多个形状，例如一个人物头部的不同表情。本节将向读者介绍如何在一个人物头部创建混合变形。

01 打 开 随 书 光 盘 " 场 景 文 件 \Chapter09\ blend.mb" 文件，这是一个已经设置好模型的场景，如图 9-1 所示。

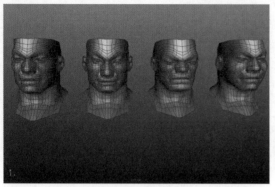

图 9-1 打开场景文件

02 在场景中自右向左选择 3 个头部模型 (即 basic3、basic2、basic1)，作为目标物体，如图 9-2 所示。

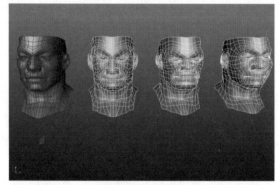

图 9-2 选择目标物体

提示

在制作混合变形时，模型被分为两种类型，被变形物体被称为目标物体，而原始物体被称为基础物体。

03 按住 Shift 键不放，在视图中选择 basic 物体作为基础物体，如图 9-3 所示。

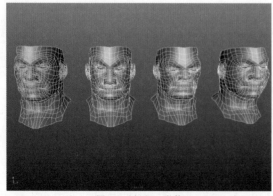

图 9-3 选择 basic 物体

04 单击【创建变形器】|【混合变形】命令右侧的■按钮，打开【创建混合变形选项】对话框，如图 9-4 所示。

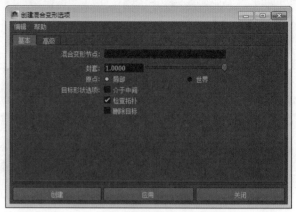

图 9-4 创建混合变形选项

创建混合变形的参数设置分为基本和高级两部分，下面分别介绍这些参数的功能，首先介绍基本参数设置。

> **混合变形节点**：可以为创建出的混合变形命名。

> **封套**：用于设置混合变形系数。

> **原点**：用于设置混合变形中目标物体与基础物体之间的位置、旋转、比例差异是按照局部区域比较还是按照世界空间比较。

> **介于中间**：用于定义变形方式是平行变形还是系列变形。

> **检查拓扑**：用于检查变形物体和目标物体之间的拓扑结构是否相同。

> **删除目标**：用于设置是否在变形后删除目标物体。

高级部分主要用来设置变形的顺序、排除对象以及要使用的划分等内容，如图 9-5 所示。在这里不再详细介绍这些参数。

图 9-5 高级选项

05 设置完毕后,单击【创建】按钮,即可创建混合变形,如图 9-6 所示。

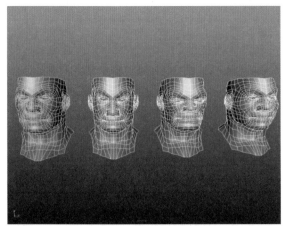

图 9-6 创建混合变形

此时,混合变形并不能在视图中直观地显示出来。要编辑混合变形效果,则需要在【混合变形】编辑器中进行修改。关于这一部分知识将在下文中介绍。

动手实践——改变面部表情

在执行了创建混合变形命令后,可以看到场景中物体并没有发生任何变化,此时可以通过混合变形编辑器来改变场景中的物体变化。本节将带领读者体验如何在混合变形编辑器中改变面部表情。

01 打开上一案例中使用的练习。单击【窗口】|【动画编辑器】|【混合变形】命令右侧的■按钮,打开混合变形窗口,如图 9-7 所示。

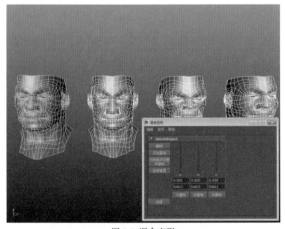

图 9-7 混合变形

02 在该窗口中,显示了 3 个目标物体的范围滑块,当我们将 basic3 的滑块拖动到最大值时,可以看到基础物体逐渐接近了 basic3 的外形,如图 9-8 所示。

03 将 basic3 的滑块设置为 0。将 basic2 上的范围滑块拖到最大值。此时,基础物体的外形接近于 basic2 的外形,如图 9-9 所示。

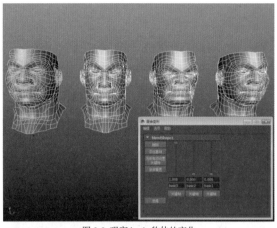

图 9-8 观察 basic 物体的变化

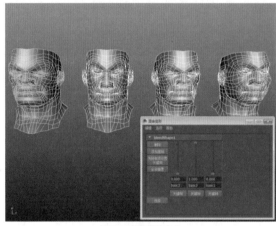

图 9-9 观察物体变化

下面对混合变形编辑器中的参数进行介绍。

> 🔽 **删除**: 删除创建出的混合变形节点,所有的变形效果将会消失。

> 🔽 **添加基础**: 用来将混合变形后的最终形态作为新的目标物体添加到变形中。

> 🔽 **为所有项设置关键帧**: 为所有的混合变形创建关键帧。

> 🔽 **全部重置**: 单击该按钮后,所设置的所有混合变形动作都将被清除。

> 🔽 **选择**: 单击该按钮后,处于选中状态的混合变形节点的关键帧将在时间轴上显示出来。

> 🔽 **关键帧**: 为目标物体修改变形后,单击该按钮后为其定义关键帧。

动手实践——添加与删除目标物体

当创建了混合变形后,出于设计的需求,有时需要在现有变形的基础上添加或者删除一个和多个目标物体,此时就需要使用本节所讲解的知识。

1. 添加目标物体

01 重 新 打 开 随 书 光 盘 "场 景 文 件 \Chapter09\ blend.mb" 文件，并确保此时场景中没有混合变形，如图 9-10 所示。

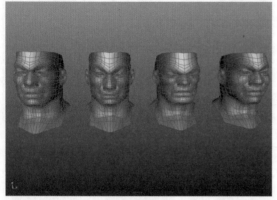

图 9-10 打开文件

02 在 场 景 中 按 住 Shift 键 依 次 选 择 basic2、basic1 和 basic 物体，如图 9-11 所示。

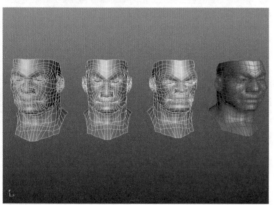

图 9-11 选择物体

03 执行【创建变形器】|【混合变形】命令，创建混合变形。单击【窗口】|【动画编辑器】|【混合变形】命令右侧的■按钮，打开混合变形编辑器，如图 9-12 所示。

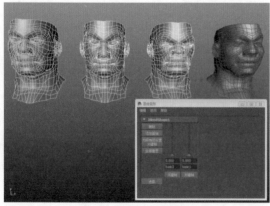

图 9-12 打开混合变形编辑器

提示

由于在上一步的操作中只选择了两个目标物体，所以在混合变形编辑器中只显示出两个目标物体的控制滑块。

04 在场景中选择 basic3(即没有被添加到混合变形中的模型)，按住 Shift 键再选择基础物体，如图 9-13 所示。

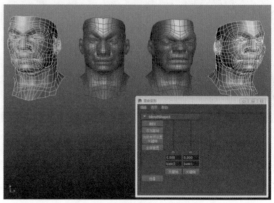

图 9-13 选择添加目标体

05 单击【编辑变形器】|【混合变形】|【添加】命令右侧的■按钮，打开对话框，如图 9-14 所示。

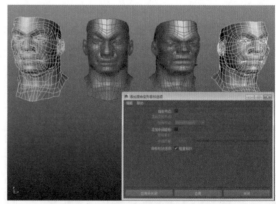

图 9-14 打开对话框

06 在打开的对话框中启用【指定节点】复选框，如图 9-15 所示。

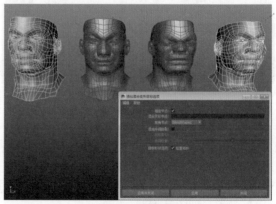

图 9-15 设置参数

07 单击【应用并关闭】按钮，即可将 basic3 添加到混合变形中，如图 9-16 所示。

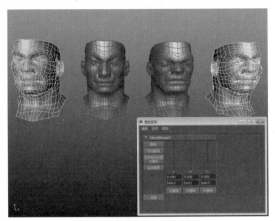

图 9-16 添加后的混合变形编辑器

在添加目标变形物体前，读者可以根据需要在【添加混合变形目标选项】对话框中对其参数进行设置。下面向大家介绍该对话框中参数的功能。

> 🔽 指定节点：启用该复选框，可以将选择物体添加到已经存在的混合变形节点下。
>
> 🔽 混合变形节点：为将要添加到混合变形中的变形器指定一个名称。
>
> 🔽 现有节点：该下拉列表中提供了当前场景中所有已存在的混合变形器的名称。
>
> 🔽 添加中间目标：在变形中添加中间变形类型。
>
> 🔽 目标形状选项：用于检验目标变形物体和基础物体之间的拓扑结构是否相同。

2. 删除目标物体

同样，在执行混合变形的过程中，也可以将已经设定的目标物体进行删除，具体的方法如下。

01 在场景中选择需要删除的目标物体，例如 basic3。按住 Shift 键不放，再在视图中选择基础物体，如图 9-17 所示。

02 单击【编辑变形器】|【混合变形】|【去除】命令右侧的■按钮，打开对话框，如图 9-18 所示。

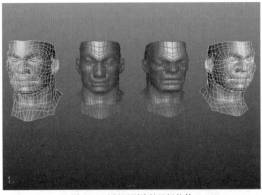

图 9-17 选择要删除的目标物体

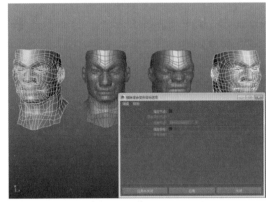

图 9-18 移除混合变形

03 在该对话框中启用【指定节点】复选框，单击【应用并关闭】按钮，即可将 basic3 物体从变形中去除，如图 9-19 所示。

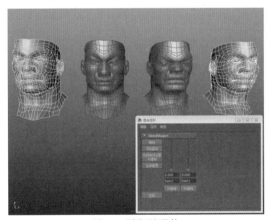

图 9-19 删除目标物体

9.3 晶格变形 🔍

相对于簇变形器而言，晶格变形器的使用比较灵活，它不仅可以在模型的顶点级别进行编辑，也可以直接编辑物体级别，下面学习该变形器的具体创建过程以及相关参数。执行【创建变形器】|【晶格变形】命令右侧的■按钮，弹出晶格变形器的设置对话框，如图 9-20 所示。

图 9-20 晶格变形器对话框

在该对话框中有两个选项卡，我们只需要掌握 Basic 下的选项即可。

> 🔽 **分段**：该选项设置晶格在三维空间的分段数目，后面的 3 个值分别对应物体 X、Y、Z 三个轴向上的晶格分段。

> 🔽 **局部模式**：设置每个晶格点可以影响到的模型变形范围。

> 🔽 **局部分段**：该选项可以精确设置晶格上单个顶点对模型的影响范围，值越大，影响的范围就越大。

> 🔽 **位置**：该选项只对晶格工具所包含的模型部分变形有效。

> 🔽 **分组**：控制是否将影响晶格和基础晶格进行群组。

> 🔽 **建立父子关系**：用于控制是否将晶格和变形物体设置为父子关系。

> 🔽 **冻结模式**：用于设置物体的冻结模式。当启用该复选框时，物体表面的纹理不发生变形。

> 🔽 **外部晶格**：用于控制是否对处于晶格以外的变形物体产生的影响。

> 🔽 **衰减距离**：用于设置变形衰减的距离。

动手实践——创建晶格变形

本节将向读者介绍如何在一个模型上创建晶格变形以及晶格的调整方法。

01 打开随书光盘"场景文件 \Chapter09\lattice.mb"文件，如图 9-21 所示。

02 在场景中选择模型，单击【创建变形器】｜晶格命令右侧的■按钮，打开晶格变形对话框，如图 9-22 所示。

03 将【分段】分别设置为 6、6、6，单击【创建】按钮即可在模型上添加晶格，如图 9-23 所示。

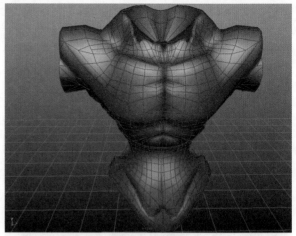

图 9-21 打开场景

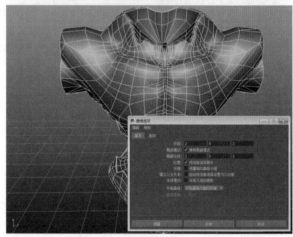

图 9-22 晶格变形

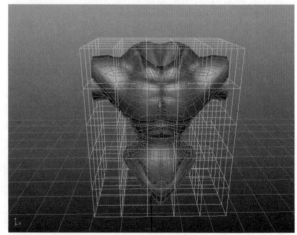

图 9-23 添加晶格

04 确保晶格处于选中状态，在视图的空白处右击鼠标，在弹出的快捷菜单中选中【晶格点】命令，进入控制点编辑状态，如图 9-24 所示。

05 选中如图 9-25 所示的一层晶格点，然后使用移动和缩放工具编辑选中的晶格变形器控制点。

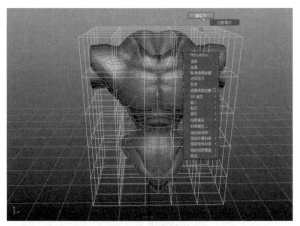

图 9-24 切换到编辑点

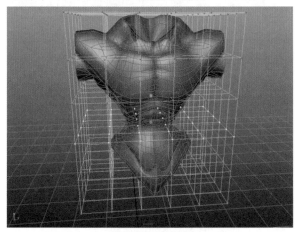

图 9-25 选择晶格点

06 调整后的效果如图 9-26 所示。

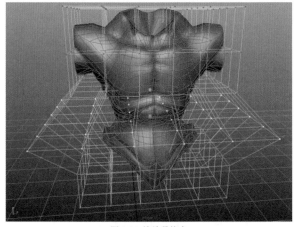

图 9-26 缩放晶格点

动手实践——添加晶格分段

如果在创建晶格后，需要对晶格的分段重新调整，则可以根据下面的步骤进行操作。

01 打开上述场景，添加晶格变形后，打开通道栏，找到形状选项，如图 9-27 所示。

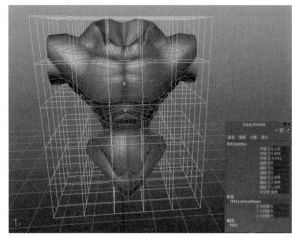

图 9-27 打开通道栏

02 分别修改 S 分段数、T 分段数、U 分段数为 3、3、3，如图 9-28 所示。

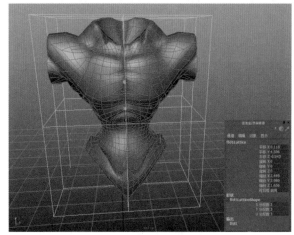

图 9-28 更改晶格分段

9.4 簇变形

使用簇变形器可以对模型上一个区域的顶点进行操作，并且可以为这个对象以绘制的方式分配权重。通常配合混合变形器使用，比如山地模型的制作、角色的表情动画等。

动手实践——创建簇变形

本案例将使用一个人物的头部模型向读者讲解簇变形的创建方法。

01 打开随书光盘"场景文件 \Chapter09\Cluster.mb"文件,这是一个角色的头部文件,如图9-29所示。

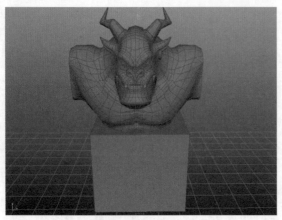

图9-29 打开场景文件

02 选择模型后,进入其顶点编辑状态,使用选择工具选中一组顶点,如图9-30所示。

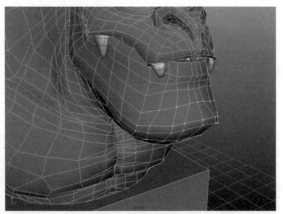

图9-30 选择下巴上的顶点

03 切换到动画模块,执行【创建变形器】|【簇】命令,这时会弹出设置对话框,如图9-31所示。

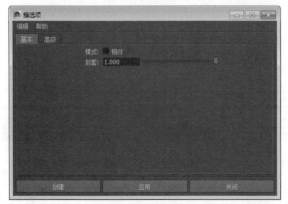

图9-31 簇变形属性窗口

04 保持默认设置不变,单击【创建】按钮。此时,角色的下巴上多了一个绿色的大写字母C,如图9-32所示,这就是簇变形器的控制标识。

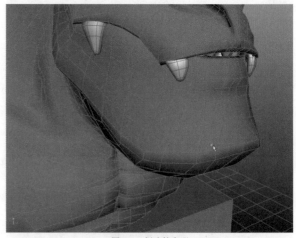

图9-32 创建簇变形

05 现在使用移动工具移动控制点,可以看到,原来选择的一组点被这个C点所取代,如图9-33所示。

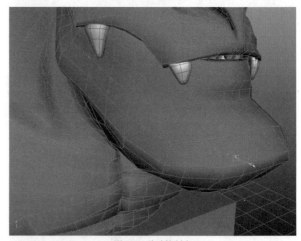

图9-33 移动控制点

动手实践——绘制簇

在移动簇控制器时,可以看到被选中的模型顶点都跟随着簇控制器移动到了一个新的位置,但是由于变形操作不会在模型上增加拓扑结构,所以模型被拉伸的部分没有任何顶点,为此就需要手动编辑簇的权重。下面学习对簇的权重进行绘制的操作过程。

01 重新打开随书光盘"场景文件 \Chapter09\Cluster.mb"文件,进入模型的顶点编辑状态,选中整个下巴上的顶点,如图9-34所示。

02 使用前面讲的方法为选择的顶点添加一个簇变形器。选择模型,进入其对象编辑状态,再单击【编辑变形器】|【绘制簇权重工具】命令右侧的■按钮,打开笔刷属性通道盒,如图9-35所示。

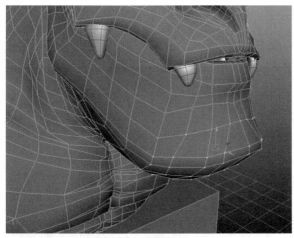

图 9-34 选择顶点

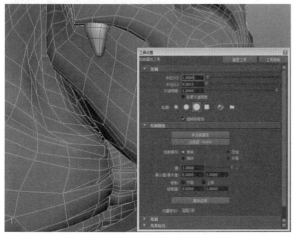

图 9-35 打开笔刷属性

03 在通道盒中，选择【软笔刷】笔刷类型，在【绘制操作】区域中选中【缩放】单选按钮，将【值】设置为 0.3，如图 9-36 所示。

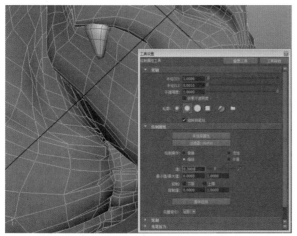

图 9-36 参数设置

下面向读者介绍簇绘制相关工具的功能。

1. 【笔刷】卷展栏

该卷展栏主要用来调整笔刷的半径大小。调整笔刷半径的快捷方式是在场景中按住 B 键的同时拖动鼠标左键即可。

> 半径（U）/（L）：分别控制笔刷半径的最大值和最小值。

> 不透明度：显示笔刷痕迹的明暗程度，并不改变笔刷的力度。

> 轮廓：该选项后面有 5 种笔刷的样式，从左至右依次为高斯、软笔刷、硬笔刷、方形笔刷和文件。

2. 【绘制属性】卷展栏

该卷展栏控制笔刷的具体绘制属性，包括笔刷效果、笔刷权重以及一些特殊的设置，下面分别向读者进行介绍。

> Cluster N.weights：按下该按钮不放会弹出选择簇的快捷菜单，在这里可以选择想要编辑的簇。

> 过滤器：按下该按钮，在弹出的列表中可以切换到其他变形器类型。

> 绘制操作：设置绘制权重的方式。

> > 替换：用当前笔刷的值替换已有的权重值。

> > 添加：将已有的权重添加到当前笔刷的【值】设置上。

> > 缩放：通过笔刷的权重参数缩放当前顶点的权重值。

> > 平滑：可以平滑两个不同权重值之间的过渡。

> 值：设置当前笔刷的权重值，范围是 0 ~ 1。

> 最大/小值：控制当前权重的最大/小值。

> 强制：将笔刷的权重强制在一个范围内。

> 整体应用：单击该按钮，可以将当前笔刷的权重值应用到整个簇控制区。

04 回到场景中，适当调整笔刷半径大小，然后在下巴上进行绘制，如图 9-37 所示。

> **提示**
>
> 绘制权重状态下的模型以黑白两色显示，白色区域表示权重值为 1，也就是说这里的顶点完全受簇的影响；黑色部分表示权重值为 0，完全不受簇的影响。

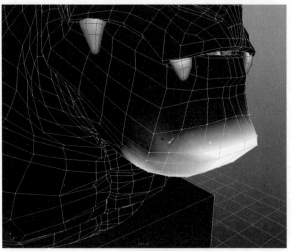

图 9-37 绘制权重

05 绘制一圈后，将【值】设置为 0.7，接着刚才绘制的区域再绘制一圈，使权重由重到轻进行过渡，如图 9-38 所示。

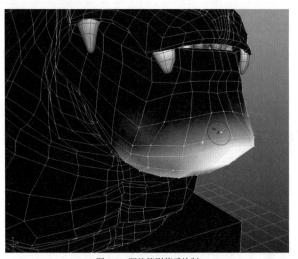

图 9-38 调整笔刷值后绘制

06 返回通道盒，在【绘制操作】选项区域中选中【光滑】单选按钮，然后在模型上将绘制的权重值得到平滑过渡，如图 9-39 所示。

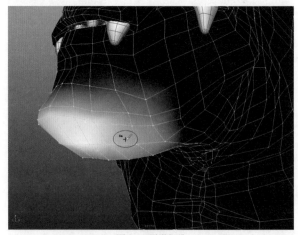

图 9-39 平滑权重

07 按下键盘上的 W 键，切换到移动工具，选择簇进行移动，观察效果。可以切换到物体的顶点编辑状态，观察模型现在的结构线，如图 9-40 所示。

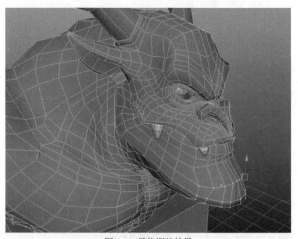

图 9-40 最终调整效果

9.5 非线性变形

非线性变形主要包括弯曲、扩张、正弦、挤压、扭曲、波浪等多种变形技术。这些变形不仅可以应用于动画，而且还可以用于建模。本节将向读者介绍它们的创建方法。

动手实践——创建弯曲变形

弯曲变形可以将一个模型进行弯曲处理，并可以设置弯曲的位置、角度、上限和下限等。下面我们使用一个简单的模型来讲解该变形器的使用方法。

01 打开随书光盘"场景文件 \Chapter09\blend.mb"文件，这是一个帽子的形状，如图 9-41 所示。

02 选中帽子上的装饰造型，切换到动画模块，单击【创建变形器】|【非线性】|【弯曲】命令右侧的■按钮，弹出的对话框如图 9-42 所示。

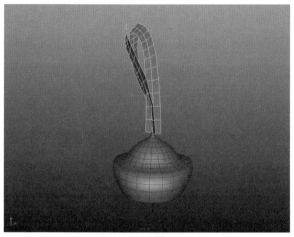

图 9-41 打开场景

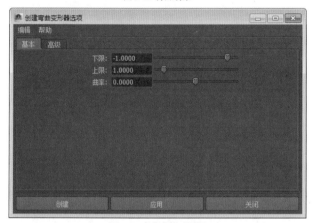

图 9-42 弯曲变形对话框

⬇ 下限：控制弯曲变形影响范围的下限。

⬇ 上限：控制弯曲变形影响范围的上限。

⚫ 曲率：控制弯曲变形的曲度，该值可以设置为正负值，分别对应物体左右弯曲方向。

03 单击【创建】按钮，在透视图中按下 4 键将模型线框显示出来，我们可以看到，长方体的中央会多出一条绿色的直线，如图 9-43 所示。

图 9-43 弯曲变形的控制线

04 按下键盘上的 T 键，在视图中看到弯曲变形的控制手柄，使用鼠标左键拖动中间的控制点，结果如图 9-44 所示。

图 9-44 移动中间的控制点

提示

【弯曲】变形控制手柄有 3 个控制点，上下两个控制点可以垂直移动，控制着弯曲的上限和下限。中间的控制点可以水平移动，控制弯曲的曲率。

05 按下键盘上的 W 键，切换到移动工具，选择控制手柄，分别沿 Y 轴和沿 X 轴进行移动，结果如图 9-45 所示。

图 9-45 移动控制手柄

动手实践——创建扩张变形

扩张变形可以对模型进行收缩或者扩张处理，同样可以控制扩张的位置。比如要做一个腰鼓的模型，就可以使用该变形器对一个圆柱进行变形得到。

01 首先在场景中创建一个多边形管状物体，参数设置如图 9-46 所示。

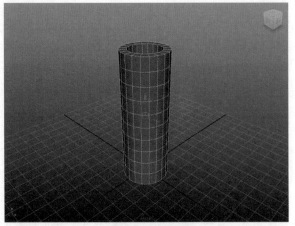

图 9-46 创建管状物体

02 选中管状物体，单击【创建变形器】|【非线性】|【扩展】命令右侧的■按钮，弹出的对话框如图 9-47 所示。

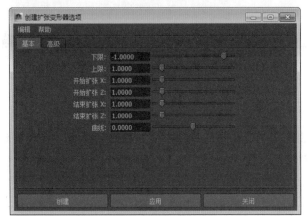

图 9-47 扩展变形对话框

下面来看一下对话框中几个特殊的选项，和弯曲变形器相同的参数这里不作介绍。

↘ 下限 / 上限：设置扩张变形作用在对象上的下限与上限。
↘ 开始扩张 X：X 轴上的初始扩张值，即模型底端变形器沿 X 轴缩放的幅度。
↘ 开始扩张 Z：Z 轴上的初始扩张值，即模型底端变形器沿 Z 轴缩放的幅度。
↘ 结束扩张 X：X 轴上的末端扩张值，即模型顶端变形器沿 X 轴缩放的幅度。
↘ 结束扩张 Z：Z 轴上的末端扩张值，即模型顶端变形器沿 Z 轴缩放的幅度。
↘ 曲线：控制模型中间部分的扩张变形幅度。

03 保持默认值不变，单击【创建】按钮。然后在透视图中按下 T 键，显示出扩张变形器的控制手柄，如图 9-48 所示。

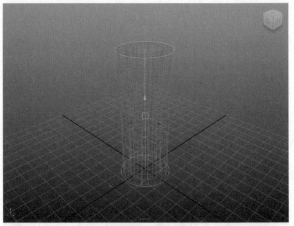

图 9-48 显示扩张控制柄

04 该控制手柄上有 7 个控制点，其中垂直线上中间的点控制模型中间部分的扩张幅度，使用鼠标左键左右移动，如图 9-49 所示。

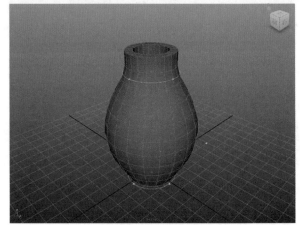

图 9-49 调整扩张效果

05 垂直线上两端的点分别控制扩张的上限和下限，图 9-50 中，左侧调整的是上限，右侧调整的是下限。

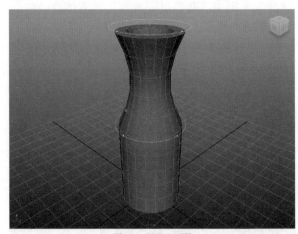

图 9-50 调整上下限

动手实践——创建正弦变形

正弦变形器通常会用来对一些细长的物体进行变形，达到快速建模的目的。比如，创建一些规则的花边等。

01 新建一个场景，在场景中创建一个立方体，并调整将分段设置得高一些，如图 9-51 所示。

图 9-51 创建方体

02 选中方体，单击【创建变形器】|【非线性】|【正弦】命令右侧的■按钮，打开如图 9-52 所示的对话框。

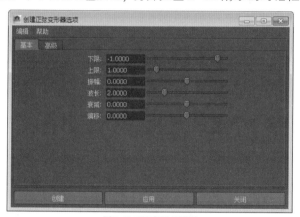

图 9-52 正弦变形对话框

下面对该变形器的几个特殊参数进行介绍。

> ↘ 下限 / 上限：设置正弦作用的上、下限。

> ↘ 振幅：该值决定正弦变形的振幅，也就是模型变形的幅度。

> ↘ 波长：该值决定正弦变形的波长。波长越长，形变越平滑柔和；波长越短，模型变形越频繁。

> ↘ 衰减：控制形变幅度值的衰减系数。默认无衰减，如果设为负数，形变会逐渐缩小；设为正数，则形变会逐渐增大。

> ↘ 偏移：改变该值只会影响物体形变端点的幅度，并不会影响形变的振幅和衰减。

03 保持默认值不变，单击【创建】按钮，即可创建正弦变形器。此时，按键盘上的 T 键可以打开正弦控制柄，如图 9-53 所示。

图 9-53 变形器控制柄

04 向下移动中间的控制点，观察一下此时的模型变化，如图 9-54 所示。

图 9-54 改变振幅

05 选择最左端的控制点，按住鼠标左键不放将其向右拖动，从而改变模型的波长，如图 9-55 所示。

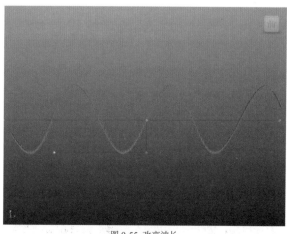

图 9-55 改变波长

06 分别选择控制柄左端、右端的控制点，可以改变正弦变形器的作用范围，如图 9-56 所示。

图 9-56 控制正弦的上下限

07 拖动位于控制柄中间的控制点并进行移动，则可以控制正弦的位移，如图 9-57 所示。

图 9-57 正弦效果

 动手实践——创建挤压变形

利用【挤压变形】可以使制作的动画效果更富有生气。本节将向大家介绍利用一个球体的挤压变形来模拟物体受到挤压时所产生的变形效果。

01 打开随书光盘"场景文件 \Chapter09\Squash.mb"文件，如图 9-58 所示。

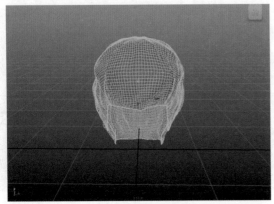

图 9-58 打开场景文件

02 单击【创建变形器】|【非线性】|【挤压】命令右侧的 ■ 按钮，打开如图 9-59 所示的对话框。

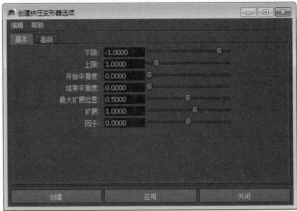

图 9-59 挤压变形设置对话框

下面对挤压变形器的几个特殊参数进行介绍。

> 🔽 **下 / 上限**：设置挤压变形器作用的上、下限。

> 🔽 **开始平滑度**：该值控制挤压变形在起始端的平滑程度。

> 🔽 **结束平滑度**：该值控制挤压变形在结束端的平滑程度。

> 🔽 **最大扩展位置**：该值用来设定上限位置和下限位置之间最大扩展范围的中心。

> 🔽 **扩展**：用来设定挤压变形的扩展程度。

> 🔽 **因子**：该参数设置模型的变形程度。如果参数值小于 0，则挤压模型；如果参数值大于 0，则拉伸模型。

03 保持默认值不变，单击【创建】按钮创建挤压变形。然后按下 T 键，显示出挤压控制手柄，如图 9-60 所示。

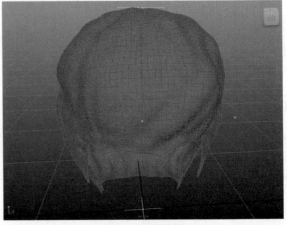

图 9-60 显示控制手柄

04 选择模型右侧的控制点，按住鼠标左键不放并左右拖动该控制点，则可以挤压模型，如图 9-61 所示。

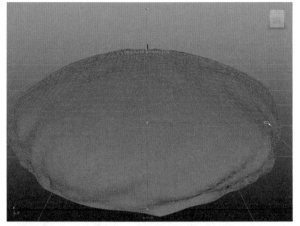

图 9-61 调整挤压幅度

05 选择该控制点，按住鼠标左键不放并上下移动该控制点，则可以拉伸模型，如图 9-62 所示。

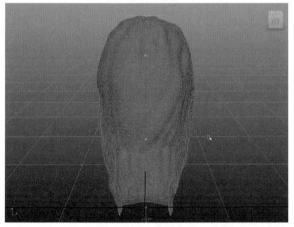

图 9-62 拉伸模型

06 中间线上两端的点控制的是挤压上限和下限，中间的点控制的是扩展位置，将其向下移动然后再调整上下限，结果如图 9-63 所示。

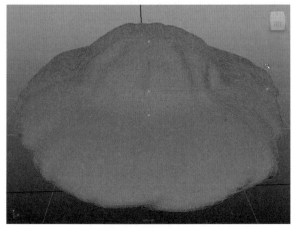

图 9-63 移动扩展中心

07 在控制手柄上没有平滑度的控制，我们可以在变形器的属性栏中进行调整，如图 9-64 所示。

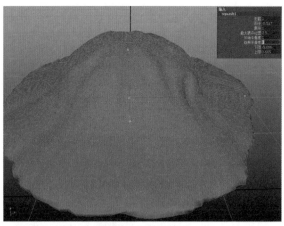

图 9-64 调整平滑度

动手实践——创建扭曲变形

【扭曲】变形器可以使模型产生扭曲、螺旋的效果。在建模和创建动画中都可以用到。下面使用一个圆柱体扭曲的案例向大家介绍该变形器的使用方法。

01 打开随书光盘"场景文件 \Chapter09\Twist. mb"文件，如图 9-65 所示。

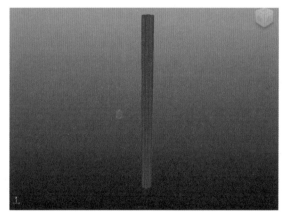

图 9-65 打开场景

02 框选场景中的圆柱体，单击【创建变形器】|【非线性】|【扭曲】命令右侧的■按钮，打开如图 9-66 所示的对话框。

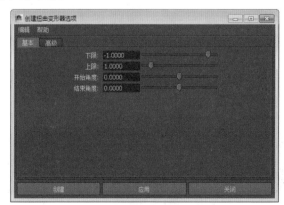

图 9-66 扭曲参数

03 保持默认设置不变，单击【创建】按钮添加扭曲变形器。按下 T 键，显示出扭曲变形的控制柄，如图 9-67 所示。

图 9-67 显示控制柄

04 按住鼠标中键不放拖动上端的控制柄，从而使这 5 个圆柱体扭曲到一起，如图 9-68 所示。

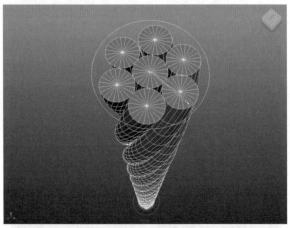

图 9-68 扭曲效果

05 为其添加一个【弯曲】变形器，创建的效果如图 9-69 所示。

图 9-69 弯曲效果

动手实践——创建波浪变形

波浪变形器主要用于创建类似水波类的动画，该变形器的控制点较多，可以模拟多种波浪效果，也可以配合其他变形器制作特殊的动画。下面的案例将创建一个涟漪的效果。

01 在场景中创建一个 NURBS 平面，并适当修改一下其参数设置，如图 9-70 所示。

图 9-70 创建平面

02 选中平面物体，单击【创建变形器】|【非线性】|【波浪】命令右侧的█按钮，弹出的对话框如图 9-71 所示。

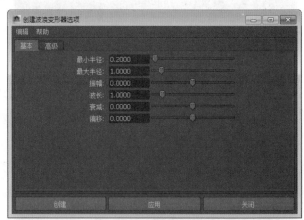

图 9-71 参数设置

03 保持默认值不变，单击【创建】按钮创建波浪变形。然后，按下 T 键显示出该变形器的控制柄，如图 9-72 所示。

04 图 9-73 所示的两个点分别控制着波浪的振幅和波长。控制振幅的点可上下移动，控制波长的点可以左右移动。

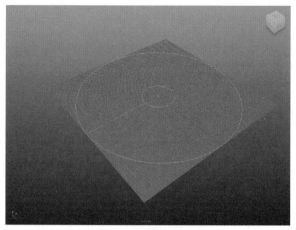

图 9-72 变形器的控制点

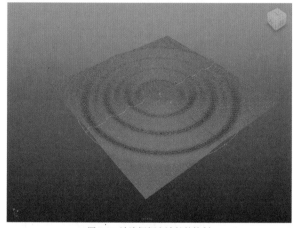

图 9-73 波浪振幅和波长的控制

05 前后移动图 9-74 所示的点，可以控制波浪的半径大小。另外，移动最中间的点可以调整波浪的偏移。

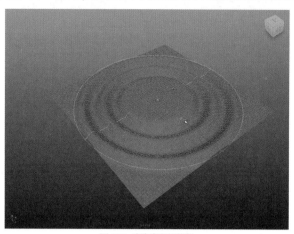

图 9-74 波浪半径的控制

至此关于非线性变形器就讲完了，最后提示读者，在对模型创建非线性变形器后，尽量不要改变模型上点的数目，否则可能导致错误的变形效果。

9.6 雕刻变形

造型变形器比较特殊，在创建之后会多出一个虚拟的球体，使用它来控制变形效果，下面学习具体的操作方法。本节将使用人头模型的案例向大家介绍具体的实现方法。

动手实践——创建雕刻变形

下面以一个怪兽的头部模型为例，向大家介绍造型变形的创建方法。

01 打开随书光盘"场景文件 \Chapter09\Sculpt.mb"文件，如图 9-75 所示。

02 选中模型，单击【创建变形器】|【雕刻变形器】命令右侧的■按钮，这时会打开雕刻变形器的设置对话框，如图 9-76 所示。

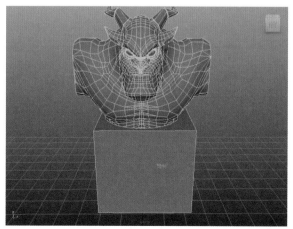

图 9-75 打开场景文件

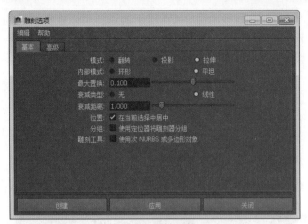

图 9-76 雕刻选项

下面介绍该对话框中各选项的含义。

模式：该选项用来设置变形球的变形作用模式。

翻转：在变形球的中心有一个隐含的定位器，当变形器靠近几何体时，变形器开始起作用。当变形球的中心通过物体表面时，被变形的表面会翻转到变形球的另一侧。

投影：在该模式中，变形器将模型投影到变形球的表面上，投影面积取决于变形器的衰减距离。

拉伸：当变形球在模型表面移动时，几何体产生变形以和变形球的位置保持一致。

内部模式：设置变形球在模型内部的作用模式。

环形：将内部的点推到变形球的外部，环绕球体创建环状效果。

平坦：将内部的点环绕变形球均衡展开，创建平滑效果。

最大置换：设置变形球可移动物体表面点的最大距离。

衰减类型：设定变形球影响范围的衰减方式。其中【无】表示没有衰减过程，而【线性】表示线性衰减的效果。

衰减距离：控制变形球的影响范围。

位置：用来设置变形器的位置，启用后面的复选框，可以将变形器放置在模型对象的中心，否则将放置在场景的世界坐标中心。

分组：在创建造型变形器后，Maya 会创建一个变形球和定位器。

雕刻工具：使用一个 NURBS 几何体来代替变形球。这样变形器就不只局限在球体上。

03 保持默认设置不变，单击【创建】按钮创建雕刻变形，如图 9-77 所示。

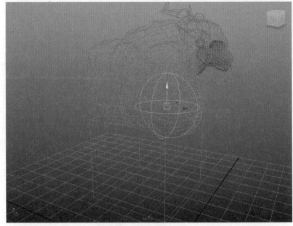

图 9-77 雕刻变形

04 此时，在模型上产生了一个球形控制器。使用缩放工具缩放一下该控制器的大小，观察它对模型的影响，如图 9-78 所示。

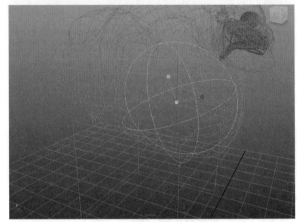

图 9-78 控制柄对模型的影响

05 使用位移工具调整一下球形控制器的位置，观察此时的效果，如图 9-79 所示。

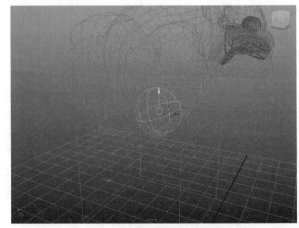

图 9-79 调整位移

关于雕刻变形器的创建就介绍到这里。其实该变形器的变形类型有多种，读者可以在【雕刻选项】中根据自己的需要进行设置。

9.7 抖动变形

使用【抖动变形】可以为物体上的点增加抖动效果，从而使物体本身发生抖动变形。适当地使用抖动变形可以添加物体运动的细节，例如动物耳朵的抖动、角色的肌肉抖动等。

动手实践——创建抖动变形

【抖动】命令可以使运动的物体在发生变化的同时产生变形效果。下面来学习如何在 Maya 中为物体创建抖动效果。

01 打开随书光盘"场景文件 \Chapter09\jiggle.mb"文件，本案例将为怪物的耳朵添加抖动的动作，如图 9–80 所示。

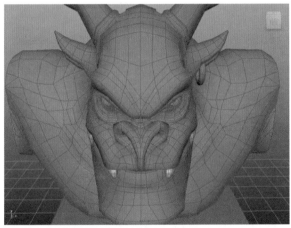

图 9-80 打开文件

02 切换到顶点层级，选择如图 9–81 所示的顶点（即耳朵部分）。

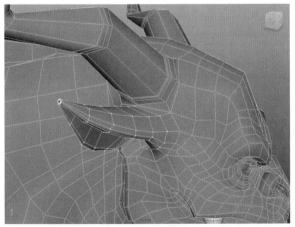

图 9-81 选择顶点

03 单击【创建变形器】|【抖动变形器】命令右侧的 ■ 按钮，打开抖动变形参数面板，如图 9–82 所示。

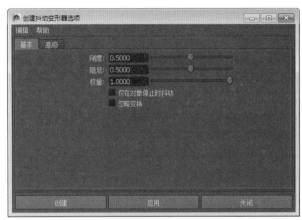

图 9-82 抖动选项

下面向读者介绍一下抖动参数的功能。

◉ 刚度：设置刚性系数，值调整得越高，可减少抖动的弹性，同时也会增加抖动频率，值越低就会延缓抖动频率。

◉ 阻尼：设置抖动阻尼值，调整的数值越高会减少抖动，反之会增强抖动的弹力。

◉ 权重：设置抖动的整体权重值，调整其参数大小可以改变物体局部的抖动变形的范围大小。

◉ 仅在对象停止时抖动：当整个物体结束运动后，才产生抖动效果。

◉ 忽略变换：抖动时忽略物体的变换动作。

04 保持默认参数不变，单击【创建】按钮，即可创建抖动效果。播放动画观察效果，调整抖动变形属性，模型抖动效果如图 9–83 所示。

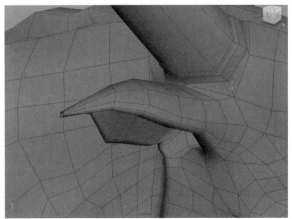

图 9-83 抖动效果

9.8 线变形

线性变形器是通过使用一条或多条 NURBS 曲线来影响物体的变形，可以控制每条 NURBS 曲线影响的范围、位置等参数。该变形器经常用在角色表情动画的制作上，比如制作眉毛、嘴部的变形动画等。

9.8.1 创建线性变形

线性变形器的创建方法有别于其他变形器，一般情况下，先将模型激活，接着在模型上绘制曲线，然后再创建线性变形。

动手实践——创建线性变形

下面通过一个实例来讲解它的具体创建方法。

01 打开随书光盘"场景文件\Chapter09\Wire.mb"文件，本案例将在角色眉部创建线性变形，如图 9-84 所示。

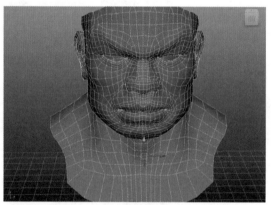

图 9-84 打开场景

02 选择模型，执行【修改】|【激活】命令。使用曲线工具沿眉部绘制一条曲线，如图 9-85 所示。

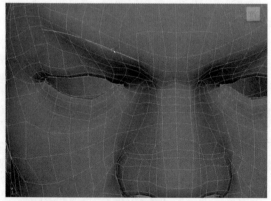

图 9-85 绘制曲线

03 执行【修改】|【激活】命令，切换到正常模式。然后选择绘制的曲线，将其移动到模型外部，如图 9-86 所示。

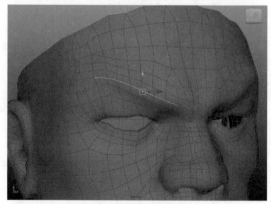

图 9-86 调整曲线位置

04 执行【创建变形器】|【线工具】命令。在视图中选择模型，按 Enter 键确定。再选择曲线并按 Enter 键确定。此时的效果如图 9-87 所示。

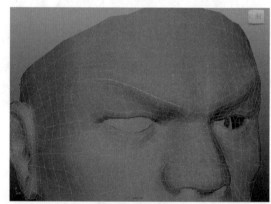

图 9-87 设置线变形

05 在视图中选择曲线，并移动曲线上的顶点，观察此时模型的变化效果，如图 9-88 所示。

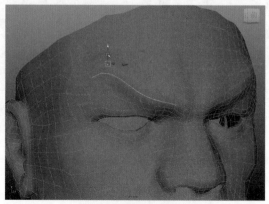

图 9-88 观察变形效果

至此，关于线变形就创建完成了。读者只需要为曲线的顶点创建动画，即可影响模型眉部的变形。

下面向读者介绍一下【线变形】工具面板中参数的功能。图 9-89 所示的是线变形属性面板。

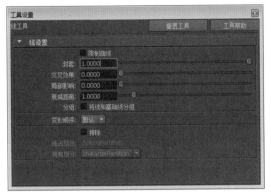

图 9-89 线变形属性面板

> 限制曲线：确定是否使曲线带有固定器。固定器的作用是限制曲线的变形范围，如果不使用固定器，则曲线的变化对整个模型都有影响。

> 封套：该参数设定变形影响的系数。

> 交叉效果：控制两条影响线交叉处的变形效果。

> 局部影响：该参数可设定两个或多个影响线变形作用的位置。

> 衰减距离：设定每条影响线影响的范围。调整该参数可以消除线变形是产生的锯齿。

> 分组：启用后面的复选框，可以将影响线和基础线进行群组，否则，影响线和基础线将独立在场景中。

> 变形顺序：该选项的下拉菜单中有 5 项选择，用来设定当前变形在物体变形中的顺序。

9.8.2 编辑线性变形

在创建变形器之后，在菜单栏中执行【编辑变形】|【线】命令，可以看到一个如图 9-90 所示的菜单。

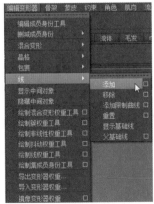

图 9-90 编辑线变形命令

这里有 6 个编辑线变形器的命令，下面分别进行介绍。

1. 添加

在给一个模型添加线变形器之后，可能还需要添加更多的影响线，才能达到想要的效果，这时就需要用到【添加】命令。其操作方法是：

01 选择要添加的一条或多条曲线。

02 然后选择已经添加的线变形器，执行【编辑变形】|【线】|【添加】命令即可，结果如图 9-91 所示。

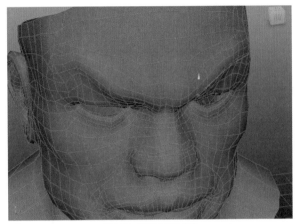

图 9-91 新添加的影响线

2. 移除

【移除】命令可以将不需要的影响线移除，取消对物体的影响，选择要移除的影响线，然后执行【编辑变形】|【线】|【移除】命令即可，结果如图 9-92 所示。

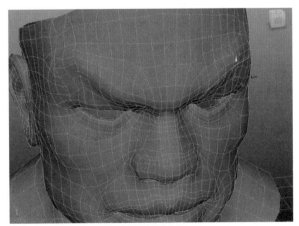

图 9-92 移除曲线

3. 添加限制曲线

使用该命令，可以添加第三条线来配合编辑曲面变形，其操作方法和【添加】曲线类似，这里不再赘述。

4. 重置

使用该命令可以将创建线性变形器的所有参数恢复到初始状态。

5. 显示基础线

【显示基础线】命令可以将基础线显示在场景中。例如选择刚才创建的线，然后执行【编辑变形】|【线】|【显示基础线】命令，再移动该曲线时就可以看到基础线，如图 9-93 所示。

6. 父化基础线

该命令相当于创建变形器时启用【群组】复选框，即将影响线和基础线进行群组。

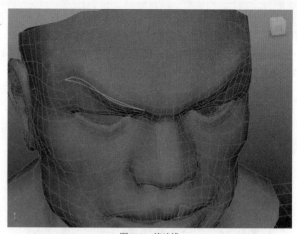

图 9-93 基础线

9.9 褶皱变形

褶皱变形器实际上是簇变形和线变形的结合体，主要用于创建一些类似于皱纹、老人皮肤等效果。该变形器的优点在于既可以使用簇控制器控制模型顶点，也可以使用线变形器来控制模型的变形，使用起来非常方便。

动手实践——创建褶皱变形

下面使用一个人头的模型向大家讲解褶皱变形的使用方法。

01 新建一个 NURBS 平面，本节将在该物体上创建褶皱变形，如图 9-94 所示。

图 9-94 新建 NURBS 模型

02 选择模型，单击【创建变形器】|【褶皱工具】命令右侧的■按钮，在通道盒中可以看到该变形器的参数设置选项，如图 9-95 所示。

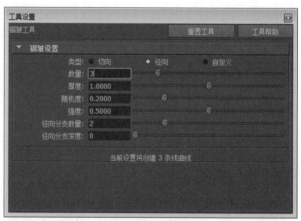

图 9-95 褶皱变形器参数

下面向大家介绍该对话框中各项参数的功能。

- 类型：选择褶皱变形的方式，分别是：切向、径向和自定）。

- 数量：该选项用来设置变形线的数量。

- 厚度：设置变形线的稠密度，即每条变形线所能影响的变形范围。

- 随机度：该参数设置一个随机系数，让褶皱变形更接近或偏离数量、强度、径向分支数量和径向分支深度的设定。

◐ 强度：设置变形线创建变形时的褶皱锐化强度的大小。

◐ 径向分支数量：用来设置褶皱变形分支物体的数量，这些分支都来自变形线。

◐ 径向分支深度：设置变形线分支的深度，增加该值可以增加变形线的总数量。

03 模型的周围会出现一个灰色的边框，该边框决定了褶皱变形的范围，如图 9-96 所示。

图 9-96 褶皱变形边框

04 按 Enter 键确认褶皱创建。此时在大纲视图中可看到，多出了基础线和簇，在场景中的模型上也多了一个簇控制器，向上移动簇控制器，如图 9-97 所示。

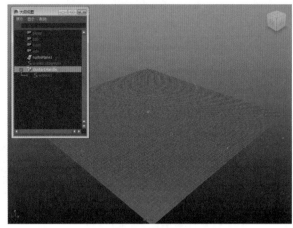

图 9-97 创建褶皱

这样就创建了一个褶皱变形。读者通过拖动 C 字标识即可产生变形。此时，如果为该动作设置关键帧，即可产生褶皱动画。

第 ⑩ 章 路径与约束功能

在实际开发过程中，很多动画的实现并不像前文所介绍的关键帧动画那么简单就可以实现。比如我们要制作汽车在地面上奔驰，或者飞机在天空翱翔，自然也可以用为物体移动属性添加关键帧的方式来制作。但是这样的方式很难控制物体的运动轨迹，如拐弯处的平滑转向，这种情况下需要用到路径动画。同时 Maya 提供的物体变形约束命令工具在动画制作中也非常实用，它们可以对物体进行变形控制，可以调整物体局部或整体的造型效果。

10.1 创建路径动画

路径动画，是为物体的移动属性和旋转属性设置动画的一种动画方式。它是通过将 NURBS 曲线指定为物体的轨道来实现的。一旦设置了路径动画，则物体会随着曲线方向的改变而自动转动。

动手实践——创建路径动画

本案例将向大家讲解路径动画的制作方法。在创建路径动画之前，首先需要在场景中创建一条 NURBS 曲线。

01 在场景中导入一个模型，并且创建一条曲线，下面将该飞机模型添加到曲线，使其沿曲线运动，如图 10-1 所示。

图 10-1 绘制 NURBS 曲线

02 先选择飞机模型，再选中曲线，单击【动画】|【运动路径】|【连接到运动路径】命令右侧的■按钮，

打开如图 10-2 所示的参数设置对话框。

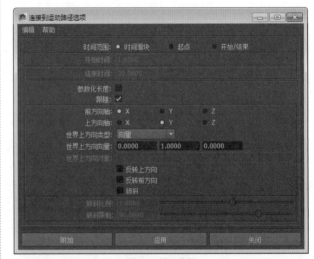

图 10-2 设置路径

03 在打开的对话框中选中【开始/结束】单选按钮，并将【结束时间】设置为 100，如图 10-3 所示。

04 设置完毕后，单击【附加】按钮完成创建，如图 10-4 所示。

05 此时曲线的两端会有数值显示，表示路径动画的起始和结束时间值，然后拖动时间滑块，飞机会沿曲线进行移动，如图 10-5 所示。

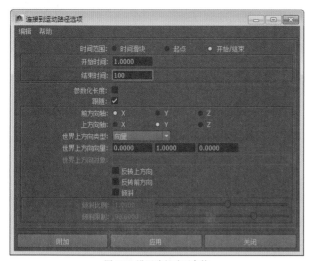

图 10-3 设置路径动画参数

图 10-4 创建路径动画

图 10-5 预览动画

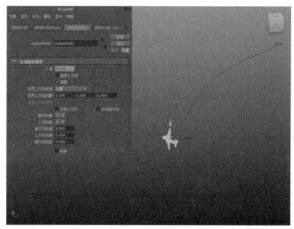

图 10-6 切换属性面板

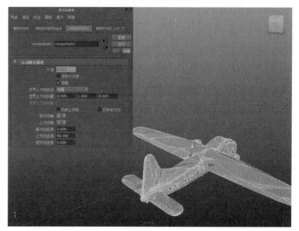

图 10-7 设置参数

此时，飞机的运动就被纠正了。拖动时间滑块即可观察飞机沿路径的运动。下面将向读者介绍【连接到运动路径选项】对话框中参数的功能。

- 时间范围：用于控制路径动画的时间范围，它包括 3 种时间范围运算方式。

  - 时间滑块：表示时间轴上的开始时间和结束时间，分别控制路径上的开始时间和结束时间。

  - 起点：若单击该单选按钮，下面的【开始时间】被激活，可以在这里设置物体沿路径运动的开始时间。

  - 开始 / 结束：若单击该单选按钮，【开始时间】和【结束实践】同时被激活，可以设置物体沿路径运动的开始和结束时间。

- 参数化长度：若启用该复选框，表示使用参数间距方式；禁用该复选框，则表示使用参数长度方式。

- 跟随：用来控制物体是否跟随曲线进行移动，默认为选中该复选框。

- 前方向轴：用来控制物体的哪个轴向可以沿曲线向前运动。

06 选择飞机，按组合键 Ctrl+A 打开属性栏，切换到 motionpath1 选项卡，如图 10-6 所示。

07 将【前向向轴】设置为 X，将【上方向轴】设置为 Y，将【上方向扭曲】设置为 90，如图 10-7 所示。

- 上方向轴：用来控制物体在沿曲线向前运动时，物体的哪个轴向是始终朝上的。

- 世界上方向类型：该项属性用于控制空间向上向量的类型。

- 世界上方向向量：用来指定视图空间向上向量的轴向参数值。

- 反转上方向：用来控制物体沿曲线向前移动时，原来的物体本身方向朝上，变为朝下。

- 反转前方向：用来控制物体沿曲线向前移动时，原来的物体自身方向向前变为向后。

- 倾斜：用来控制是否将沿曲线运动的物体在曲线弯曲处产生拐角效果。

- 倾斜比例：用来控制物体在曲线弯曲处的拐角程度。

- 倾斜限制：用来控制物体产生拐角的最大限度。

动手实践——编辑路径动画

当目标物体被添加到路径上形成路径动画后，用户可以根据 Maya 提供的运动路径属性参数对其运动状态进行精确的调整与编辑。本节将向读者介绍路径动画的几种常见编辑方法。

1. 修改物体运动方向

在物体沿路径运动时，可能需要改变物体的运动方向，此时就需要按照下述方法操作。

01 选中运动物体，按组合键 Ctrl+A 打开其属性面板。切换到 motionpath1 标签，展开【运动路径属性】卷展栏，如图 10-8 所示。

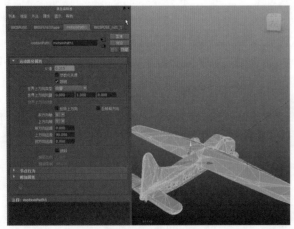

图 10-8 打开属性设置

02 在该卷展栏中，修改【向前向轴】选项的值，即可改变物体的不同朝向。图 10-9 所示的是将该参数设置为 Y 的效果。

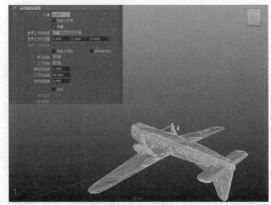

图 10-9 设置向前向轴

03 修改【前方向扭曲】、【侧方向扭曲】参数可以设置运动物体沿路径运动过程中自身的角度，如图 10-10 所示。

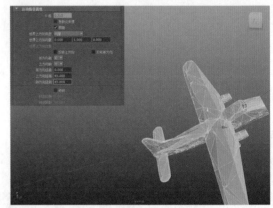

图 10-10 设置倾斜

2. 修改动画时间范围

默认的时间轴向为 24 帧，如果需要延长动画的作用时间，则需要按照下述步骤操作。

01 先选择运动物体，再选择路径。单击【动画】|【运动路径】|【连接到运动路径】命令右侧的■按钮，打开路径动画设置面板，如图 10-11 所示。

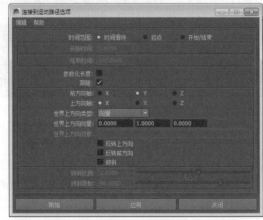

图 10-11 设置面板

02 选中【开始／结束】单选按钮，并将【结束时间】设置为 100，即可将动画作用范围延长至 100 帧，如图 10-12 所示。

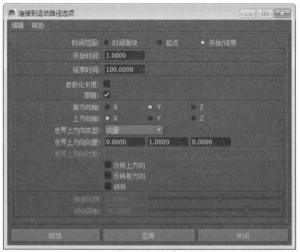

图 10-12 修改作用范围

03 如果要对已经产生的路径动画扩展作用范围，则可以打开【曲线图编辑器】窗口，并显示出物体路径动画的运动曲线，如图 10-13 所示。

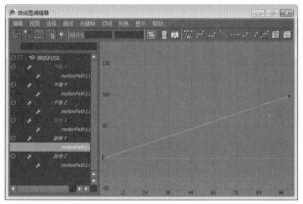

图 10-13 显示运动曲线

04 选择尾部的关键帧，在工具栏中将其延长到 150 帧，如图 10-14 所示。

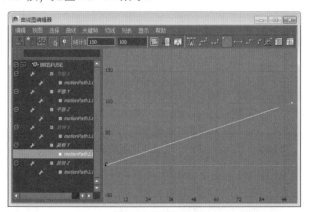

图 10-14 延长至 150

如果要改变初始关键帧的作用时间，可以选择第一个关键帧，并按照上述方法修改其作用时间。例如，将其移动到第 10 帧，则运动物体将从第 10 帧开始进行运动。

3. 添加关键帧

在制作路径动画后，还可以手动为其添加关键帧，其操作方法如下。

01 打开上一案例中创建的路径动画。按组合键 Ctrl+A 打开其属性面板。在【前方向扭曲】右侧的文本框中单击鼠标右键，打开快捷菜单，如图 10-15 所示。

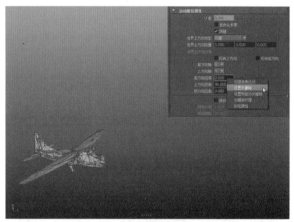

图 10-15 打开右键菜单

02 将时间滑块移动到指定的关键帧，例如第 5 帧。然后，在上述文本框中单击鼠标右键，选择右键菜单中的【设置关键帧】命令。

03 将时间滑块拖动到第 8 帧处，将【前方向扭曲】设置为 45，将【上方向扭曲】设置为 30。然后分别在文本框中选择右键菜单中的【设置关键帧】命令，如图 10-16 所示。

图 10-16 设置关键帧

通过这样的操作，我们就在第 5 帧和第 10 帧之间手动为路径动画创建了关键帧。

10.2 快照动画

路径动画不仅可以用来制作沿曲线运动的动画，同样还可以快速制作沿路径摆放的场景道具。我们可以使用【创建动画快照】工具快速地将一个物体铺满到一条曲线上，下面对该命令操作进行介绍。

动手实践——创建快照动画

下面我们使用一个火车的案例向大家介绍如何使用快照动画来形成火车轨道。

01 打开随书光盘"场景文件\Chapter10\v1861.mb"文件，并在视图中创建一个长方体作为轨道的枕木，如图 10-17 所示。

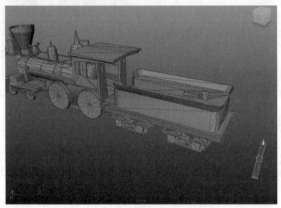

图 10-17 创建长方体

02 使用曲线工具在视图中绘制一条 NURBS 曲线，如图 10-18 所示。

图 10-18 绘制曲线

03 先选择长方体模型，再选中曲线，执行【动画】|【运动路径】|【连接到运动路径】命令，将其添加到曲线上，此时播放动画，模型的底端会贴合曲线进行移动，如图 10-19 所示。

04 选择长方体，按组合键 Ctrl+A 打开属性面板，将【上方向轴】设定为 Y，从而使长方体沿曲线的曲率进行运动，如图 10-20 所示。

图 10-19 创建路径动画

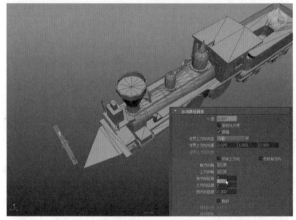

图 10-20 修改长方体运动

05 选中长方体模型，单击【动画】|【创建快照动画】命令右侧的■按钮，打开其属性设置对话框，设置【结束时间】值为 80，如图 10-21 所示。

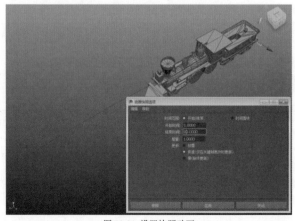

图 10-21 设置快照动画

下面向读者介绍【动画快照选项】对话框中参数的功能。

> 🔽 时间范围：用于设置快照的时间范围。
>
> 🔽 开始 / 结束时间：用于定义生成快照的时间范围。
>
> 🔽 时间滑块：用于控制快照的生成时间范围为时间轴的播放时间。

> 🔽 增量：用于设置生成快照的取样值，单位为帧。默认值为 1，表示每 1 帧生成一个快照物体，数值越大生成的快照物体越稀疏，反之则密集。

> 🔽 更新：用于设置生成快照的更新方式。
>
> 🔽 按需：表示仅在执行【更新快照】命令时，路径快照才会更新。
>
> 🔽 快速：表示当改动目标物体的关键帧动画后，会自动更新快照动画。
>
> 🔽 慢：若选择此种方式，则任何改变目标物体的操作都会导致自动更新快照动画。

06 单击【快照】按钮，执行快照操作，再播放动画，长方体模型跟随曲线进行移动，并且曲线上 1 ～ 80 帧之间会生成多个相同的模型，如图 10-22 所示。

07 最后再创建两条轨道，即可完成场景的制作，如图 10-23 所示。

图 10-22 生成快照

图 10-23 完整场景

10.3 扫描动画 🔍

扫描动画可以沿曲线快速创建出阵列物体，其实现方法有点类似于曲线的放样操作，可以使用多条曲线，以动画的形式形成曲面物体。

下面对该工具的使用进行介绍。图 10-24 所示是动画扫描的参数设置对话框。

图 10-24 动画扫描选项

下面向读者介绍动画扫描参数选项的功能。

> 🔽 时间范围：用于设置扫描放样物体的时间范围。
>
> 🔽 开始 / 结束：用于定义扫描放样物体的时间范围。
>
> 🔽 时间滑块：用于控制扫描放样物体的生成时间范围为时间轴的播放时间。

> 🔽 开始时间：用于自定义生成扫描放样物体的开始时间。

> 🔽 结束时间：用于自定义生成扫描放样物体的结束时间。

> 🔽 按时间：用来设置生成扫描放样的采样值，单位为帧，默认值为 1。数值越小，生成的物体精度越高，但计算量也会随之增大。

📥 **参数化**：用来参数化设置生成的放样物体。

📥 **一致**：用于控制放样生成的剖面曲线沿曲线的 V 方向平行排列。

📥 **弦长**：用于控制生成曲线 U 方向上的参数值，依赖于起始点之间的距离。

📥 **曲面次数**：用于控制生成放样曲面的精度。

📥 **线性**：表示生成的放样曲面表面会有明显的棱角生硬感。

📥 **立方**：表示生成的放样曲面表面会比较光滑，能够获得很好的视觉效果。

📥 **曲面**：表示生成的放样曲面状态。

📥 **输出几何体**：用来控制生成放样曲面的类型，包括 NURBS 和多边形两种类型。

动手实践——创建扫描动画

本案例将使用一条曲线作为扫描物体，创建一个完整的扫描动画，详细执行方法如下。

01 创建一条曲线并将其放置到视图坐标原点处，如图 10-25 所示。

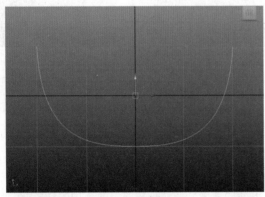

图 10-25 绘制曲线

02 选择曲线，在第 1 帧处为曲线设置关键帧，如图 10-26 所示。

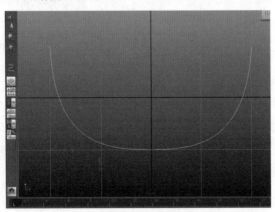

图 10-26 设置关键帧

03 切换到右视图，将【平移 X】值设置为 -3，将【平移 Y】值设置为 -3；然后，拖动时间滑块到第 6 帧，按 S 键为曲线设置关键帧，如图 10-27 所示。

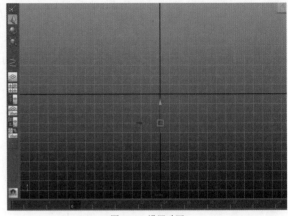

图 10-27 设置动画

04 将【平移 X】值设置为 -6，将【平移 Y】值设置为 0，再拖动时间滑块到第 12 帧处，为曲线设置关键帧，制作一个沿 X 轴方向运动的弧线动画，如图 10-28 所示。

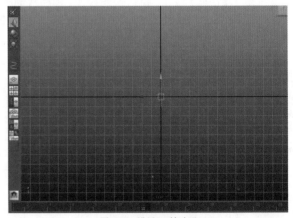

图 10-28 设置 12 帧动画

05 选中曲线，单击【动画】|【创建动画扫描】命令右侧的 ■ 按钮，打开其参数设置面板，如图 10-29 所示。

图 10-29 动画扫描选项

06 选中【时间滑块】单选按钮，将【按时间】值设置为 3，如图 10-30 所示。

图 10-30 设置扫描属性参数

07 单击【动画扫描】按钮，即可沿目标曲线运动的弧线方向生成一个扫描放样曲面，如图 10-31 所示。

08 选中生成的扫描曲面，按组合键 Ctrl+H，将其隐藏，可以看到执行扫描操作生成的剖面曲线阵列，如图 10-32 所示。

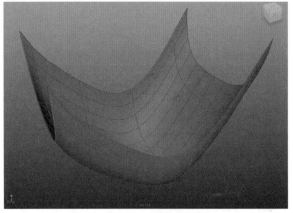

图 10-31 生成扫描

图 10-32 观察剖面曲线阵列

10.4 沿路径变形

路径变形可以在指定路径动画的基础上添加变形动画。可以用来模拟类似于蛇爬行、火车沿轨道运动的动画。这种动画不仅要求指定的物体沿路径运动，更重要的是可以使其沿路径的曲度进行弯曲。

图 10-33 所示是沿路径变形动画的参数设置面板。下面将向读者介绍该面板中参数的功能。

图 10-33 沿路径变形

⊙ 分段：用于设置晶格在 3 个方向的分割度。

⊙ 前：代表沿曲线方向的晶格分割度。

⊙ 上：代表沿物体方向上的晶格分割度。

⊙ 侧：代表物体侧边轴上的晶格分割度。

⊙ 晶格围绕：用于设置产生晶格的两种方式。

⊙ 对象：表示晶格沿物体周围创建。

⊙ 曲线：晶格沿曲线创建，即从曲线的起始端到终点端，晶格沿着路径分布，看起来更像地铁的隧道。

⊙ 局部效果：局部效果修正，该选项对于沿路径创建晶格非常有用。

前：用来决定在沿曲线运动方向上，实际影响物体的晶格分割度，默认为 2。

上：用来确定沿物体在向上轴方向上，实际能够影响的晶格分割度。

侧：用于确定沿物体在侧轴方向上，实际能够影响的晶格分割度。

动手实践——沿路径变形动画

下面将利用一支箭沿路径变形的动画向大家介绍沿路径变形动画的实现方法。

01 打开随书光盘"场景文件 \Chapter10\path.mb"文件，这是一支箭的模型，如图 10-34 所示。

图 10-34 打开文件

02 利用曲线工具在视图中绘制一条曲线作为路径，如图 10-35 所示。

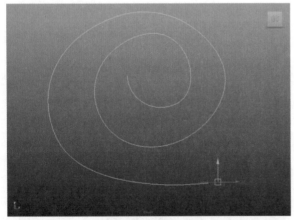

图 10-35 绘制路径

03 依次选择箭和路径曲线，然后执行【动画】|【运动路径】|【连接到路径】命令，即可将物体添加到路径上，如图 10-36 所示。

04 执行【动画】|【运动路径】|【流动路径对象】命令右侧的■按钮，打开其属性设置对话框，如图 10-37 所示。

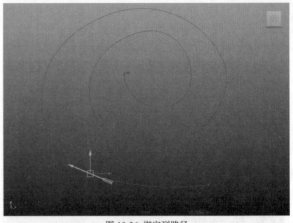

图 10-36 绑定到路径

> **提示**
>
> 此时，虽然箭已经可以沿路径运动了，但是此时的箭并没有完全沿路径进行弯曲，为了创建该效果，必须为其添加变形动画。

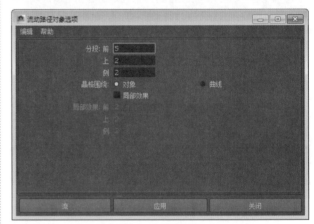

图 10-37 选项设置

05 在该参数设置对话框中，将【前】设置为 80，启用【晶格围绕】区域中的【曲线】属性，并启用【局部效果】复选框，如图 10-38 所示。

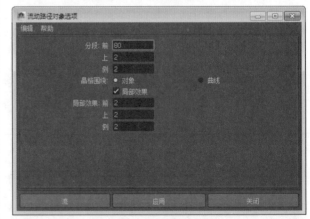

图 10-38 设置参数

06 设置完毕后，单击【流】按钮，即可创建路径变形。此时，拖动时间滑块即可观察箭沿着指定路径运动的效果，如图 10-39 所示。

图 10-39 创建的变形动画

10.5 综合练习——缠绕动画

在上文中，重点向读者介绍了与路径动画相关的知识。无论是路径动画、快照动画、扫描动画还是沿路径变形动画，归根结底还是路径动画，只是形式稍微有些不同而已。本节将利用一个藤蔓缠绕的案例来带领大家提供动手能力。

01 打开随书光盘"场景文件\Chapter10\路径动画.mb"文件，如图 10-40 所示。

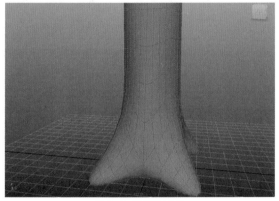

图 10-40 打开场景文件

02 选择模型，单击 按钮，将选择的模型激活，如图 10-41 所示。

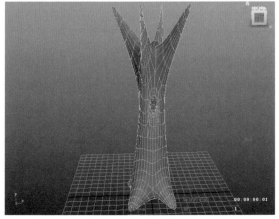

图 10-41 激活选择的模型

03 使用【CV 曲线工具】绘制一条螺旋线，使其沿着树干缠绕，如图 10-42 所示。

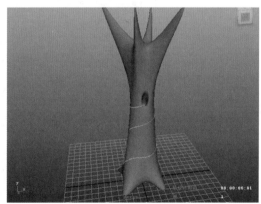

图 10-42 绘制曲线

04 执行【创建】|【多边形基本体】命令，选择【圆柱体】命令创建一个圆柱体，并调整形状变化，如图 10-43 所示。

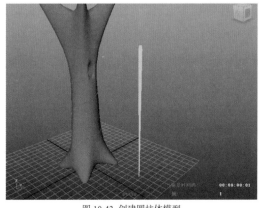

图 10-43 创建圆柱体模型

05 选择模型，再加选曲线，执行【动画】|【运动路径】|【连接到运动路径】命令，创建路径动画，如图 10-44 所示。

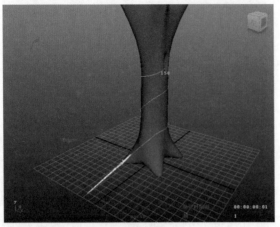

图 10-44 创建路径动画

06 播放动画，可以看到模型生硬的路径运动，如图 10-45 所示。

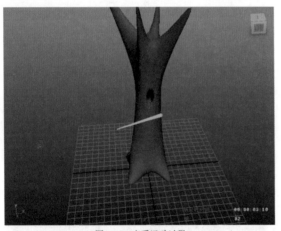

图 10-45 查看运动过程

07 选择长条模型，执行【动画】|【运动路径】|【流动路径对象】命令，为长条模型创建出一个晶格变形器，如图 10-46 所示。

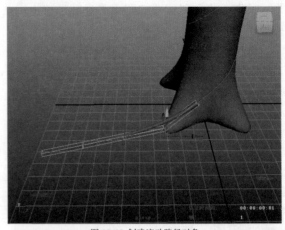

图 10-46 创建流动路径对象

08 调整晶格变形器的段数，使模型运动更加柔滑，参数设置如图 10-47 所示。

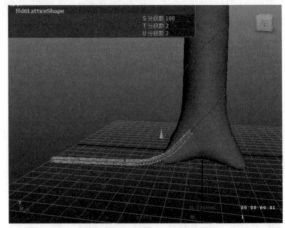

图 10-47 调整晶格变形器的参数

至此，关于缠绕动画的创建就完成了。在创建的过程中，需要注意曲线围绕树干的绘制过程。

10.6 动画约束

约束，可以基于一个或多个目标物体的位置、方向或缩放来控制被约束的物体的属性，使用约束可以对物体施加特殊的限制属性。Maya 提供了 8 种约束，分别是点约束、目标约束、旋转约束、缩放约束、父对象约束、几何体约束、法线约束和切线约束等。

10.6.1 点约束

点约束可以控制一个物体的位置跟随到另一个或多个物体的位置，主要用来设置一个物体匹配其他物体的运动。图 10-48 所示是点约束的参数设置对话框。

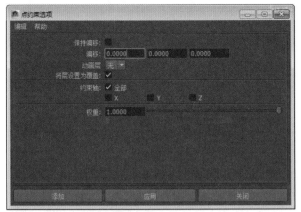

图 10-48 点约束选项

下面对该对话框中的选项进行介绍。

🔹 保持偏移：用来控制在约束时物体与被控制物体之间存在原始位移差。

🔹 偏移：为受约束对象指定相对于目标点的偏移位置（平移 X、Y 和 Z）。

🔹 动画层：选择点约束需要作用的动画层。

🔹 将层设置为覆盖：启用时，在动画层下拉列表中选择的层会在将约束添加到动画层时自动设定为覆盖模式。

🔹 约束轴：该选项用来设置约束物体哪些轴上的位移。

🔹 权重：指定目标对象可以影响受约束对象位置的程度。使用滑块可在 0.0000 到 10.0000 之间选择值。

10.6.2 目标约束 〉

目标约束可以用来约束物体的作用方向，可以使被作用物体对准其他的物体，经常可以用来制作类似于眼球注视物体的效果。图 10-49 所示是目标约束的参数设置对话框。

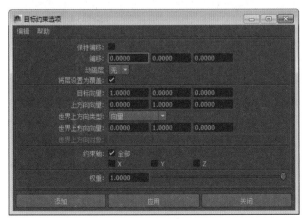

图 10-49 目标约束选项

下面向大家讲解目标约束选项中各项参数的功能。

🔹 保持偏移：保持受约束对象的原始（约束之前的状态）、相对转换和旋转。

🔹 偏移：为受约束对象指定相对于目标点的偏移位置（平移 X、Y 和 Z）。

🔹 动画层：可用于选择要添加目标约束的动画层。

🔹 目标向量：指定目标向量相对于受约束对象的局部空间的方向。

🔹 上方向向量：指定上方向向量相对于受约束对象局部空间的方向。

📁 提示

默认情况下，指定对象的局部旋转正 Y 轴与上方向向量对齐。此时，上方向向量会尝试与世界上方向向量对齐。另外，默认情况下，世界上方向向量将指向世界空间的正 Y 轴（0.0000，1.0000，0.0000）的方向。

🔹 世界上方向类型：指定世界上方向向量相对于场景世界空间的方向。

🔹 世界上方向向量：指定上方向向量尝试对准指定对象的原点，而不是与世界上方向向量对齐。

🔹 约束轴：确定是否将目标约束是否限于特定轴（X、Y、Z）或全部轴。选中【全部】时，X、Y 和 Z 框将变暗。

🔹 权重：指定受约束对象的方向受目标对象影响的程度。

动手实践——翅膀扇动动画

本案例将使用一个蝴蝶翅膀扇动的案例向大家讲解目标约束的创建方法。本节案例的实现分为两部分，第一部分是创建点约束，第二部分则是制作翅膀闪动动画。

1. 创建目标约束

01 新建场景，打开随书光盘"场景文件\Chapter10\butterfly.mb"文件，如图 10-50 所示。

02 先选中蝴蝶，再按下 Shift 键，选中摄像机，单击【约束】|【点约束】命令右侧的■按钮，打开【目标约束】对话框，并启用【保持偏移】复选框，如图10-51 所示。

03 单击【添加】按钮完成目标约束。执行【创建】|【定位器】命令创建定位器，如图 10-52 所示。

图 10-50 打开场景

图 10-53 设置坐标

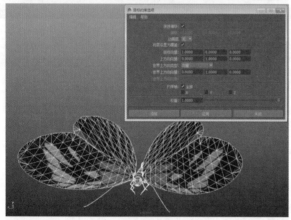

图 10-51 创建目标约束

图 10-54 创建目标约束

06 再次选择定位器，再选择同一侧后边的翅膀，执行【约束】|【目标】命令，执行目标约束，从而将两只翅膀约束于同一个定位器，如图 10-55 所示。

图 10-52 创建定位器

04 选中翅膀，按下键盘上的 Insert 键，设置翅膀的坐标，如图 10-53 所示。

05 选中定位器，再按下 Shift 键，选中翅膀，执行【约束】|【目标约束】命令，创建目标约束，如图 10-54 所示。

图 10-55 目标约束

07 然后，使用相同的方法，在另一个翅膀上创建一个目标约束，如图 10-56 所示。

图 10-56 创建另一侧的约束

2. 录制动画

01 选中两个定位器，将时间滑块拖到第 1 帧，按下 S 键创建关键帧，如图 10-57 所示。

图 10-57 设置第一帧关键帧

02 将时间滑块拖到第 5 帧，垂直向下移动两个定位器，按下 S 键设置关键帧，如图 10-58 所示。

图 10-58 设置第 5 帧关键帧

03 将时间滑块拖到第 10 帧，垂直向上移动两个定位器，按下 S 键设置关键帧，如图 10-59 所示。

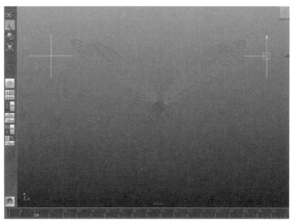

图 10-59 设置第 10 帧关键帧

04 选中两个定位器，打开曲线编辑器。在左侧的列表中选择【平移 Y】选项，显示出动画曲线，如图 10-60 所示。

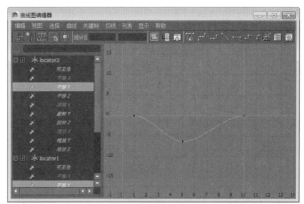

图 10-60 选择动画曲线

05 执行【曲线】|【前方无限】|【循环】命令，创建向前循环，如图 10-61 所示。

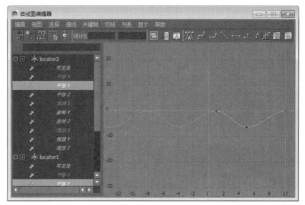

图 10-61 向前方循环

06 执行【曲线】|【向后无限】|【循环】命令，创建向后循环，如图 10-62 所示。

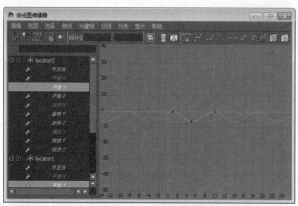

图 10-62 创建向后循环曲线

这样，关于翅膀扇动的动画效果就完成了。大家可以拖动时间滑块来预览动画效果。

10.6.3 旋转约束

旋转约束是使用一个物体的旋转属性约束另一个物体的旋转属性，注意要与目标约束区别开。图 10-63 所示是方向约束的参数设置对话框。由于方向约束的参数功能与上述约束的参数功能相同，这里不再赘述。

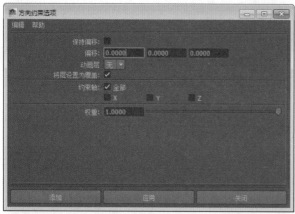

图 10-63 方向约束选项

10.6.4 缩放约束

缩放约束也称比例约束，比例约束比较好理解，就是使用物体 A 的比例值去约束物体 B 的比例值。当设置了比例约束后，如果对物体 A 设置动画，那么物体 B 也会保持其本身与物体 A 的比例进行变化。

动手实践——鱼的游动

本案例利用鱼的游动动画来向大家讲解方向约束的使用方法。我们利用了比例约束的方法，通过控制鱼的比例值，来影响多条鱼的缩放比例，详细制作过程如下。

01 打开随书光盘"场景文件 \Chapter10\whale.mb"文件，如图 10-64 所示。

图 10-64 打开场景

02 选中海豚物体，按下组合键 Ctrl+D，复制出一个副本，如图 10-65 所示。

图 10-65 复制模型

03 选中海豚副本，按下 R 键，并将模型缩放到如图 10-66 所示的大小。

图 10-66 缩放物体

04 将时间滑块拖动到第 1 帧时，按下 S 键创建关键帧，如图 10-67 所示。

图 10-67 设置第 1 帧关键帧

05 将时间滑块拖动到第 80 帧，按下 R 键，将海豚副本放大到原来的大小，按下 S 键创建关键帧，如图 10-68 所示。

图 10-68 创建第 80 帧关键帧

06 先选中海豚，再按下 Ctrl 键选中海豚副本，执行【约束】|【缩放】命令，创建比例约束，如图 10-69 所示。

图 10-69 创建缩放约束

此时，关于缩放约束的设置就完成了。后期，我们可以为其添加路径动画，使它们沿路径进行运动。

10.6.5 父对象约束

父对象约束，实际上是对物体同时进行点约束和旋转约束，既控制其空间位移，同时还控制其空间旋转。但注意它和逻辑意义上的建立父子关系是两个不同的概念，读者不能将它们混淆。

动手实践——旋转的螺旋桨

本节将使用一个飞机螺旋桨旋转的动画向大家介绍父子约束在动画制作过程中的作用，以及父子约束的创建方法。

01 打开随书光盘"场景文件 \Chapter10\parent.mb"文件，这是一个飞机的模型，在本案例中将创建螺旋桨的父子约束，如图 10-70 所示。

图 10-70 打开场景文件

02 在场景中先选择飞机机体模型，再按住 Shift 键选择螺旋桨模型，如图 10-71 所示。

图 10-71 选择模型

03 单击【约束】|【父对象】命令右侧的■按钮，打开父对象选项设置面板。然后，启用其中的【保持偏移】复选框，如图 10-72 所示。

图 10-72 设置参数

04 设置完毕后，单击【添加】按钮完成添加。此时，移动机体模型，则螺旋桨将跟随运动，而旋转螺旋桨则机体将不会产生任何变化，如图 10-73 所示。

图 10-73 设置的父子关系

05 将时间滑块拖动到第 1 帧处，按 S 键创建关键帧，如图 10-74 所示。

图 10-74 设置关键帧

06 将时间滑块拖动到第 10 帧处，将螺旋桨旋转360 度，并按 S 键创建关键帧，如图 10-75 所示。

图 10-75 设置第 10 帧关键帧

这样，就在飞机机体与螺旋桨之间创建了父子约束。此时，螺旋桨将作为子物体被约束到机体上。

 提示

父子约束的原理是：父对象的变换将影响子对象，而子对象的变换不会影响到父对象。例如在上面的案例中，飞机机身的移动将直接影响螺旋桨的移动，而螺旋桨的移动不会使机身产生移动。

10.6.6 几何体约束

几何体约束是使用一个物体的表面信息去约束另一个物体的位移。通常，该约束可以将几何体限制在 NURBS 曲面、NURBS 曲线或多边形面上。

动手实践——创建几何体约束

本节将向大家讲解几何体约束的创建方法。在本案例中，将把一个小球绑定到帽子对象上，使其能够沿着帽子的表面进行运动。

01 打开随书光盘"场景文件\Chapter10\geometry.mb"文件，如图 10-76 所示。

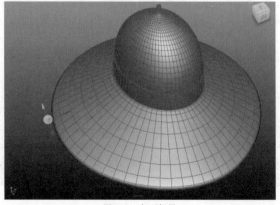

图 10-76 打开场景

02 选择帽子对象，按住 Shift 键再选择小球，如图 10-77 所示。

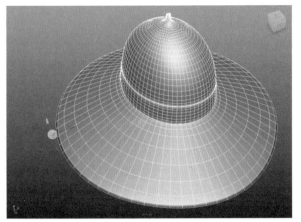

图 10-77 选择物体

03 执行【约束】|【几何体】命令，即可将小球吸附到帽子的表面，如图 10-78 所示。

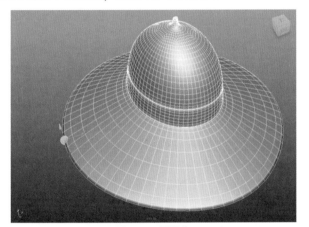

图 10-78 吸附物体

04 此时，使用移动工具对小球进行移动，则小球的位移将始终吸附在帽子物体的表面，如图 10-79 所示。

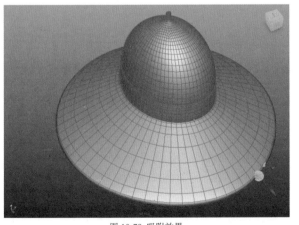

图 10-79 吸附效果

05 使用缩放工具对小球进行缩放，则缩放后的小球仍然将吸附在物体表面，如图 10-80 所示。

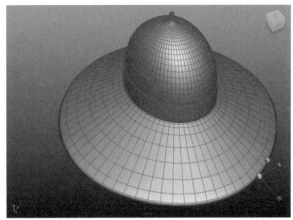

图 10-80 缩放小球

该工具仅有一个参数可供读者设置，即【权重】选项。该参数表示用来指定约束物体控制被约束物体的位置范围。

10.6.7 法线约束

法线约束可以约束物体的方向，使物体方向与 NURBS 曲面或者多边形曲面的法线在同一条线上。法线约束的原理是被约束物体运动路径的上轴向与约束物体的法线方向垂直。

动手实践——创建法线约束

本案例将向大家讲解法线约束的创建方法。本案例要求将一个圆柱体约束到帽子的表面。

01 打开随书光盘"场景文件 \Chapter10\normal.mb"文件，如图 10-81 所示。

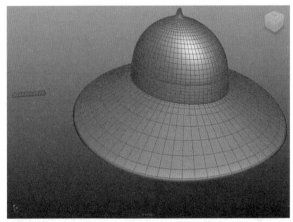

图 10-81 打开文件

02 选中圆柱体，按 Insert 键显示圆柱体中心点，然后将其坐标轴调整到如图 10-82 所示的位置。设置完毕后，按 Insert 键完成操作。

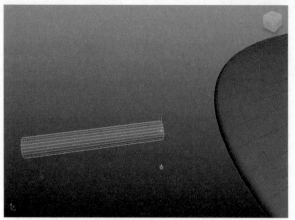

图 10-82 调整中心点

03 在视图中选择帽子物体，按住 Shift 键加选圆柱体，如图 10-83 所示。

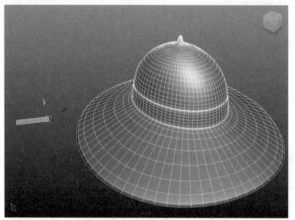

图 10-83 选择物体

04 执行【约束】|【法线】命令，即可将圆柱体约束到帽子的法线上，如图 10-84 所示。

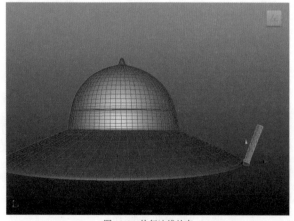

图 10-84 执行法线约束

05 选择模型，执行【显示】|【多边形】|【面法线】命令，显示模型的法线，如图 10-85 所示。

图 10-85 显示模型法线

此时可以观察出物体和法线始终是垂直的。读者可以移动圆柱体，再观察帽子法线与圆柱体的关系。

10.6.8 切线约束

切线约束可以约束物体的方向，使其沿曲线运动。曲线提供了物体运动的路径，物体定向自身沿曲线的方向，始终沿着曲线指向。该命令通常配合几何体约束工具使用。

动手实践——创建切线约束

本案例将把一个指定的模型先利用【几何体】命令将其约束到曲线上，然后，再使用切线约束改变其约束方式。

01 打开随书光盘"场景文件 \Chapter10\tangent.mb"文件，如图 10-86 所示。

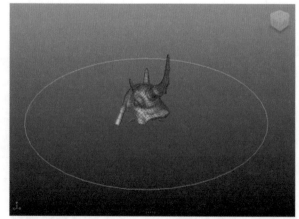

图 10-86 打开场景

02 在视图中分别选中曲线和物体，执行【约束】|【几何体】命令，将模型约束到曲线上，如图 10-87 所示。

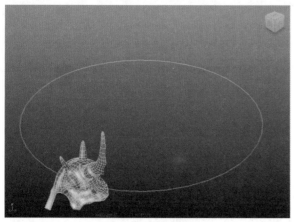

图 10-87 执行几何体约束

03 选中曲线上的物体并将其移动，可以发现物体的轴向始终保持不变，如图 10-88 所示。

图 10-88 观察物体运动

04 先选中曲线，再选中物体并执行【约束】|【切线】命令。再选中曲线上的物体，对其进行移动操作，观察物体自身轴向的变化，如图 10-89 所示。

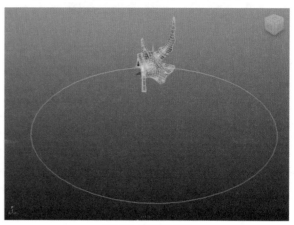

图 10-89 轴向发生变化

此时，如果不停拖动物体，则可以看到物体的角度随着曲线的曲率发生实时转变。这就是切线约束的功能。

第 **11** 章 动画角色的骨骼与绑定

骨骼，是支撑模型运动的主要因素。骨骼在动画中并不会被渲染出来，它的作用仅仅相当于一个支架。当我们为这个支架设置了动画后，可以使其影响模型的运动，从而产生了角色动画。绑定，则是将骨骼动画与模型匹配到一起的过程。本章将向读者介绍骨骼的创建、编辑方法，以及如何将骨骼绑定到模型上的相关知识。

  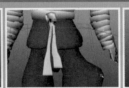  

11.1 骨骼操作基础

11.1.1 创建骨骼

要创建骨骼，需要切换到【动画】模块，并选择【骨架】菜单中的相关命令。本节将向读者介绍创建骨骼的相关操作，包括骨骼的创建、旋转和平移等。

动手实践——创建骨骼

下面向读者介绍如何在 Maya 中创建一条骨骼链。

01 切换到正视图中，按下工具栏上的 ■ 按钮自动吸附到网格。切换到【动画】模块，执行【骨架】|【关节工具】命令。

02 以网格中心为原点，向右依次单击鼠标左键，并按 Enter 键，即可创建一条骨骼链，如图 11-1 所示。

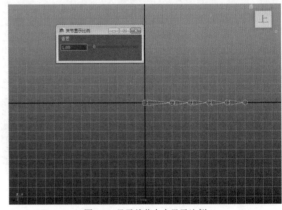

图 11-2 显示关节大小显示比例

04 在【关节显示比例】对话框中调整滑块或者更改文本框中的数值，就可以修改骨骼的显示比例，如图 11-3 所示。

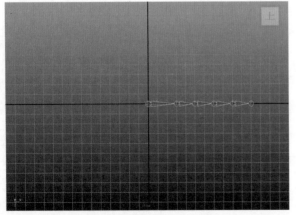

图 11-1 创建骨骼

03 创建完毕后，执行【显示】|【动画】|【关节大小】命令，可以打开如图 11-2 所示的对话框。

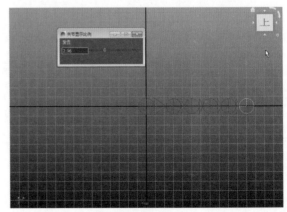

图 11-3 显示比例

动手实践——旋转骨骼

当创建了骨骼后，可以对骨骼进行旋转操作，具体的操作方式如下。

01 在视图中选择需要旋转的骨骼节点，如图11-4所示。

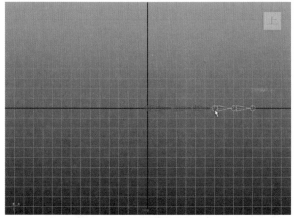

图 11-4 选择骨骼节点

02 激活旋转工具，选择要旋转的轴向对其进行旋转，如图11-5所示。

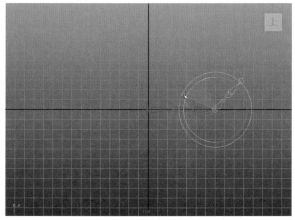

图 11-5 旋转骨骼

由于每个骨骼节点都是上一个骨骼节点的子物体，且是下一个骨骼节点的父物体。因此，当旋转某一个骨骼节点时，其子物体则会跟随产生旋转。

动手实践——平移骨骼

除了旋转骨骼外，还可以对骨骼执行移动、缩放等操作。详细操作过程如下。

01 在视图中选择要移动的骨骼节点，如图11-6所示。

02 激活移动工具，在视图中沿着选定的轴向即可移动被选定的骨骼节点，如图11-7所示。

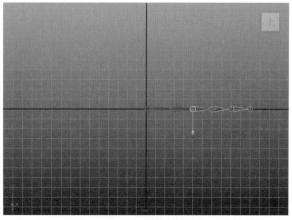

图 11-6 选择骨骼节点

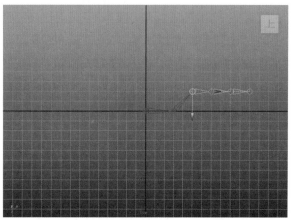

图 11-7 移动骨骼节点

03 如果要移动某个单一的骨骼节点，则可以按键盘上的 Insert 键后选择需要移动的骨骼节点，如图11-8所示。

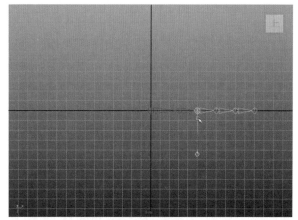

图 11-8 选择骨骼节点

04 使用移动工具在视图中沿着选定轴向进行移动，即可移动单一骨骼节点，如图11-9所示。

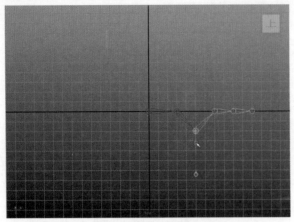

图 11-9 移动单一骨骼节点

11.1.2 编辑骨骼

创建了骨骼之后，往往需要对骨骼进行编辑，使其按照作者的意愿进行运动。骨骼的编辑方法包括添加骨骼节点、连接骨骼、断开骨骼、镜像骨骼、删除骨骼等操作。本节将逐一向读者介绍它们的操作方法。

动手实践——添加骨骼节点

添加骨骼节点的方法有 3 种，读者可以根据实际需要添加骨骼节点，从而改变骨骼的形状和长度。

01 延长骨骼，沿着原有的骨骼添加骨骼节点。执行【骨架】|【关节工具】命令，在视图中单击已经创建的骨骼的末端骨骼。然后可以根据需要随意添加骨骼节点，如图 11-10 所示。

02 为骨骼插入添加新骨骼节点，即在原有的骨骼链中插入一个骨骼点。执行【骨架】|【插入关节工具】命令，然后在需要插入骨骼节点的位置单击鼠标左键即可，如图 11-11 所示。

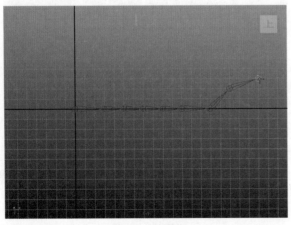

图 11-10 延长骨骼

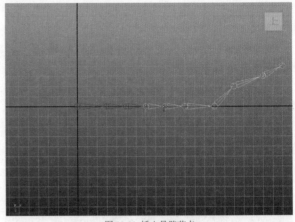

图 11-11 插入骨骼节点

03 在骨骼链顶端添加骨骼节点。执行【骨架】|【关节工具】命令，单击一下骨骼链顶端节点，如图 11-12 所示。

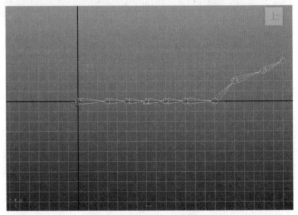

图 11-12 单击骨骼链顶端节点

04 再在需要定义的位置单击鼠标左键，即可从骨骼链顶端创建一条分支骨骼链，如图 11-13 所示。

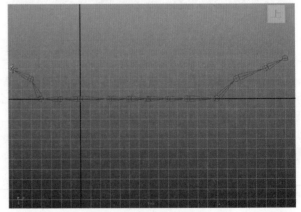

图 11-13 创建分支骨骼链

> **提示**
>
> 最后一种添加骨骼节点的方式通常用来创建具有分叉的骨骼链，例如手掌、怪物的触手、尾巴等。

动手实践——连接骨骼

Maya 中还提供了专门用于进行骨骼连接的工具，从而可以将两个独立的骨关节连接在一起。连接的方式分为两种，一种是连接模式，另一种则是将关节设置父子关系。

01 打开随书光盘"场景文件 \Chapter11\ 连接骨骼 .mb"文件，如图 11-14 所示。

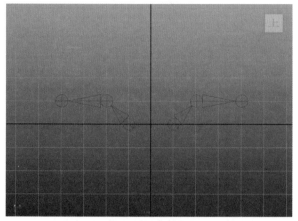

图 11-14 打开场景文件

02 在视图中选择一个骨骼链，按住 Shift 键再选中另外一个骨骼链，如图 11-15 所示。

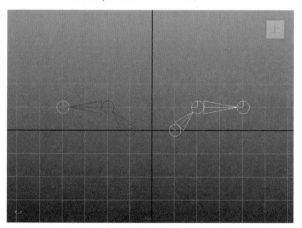

图 11-15 选择两段骨骼链

03 单击【骨架】|【连接关节】命令右侧的■按钮，在打开的对话框中选中【连接关节】单选按钮，如图 11-16 所示。

04 单击【连接】按钮，即可将两个骨骼链连接到一起，如图 11-17 所示。

提示

如果要将一个骨骼链连接到另外一个骨骼节点下，使其成为该骨骼节点的骨骼分支，这可以使用以下方法进行操作。

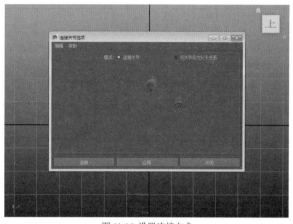

图 11-16 设置连接方式

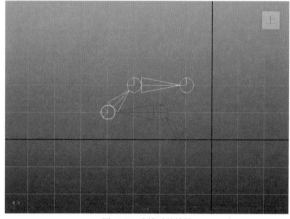

图 11-17 连接后的效果

05 在视图中选择两段骨骼链，如图 11-18 所示。

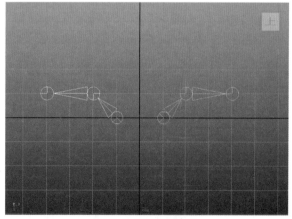

图 11-18 选择两段骨骼链

06 单击【骨架】|【连接关节】命令右侧的■按钮，在打开的对话框中选中【将关节设为父子关系】单选按钮，如图 11-19 所示。

07 设置完毕后，单击【连接】按钮，即可将一个骨骼链作为另一个骨骼链的子对象连接在一起，如图 11-20 所示。

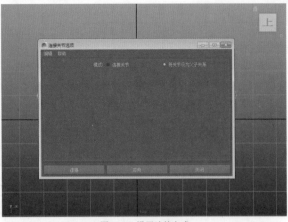

图 11-19 设置连接方式

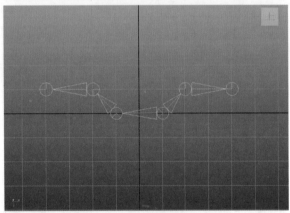

图 11-20 连接骨骼链

动手实践——镜像骨骼

在创建角色的骨骼时，为了保证身体的肢体左右两侧对称，就需要利用镜像功能将定义好的骨骼镜像到另一侧，操作方法如下。

打开随书光盘"场景文件\Chapter11\镜像骨骼.mb"文件，如图 11-21 所示。

在场景中选择骨骼链，单击【骨架】|【镜像骨骼】按钮右侧的■按钮，打开如图 11-22 所示对话框。

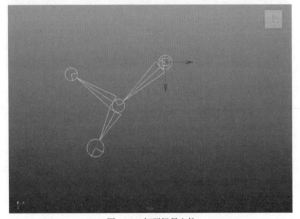

图 11-21 打开场景文件

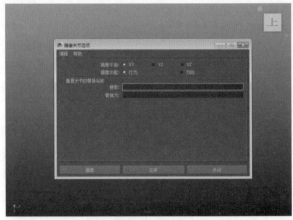

图 11-22 镜像参数

将镜像设置为 YZ 平面，将镜像方式设置为【行为】，如图 11-23 所示。

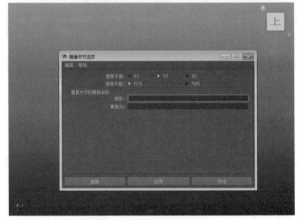

图 11-23 设置镜像关节参数

设置完毕后，单击【镜像】按钮，即可创建一个镜像效果，如图 11-24 所示。

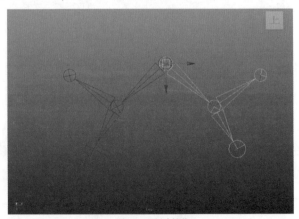

图 11-24 创建镜像

动手实践——删除骨骼

在编辑骨骼的过程中，删除骨骼链中的一个骨骼节点是经常需要的一个操作。此时，如果按 Delete 键将会直接删除整个选择的骨骼链及其子骨骼节点。如果要删除一个单独的骨骼点，则可以按照下面的方式进行操作。

`01` 打开随书光盘"场景文件 \Chapter11\ 删除骨骼 .mb"文件，如图 11–25 所示。

图 11-25 打开场景文件

`02` 选择要删除的骨骼节点，如图 11–26 所示。

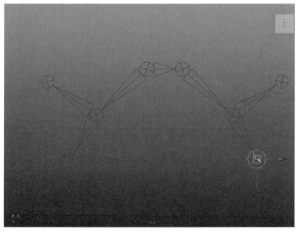

图 11-26 选择骨骼节点

`03` 执行【骨骼】|【移除关节】命令，即可将选择的骨骼节点删除，如图 11–27 所示。

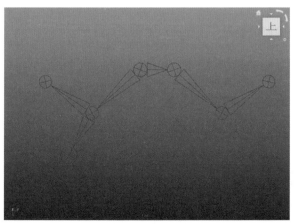

图 11-27 移除骨骼节点

动手实践——重设父骨骼节点

在 Maya 中，我们可以将选择的任意一个骨骼节点指定为整个骨骼链当中的父关系，从而达到快速改变整个骨骼链的层级结构，操作方法如下。

`01` 选择要删除的骨骼节点，如图 11–26 所示。选择如图 11–28 所示骨骼链当中的子骨骼节点。

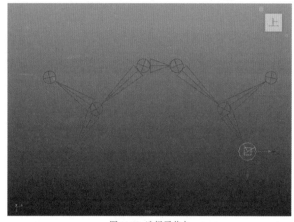

图 11-28 选择子节点

`02` 选择要删除的骨骼节点，如图 11–26 所示。执行【骨架】|【重定骨架根】命令，即可将选择的子骨骼节点作为整个骨骼链的父对象，如图 11–29 所示。

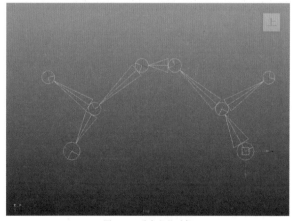

图 11-29 重定义父对象

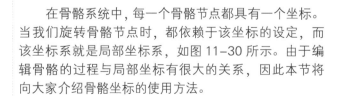

11.1.3 骨骼的坐标

在骨骼系统中，每一个骨骼节点都具有一个坐标。当我们旋转骨骼节点时，都依赖于该坐标的设定，而该坐标系就是局部坐标系，如图 11–30 所示。由于编辑骨骼的过程与局部坐标有很大的关系，因此本节将向大家介绍骨骼坐标的使用方法。

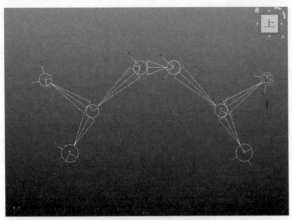

图 11-30 显示骨骼子节点坐标

图 11-31 打开对话框

从图 11-30 可以看出，随着骨骼创建方向的不同，每个骨骼节点的坐标方向也不同。然而，在制作动画时，

必须确保骨骼沿骨骼链的坐标轴方向绝对一致，这样才能让骨骼在一个方向上产生弯曲。

Maya 提供了专门的骨骼修正工具，可以让骨骼上的坐标方向全部统一起来。要使用该工具，可以按 F8 键切换到组件选择模式。在视图中选择骨骼链中的父节点，执行【骨架】|【确定关节方向】命令，打开如图 11-31 所示对话框。

下面向读者介绍【确定关节方向选项】对话框中参数的功能。

> 确定关节方向为世界方向：启用此选项后，所创建的所有关节都将设定为与世界帧对齐。每个关节的局部轴的方向与世界轴相同，并且其他"确定关节方向"设置被禁用。

> 主轴：用于为关节指定主局部轴。这是指向从此关节延伸向下的骨骼的轴。

> 次轴：用于指定哪个局部轴用作关节的次方向。选择两个剩余轴中的一个。

> 次轴世界方向：用于设定次轴的方向（正或负）。

> 确定选定关节子对象的方向：启用时，【确定关节方向选项】影响骨架层次中当前关节下的所有关节。关闭时，仅当前关节受【确定关节方向选项】的影响。

> 重新确定局部缩放轴方向：启用时，当前关节的局部缩放轴也重新确定方向。

11.2 骨骼的控制方式

当我们在 Maya 中创建了骨骼后，就需要对骨骼进行各种编辑操作，使其能够摆出各种姿势并创建出动画效果。这时就需要读者掌握关于骨骼的常用控制方式，本节将向读者介绍 4 种常用的骨骼控制方式。

11.2.1 前向动力学

前向动力学（Forward Kinermatics，简称 FK），可以通过控制骨骼的父对象来影响该父对象中所有子对象的运动。例如，我们需要角色的手拿一物体，就可以通过调整胳膊骨骼的肩部关节、肘部关节和手腕关节来实现这个动作，而不是每一个骨骼逐一调整。

在骨骼上应用前向动力学时，每个部位的动作都具有弧度，从而更加符合角色挥动肢体的轨迹。因此，在角色动画中，多使用前向动力学方式来调整手臂动画。

关于这种控制方式，在上文中已经使用到。它是默认的骨骼控制方式，即调整骨骼父骨骼就可以影响子骨骼的动作。因此这里不再详细介绍。

11.2.2 IK 单线控制器

反向动力学（Inverse kinematics，简称 IK），一种通过先确定子骨骼的位置，然后反求推导出其所在骨骼链上 n 级父骨骼位置，从而确定整条骨骼链的方法。也就是说，它依靠控制器直接将骨骼链端点的骨骼移动到目标点，而无需像前向动力学中那样逐个移动关键点。

在反向动力学中，根据控制器的类型，可分为单线控制骨骼和样条曲线控制骨骼。本节主要向大家介绍单线控制器。

1. 创建 IK 控制器

在反向动力学中，只需要使用一个骨骼控制器，就可以非常便捷、自由地控制骨骼摆出各种姿势。执行【骨架】|【IK 控制柄】命令，并在视图中依次选择骨骼的子节点，从而在骨骼链上创建一个反动力学控制器，如图 11-32 所示。

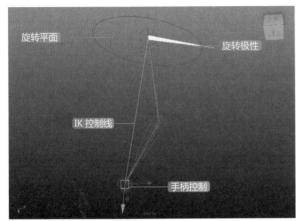

图 11-32 添加控制器

下面介绍反向动力学控制器各部分的功能。

> ⬇ 旋转平面：当骨骼链旋转和扭曲时，旋转平面用于作为和骨骼链平面进行扭曲对比的参考平面。

> ⬇ 旋转极性：在参考平面上有一个极性操作手柄，用来控制骨骼在反向动力学中的旋转操作。该手柄默认无法被选中，只有选中 IK 控制线，然后按 T 键来快速选中旋转极性，如图 11-33 所示。

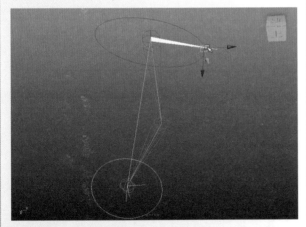

图 11-33 旋转旋转极性

> ⬇ IK 控制线：用于显示 IK 控制器，标明当前 IK 控制器的骨骼起始点和终点，没有任何操作控制功能。

> ⬇ 手柄控制：通过平移该控制柄，可以快速移动末端骨骼节点到指定的目的点，如图 11-34 所示。

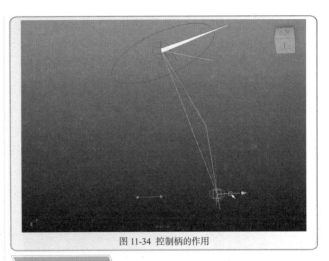

图 11-34 控制柄的作用

2. IK 效应器

IK 效应器的作用是计算反向动力学所能影响的骨骼节点的范围，即从创建 IK 控制器的骨骼链端点算起，一直到效应器所在层级的父骨骼节点，都可以被反向动力学说影响，产生不同程度的弯曲。

3. 极向量

IK 控制器可以自由地让骨骼弯曲、伸展，但却无法控制骨骼旋转。所以，反向动力学提供了旋转平面，在旋转平面上附有极向量。通过修改极向量方向来间接旋转整个骨骼。

极向量同时也用来有效控制骨骼翻转，当持续向上移动 IK 控制器时，会发现控制器移动到一定位置，骨骼就会发生突变翻转，如图 11-35 所示。

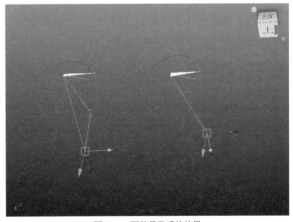

图 11-35 调整骨骼后的效果

此时，由于 IK 控制器的位置越过了极向量的延长线，因此骨骼的旋转极性完全发生了翻转，导致视觉上的突变。如果要让手臂继续上升而不产生任何翻转，就必须修改极向量的位置。

选中 IK 控制器，按 T 键，就会自动激活并选中极向量，将极向量的控制点向下移动，IK 控制器就不会越过极向量延长线，骨骼恢复正常姿势，如图 11-36 所示。

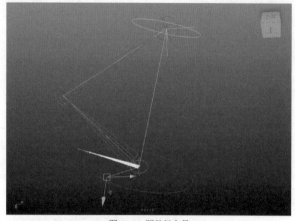

图 11-36 调整极向量

4. 控制器创建属性

单击【骨架】|【IK 控制柄工具】命令右侧的■按钮，打开【工具设置】窗口，如图 11-37 所示。

图 11-37 工具设置

下面向读者介绍该窗口中参数的功能。

🔹 当前解算器：创建 IK 控制器的计算方法有两种，分别是单链解算器和旋转平面解算器。读者可以在该下拉列表中选择它们。

　🔹 单链解算器：该项为默认创建属性。选择该选项后，创建出的 IK 控制器没有旋转平面和极向量，骨骼只能在骨骼链平面中操作，无法进行旋转操作。

　🔹 旋转平面解算器：选择该选项后，创建出的 IK 控制器具有旋转平面。可以通过操纵极向量进行旋转操作。

🔹 自动优先级：设置 IK 控制器是否根据所创建位置的骨骼父子层级结构来决定自身的优先级，默认为禁用状态。

🔹 解算器启用：设置 IK 解算器功能开关，默认为开启，关闭则会导致 IK 控制器失效。

🔹 捕捉启用：设置 IK 手柄捕捉到 IK 手柄的末端效果器上。

🔹 粘滞：如果启用该复选框，当骨骼父节点被拖动时，IK 控制器固定在源点。当禁用该复选框时，骨骼被移动时，IK 控制器跟随移动。

🔹 优先级：如果骨骼节点上附有多个 IK 控制器，那么优先级高的 IK 控制器会首先控制骨骼，默认值为 1。

🔹 权重：用于设置骨骼的权重。

🔹 位置方向权重：该选项用来设置 IK 效应器和 IK 手柄位置和方向的匹配值，默认为 1，一般不需要更改。

11.2.3 骨骼预设角度

在骨骼链中，每一个骨骼节点都可以设置预设角度。当骨骼链被添加 IK 控制器后，移动 IK 控制器时，骨骼链将根据旋转骨骼节点的预设角度来决定骨骼链的弯曲方向。在 Maya 中，骨骼预设角度的设置包含两个工具，分别是还原预设角度和设置预设角度。本节将分别给予介绍。

1. 显示预设角度

当使用 IK 控制器改变了骨骼的姿势，如果希望骨骼重新回到初始的姿势，就需要通过使用该工具将其还原。

选中骨骼的父节点，单击【骨架】|【采用首选角度】命令右侧的■按钮，打开如图 11-38 所示的对话框。

图 11-38 设置参数

🔹 选定关节：将当前选中的骨骼节点恢复到预设角度状态。

🔹 层次：将选中的骨骼以下的所有层级骨骼都恢复到预设角度状态。

当设置完毕后，单击【采用】按钮即可将调整过的骨骼重新返回到原始的预设角度。

2. 设置预设角度

在 Maya 中，我们可以自定义骨骼的预设角度。在场景中设定好需要定义的预设角度后，单击【骨架】|【设置首选角度】命令右侧的■按钮，打开如图 11-39 所示的对话框。

图 11-39 设置预设角度

选中【层次】单选按钮，单击【设置】按钮即可将骨骼链设置为预设角度。当然，也可以选中【选定关节】单选按钮，并单击【设置】按钮将选定的骨骼节点设置为预设角度。

11.2.4 IK 曲线控制器

上文介绍的 IK 单线控制器主要用于控制两段骨骼上，例如角色的腿部骨骼、手部骨骼等。IK 曲线控制器可以应用在多段骨骼上，通常可以用来制作动物的尾巴骨骼等。本节将向读者介绍 IK 曲线控制器的相关知识。

1. 创建样条线控制器

本节向读者介绍 IK 曲线控制的创建方法。

01 在视图中创建一条如图 11-40 所示的骨骼链，用来模拟动物的尾巴。

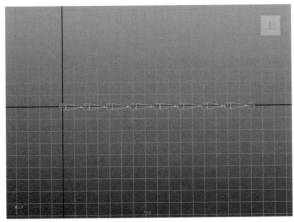

图 11-40 创建骨骼链

02 执行【骨架】|【IK 样条线控制柄工具】命令，并在视图中依次单击骨骼链的父节点和末端的子节点，如图 11-41 所示。

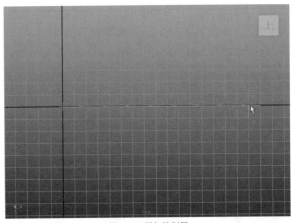

图 11-41 添加控制器

> **提示**
>
> 当添加了 IK 曲线控制器后，整个骨骼的形状就由样条线来控制。当我们修改样条线的外形时，骨骼链也随之发生变形。

03 打开【大纲视图】窗口，选择其中的样条线，如图 11-42 所示。

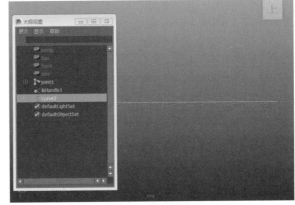

图 11-42 选择样条线

04 在视图中单击鼠标右键，选择右键菜单中的【编辑点】命令，显示出样条线上的控制点，如图 11-43 所示。

图 11-43 显示控制点

[05] 选择样条线上的控制点，并调整它们的位置。此时，骨骼链也将跟随曲线的变形而发生形状变化，如图 11-44 所示。

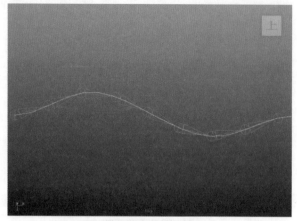

图 11-44 调整后的形状

2. 自定义样条曲线

除了利用上述方法创建 IK 样条线控制器外，我们还可以利用一条已经编辑好形状的样条线来控制骨骼变形，操作方法如下。

[01] 在视图中创建一条骨骼链和一条已经调整好形状的样条曲线，如图 11-45 所示。

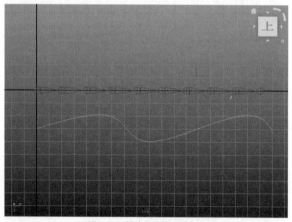

图 11-45 创建骨骼链和样条线

[02] 单击【骨架】|【IK 样条线控制柄工具】命令右侧的■按钮，打开其参数设置面板，如图 11-46 所示。

[03] 禁用【自动创建曲线】复选框，如图 11-47 所示。设置完毕后关闭【工具设置】对话框。

[04] 在视图中先单击骨骼链的起始关节，再单击骨骼链的尾部关节，最后单击样条曲线，如图 11-48 所示。

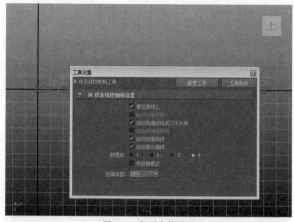

图 11-46 打开参数面板

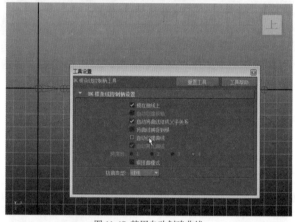

图 11-47 禁用自动创建曲线

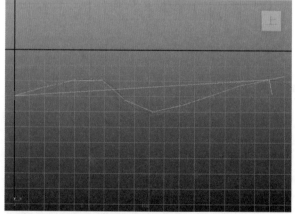

图 11-48 产生的变形

此时，骨骼已经被吸附到了曲线上，并且骨骼链的形状也随着曲线的形状发生了相应的变化。

3. 控制器属性简介

本节将向大家介绍 IK 曲线控制器的【工具设置】面板中参数的功能。

🔄 根在曲线上：将 IK 样条线控制柄的起始关节约束到曲线上。可以拖动偏移操纵器，沿曲线滑动起始关节。

🔄 自动创建根轴：将使用样条线 IK 控制柄在场景层次中的起始关节上创建父对象变换节点。可通过移动和旋转此变换节点来避免起始关节出现意外翻转。

🔄 自动将曲线结成父子关系：如果样条线 IK 控制柄的起始关节有父对象，此设置可以使样条线 IK NURBS 曲线成为该父对象的子对象。

🔄 将曲线捕捉到根：启用该选项后，曲线的起点会捕捉到起始关节位置。链中的关节将旋转以适应曲线形状。

🔄 自动创建曲线：启用该选项后，Maya 会在用户创建样条线 IK 控制柄时创建 NURBS 曲线。创建的曲线会跟随关节链路径。

🔄 自动简化曲线：启用该选项后，Maya 会自动以指定"跨度数"创建 NURBS 曲线。跨度数相当于曲线中的 CV 数。

🔄 跨度数：该区域用于指定在创建样条线 IK 控制柄时，Maya 为曲线自动创建的 CV 数。

🔄 根扭曲模式：启用该选项后，在末关节操纵扭曲操纵器会使起始关节和其他关节发生轻微扭曲。

🔄 扭曲类型：该下拉列表设置了骨骼链中骨骼的扭曲方式，其列表选项的功能见表 11-1 所示。

表 11-1 扭曲类型简介

扭曲类型	功　能
线性	线性均衡地扭曲所有关节
缓入	在终点减弱内向扭曲
缓出	在起点减弱外向扭曲
缓入缓出	在中点减弱外向扭曲

11.3 绑定技术 🔍

当骨骼创建完成后，下面要做的就是将骨骼和模型匹配在一起，从而使骨骼的动作带动模型产生动画，而这个过程就是绑定。绑定技术根据不同的要求，可以分为刚体绑定和柔体绑定，下面分别给予介绍。

动手实践——刚体绑定

刚体绑定可以将模型的指定部分绑定到骨骼上，并跟随骨骼一起运动，但是模型的本身不会产生变形。通常用于制作类似于木偶、角色的各个部位在活动时不产生变形的动画效果。例如，角色的盔甲、配饰、机器人等。

01 打开随书光盘"场景文件 \Chapter11\ 刚体绑定 .mb"文件，这是一只机器怪兽的腿，如图 11-49 所示。

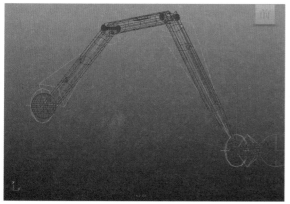

图 11-49 打开文件

02 在视图中，先选择 l4_1 物体，再在大纲视图中选择骨骼的父节点，如图 11-50 所示。

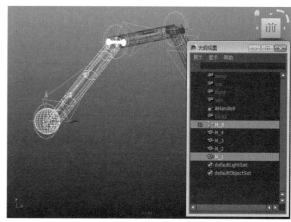

图 11-50 选择骨骼和模型

03 单击【蒙皮】|【绑定蒙皮】|【刚性绑定】命令右侧的■按钮，打开如图 11-51 所示对话框。

04 在参数设置面板中将【绑定到】设置为【选定关节】，单击【绑定蒙皮】按钮即可，如图 11-52 所示。

05 使用相同的方法，将 l4_2 模型和 l4_2 骨骼绑定到一起，如图 11-53 所示。

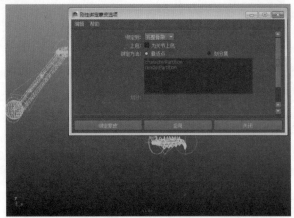

图 11-51 打开参数设置

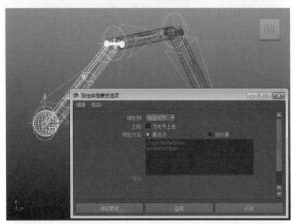

图 11-52 设置参数

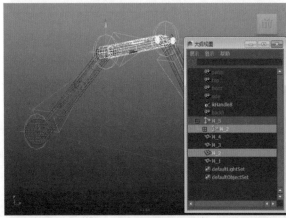

图 11-53 绑定模型

06 使用相同的操作，将其他对应的骨骼和模型绑定到一起，最后的绑定效果如图 11-54 所示。

下面向读者介绍【刚性绑定蒙皮选项】对话框中参数的功能。

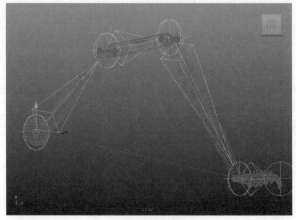

图 11-54 绑定效果

绑定到：指定是绑定到整个骨架还是仅绑定到选定关节，包含完整骨架和选定关节、强制全部。

完整骨架：指定选定可变形对象将绑定到整个骨架，从根关节沿骨架的层次向下。通过完整骨架进行绑定是绑定角色的蒙皮的常用方式。

选定关节：指定选定可变形对象将仅绑定到选定关节，而不是整个骨架。

强制全部：指定选定可变形对象将绑定到所有选定关节，包括那些没有影响的关节。

上色：指定是否根据自动指定给蒙皮点集的颜色为关节上色。为关节上色有助于稍后编辑蒙皮点集成员身份。

绑定方法：指定是否要通过最近点或通过划分集绑定。

最近点：指定 Maya 基于关节的每个临近点自动将可变形对象点组织到蒙皮点集。

划分集：指定 Maya 绑定已组织到划分中的点集的点。集数应与关节数相同。每个集将绑定到最近的关节。

动手实践——柔体绑定

和刚体绑定相反，柔体绑定后模型的外形会随着骨骼的运动而产生不同程度的变形。通常可以利用这种绑定创建角色的大部分区域，比较贴近真实世界，也是我们使用最为频繁的一种绑定方式。

01 打开随书光盘"场景文件\Chapter11\柔体绑定.mb"文件，这是一只机器人的手，如图 11-55 所示。

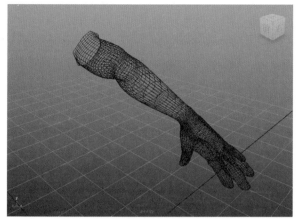

图 11-55 打开场景文件

02 执行【骨架】|【关节工具】命令，并在正交视图中创建如图 11-56 所示的骨骼链。该骨骼链包括肩膀、肘部、小臂、手腕。

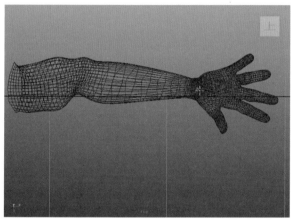

图 11-56 创建骨骼

03 接着，根据中指的位置，创建出中指的骨骼链，如图 11-57 所示。

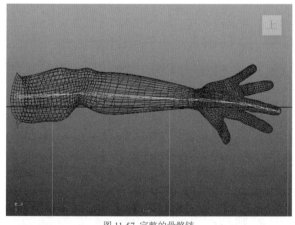

图 11-57 完整的骨骼链

04 切换到前视图，调整一下骨骼的位置和角度，使其完全位于模型的中央，如图 11-58 所示。

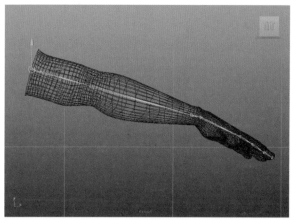

图 11-58 调整骨骼

05 选择如图 11-59 所示的骨骼节点，按组合键 Ctrl+D 复制一个副本。

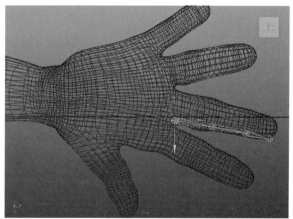

图 11-59 复制一个副本

06 将复制的骨骼链移动到拇指位置，并在各个视图中调整其位置和角度，如图 11-60 所示。

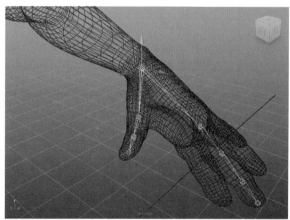

图 11-60 调整骨骼

07 使用相同的方法，将其他几个手指的骨骼链也制作出来，完整的骨骼效果如图 11-61 所示。

08 在视图中选择手臂模型，再按住 Shift 键选中骨骼链，如图 11-62 所示。

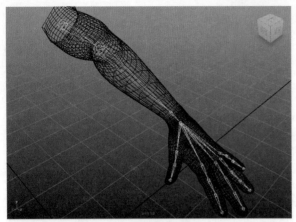

图 11-61 制作骨骼链

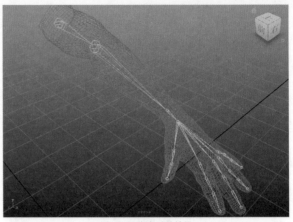

图 11-63 绑定后的效果

10 此时，移动手臂骨骼，可以发现模型也会随之发生移动并产生变形，如图 11-64 所示。

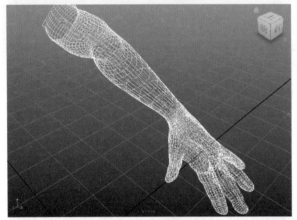

图 11-62 选择物体

09 执行【蒙皮】|【绑定蒙皮】|【平滑蒙皮】命令，即可将两者绑定，如图 11-63 所示。

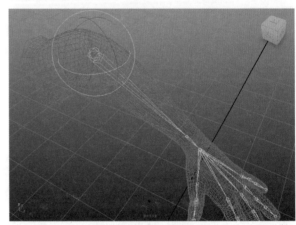

图 11-64 观察变形

11.4 综合练习——创建角色动画

在上文中，向大家讲解了 Maya 中骨骼的创建方法、编辑方法以及如何控制骨骼、产生蒙皮等知识。本节将利用一个完整的人物模型的动画设定以及录制过程向大家介绍角色动画的具体实现过程。

11.4.1 创建腿部骨骼

骨骼是 Maya 当中的一个系统，利用它能够实现各种各样的动作，以及动作的变形。有关骨骼的创建和设置工具全部集中在动画模块下的【骨架】菜单下，下面向读者介绍关于腿部骨骼的创建方法。

01 打开随书光盘"场景文件 \Chapter11\shin_01.mb"文件，这是事先做好的角色模型，如图 11-65 所示。

02 切换到右视图，按数字键 4 进入线框显示模式，执行【骨架】|【关节工具】命令，激活骨骼创建命令，从腿部开始创建关节，如图 11-66 所示。

图 11-65 打开模型

图 11-66 创建骨骼

03 在前视图中移动关节并且旋转到如图 11-67 所示的位置，尽可能保证旋转后每一个关节都位于对应模型腿部的中间位置。

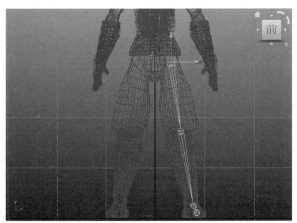

图 11-67 从正面旋转骨骼的位置

04 选中骨骼，单击【骨架】|【镜像关节】命令右侧的■按钮，在弹出的面板中选中 YZ 单选按钮作为镜像轴向，其他参数设置如图 11-68 所示。

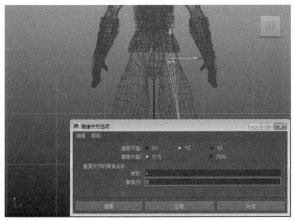

图 11-68 镜像腿部骨骼

05 设置完毕后，单击【镜像】按钮即可将创建的骨骼镜像到另一侧，如图 11-69 所示。

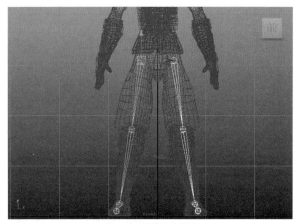

图 11-69 镜像骨骼效果

11.4.2 创建腿部约束控制

添加骨骼后，骨骼并不能自动运动，此时还需要为其添加 IK 解算器，为其绑定蒙皮、设定动作等。本节将向大家介绍如何添加 IK 解算器，以及如何创建腿部约束控制的方法。

01 单击【骨架】|【IK 控制柄】命令右侧的■按钮，在打开的对话框中将【当前解算器模式】设置为【旋转平面解算器】，如图 11-70 所示。

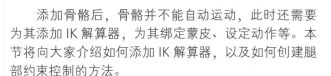

图 11-70 设置 IK 参数

02 在视图中选择大腿骨关节和脚踝关节，从而产生一个解算器。然后，将该 IK 命名为 R_bottom_to_ankle，如图 11-71 所示。

03 使用上述方法，在脚部的第一个关节处创建 RP 解算方式的 IK，并将该 IK 命名为 R_ankle_to_toe，如图 11-72 所示。

图 11-71 建立 IK R_bottom_to_ankle

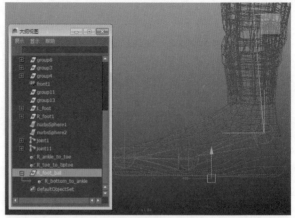

图 11-74 群组 R_foot_ball

图 11-72 建立 IK R_ankle_to_toe

04 在脚部的第二个关节处创建 RP 解算方式的 IK，并将该 IK 命名为 R_toe_to_tiptoe，图 11-73 所示。

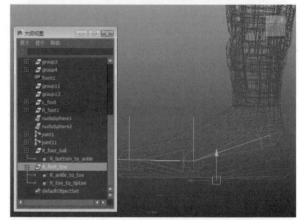

图 11-75 群组 R_foot_toe

07 把 R_foot_ball 和 R_foot_toe 群组，并将改组命名为 R_tiptoe。如图 11-76 所示。

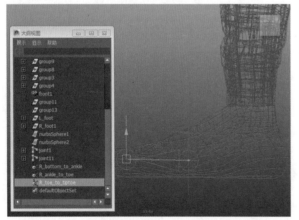

图 11-73 建立 IK R_toe_to_tiptoe

05 把 R_bottom_to_ankle 独立群组，并将该组命名为 R_foot_ball，如图 11-74 所示。

06 把 R_ankle_to_toe 和 R_toe_to_tiptoe 群组，并将改组命名为 R_foot_toe，如图 11-75 所示。

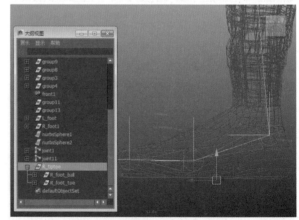

图 11-76 群组 R_tiptoe

08 选择 R_tiptoe 组，按组合键 Ctrl+G 执行群组操作，并将该组命令为 R_heel，如图 11-77 所示。

09 选择 R_heel 组，按组合键 Ctrl+G 再次执行群组操作，并将该组命名为 R_foot，如图 11-78 所示。

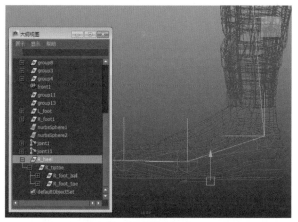

图 11-77 群组 R_heel

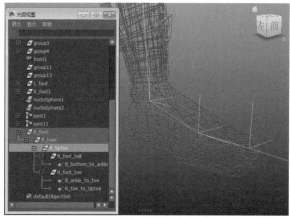

图 11-80 移动旋转中心 02

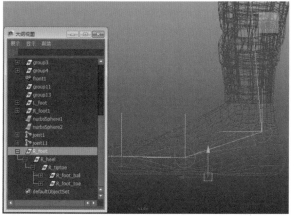

图 11-78 群组 R_foot

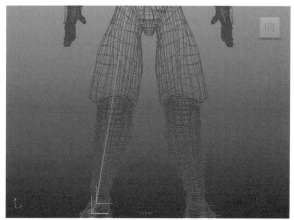

图 11-81 建立左腿 IK

10 把组 R_foot_ball 和组 R_foot_toe 的旋转中心移动到关节 R_toe 的中心, 如图 11-79 所示。

11.4.3 创建手臂骨骼

只要能够对所对应部位的骨骼有详细的了解, 创建的过程将会变得十分简单。读者只需要使用相应的工具在对应的部位拖拉即可创建。在这里需要用户留意, 为了便于后期骨骼动作的设定, 最好能够在创建一根骨骼后为其定义一个有意义的名字, 例如臂部骨骼为其命名为 Forearm 等。下面是臂部骨骼的创建过程。

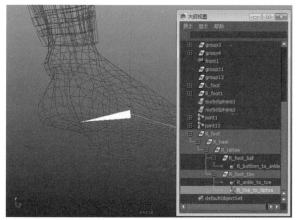

图 11-79 移动旋转中心 01

1. 创建臂部骨骼

01 执行【骨架】|【关节工具】命令, 在属性面板中单击【重置工具】按钮, 将所有参数还原为默认值, 如图 11-82 所示。

11 把组 R_tiptoe 的旋转中心移动到关节 R_tiptoe 的中心, 如图 11-80 所示。

02 在侧视图中依次创建臂部骨骼, 按 Enter 键结束创建, 如图 11-83 所示。

12 像右腿一样为左脚的骨骼建立 IK, 然后建立组并命名, 如图 11-81 所示。

03 在前视图中, 将骨骼移动并旋转到手臂的中间位置, 各关节的位置如图 11-84 所示。

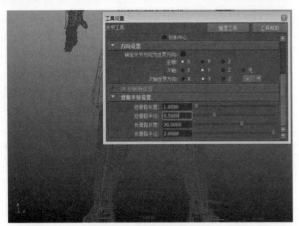

图 11-82 参数还原为默认值

图 11-83 创建臂部骨骼

图 11-84 调整关节的位置

2. 手部骨骼的创建

01 在侧视图中，使用默认的骨骼参数在手部创建手指关节，如图 11-85 所示。

02 将拇指的 4 个关节从根部起依次命名为 R_thum_A、R_thum_B、R_thum_C、R_thum_D，如图 11-86 所示。

图 11-85 创建手指骨骼

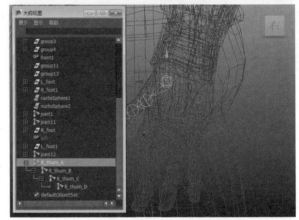

图 11-86 创建拇指上的关节

03 为食指创建如图 11-87 所示的骨骼，名称依次为 R_point_A、R_point_B、R_point_C、R_point_D。

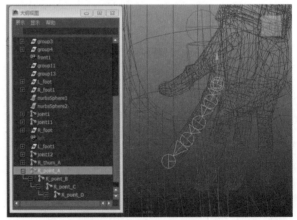

图 11-87 创建食指上的关节

04 为其余 3 个手指分别创建骨骼，注意也要保持在一条直线上，并按照食指关节的命名规则依次命名，如图 11-88 所示。

05 在透视图中，把手指骨骼移动到相应手指中间的位置，如图 11-89 所示。

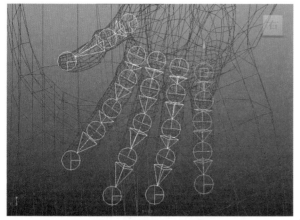

图 11-88 创建其余 3 个手指

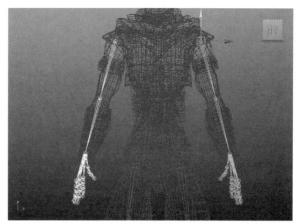

图 11-91 镜像手臂的骨骼

11.4.4 手臂 IK 的创建

在上一节中向大家介绍了如何在已有的蒙皮上创建一个骨骼链，本节将向大家介绍在骨骼链上添加 IK 解算器，从而能够使其按照人的手臂的动作进行弯曲，达到模拟人类臂部运动的效果。通过本节的学习，要求大家掌握 RP 解算器的使用方法。

01 按照上述方法，在臂部的关节处创建 RP 解算方式的 IK，并将该 IK 命名为 R_arm_to_wrist，如图 11-92 所示。

图 11-89 调整关节的位置

06 把 4 个手指的根关节与臂部最后的一个关节连接，执行【骨架】|【连接关节】命令，这样就完成了整个左手手臂的设置，如图 11-90 所示。

图 11-90 连接到 R_wrist 关节上

07 镜像生成左手臂的所有关节，如图 11-91 所示。

在实际操作中，由于关节的创建情况不同，Z 轴的指向经常会出现不同。如果所创建的手指关节不严格在一条直线上，这种情况也可能会出现。

图 11-92 建立 IK R_arm_to_wrist

02 以 R_thum_A 为起始关节，R_thum_D 为结束关节建立 RP 解算方式的 IK，并将该 IK 命名为 R_thum，如图 11-93 所示。

03 以 R_point_A 为起始关节，R_point_D 为结束关节建立 RP 解算方式的 IK，并将该 IK 命名为 R_point，如图 11-94 所示。

04 为其余 3 个手指分别创建骨骼，注意也要保持在一条直线上，并按照食指关节的命名规则依次命名，如图 11-95 所示。

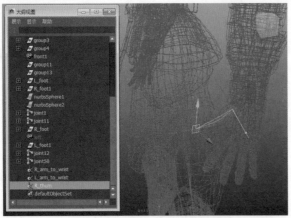

图 11-93 建立 R_thum

图 11-94 建立 IK R_point

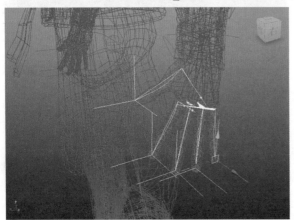

图 11-95 建立 IK

05 像右手臂一样为左手臂的骨骼建立 IK，然后建立组并命名，如图 11-96 所示。

到此为止，关于手臂骨骼和 IK 的创建就完成了。读者在实际的使用过程中，要注意骨骼的创建平面。骨骼的创建平面不同，或者骨骼的局部坐标初始化不同，可能会导致骨骼的弯度变形。

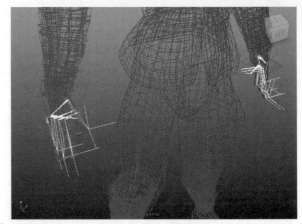

图 11-96 制作左手臂 IK

11.4.5 创建躯干和头部骨骼

躯干的骨骼和腿部、手臂骨骼的创建方法是相同的，所不同的是需要考虑一下躯干部位的骨骼形状，尤其是在制作一些怪物之类的模型时，一定要充分考虑怪物躯干的形状。在制作人物躯干骨骼时，保持 S 形骨骼是必须的，关于躯干和头部骨骼的创建方法如下。

1. 创建躯干骨骼

01 在侧视图中按照图 11-97 所示的结构创建一系列骨骼。注意，应当从腰部向颈部方向创建骨骼，即以腰部的骨骼为父节点。

图 11-97 创建躯干部分的关节

02 在如图 11-98 所示的躯干部创建 3 个骨骼，然后调整骨骼位置。

03 通过骨骼镜像生成骨骼，如图 11-99 所示。

04 连接四肢和躯干的骨骼，如图 11-100 所示。

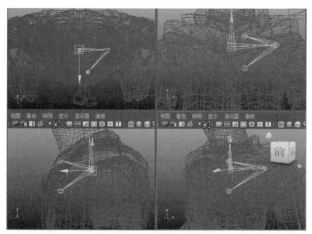

图 11-98 创建骨骼

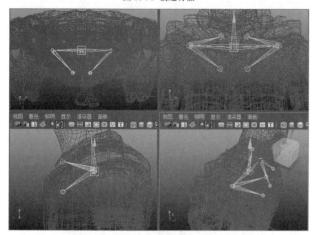

图 11-99 镜像骨骼

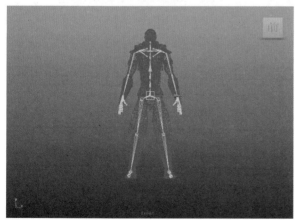

图 11-100 连接所有骨骼

2. 创建头部骨骼

01 以躯干最后一个关节为起始关节在头部建立关节 HEAD_B、HEAD_TOP 和 HEAD_FORM。HEAD_FORM 关节大约位于两眼球的中间位置，然后以 HEAD_B 为起始关节在下颌骨旋转中心的位置建立关节 JAW，在下巴位置建立关节 CHAIN，将建立的关节

分别命名为 HEAD_B、HEAD_TOP、HEAD_FORM、JAW 和 CHAIN，如图 11-101 所示。

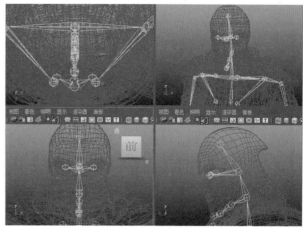

图 11-101 创建头部骨骼

02 创建完成后，角色骨骼的创建就基本完成了。图 11-102 所示是完成后的骨骼结构。

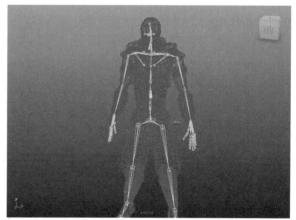

图 11-102 完成骨骼的创建

11.4.6 添加约束

通过上面的操作，我们已经在模型上创建了骨骼。如果采用现在所创建的骨骼系统去制作动画，那是相当烦琐的，因为骨骼的运动比较灵活，稍有一点差错就可能导致动作变形，为此可以考虑添加一些约束来控制动作，本节将向读者介绍约束的实现方法。

1. 约束眼球转动

在众多的约束当中，目标约束可以用来控制物体旋转，它可以使用目标 A 的空间坐标去约束控制物体 B 的旋转属性，一旦约束建立，那么物体 B 的空间仅受物体 A 的位移所影响。眼球的运动方式正好符合了目标约束的定义，为此可以利用这种约束来确定眼球的转动效果，具体的操作方法如下。

01 在前视图中,执行【创建】|【CV曲线工具】命令,绘制出一个如图 11-103 所示的曲线。

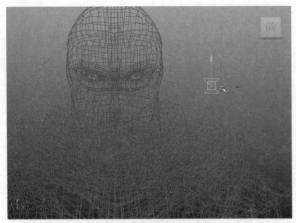

图 11-103 创建 CV 曲线

02 把创建的 CV 曲线命名为 R_eye_aim,在侧视图和透视图中将它移动到左眼眼球的中央位置,如图 11-104 所示。

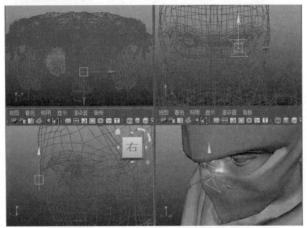

图 11-104 CV 曲线在 Persp 视图中的位置

03 把创建的 CV 曲线水平向前移动,直到距离眼睛有一定的距离,如图 11-105 所示。

图 11-105 移动 CV 曲线

04 按住 Shift 键选择 R_eye_aimhe 和右眼球,单

击【约束】|【目标】命令右边的属性设置■按钮,打开设置窗口,将【目标向量】设置为 Z 轴,将【上方向向量】设置为 Y 轴,如图 11-106 所示。

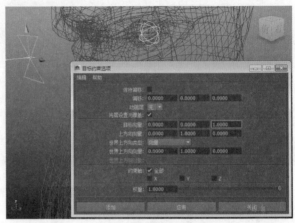

图 11-106 约束命令的设置

05 单击【添加】按钮完成目标约束的设置,此时,R_eye_aim 移动到哪里,右眼球就会看到哪里,如图 11-107 所示。

图 11-107 右眼睛盯着 R_eye_aim

06 使用同样方法对左眼进行设置,如图 11-108 所示。

图 11-108 左眼睛盯着 L_eye_aim

2. 设置膝盖的摆动

01 在透视图中,执行【创建】|【CV曲线工具】命令,绘制出一个如图 11-109 所示的曲线。

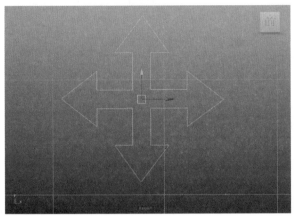

图 11-109 创建 CV 曲线

02 把创建的 CV 曲线命名为 R_knee_turn,通过点捕捉把该 CV 曲线移动到关节 R_foot_bot_tom 的中央位置,如图 11-110 所示。

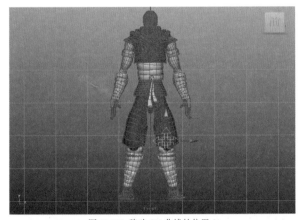

图 11-110 移动 CV 曲线的位置 1

03 把创建的 CV 曲线水平向前移动,直到距离角色身体有一定的距离,如图 11-111 所示。

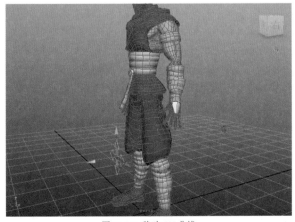

图 11-111 移动 CV 曲线

04 选择 R_knee_turn,按住 Shift 键选择 IK R_bottom_to_ankle,执行 Constrain|Pole Vector 命令,对该 IK 建立"极矢量约束"。然后移动 R_Knee_turn 到任何位置,右膝盖都会跟随摆动,如图 11-112 所示。

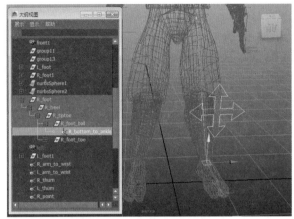

图 11-112 在右膝盖上建立"极向量约束"

05 对左脚进行同样的设置,以控制左膝盖的旋转,如图 11-113 所示。

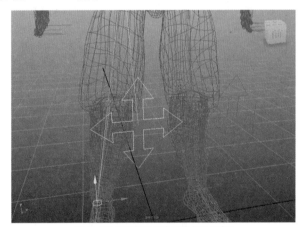

图 11-113 在左膝盖上建立"极矢量约束"

3. 设置腿部的运动

01 在场景中创建一个盒子,并以网格的方式显示。执行【创建】|【CV曲线工具】命令,按住 V 键沿着盒子的各个顶点绘制出一个如图 11-114 所示的曲线。

02 将盒子删除。将创建的 CV 曲线命名为 R_knee_bottom,通过点捕捉把该 CV 曲线移动到关节 R_foot_bottom 的中央位置,如图 11-115 所示。

03 选择 R_knee_bottom,按住 Shift 键分别选择 IK R_bottom_to_ankle、IK R_ankle_to_toe、IK R_toe_to_tiptoe,执行【约束】|【点】命令,对该 IK 建立"点约束"。然后移动 R_Knee_bottom 到任何位置,右腿都会跟随运动,如图 11-116 所示。

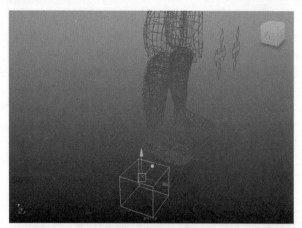

图 11-114 创建 CV 曲线

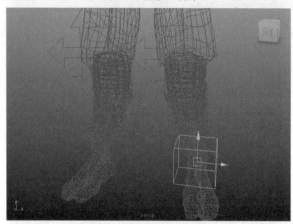

图 11-115 移动 CV 曲线的位置

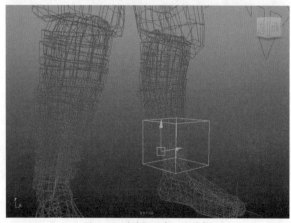

图 11-116 在右腿上建立"点约束"

04 对左腿进行同样的设置，以控制左腿的运动，如图 11-117 所示。

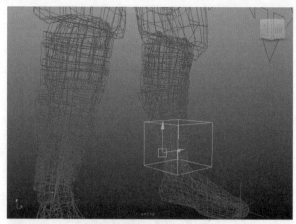

图 11-117 在左腿上建立"点约束"

4. 设置臀部的运动

01 在透视图中，执行【创建】|【CV 曲线工具】命令，绘制出一个如图 11-118 所示的曲线。

02 把创建的 CV 曲线命名为 Pelvis，通过点捕捉把该 CV 曲线移动到关节 Bottom_A 的中央位置，如图 11-119 所示。

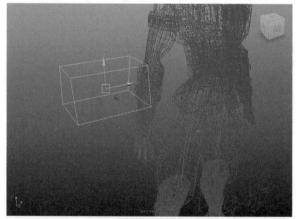

图 11-118 创建 CV 曲线

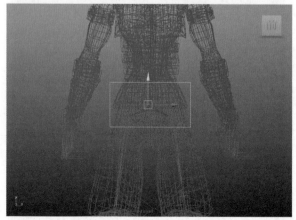

图 11-119 移动 CV 曲线的位置

03 选择 Pelvis，按住 Shift 键选择臀部关节，执行【约束】|【方向】命令，对该关节建立"定向约束"。然后旋转 Pelvis 到任何角度，臀部都会跟随晃动，如图 11–120 所示。

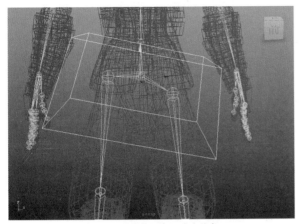

图 11-120 在臀部上建立"定向约束"

5. 设置腰部的运动

01 在透视图中，执行【创建】|【CV 曲线工具】命令，绘制出一个如图 11–121 所示的曲线。

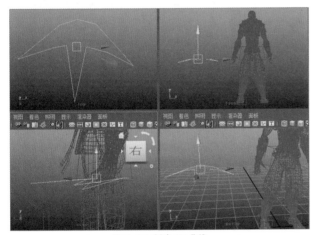

图 11-121 创建 CV 曲线

02 把创建的 CV 曲线命名为 UpperBody，通过点捕捉把该 CV 曲线移动到关节 Bottom_A 的中央位置，如图 11–122 所示。

03 选择 UpperBody，按住 Shift 键选择腰部关节，执行【约束】|【父对象】命令，对该关节建立"父子约束"。然后旋转 UpperBody 到任何角度，腰部将会跟随运动，如图 11–123 所示。

图 11-122 移动 CV 曲线的位置

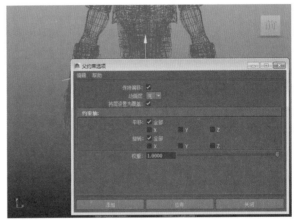

图 11-123 在臀部上建立"父子约束"

6. 将骨骼参数设置为一组"设置集"

01 选中在动画中需要设定关键帧的骨骼关节和控制器，如图 11–124 所示，单击【创建】|【集】|【集】右边的参数设置▣按钮，打开【创建集选项】属性面板。

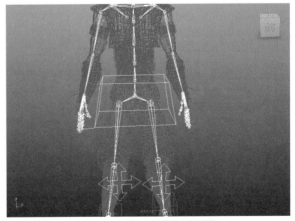

图 11-124 选中骨骼关节和控制器

02 在【创建集选项】属性面板中的【名称】栏里将"设置集"命名为 bod_body，如图 11–125 所示。

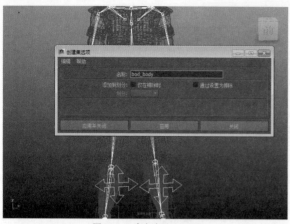

图 11-125 命名为 bod_body

03 打开大纲视图，在列表的最下方看见前面建立的"设置集"bod_body，单击它可以选中所有的骨骼和控制器。

11.4.7 对角色进行绑定设置

此时，关于骨骼的操作就完成了，拖动骨骼可以看到一些运动效果。但是，此时的人物模型却不会跟随骨骼的运动而运动，这是因为我们没有将角色模型绑定到骨骼上。绑定模型也是制作人物动作所必须经过的一个环节，只有通过正确的绑定操作后，人物才能"动"起来，关于绑定的方法介绍如下。

1. 设置平滑绑定

01 选择所有骨骼，按下 Shift 键选择角色模型中bodySkin、Shirt、Head 这几部分，如图 11-126 所示。

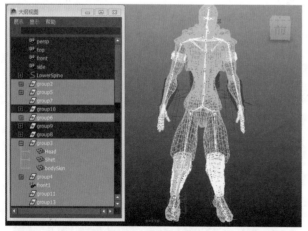

图 11-126 选中角色模型

02 执行【蒙皮】|【绑定蒙皮】|【平滑绑定】命令，设置平滑绑定，如图 1-127 所示。

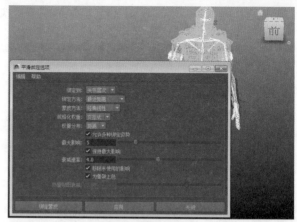

图 11-127 执行平滑绑定

03 此时角色模型与专为它设计的骨骼系统绑定在一起了，但是角色变形的效果并不合理，如图 11-128所示，必须对骨骼系统的控制权重进行修改。

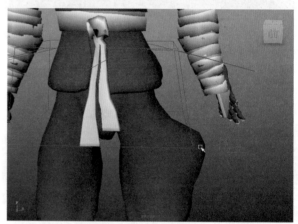

图 11-128 初始的绑定效果

04 执行【蒙皮】|【编辑平滑蒙皮】|【绘制蒙皮权重工具】命令右边的参数设置按钮，打开权重工具面板，在权重面板中的【影响】栏选择角色右腿骨骼关节，观察其权重的分布情况，如图 11-129 所示。

图 11-129 选择角色模型上的各部分

05 在权重工具面板中选择【替换】运算模式，在角色右腿上涂抹从而替换权重，使右臂的拉伸变形逐渐平滑起来，如图 11-130 所示。

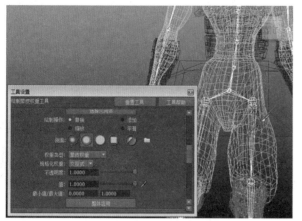

图 11-130 选择替换权重运算方式

06 像右臂一样为其他部位进行替换权重，如图 11-131 所示。

图 11-131 完成其他部位的权重

关于本节所介绍的绑定是一个比较烦琐的过程，读者在实际操作中需要反复调整模型的权重，才能达到合适的效果。此外，骨骼绑定需要具有很深的基本功才能运用自如，这需要读者勤加练习，积累实战经验。

第 12 章 粒子动力学动画

动力学是一个泛指，它包含粒子系统、力场、刚体、柔体等。利用这些技术可以创建诸如爆炸、旋风、碰撞、吹动、拖动以及自由落体等效果。本章将逐一向大家讲解粒子动力学技术的实现方法。

    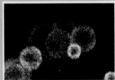

12.1 粒子系统

粒子系统是 Maya 动力学系统的一个重要组成部分，它也是 Maya 中用来表现特效最为常用的一种工具。实际上，粒子系统的核心是使用点来替代一个物体，通过对一簇或者一个群体运动的模拟来实现自然界中很多由微观世界整体组成的物质形态，或者一些抽象的物体形态。

12.1.1 创建粒子

默认情况下，我们主要通过 4 种方法创建粒子物体，包括手动创建粒子、利用发射器创建粒子、从物体表面发射粒子以及多发射器创建粒子，下面分别介绍它们的操作方法。

动手实践——创建粒子

手动粒子创建工具允许读者以手动绘制的方式来创建粒子。手动粒子的创建方法分为两种，一种是创建随机粒子，另一种则是创建粒子阵列。本节将向大家介绍它们的创建方法。

1. 创建随机粒子

01 切换到【动力学】模块，然后单击选择【粒子】|【粒子工具】命令右侧的▇按钮，打开如图 12-1 所示的通道盒。

02 在透视图中单击鼠标左键，即可定义粒子，如图 12-2 所示。

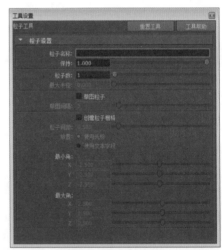

图 12-1 粒子工具设置

图 12-2 创建粒子

03 如果连续多次单击鼠标左键，则可以在场景中创建多个粒子，绘制完毕后按键盘上的 Enter 键即可确认粒子的创建，其效果如图 12-3 所示。

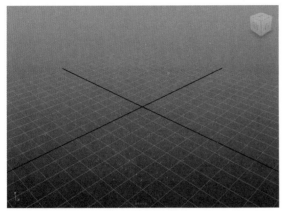

图 12-3 创建多个粒子

2. 创建粒子阵列

01 新建一个场景。切换到顶视图并单击【创建粒子】命令右侧的■按钮，在属性设置面板中启用【创建粒子栅格】复选框，如图 12-4 所示。

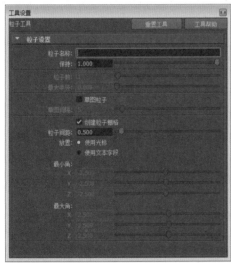

图 12-4 设置粒子阵列

下面向读者介绍粒子参数面板中参数的功能。

- 粒子名称：为粒子指定一个名称。

- 保持：设置粒子的保存值，最大值为 1，表示全部保存。

- 粒子数：表示每次创建粒子的数量。若设置为 1，在视图中单击鼠标左键一次，则只能创建一个粒子。

- 最大半径：用于设置系统在指定的范围内创建指定的粒子数目。

- 草图粒子：启用该复选框可以创建连续粒子。

- 草图间隔：设置粒子之间的间隔。数值越大，则粒子之间的间隔越大，反之则粒子之间的间隔越小。

- 创建粒子栅格：若启用该复选框，即可在场景中创建粒子阵列平面。

- 粒子间距：用来控制粒子阵列中粒子之间的空间距离，可以理解为粒子阵列中粒子的密度。

- 放置：根据鼠标指针位置驱动粒子阵列的区域。

- 最小角 / 最大角：调整粒子的形状。

02 在视图中连续单击两次，以创建两个粒子，如图 12-5 所示。

图 12-5 定义两个粒子

03 按 Enter 键，即可创建一个分布均匀的粒子平面阵列，如图 12-6 所示。

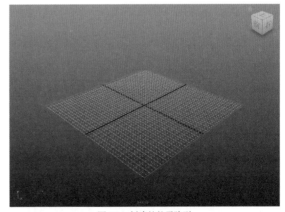

图 12-6 创建的粒子阵列

动手实践——创建粒子发射器

利用粒子发射器可以通过一点产生成束的粒子，而不是需要手动一个一个创建粒子。创建方法如下。

01 单击【粒子】|【创建发射器】右侧的■按钮，打开如图 12-7 所示的参数面板。

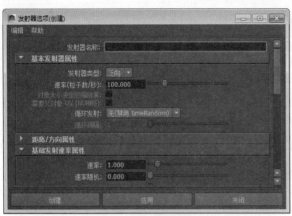

图 12-7 发射器选项

下面向读者介绍粒子发射器属性的功能。

> ❶ 发射器名称：用来设置所创建的发射器名称，如果不填，系统将会自动将粒子发射器命名为 Emitter1。

> ❷ 发射器类型：定义发射器喷射粒子的方式，包括泛向、方向、体积、曲面和曲线 5 种发射类型。

> ❸ 速率：设置粒子的发射速度。

> ❹ 最大距离：设置最远的粒子到发射器之间的距离。

> ❺ 最小距离：设置最近的粒子到发射器之间的距离。被发射的粒子以随机的状态分布在最小距离和最大距离之间。

> ❻ 方向：用于控制粒子群的发射方向。

> ❼ 扩散：用于控制各圆锥的大小。

> ❽ 法线速度 / 切线速度：用于控制粒子的发射速度。

02 在其参数面板中的【发射器类型】中选择一种粒子发射类型后，单击【创建】按钮即可创建一个粒子，此时可以通过单击动画控制区域中的播放按钮观察粒子的喷射效果，如图 12-8 所示。

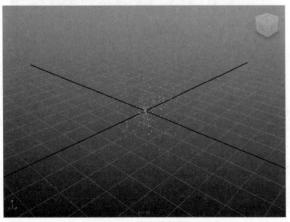

图 12-8 粒子放射器

动手实践——沿物体表面发射

在 Maya 中，我们还可以将粒子添加在某个物体上进行发射，从而将物体作为粒子的发射器，具体操作方法如下。

1. 沿物体表面发射

01 在场景中创建一个发射粒子的物体，如图 12-9 所示。

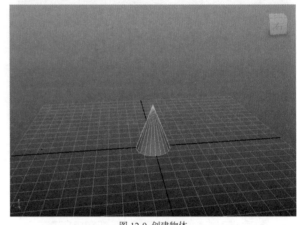

图 12-9 创建物体

02 选中该物体并执行【粒子】│【从对象发射】命令，即可创建一个沿对象喷射的粒子系统，如图 12-10 所示。

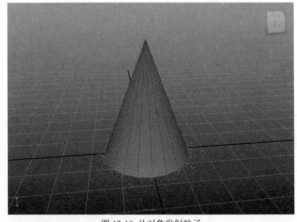

图 12-10 从对象发射粒子

2. 沿曲线发射

01 在新建场景中创建一条曲线，如图 12-11 所示。

02 选中该曲线并单击【从对象发射】命令右侧的 ■按钮，在打开的属性面板中，选择【发射器类型】下拉列表中的【曲线】选项，将【速率】设置为 500，将【切线速率】设置为 2，如图 12-12 所示。

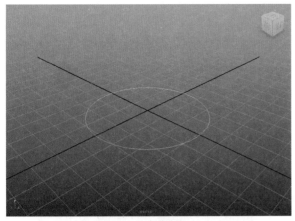

图 12-11 创建曲线

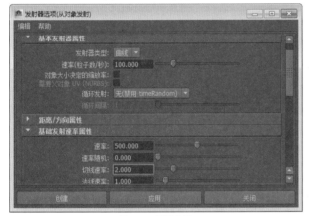

图 12-12 设置参数

03 单击【创建】按钮，即可创建一个发射器，播放动画，会从曲线周围发射很多粒子群，如图 12-13 所示。

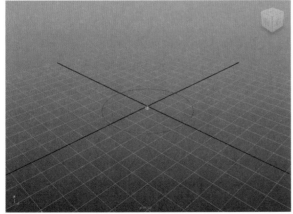

图 12-13 沿曲线发射粒子

动手实践——使用多个发射器发射粒子

Maya 采用的是节点结构，因此它允许我们在创建好发射器后使用不同的发射器设置来发射相同的粒子，下面以一个小实例向大家介绍利用多个发射器控制粒子的方法。

01 在场景中创建两个以【方向】方式喷射粒子的粒子发射器，在属性面板中将【方向 Y】设置为 1，从而使粒子发射器沿着 Y 轴发射粒子；然后，将【扩散】值设置为 0.4，此时的效果如图 12-14 所示。

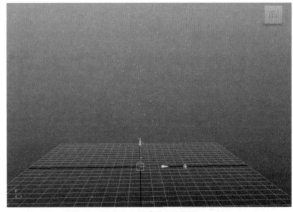

图 12-14 创建粒子发射器

02 执行【窗口】|【大纲视图】命令，打开大纲视图，如图 12-15 所示。

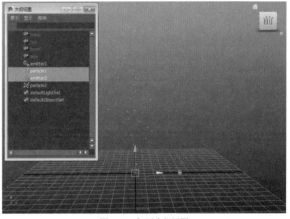

图 12-15 打开大纲视图

03 在大纲视图中选择发射器下面的 Particle 1 节点，按键盘上的 Delete 键将其删除。此时再播放动画观察粒子的喷射效果，如图 12-16 所示。

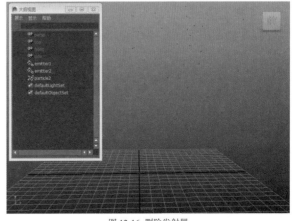

图 12-16 删除发射器

04 在大纲视图中选择 Particle2 节点，按住 Ctrl 键不放再选择 Emitter1 节点，依次执行【粒子】|【使用选择的发射器】命令，从而使 Emitter1 具备发射 Particle2 的能力。此时，播放动画就可以看到 Emitter1 发射粒子的效果，如图 12-17 所示。

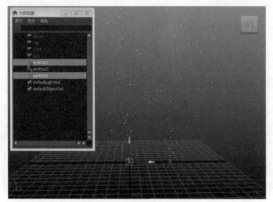

图 12-17 使用选择发射器

通常情况下，利用这种方法，可以使多个发射器继承同样的粒子属性，从而使粒子的设置都转移到新的发射器上，避免了重复调整粒子的麻烦。

12.1.2 编辑粒子属性 >

当在场景中创建了粒子物体后，选择粒子物体，按组合键 Ctrl+A 即可打开通道面板。切换到 particleShape1 选项卡，即可展开粒子的属性设置面板。本节将向大家介绍这些属性的功能。

1. 常规控制属性

图 12-18 所示的是【常规控制属性参数】面板，下面向读者介绍该面板中参数的功能。

图 12-18 常规控制属性

- 为动力学：启用该复选框时会为对象打开动力学功能。

- 动力学权重：值为 0 将使连接至粒子对象的场、碰撞、弹簧和目标没有效果。值为 1 将提供全效。

- 保持：控制粒子对象的速率在帧与帧之间的保持程度。

- 世界中的力：启用该复选框则会影响局部空间的粒子。

- 缓存数据：为粒子打开缓存数据。

- 计数：包含对象中的总粒子数。

- 事件总数：包含该对象已发生的总碰撞数。

2. 发射属性

图 12-19 所示是【发射属性】参数面板，下面向读者介绍该面板中参数的功能。

图 12-19 发射属性

- 最大计数：允许的最大粒子计数。如果某些粒子消亡，将再次接受新的粒子，数量多至最大计数。

- 细节级别：仅用于衡量要用于快速运动测试的发射量。

- 继承因子：包含发射到此对象中的粒子所继承的发射器速度分数。

- 世界中的发射：指示粒子对象假定通过发射创建的粒子位于世界空间中，并且在将这些粒子添加到粒子阵列之前，必须将它们变换为对象空间。

- 离开发射体积时消亡：如果发射的粒子来自某个体积，则它们将在离开该体积时消亡。

3. 寿命属性

图 12-20 所示是【寿命属性】参数面板，下面向读者介绍该面板中参数的功能。

图 12-20 寿命属性

- 寿命模式：提供了多种方法来指定如何确定粒子寿命。

  - 永生：除非因碰撞事件或离开发射体积而消失，否则所有粒子将永生。

  - 恒定：此设置使用户可以为粒子输入一个恒定寿命。

  - 随机范围：必须设定此属性才能为粒子设置随机寿命。

  - 仅寿命 PP：引用寿命 PP 的表达式可正常工作。

- 寿命：使用此选项可指定粒子的寿命值。

● 寿命随机：该属性定义了每个粒子寿命的随机变化范围。

● 常规种子：用于生成随机数的种子。它独立于所有其他随机数流。

4. 时间属性

图 12-21 所示是【时间属性】参数面板，下面向读者介绍该面板中参数的功能。

图 12-21 时间属性

● 开始帧：该属性表示将在其后解析动力学的帧。

● 当前时间：该属性表示时间轴中的当前时间。

5. 渲染属性

图 12-22 所示是【渲染属性】参数面板，下面向读者介绍该面板中参数的功能。

图 12-22 渲染属性

● 深度排序：该布尔属性切换粒子的深度排序，以启用或禁用渲染。

● 粒子渲染类型：该属性指定粒子的渲染方法。

● 添加属性：显示已选择的粒子类型的附加属性。

12.2　场

场是 Maya 动力学中的一种力工具。利用该类型的工具可以模拟出诸如风、拖动、重力、震荡等效果。通常我们可以使用它来为粒子、柔体等物体添加力的效果。

12.2.1 空气

空气场又被称为风场，它可以用来模拟流动空气的效果。被风场影响的物体会产生运动来反映风场的影响。读者可以将风场作为运动物体的子物体。本节将向大家讲解空气场的创建方法。

动手实践——利用空气场影响粒子

空气场主要用于制作一般的风力效果，它可以按照指定的轴向产生作用，从而模拟大自然中风吹物体的效果。

01 打开随书光盘"场景文件 \Chapter12\air.mb"文件，这是一个创建好的粒子阵列，如图 12-23 所示。

图 12-23 打开光盘文件

02 选中粒子群，单击【场】|【空气】命令右侧的■按钮，打开其属性面板，如图 12-24 所示。

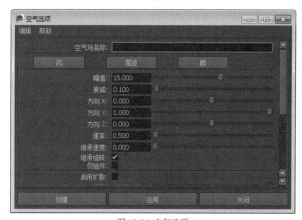

图 12-24 空气选项

下面向读者介绍该参数面板中参数的功能。

● 空气场名称：用来设置空气力场的名称。

● 风：表示系统默认的自然风设置，可以产生一种接近自然风的效果。可以使受影响的物体做加速运动。

● 尾迹：表示系统默认的阵风设置，可以产生一种近似间歇风的效果。

- 扇：系统的默认设置，可以产生一种柔风的效果。

- 幅值：用来设置空气力场的强度，即受影响物体的移动速度。

- 衰减：增加该参数值，力场将会相应减小强度。当区值为 0 时，空气力场的强度不变。

- 方向 X/Y/Z：用来设置气体的吹动方向。

- 速率：用于控制被空气力场影响的物体的运动速度。

- 继承速度：当空气力场作为子物体跟随父物体一起运动时，空气力场本身的运动会影响风的运动。

- 继承旋转：当空气力场本身是旋转的，或者空气力场是旋转物体的子物体时，空气力场的旋转将会影响风的运动。

- 仅组件：若禁用该复选框，空气力场对被影响物体的所有元素的影响力是相同的；若启用该复选框，空气力场仅仅对物体中的某些元素起作用。

- 启用扩散：当启用该复选框时，力场只对被影响物体在【扩散】文本框设置范围内的元素起作用。

- 扩散：用来设置力场影响物体的范围值。

- 使用最大距离：用来设置力场影响物体的距离范围。若禁用该复选框，则空气力场与被影响物体之间将不会受到距离的影响。

- 最大距离：设置空气力场影响大的最大范围值。

03 单击【风】按钮，即可将风场的类型定义为风场，并按照图 12-25 所示的参数修改其设置。

图 12-25 设置为风

04 单击【创建】按钮即可创建空气场。播放动画即可观察到粒子被风力影响的效果，如图 12-26 所示。

图 12-26 风力对粒子的影响

12.2.2 阻力

阻力场可以给运动中的动力学对象一个阻力影响，从而改变物体的运动速度。通常可以利用该物体为物体施加摩擦力或阻力。

动手实践——为粒子创建阻力

01 打开随书光盘"场景文件 \Chapter12\drag.mb"文件，这是一个已经设置好的粒子喷射器，如图 12-27 所示。

图 12-27 打开场景

02 选中粒子，单击【场】|【阻力】命令右侧的 ■按钮，在打开的参数设置面板中，设置【幅值】值为1，如图 12-28 所示。

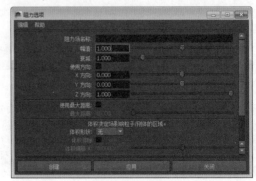

图 12-28 阻力选项

提示

　　【阻力】场的参数和空气场的参数功能相同，这里不再介绍。

03 单击【创建】按钮，为粒子添加一个拖曳场，播放动画，此时粒子的发射高度明显降低，如图12-29所示。

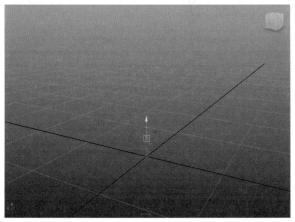

图 12-29 阻力对粒子的影响

04 此时可以在【大纲视图】中，选中拖曳场控制器并打开其通道栏，用户可以修改场的通道属性，改变它粒子的影响效果，如图12-30所示。

图 12-30 修改阻力参数

12.2.3 重力

　　重力场可以用来模拟由于地球的引力而使物体向某一个方向加速运动的效果，可以模拟物体受重力影响而产生的自由落体。该场可以作用于多边形、NURBS模型、粒子物体等。重力场的创建方法和空气场相同，这里不再赘述。

12.2.4 牛顿

　　牛顿场主要用于模拟万有引力定律，根据万有引力定律，具有牛顿场的物体可以吸引另一个物体，迫使这个物体朝向其自身运动，通常可以利用牛顿场来模拟球碰撞的物体现象等。

12.2.5 径向

　　径向场可以用来模拟磁铁的物理现象，它可以呈放射状或者吸引被影响的物体。我们可以利用该场制作爆炸等由中心向外辐射状散发的各种现象，还可以模拟四周散开的物体向中心聚集的效果。

12.2.6 湍流

　　湍流场又被称为扰动场或者振荡场。使用该力场物体可以使被影响的物体产生不规则的噪波效果，可以用来模拟自然界中某些液体或者气体无规则的运动状态，例如水、云等。应用该场前后的效果对比如图12-31所示。

图 12-31 应用湍流前后效果对比

12.2.7 一致

一致场可以使所有被场影响的物体向同一个方向进行拖拽运动，且靠近一致场中心的物体将受到更大程度的影响。应用该场的前后效果对比如图 12-32 所示。

图 12-32 应用一致前后效果对比

12.2.8 漩涡

漩涡场可以使被影响的物体做圆环或者螺旋状的抛射运动，漩涡场可以作用于粒子，从而形成螺旋或者旋风的效果，如图 12-33 所示。

图 12-33 应用漩涡前后效果对比

12.2.9 体积轴

体积轴是一种特殊的力场，它是一种局部作用的范围场，只有在选定范围内的对象才能收到体积轴场的影响，如图 12-34 所示。体积轴的属性和参数与空气场相同，这里不再介绍。

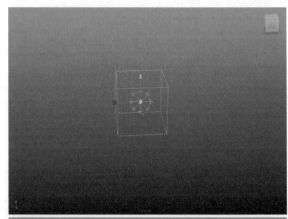

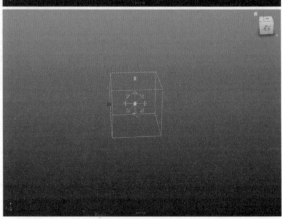

图 12-34 体积轴的影响

12.3 刚体

刚体是一种把几何体转化为坚硬多边形物体表面来进行动力学运算的一种方法。它主要用来模拟物理学中的碰撞等效果。在动画的制作过程中，刚体表面和一般表面具有很大的区别，刚体表面可以相互碰撞，但不会穿越对方。

12.3.1 创建刚体

刚体包括主动刚体和被动刚体两部分。只有两者都存在的情况下，刚体的动画效果才能产生。本节将分别向读者介绍主动刚体和被动刚体的创建方法。

动手实践——测试刚体

01 打开随书光盘"场景文件\Chapter12\Rigid.mb"文件，这是一个已经创建了球体和平面的场景文件，如图 12-35 所示。

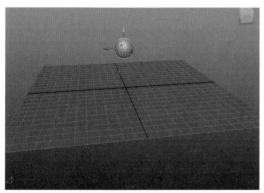

图 12-35 打开场景文件

02 切换到动力学模块，在视图中选择球体模型，单击【柔体/刚体】|【创建主动刚体】命令右侧的■按钮，打开刚体参数设置面板，如图 12-36 所示。

图 12-36 刚体选项

下面向读者介绍该参数面板中参数的功能。

- 刚体名称：为刚体指定名称。
- 活动：将刚体设定为主动刚体。
- 粒子碰撞：确定粒子与刚体是否产生碰撞。
- 质量：设定主动刚体的质量。质量越大，对碰撞对象的影响也就越大。
- 设置质心：指定主动刚体的质心在局部空间坐标中的位置。
- 静摩擦力：设定刚体阻止从另一刚体的静止接触中移动的阻力大小。
- 动摩擦力：设定移动刚体阻止从另一刚体曲面中移动的阻力大小。
- 反弹度：设定刚体的弹性。
- 阻尼：设定与刚体移动方向相反的力。
- 冲量 X/Y/Z：在刚体的局部空间位置上创建瞬时力。
- 冲量位置 X/Y/Z：在冲量冲击的刚体局部空间中指定位置。如果冲量冲击质心以外的点，则刚体除了随其速度更改而移动以外，还会围绕质心旋转。
- 自旋冲量 X/Y/Z：朝 X、Y 和 Z 值指定的方向，将瞬时旋转力应用于刚体的质心。

03 采用默认参数不变，单击【创建】按钮，即可将选择的球体转换为主动刚体，如图 12-37 所示。

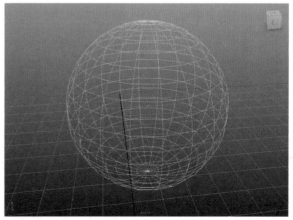

图 12-37 转换为主动刚体

04 选择平面物体，单击【柔体／刚体】｜【创建被动刚体】命令右侧的■按钮，打开刚体属性设置面板，如图 12-38 所示。

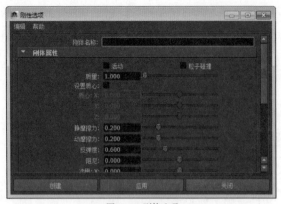

图 12-38 刚体选项

 提示

被动刚体和主动刚体的参数设置相同，这里不再介绍。

05 保持默认参数不变，单击【创建】按钮即可创建被动刚体。此时我们就成功将选择的几何体转换为刚体。

12.3.2 生成碰撞动画

通过上一节的操作，已经产生了一个主动刚体和被动刚体。但是，此时场景中并没有产生刚体的碰撞动画。本节将带领读者使刚体产生碰撞。

动手实践——修改刚体碰撞

本节将使用上一节使用的案例向大家介绍如何生成碰撞，以及如何烘焙动画效果等操作。

01 选择主动刚体，按 Ctrl+A 打开其属性设置面板，如图 12-39 所示。

下面向读者介绍这些属性的功能。

图 12-39 刚体属性

- **初始速度 X/Y/Z**：这 3 个参数主要用于设置刚体在 3 个轴向上的初始速度。
- **初始自旋 X/Y/Z**：这 3 个参数分别用于设置刚体在 3 个轴向上的初始旋转速度。
- **质心 X/Y/Z**：这 3 个参数用于设置刚体重心的位置，通过这组参数的设置可以使刚体的质量向重心位置集中。
- **冲量 X/Y/Z**：这组参数可以在刚体上添加一个自定义的作用力。
- **冲量位置 X/Y/Z**：这组参数用于设置将力作用的具体位置。
- **自旋冲量 X/Y/Z**：这组参数可以在刚体上添加一个旋转作用的力，并且可以在不同的轴向上分别定义作用力的大小。
- **质量**：用于设置刚体的质量，该值越大则物体就显得越重。
- **反弹度**：该参数用于设置刚体的弹性大小。
- **阻尼**：该参数用于设置刚体的速度衰减大小。
- **静摩擦**：该参数用于设置刚体受到滑动摩擦力的大小。
- **动摩擦**：该参数用于设置刚体运动碰撞时产生的摩擦力大小。
- **碰撞层**：用于设置碰撞的层，只有相同层编号的刚体才会发生碰撞。
- **替代对象**：如果启用该选项，则 Maya 会替代场景中的刚体为制定几何体以加速计算。
- **激活**：将物体设定为主动刚体。如果将该复选框禁用，则选择的物体被设置为被动刚体。
- **粒子碰撞**：如果启用该选项，则允许刚体与粒子发生碰撞，在该参数右侧的文本框中输入 On 可以启用该选项。
- **锁定质心**：锁定刚体的重心。
- **忽略**：如果将该选项的参数设置为 on，则可以使该刚体作用失效。
- **碰撞**：如果启用该选项，则允许刚体发生碰撞，禁用该选项则不允许发生碰撞。
- **应用力于**：选择将外力施加到刚体的位置。

02 将【初始速度 Y】设置为 -1，将【初始自旋 X】设置为 30，如图 12-40 所示。

图 12-40　设置参数

03 此时，播放动画，可以看到球体沿着 Y 轴向下运动，在运动过程中还将产生自旋转。在碰到平面物体时，则产生反弹效果。

04 选中球体，单击【编辑】|【关键帧】|【烘焙模拟】命令右侧的■按钮，打开其参数设置面板，如图 12-41 所示。

图 12-41　烘焙模拟选项

05 选中【开始 / 结束】单选按钮，将【结束时间】设置为 100，将【采样频率】设置为 5，如图 12-42 所示。

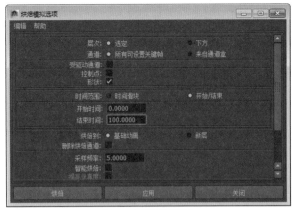

图 12-42　设置烘焙参数

06 设置完毕后，单击【烘焙】按钮即可完成烘焙，此时可以通过时间轨观察关键帧，如图 12-43 所示。

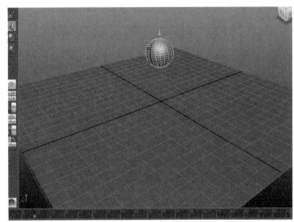

图 12-43　观察关键帧

07 此时，播放动画可以观察球体在平面上弹跳的效果。

12.4　柔体

柔体是 Maya 把几何物体表面的 CV 点或者顶点转换成柔体粒子，然后通过对不同部位的粒子给予不同的权重值的方法来模拟自然界中的柔软物体或者可以变形物体的一种动力学计算方法。本节将向读者介绍柔体的相关知识。

12.4.1　创建柔体

动力学的生成原理看起来比较复杂，但是其创建的方法以及参数的设置是比较简单的，我们只需要选择一个将要转换为柔体的物体，并通过参数设置告诉 Maya 按照什么状态设置即可。通常情况下柔体可以用来模拟容易变形的物体，例如泥土、旗帜、波纹等。

动手实践——创建柔体

01 可以在场景中选择一个物体后，依次执行单击【柔体/刚体】|【创建柔体】右侧的■按钮，即可打开【软性选项】对话框，如图 12-44 所示。

图 12-44 软性选项

下面向读者介绍其中各参数的功能。

🔽 **创建选项**：该下拉列表用于选择生成的柔体的属性。

　　🔽 **生成柔体**：直接将选中的物体转换成柔体。

　　🔽 **复制，将副本生成柔体**：在不改变原物体的情况下，以复制出的副本作为柔体。

　　🔽 **复制，将原始生成柔体**：将物体转换成柔体，并且另外复制一份原始物体。

🔽 **复制输入图表**：创建柔体时，复制上游节点。如果原始对象具有希望能够在副本中使用和编辑的依存关系图输入，请启用该选项。

🔽 **隐藏非柔体对象**：如果启用该选项，则会隐藏不是柔体的对象。

🔽 **将非柔体作为目标**：启用该选项可使柔体跟踪或移向从原始几何体或重复几何体生成的目标对象。

🔽 **权重**：设置目标物体的权重，当该值为 0 时，柔体可以自由地变形；当该值为 1 时，柔体将尽量匹配目标物体的形状。

　　02 在【创建选项】下拉列表中选择【生成柔体】选项，如图 12-45 所示。

图 12-45 选择列表

　　03 单击【创建】按钮，将原始几何体（例如多边形）转为一个柔体，如图 12-46 所示。

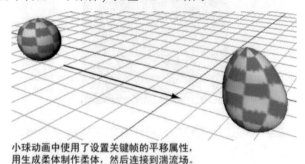

小球动画中使用了设置关键帧的平移属性，用生成柔体制作柔体，然后连接到湍流场。

图 12-46 转换为柔体

12.4.2 编辑柔体

　　创建了柔体后，我们对柔体进行编辑，使其能够产生更多的效果。本节将向读者介绍一些常见的柔体编辑手法。

1. 查看柔体关系

　　Maya 除了可以把 NURBS 物体转换成柔体之外，还可以将 IK 样条曲线和运动路径转换成柔体，转换的方法相同。在开始使用柔体之前，先在大纲视图中查看柔体的结构。打开大纲视图，启用【展示】|【形状】复选框，将出现图 12-47 所示的内容。

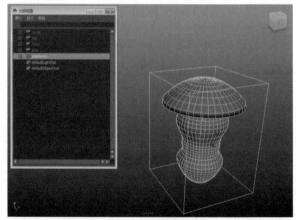

图 12-47 大纲视图

2. 添加力场

　　在实际操作过程中，有时我们需要使用场来对柔体产生影响，其操作方法是：重新选中物体，再执行【场】|【漩涡】命令。这时风场将出现在工作区中心。当播放动画时，物体在漩涡的作用下产生了螺旋变形，效果如图 12-48 所示。

图 12-48 场对柔体的影响

3. 使用碰撞

要创建碰撞，可以首先选择柔体，按 Shift 键选择要碰撞的对象，如图 12-49 所示。

图 12-49 选择对象

再执行【粒子】|【使碰撞】命令，从而使这两个物体产生碰撞。现在，当重力使柔体下落时，组成柔体的粒子将与平面发生碰撞，当播放动画时，将看到如图 12-50 所示的效果。

图 12-50 碰撞效果

不过，柔体碰撞与刚体碰撞是不同的。首先，刚体将自动与另一刚体碰撞；而柔体则必须定义碰撞，就像使用标准粒子群一样。另外，每个柔体粒子在不同的时间与平面碰撞，引起球体发生变形。

12.5　刚体约束

刚体约束用于限制刚体于场景中某个位置或者另外一个刚体上，它可以限制刚体的运动状态。当对场景中的一个物体使用约束时，系统会自动把它转换成刚体。Maya 中的刚体约束包括 5 种基本类型，分别是：钉子约束、销约束、铰链、弹簧和屏障约束。本节将向读者介绍这些约束的操作方法。

12.5.1 钉子约束

约束可以把刚体固定在场景中的某一个位置，它只对主动刚体起作用，而对被动刚体不起任何作用。实际上，钉子约束就是将主动刚体固定到世界空间的一点，相当于使用一根绳子一端栓在刚体上，另一端固定在空间上的一点。

动手实践——添加钉约束

本节将把一个物体绑定在一个固定的点上，使其产生类似于物体挂在钉子上所产生的动画效果。

[01] 打开随书光盘"场景文件 \Chapter12\Nail.mb"文件并将其选中，如图 12-51 所示。

[02] 执行【柔体 / 刚体】|【创建钉子约束】命令，创建钉约束，球体自动转换为主动刚体，如图 12-52 所示。

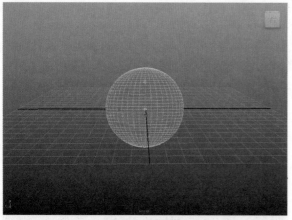

图 12-51 选择物体

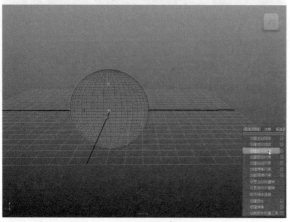

图 12-52 创建钉约束

03 选择钉约束控制点并将其移动到如图 12-53
所示的位置。

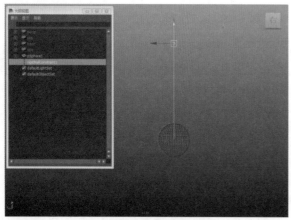

图 12-53 移动控制点

04 选择物体，执行【场】｜【重力】命令，为其
添加重力场，如图 12-54 所示。

05 选择重力物体，打开其属性面板，将【初始速
度】设置为 –1。预览动画观察效果，如图 12-55 所示。

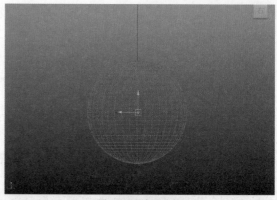

图 12-54 添加重力场

图 12-55 观察动画

12.5.2 固定约束

固定约束可以在某一确定的位置上将两个刚体连
接在一起，连接的物体可以是两个主动刚体，也可以
是一个主动刚体和被动刚体。

动手实践——添加固定约束

本节将把两个球体转换为主动刚体，并利用固定
约束建立联系，并使它们产生动画效果。

01 在视图中创建两个球体作为示例场景，如图
12-56 所示。

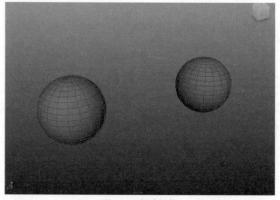

图 12-56 创建场景

02 选择球体模型，执行【柔体 / 刚体】|【创建固定约束】命令，创建固定约束，球体自动转换为主动刚体，如图 12-57 所示。

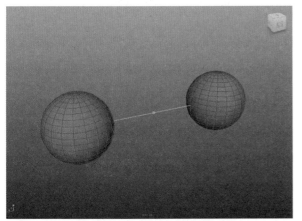

图 12-57 添加固定约束

03 选择其中的一个球体，执行【场】|【重力】命令，为选择的球体添加一个重力场，如图 12-58 所示。

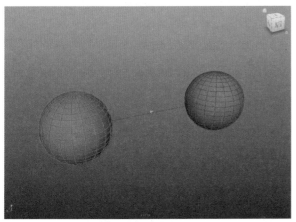

图 12-58 添加重力场

04 选择添加重力场的球体，将其【初始速度 Z】设置为 2，如图 12-59 所示。

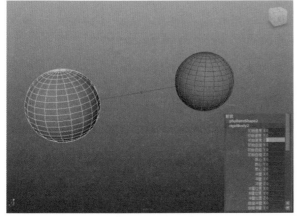

图 12-59 设置重力参数

05 设置完毕后，播放动画观察此时的效果，如图 12-60 所示。

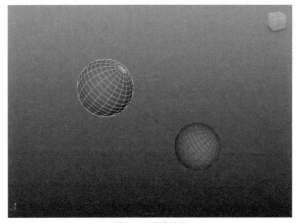

图 12-60 观察动画

12.5.3 铰链约束

铰链约束可以使刚体沿着一个已经定义的轴向进行运动，例如，通过铰链约束可以创建门绕门轴旋转或钟表的摆动等物理现象。创建铰链约束的方式包含以下 3 种，分别是：

> ⮠ 一个主动刚体或者被动刚体与场景中的某一位置。

> ⮠ 两个主动刚体之间。

> ⮠ 一个主动刚体和一个被动刚体之间。

关于铰链约束的创建方法和上述约束的创建方法相同，这里不再详细介绍，读者可参考上述操作方法进行操作。

12.5.4 弹簧约束

弹簧约束主要用于模拟弹性绳索，可以创建为弹簧约束的对象比较广泛，主要包括以下 3 种：

> ⮠ 一个主动刚体或者被动刚体与场景中的某一位置。

> ⮠ 两个主动刚体。

> ⮠ 一个主动刚体和一个被动刚体。

依次选择【柔体 / 刚体】|【柔体 / 刚体】右侧的■按钮，可以打开弹簧约束的参数设置对话框，如图 12-61 所示。

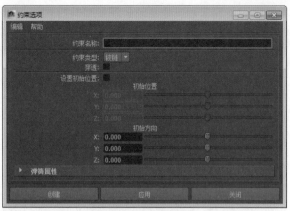

图 12-61 弹簧参数设置

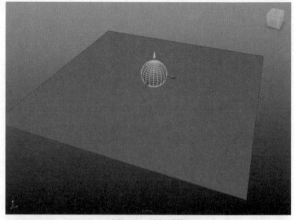

图 12-62 选择球体

🔽 约束名称：设置约束的名称。

🔽 约束类型：通过其右侧的下拉列表切换不同的刚体约束。

🔽 穿透：当刚体之间产生碰撞时，启用该复选框可使刚体之间能够相互穿透。此选项处于非选中状态时，刚体之间不能互相穿透。

🔽 设置初始位置：该复选框用于设置弹簧约束在场景中的位置，选中该复选框，然后输入 X、Y 和 Z 的坐标数值即可。

🔽 刚度：设置弹簧约束的弹力，在同样距离的情况下，该数值越大，弹簧的弹力越大。

🔽 阻尼：设置弹簧约束的阻尼力。阻尼力的强度与刚体的速度成正比，阻尼力的方向和刚体速度的方向成反比。

🔽 设置弹簧静止长度：设置弹簧约束在静止时的长度。在默认的情况下，弹簧的静止长度和约长度相等。

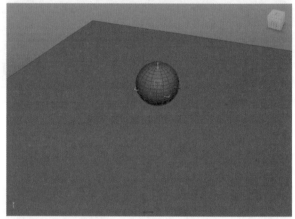

图 12-63 选择主动刚体

> 03 选择平面体，依次执行【柔体 / 刚体】｜【创建被动刚体】命令，将其转换为被动刚体，如图 12-64 所示。

12.5.5 屏障约束 ⟩

屏障约束相当于创建了一个无穷大的阻挡平面，受这个平面约束影响的物体将不能超越这个平面的界限。该约束只能针对主动的单个刚体产生作用，不能用于约束被动的刚体。

动手实践——添加屏障约束

下面介绍屏障约束的操作方法。

> 01 打开随书光盘"场景文件 \Chapter12\Barrier.mb"文件，选择要被设置为主动刚体的物体，例如图 12-62 中所示的球体。

> 02 依次执行【柔体/刚体】｜【创建屏障约束】命令，在球体上创建一个屏障约束，如图 12-63 所示。

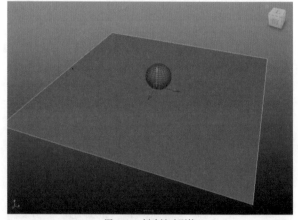

图 12-64 创建被动刚体

> 04 再在球体的通道盒中给刚体设置一个初始速度，如图 12-65 所示。

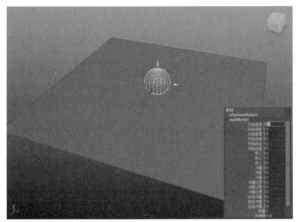

图 12-65 设置初始速度

05 这样可以看到刚体的运动效果,整个球体的运

动将被限制在平面的上方,如图 12-66 所示。

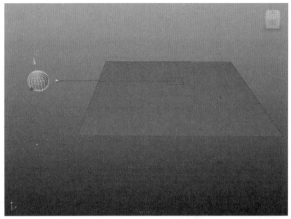

图 12-66 障碍效果

12.6 综合练习——烟花效果

在了解了 Maya 中的粒子、场、刚体、柔体等知识后,本节将利用一个烟花的喷射效果向大家讲解如何将这些知识融合到一起,切实帮助读者提高动手实践的能力。

1. 粒子 1 的创建

01 新建一个 Maya 场景,在视图中创建粒子发射器,在动力学模块下面粒子选项下,创建粒子发射器,播放动画如图 12-67 所示。

图 12-67 创建粒子发射器

02 把粒子发射类型设置为【方向】发射,在【距离 / 方向属性】卷展栏下将【方向 Y】设置为 1,如图 12-68 所示。

03 选择发射器,在【距离 / 方向属性】卷展栏中将【扩散】设置为 0.5,播放动画如图 12-69 所示。

图 12-68 发射器发射粒子方向的设置

图 12-69 粒子扩散的设置

04 在第 0 帧处创建一个关键帧，将【速率（粒子/秒）】设置为1.338。将时间滑块拖动到第19帧处，将该值设置为0，如图12-70所示。

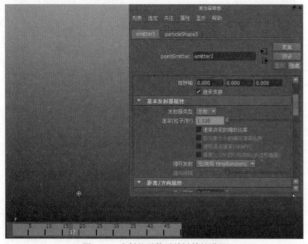

图 12-70 发射粒子数目关键帧的设置

05 选择粒子，在particleShape1选项卡中展开【渲染属性】卷展栏，将【粒子渲染类型】设置为球体，如图12-71所示。

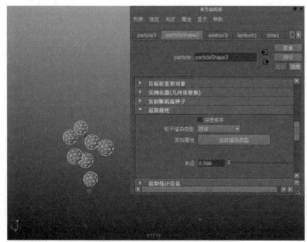

图 12-71 设置粒子的渲染类型

06 在 particleShape1 选项卡中展开【寿命属性】卷展栏，将【寿命模式】设置为【仅寿命 PP】选项，如图12-72所示。

2. 创建粒子 2

01 在视图中创建一个粒子，并选择粒子物体，设置粒子使其沿着物体发射，播放动画，如图12-73所示。

02 选择粒子2，选择粒子选项下面的逐点发射速率，单击之后，播放动画，发现粒子2不见，如图12-74所示。

图 12-72 粒子 1 寿命的设置

图 12-73 粒子 2 的创建

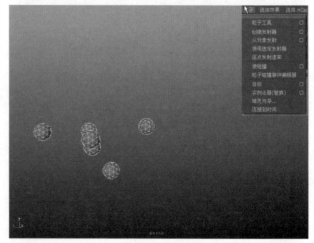

图 12-74 逐点发射

03 粒子 2 不见之后，选择粒子 1，在属性编辑器下面的每粒子属性中多了 Emitter2RatePP 的选项，如图12-75所示。

图 12-75 设置表达式

04 选择 particleShape1，在每粒子属性下面的寿命 PP 中右击，出现了一个快捷菜单，选择【创建表达式】命令，如图 12-76 所示。

图 12-76 表达式的命令

05 选择【创建表达式】命令，出现如图 12-77 所示的窗口。

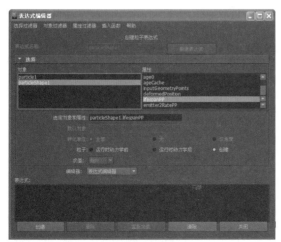

图 12-77 表达式窗口

06 按照图 12-78 所示的参数在【表达式】列表框中添加表达式。

图 12-78 粒子表达式的创建

07 寿命表达式创建完成之后，播放动画还是没有粒子 2 的出现。选择 particleShape1，在每粒子属性下的 Emitter2RatePP 中单击鼠标右键，上面显示有创建动力学前运行式表达式，如图 12-79 所示。

图 12-79 创建动力学前运行表达式

08 单击【动力学前运动时表达式】选项，打开表达式窗口，并按照图 12-80 所示的方式写入表达式。

图 12-80 表达式的创建

09 然后播放动画，可以观察到粒子 2 出现了，如图 12-81 所示。

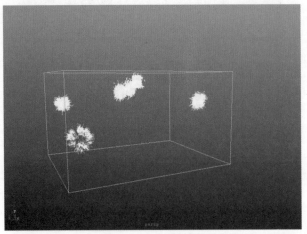

图 12-81 粒子 2 重新出现

10 选中 particleShape2，在它的添加常规属性下面，添加每粒子颜色和不透明度属性，如图 12-82 所示。

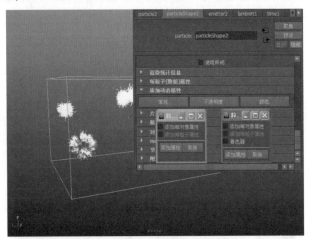

图 12-82 添加每粒子颜色和不透明属性

11 在每粒子属性当中，出现了 RGB PP 和不透明度 PP 两个选项，如图 12-83 所示。

图 12-83 每粒子属性中多出的两个属性

12 选择 RGBPP 的窗口并右击，打开如图 12-84 所示的菜单。

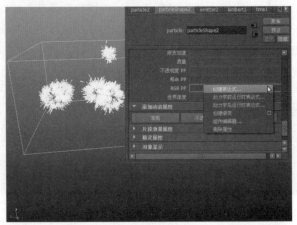

图 12-84 表达式

13 单击【创建表达式】命令，打开创建表达式的窗口，写入如图 12-85 所示的表达式，粒子 2 就变成了全是白色。

图 12-85 表达式的创建

14 再按照图 12-86 所示的参数修改表达式。

图 12-86 表达式的创建

15 此时播放动画，观察此时的粒子变化，如图
12-87 所示。

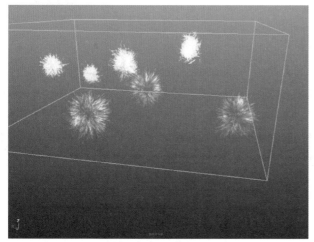

图 12-87 粒子 2 的颜色

16 切换到 particleShape2 选项卡，在【不透明度
PP】选项上单击鼠标右键，在打开的快捷菜单中单击【创
建渐变】命令，如图 12-88 所示。

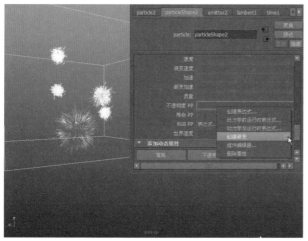

图 12-88 创建不透明度的渐变

17 此时将打开一个如图 12-89 所示的窗口，并
添加表达式。

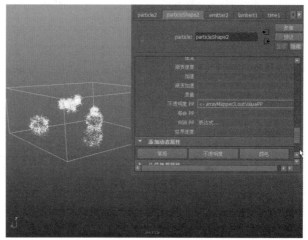

图 12-89 添加渐变效果

18 调整合适角度，单击【渲染】按钮，渲染效果
如图 12-90 所示。

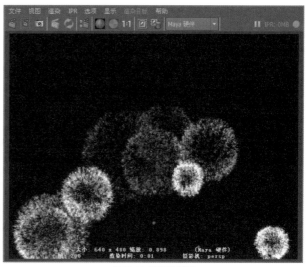

图 12-90 渲染效果图

第 ⑬ 章 特效动画

特效是一个泛指,通常情况下包括声音特效和视频特效。我们这里所指的特效是指视频特效,当然这个特效也是一个狭隘的定义,主要讲解 Maya 中的笔刷特效、流体特效以及海洋特效。

13.1　Paint Effects 特效

Paint Effects 的功能比传统绘画更强大,用户可在画布或场景中使用画笔来绘制整个粒子效果。在画布上,一个简单的笔画可产生很复杂的图像,例如,一棵绿树或一朵红花。在场景中,同样的笔画可以产生一个立体的真正的大树。想象一个绘制的果园,其中大树是绘画产生的,并且创建的人物可在其中跑动。用户还可以为场景中绘画的效果添加动力场,并控制动画效果的显示和运动。

13.1.1　认识 Paint Effects ⟩

Paint Effects 工作起来就像一支画笔。当用户使用 Paint Effects 工具单击并拖曳时,就已创建了一个笔画。一个笔画是带有属性的曲线的集合,这些属性定义了如何沿笔画路径进行绘制。用户可在画布上创建 2D 图像或纹理,或在 3D 场景中绘制笔画,以创建立体的绘画效果。本节将向读者介绍 Paint Effects 的组成。

1. 笔刷

定义笔画显示和效果的属性设置被称为一个“笔刷”。当用户绘制一个新笔画时,Paint Effects 创建一个新的笔刷,并把“模板”笔刷的设置复制到新的笔刷中,然后把新笔刷连接到笔画上,并给笔刷一个唯一的名称。一个 template brush(模板笔刷)是一些属性设置的集合,这些属性设置定义了将要连接到下一个笔画上的笔刷的属性。把它想象为绘画的颜料盒,也就是混合颜料的地方。调和颜料盒中的颜料将会影响将要绘制的笔画的显示,而不会对已经存在的笔画(模板笔刷)产生影响。

2. 笔画

笔画是连接到一条隐藏的 NURBS 底层曲线上的曲线,底层的 NURBS 定义了笔画路径的形状。当用户在一个 2D 画布上绘画时,Paint Effects 使用模板笔刷的属性设置沿笔画路径进行绘画,如图 13-1 所示,然后丢弃笔画曲线。因为在 2D 的画布上不可能存在几何体,用户不能修改笔画,或连接到其他的笔画上。

图 13-1　笔画

当用户在 3D 空间中进行绘画时,Paint Effects 会保存笔画。因为此时的笔画是几何体,它们带有创建历史,并且是可编辑的。用户可修改一个笔画的属性,变换笔画，改变它的形状，修改笔画路径曲线上 CV 点的数目，或重新设置连接到笔画上的笔刷属性。用户甚至可以在现有的 NURBS 曲线上连接笔刷，来创建笔画。

13.1.2 创建 Paint Effects

Paint Effects 特效被集成在【渲染】模块中，读者可以按快捷键 F6 快速切换到该模块。本节将向大家介绍笔触效果的创建方法。

动手实践——通过模板创建笔触

01 打开 Maya 2014 之后，按下 F6 键，进入渲染模块，在菜单栏上可以看到 Paint Effects 命令菜单。

02 执行 Paint Effects | 【获取笔刷】命令，打开如图 13-2 所示的 Visor 窗口。

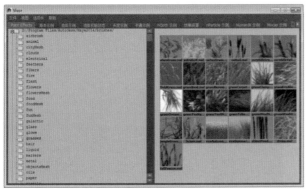

图 13-2 Visor 窗口

03 单击 Paint Effects 选项卡中的文件夹图标，例如，grasses 选项，即可在右侧的栏中显示出预设的笔刷，如图 13-3 所示。

图 13-3 选择笔刷

04 单击其中的一个预设图标，即可在视图中拖动鼠标进行绘制，如图 13-4 所示。

05 绘制完毕后，渲染当前视图，即可观察效果，如图 13-5 所示。

图 13-4 绘制效果

图 13-5 观察渲染效果

 提示

> Maya 中的笔触分为 2D 笔触和 3D 笔触。2D 笔触是一个平面的笔触效果，而 3D 笔触则可以创建出具有立体感的效果。

动手实践——修改笔触形状

在 Maya 中，绘制的笔触特效还可以根据实际需要改变其分布的范围及形状。本节将向读者介绍如何修改笔触的形状。

01 打开随书光盘"场景文件 \Chapter13\ 修改笔触形状 .mb"文件，如图 13-6 所示。

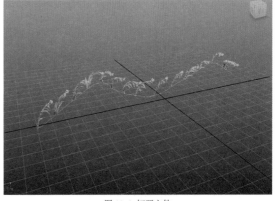

图 13-6 打开文件

02 选中绘制的模型，执行【显示】|【显示】|【显示几何体】|【NURBS 曲线】命令，显示出路径曲线，如图 13-7 所示。

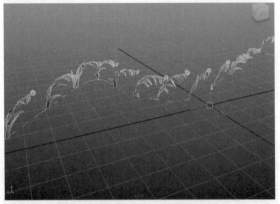

图 13-7 显示 NURBS 曲线

03 选择笔刷上的曲线，按 F8 键进入顶点编辑状态，现在路径上的点太多，不容易编辑，如图 13-8 所示。

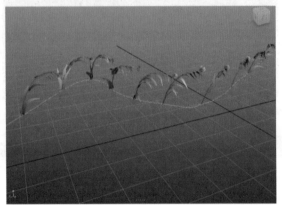

图 13-8 观察顶点

04 返回对象编辑状态，执行 Paint Effects |【曲线工具】|【简化笔触路径曲线】命令，简化曲线，如图 13-9 所示。

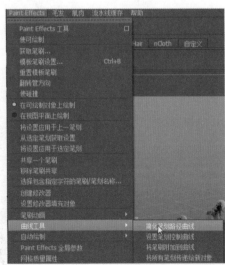

图 13-9 简化路径曲线

05 再次进入顶点编辑状态，可以看到简化的结果，如图 13-10 所示。

图 13-10 简化后的顶点

06 使用移动工具调整顶点的位置，可以调整笔触的形状，如图 13-11 所示。

图 13-11 修改形状

动手实践——在曲线上创建笔触

Maya 中的笔触效果还可以根据用户自定义的路径进行绘制。这种绘制方式需要事先创建一条定义好的曲线路径。本节将向读者介绍如何在曲线上绘制笔触。

01 新建一个场景。在场景中创建一条 CV 曲线，如图 13-12 所示。

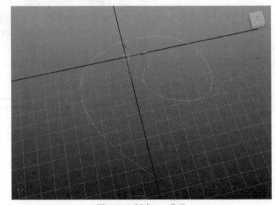

图 13-12 创建 CV 曲线

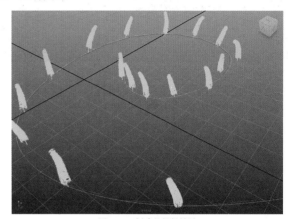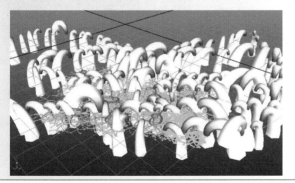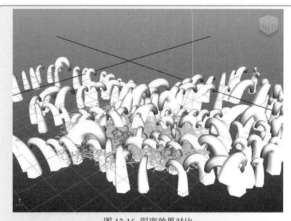

02 确认 NURBS 曲线处于选中状态，按住 Shift 键在笔触库中加选一个笔触，如图 13-13 所示。

图 13-13 选择笔触

03 执行 Paint Effects ｜【曲线工具】｜【将笔刷附加到曲线】命令，即可为曲线添加笔触效果，如图 13-14 所示。

图 13-14 创建的笔触效果

13.2 画笔特效设置

创建了笔触后，可以根据自己的需要修改其参数。笔触的参数比较多，本节将逐一向大家介绍这些参数的功能。要打开笔刷参数设置，可以在笔触库中选择一个笔触，然后在渲染模块下执行 Paint Effects ｜【模板笔刷设置】命令，即可打开属性编辑窗口。

13.2.1 通道卷展栏

该卷展栏下的选项用于对笔触通道进行控制，共有 4 个复选框，如图 13-15 所示。本小节将向读者介绍该卷展栏中的参数功能。

图 13-15 通道卷展栏

深度：当启用【深度】复选框后，Maya 会为笔触开通深度通道，此时两次绘制的笔触会在空间深度上进行交叉；如果禁用该复选框，则后绘制的笔触会覆盖先前绘制的笔触上，如图 13-16 所示。

图 13-16 深度效果对比

在上图中，左侧是启用【深度】复选框的效果；右侧则是禁用【深度】复选框的效果。

修改深度：启用【深度】复选框后，【修改深度】复选框同时被启用，它控制的是笔触通道的深度。

修改颜色：启用【修改颜色】复选框，表示该画笔可以绘制笔触颜色。如果禁用，则不可绘制颜色，但保留 Alpha 通道。

修改 Alpha：启用该复选框后，表示笔触将绘制 Alpha 通道，效果对比如图 13-17 所示。

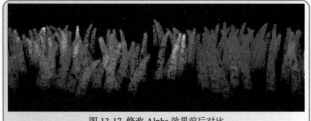

图 13-17 修改 Alpha 效果前后对比

在上图中，左侧的效果为禁用【修改 Alpha】复选框的效果，右侧则是启用该复选框后的效果。

13.2.2 笔刷轮廓

该卷展栏主要是对笔触形状进行一些设置，图13-18 所示是该卷展栏。本节将向大家介绍这些参数的功能。

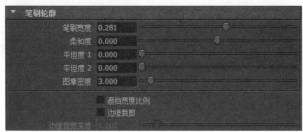

图 13-18 笔刷轮廓卷展栏

笔刷宽度：控制笔刷的宽度。

柔和度：控制笔触边缘的柔和度。当该值为负时，笔触的中间会产生镂空，如图 13-19 所示。

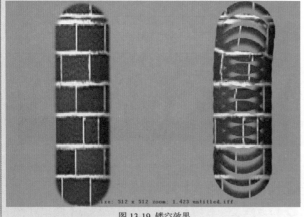

图 13-19 镂空效果

平坦度 1/2：定义笔触的平整度。

图章密度：用来设置单位长度内笔触的取样点数量，图 13-20 是不同的取值所创建的不同效果。

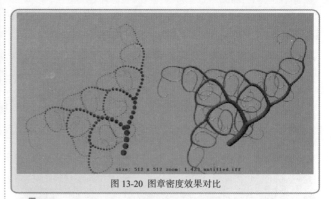

图 13-20 图章密度效果对比

提示

对于单一笔触，【图章密度】决定了沿笔触方向的取样点密度；对于管状笔触，【图章密度】决定了沿笔触宽度方向的取样点数量。

遮挡宽度比例：将按比例降低【图章密度】取样值过高而导致的遮盖。

边缘裁剪：渲染时会将 3D 绘制成类似 2D 的效果。

13.2.3 网格卷展栏

【网格】卷展栏中的参数用于控制笔触的显示质量和段数的多少，如图 13-21 所示。

图 13-21 【网格】卷展栏

管分段：控制笔触横截面的分段数量，数值越高，绘制笔触的质量就越高，如图 13-22 所示。

图 13-22 分段设置

截面分段：控制笔触的每段细分数量，效果对比如图 13-23 所示。

图 13-23 细分设置

🔘 单面：将只显示面向摄影机视点的曲面。

🔘 逐像素照明：将以每个像素点进行灯光照明，否则将以每个顶点进行灯光照明。

🔘 结束端面：将会为管子添加几何封口。

🔘 硬边：将会显示曲面边沿的硬边。

13.2.4 着色卷展栏 ⊙

【着色】卷展栏控制笔触着色的相关设置，如图13-24 所示。

图 13-24 【着色】卷展栏

🔘 颜色 1：控制笔触的颜色，对于单一笔触，它控制的是整体颜色，对于管状笔触，它控制的是根部的颜色。

🔘 白炽度 1：该选项控制笔触的自发光特效，数值越高，效果越炽热。

🔘 透明度 1：控制着笔触的透明度。

🔘 模糊强度：控制着笔触的模糊度。该选项只有在笔触类型为模糊时才有效。

13.2.5 纹理卷展栏 ⊙

该卷展栏下的参数控制的是笔触纹理的相关设置，包括更改笔触颜色、添加笔触贴图、设置笔触噪波等，参数比较多，如图 13-25 所示。

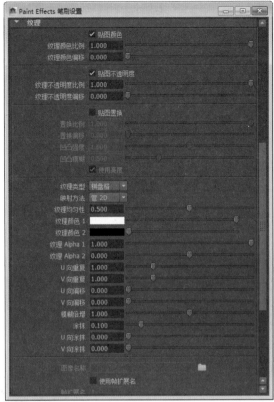

图 13-25 【纹理】卷展栏

🔘 贴图颜色：启用贴图颜色。

🔘 纹理颜色比例：可以调整笔触颜色的缩放和偏移值，不同的参数对比如图 13-26 所示。

图 13-26 颜色比例对笔触的控制

🔘 贴图不透明度：在笔刷中启用不透明度贴图。

🔘 纹理不透明度比例：可以调整笔触不透明度的缩放。

🔘 纹理不透明度偏移：可以调整笔触不透明度的偏移值。

🔘 纹理类型：通过其右侧的下拉列表可以选择应用在笔触上的纹理。

🔘 棋盘格：使用【棋盘格】纹理类型可以直接生成一个棋盘格的纹理作为贴图，如图 13-27 所示。

图 13-27 棋盘格纹理效果

📥 文件：可以使用一张图片作为纹理，单击【图像名称】后面的文件按钮，即可添加图片，图 13-28 所示为添加图片后绘制的效果。

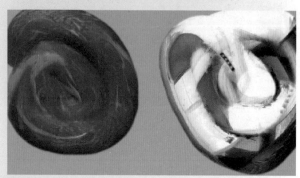

图 13-28 文件纹理效果

📥 其他纹理：其他 3 种纹理类型分别是 U 向渐变、V 向渐变和分形，这 3 个笔触的效果如图 13-29 所示。

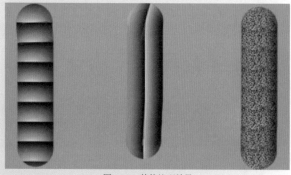

图 13-29 其他纹理效果

📥 映射方法：通过其右侧的下拉列表选择不同的纹理贴图方法。

📥 纹理均匀性：控制纹理是否以均匀方式显示。

📥 纹理颜色 1/2：通过其右侧的颜色块设置纹理颜色。

📥 纹理 Alpha 1/2：设置纹理的 Alpha 通道。

📥 U/V 向重复：用于控制贴图 U/V 向上的重复值，不同的 UV 重复效果如图 13-30 所示。

图 13-30 UV 向重复效果对比

📥 U/V 向偏移：分别用来控制 UV 向的偏移值。

📥 模糊倍增：可以控制纹理的模糊度。

📥 涂抹：用于控制纹理的涂抹程度。

📥 U/V 向涂抹：用于控制纹理在 U 和 V 向上的涂抹效果。

13.2.6 照明卷展栏

【照明】卷展栏中的参数用来控制笔触的照明，图 13-31 所示是【照明】卷展栏。

图 13-31 【照明】卷展栏

📥 照明：启用该复选框，将会使用灯光照明笔触，当然也可以在 Maya 场景中创建灯光进行照明。

📥 真实灯光：使用场景中的灯光来决定阴影和高光，否则将使用默认平行光对笔触进行照明。

📥 基于照明的宽度：在显示笔触时，面向光的笔触将会显示得比较薄，背光面则显示得比较厚。

📥 灯光方向：使用右侧的 3 个文本框定义灯光的照明方向。

📥 半透明：定义笔触的半透明度。

📥 镜面反射：用来设置笔触的高光亮度。

📥 镜面反射强度：控制笔触的高光范围，当高光范围增大时，高光的亮度值会随之减少。

📥 镜面反射颜色：控制高光颜色，颜色的色相和亮度都会影响笔触高光的显示。

13.2.7 阴影效果卷展栏

阴影效果卷展栏下的参数用于对笔触阴影效果进行控制，图 13-32 所示是该卷展栏。

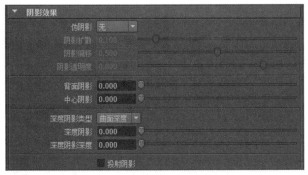

图 13-32 【阴影效果】卷展栏

🔽 **伪阴影**：用于设置投影方式，其中 2D 偏移表现二维投影效果，3D 投射表现三维投影效果，如图 13-33 所示。

图 13-33 2D 和 3D 效果

🔽 **阴影扩散**：控制阴影边沿的柔和度。不同的取值所创建的不同效果如图 13-34 所示。

图 13-34 阴影扩散效果对比

🔽 **阴影偏移**：控制阴影和笔触位置的偏移距离，不同的取值效果如图 13-35 所示。

图 13-35 阴影偏移效果对比

🔽 **阴影透明度**：控制阴影的透明度。不同的取值所产生的不同效果如图 13-36 所示。

图 13-36 阴影透明度效果对比

🔽 **背面阴影**：对象的背面不会接收光，因此不会被照亮。不同的取值所产生的不同效果对比如图 13-37 所示。

图 13-37 背面阴影效果对比

🔽 **中心阴影**：该设置对距笔画路径中心最近的管进行着色，模拟成束植物的效果，由于灯光被外侧植物阻挡，其中外侧植物被照亮，而内侧植物被着色。该值越大，着色越暗，如图 13-38 所示。

图 13-38 中心阴影效果对比

🔽 **深度阴影类型**：当【深度阴影】取值大于 0 时，则可以在该下拉列表中选择深度阴影类型。

🔽 **深度阴影**：根据管与曲面或路径的距离使管颜色变暗或对其进行着色。

- 深度阴影深度：定义可应用【深度阴影】的最大距离。

- 投射阴影：启用该复选框，则可以使笔刷产生投影效果。

13.2.8 辉光卷展栏

【辉光】卷展栏下的参数用来设置笔触的发光效果，如图 13-39 所示。

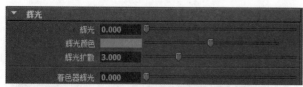

图 13-39 【辉光】卷展栏

- 辉光：定义笔触辉光的亮度。数值越大，辉光越亮，图 13-40 所示分别是取值为 0、0.5、1 的效果。

图 13-40 辉光效果对比

- 辉光颜色：定义标准辉光的颜色。如果该颜色值为 0（黑色），则没有辉光效果。

- 辉光扩散：定义标准辉光发出的光晕扩散超出绘制的量。数值为 1 时不产生任何效果。图 13-41 所示是取值分别为 1、2、3 的效果。

图 13-41 辉光扩散效果

- 着色器辉光：定义着色器辉光的亮度。

13.2.9 管卷展栏

使用【管】卷展栏下的参数可以创建笔触的生长动画，还可以控制分支的数量、大小、颜色、密度等，该卷展栏下有 5 个子卷展栏，如图 13-42 所示。

图 13-42 【管】卷展栏

在其参数面板中，启用【管】复选框，表示将会在原始的笔触上添加分支（管子）。启用【管完成】复选框，则生长出的管子将延伸到最长范围，否则只跟随笔触延伸。

1. 创建

【创建】卷展栏下的参数是对笔触分支的具体控制，包括生长的位置、分布、段数，以及分段的粗细、随机程度等。下面进行详细介绍。

- 每步管数：决定了笔触在每个单位生长的数目。取值为 0.5、1 和 2 所产生的效果如图 13-43 所示。

图 13-43 每步管数效果对比

- 管随机：沿路径随机化管的位置。该值越小，管越有序地显示。该属性不会随机化发射器位置。

- 起始管数：定义在绘制的每个路径的第一个点处种植的管数。

- 分段：定义管可包含的分段的最大数量。取值分别为 10、20 和 30 的效果对比如图 13-44 所示。

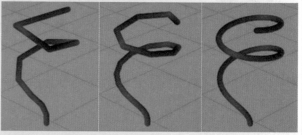

图 13-44 不同的分段所产生的不同效果

- 最大 / 小长度：这些设置定义管的可能长度范围。

- 管宽度 1/2：这些设置定义管根部的宽度（宽度 1）和管尖端的宽度（宽度 2）。

- 宽度随机：沿笔画路径随机化管宽度。取值分别为 0、0.5 和 1 的不同效果如图 13-45 所示。

图 13-45 随机宽度效果对比

- 宽度偏移：定义随机宽度的分布方式。图 13-46 所示分别是取值为 -0.5、0.5 和 1 的不同效果。

图 13-46 宽度偏移效果

↳ 分段长度偏移：定义按长度分布分段的方式。图 13-47 所示分别是取值为 -0.2、0 和 0.2 的不同效果。

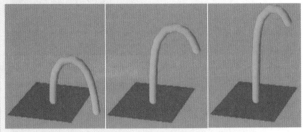

图 13-47 分段长度偏移

↳ 分段宽度偏移：定义分段宽度，如影响分段长度的方式。

↳ 曲面捕捉：如果启用此选项，管的开始位置将捕捉到几何体曲面上最近的点。

2. 生长

【生长】卷展栏提供了一些用于控制管笔刷细节的选项，如图 13-48 所示。

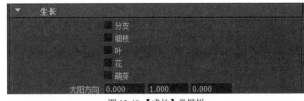

图 13-48 【成长】卷展栏

↳ 分支：用来设置笔触上的分支数量、深度、角度等属性。

↳ 细枝：启用该选项，在管或分支上种植细枝。

↳ 叶：启用该选项，沿管或分支种植叶。

↳ 花：启用该选项，沿管或分支种植花。

↳ 萌芽：启用该选项，在分支和叶的尖端种植萌芽。

↳ 太阳方向：设定太阳方向的 X、Y 和 Z 位置。

【管】卷展栏中包含 5 个子卷展栏，本节仅向读者介绍上述两个卷展栏。其他 3 个卷展栏的内容不再讲解。

13.3 流体特效

利用流体可以制作出很多精彩的效果，例如，波澜壮阔的海洋、涓涓细流、惊涛骇浪的洪水等。此外，还可以制作出逼真的云雾、火焰、炸弹爆炸等特效。本节将向读者介绍流体特效的使用方法。

13.3.1 创建流体

流体分为两种基本类型，即 2D 流体和 3D 流体。不同类型流体的创建方法也不太相同。此外，我们还可以将流体创建在几何体或曲线上。本节将向读者介绍它们的创建方法。

动手实践——创建 2D 流体

 01 将模块切换到动力学模块，单击【流体特效】|【创建 2D 容器】命令右侧的█按钮，打开如图 13-49 所示的属性设置面板。

图 13-49 创建 2D 容器选项

下面向读者介绍【创建 2D 容器选项】面板中相关参数的功能。

- X/Y 分辨率：以体积像素为单位定义流体的分辨率。分辨率越高，细节越精细，但会增加渲染时间和降低交互式模拟性能。
- X/Y/Z 大小：在 Maya 的工作单位集中定义流体容器的物理尺度。

02 保持默认参数不变，单击【应用并关闭】按钮，在视图中创建一个流体，如图 13-50 所示。

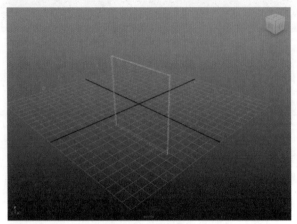

图 13-50 创建的流体

提示

此时，仅仅在场景中创建了一个用于"盛放"流体的容器，并没有创建出喷着流体的发射器。

03 单击【流体特效】|【添加/编辑内容】|【发射器】命令右侧的■按钮，打开如图 13-51 所示的属性设置面板。

图 13-51 反射器选项

04 在【发射器类型】下拉列表中选择【泛向】，单击【应用并关闭】按钮，即可创建一个发射器，如图 13-52 所示。

05 播放动画，观察此时的流体运动，如图 13-53 所示。

图 13-52 创建发射器

图 13-53 观察流体运动

动手实践——创建 3D 流体

01 执行【流体特效】|【创建 3D 容器】命令，创建一个默认的流体容器，如图 13-54 所示。

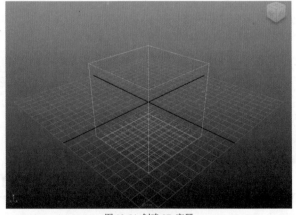

图 13-54 创建 3D 容器

02 选择容器，单击【流体特效】|【添加/编辑内容】|【发射器】命令右侧的■按钮，在打开的属性设置面板中将发射器类型设置为"泛向"，如图 13-55 所示。

03 按键盘上的数字键5进行实体显示，播放动画，观察此时的流体效果，如图 13-56 所示。

图 13-55 创建 3D 发射器

图 13-56 实体流体的效果

关于 3D 流体的创建方法和 2D 流体大致相同，读者可以直接利用 2D 流体的创建方法创建 3D 流体。

动手实践——将几何体作为喷射对象

在实际应用过程中，流体的发射大多数是依靠某个物体来进行的，此时就需要根据实际需要将一个几何体作为喷射对象产生流体。本节将向读者介绍如何在几何体上喷射流物体。

01 新建一个场景，按照上述方法在视图中创建一个 2D 流体容器，如图 13-57 所示。

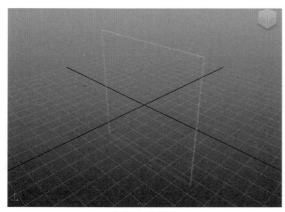

图 13-57 创建流体

02 在视图中创建一个圆锥体，并调整它的位置，使其与流体平面充分相交，如图 13-58 所示。

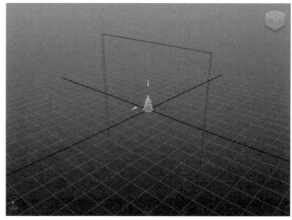

图 13-58 创建圆锥体

03 先选择圆锥体，再加选流体容器，如图 13-59 所示。

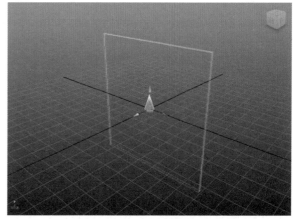

图 13-59 选择物体

04 单击【流体特效】|【添加/编辑内容】|【从对象发射】命令右侧的█按钮，打开如图 13-60 所示的属性设置面板。

图 13-60 打开设置面板

05 单击【应用并关闭】按钮，将物体作为流体发射器，观察此时的效果，如图 13-61 所示。

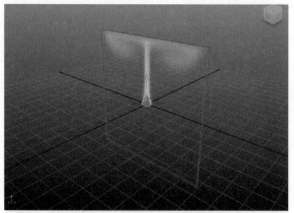

图 13-61 从物体上发射的流体

动手实践——将曲线作为喷射对象

有时，我们喷射的流体需要按照某个花型或者形状喷射，此时就需要将流体放置到曲线上就更容易实现。

 在视图中创建一条 NURBS 曲线，如图 13-62 所示。

图 13-62 创建 NURBS 曲线

 再使用上述方法，在视图中创建一个 2D 流体，并将曲线移动到 2D 流体容器中，如图 13-63 所示。

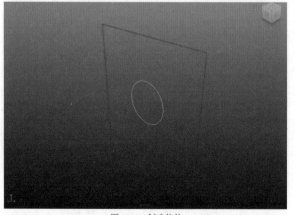

图 13-63 创建物体

 先选择圆，按住 Shift 键加选流体容器，如图 13-64 所示。注意观察选择的物体的颜色，从而区分物体的选择次序。

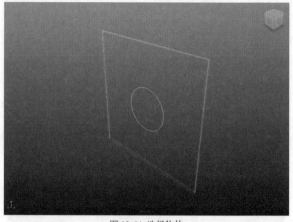

图 13-64 选择物体

 单击【流体特效】|【添加 / 编辑内容】|【连同曲线】命令右侧的■按钮，在打开的属性设置面板中，按照图 13-65 所示的参数进行设置。

图 13-65 设置参数

 此时，曲线将作为流体的喷射对象。播放动画，观察一下此时的流体效果，如图 13-66 所示。

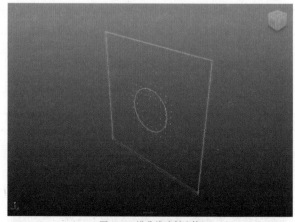

图 13-66 沿曲线喷射流体

13.3.2 流体属性设置

在创建了流体后，即可通过其属性栏对其进行设置。在视图中选择流体容器，按组合键 Ctrl+A 即可打开。切换到 fluidShape1 选项卡即可打开其设置。本节将向大家介绍一些主要参数的功能。

1. 容器属性

该参数主要用于设置流体容器的属性，如图 13-67 所示。

图 13-67 容器属性

- 保持体素为方形：将容器的流体像素设置为方形。
- 基本分辨率：定义沿流体最大轴的分辨率。
- 分辨率：用于设置容器的网格分辨率。
- 大小：以厘米为单位定义流体容器的大小。
- 边界 X/Y/Z：该参数用于设置容器的边界，默认情况下顶部和底部都是边界，也可以选择单一边作为边界或撤销某个面的边界。

2. 内容方法

该卷展栏用于设置流体内容器中比较重要的属性，通过更改这些属性，可以将流体以不同的方式显示颜色和状态，如图 13-68 所示。

图 13-68 【内容方法】卷展栏

- 密度：设置流体的密度，在该下拉列表中有 4 个参数供设置，简介如下。

  - 禁用（零）：在整个流体中将特性值设定为 0，表示对动力学模拟没有效果。
  - 静态栅格：为流体创建栅格，允许使用特定值填充每个体素。

- 动态栅格：为流体创建栅格，且能够应用任何动力学特效。
- 渐变：使用选定的渐变以便用特性值填充流体容器。

- 密度渐变：该参数用于设置流体的速度属性，读者也可以从其下拉列表中选择相应的选项进行操作。

  - 恒定：在整个流体中将值设定为 1。
  - X 渐变：设定值沿 X 轴从 1 到 0 的渐变。
  - Y 渐变：设定值沿 Y 轴从 1 到 0 的渐变。
  - Z 渐变：设定值沿 Z 轴从 1 到 0 的渐变。
  - 中心渐变：设定值从中心的 1 到沿着边的 0 的渐变。

2D 和 3D 流体的密度渐变的变化效果如图 13-69 所示。

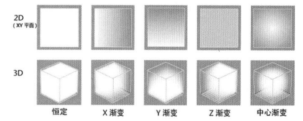

图 13-69 流体密度变化效果

- 温度：该选项为流体的温度属性。
- 燃料：该选项为流体的燃料属性。
- 颜色方法：用于定义颜色的方法。
- 衰减方法：将衰减边添加到流体的显示中，以避免流体出现在体积部分中。

3. 显示

该卷展栏主要用于设置流体的显示方式，如图 13-70 所示。

图 13-70 【显示】卷展栏

🔽 **着色显示**：选择场景中流体的显示方式。

🔽 **不透明度预览增益**：打开该选项，可以调整流体的不透明度。

🔽 **每个体素的切片数**：定义当 Maya 处于着色显示模式时每个体素显示的切片数。切片是值在单个平面上的显示。较高的值会产生更多的细节，但会降低屏幕绘制的速度，如图 13-71 所示。

每个体素的切片数 1　　每个体素的切片数 2　　每个体素的切片数 3

图 13-71 切片数的效果对比

🔽 **体素质量**：设置流体的质量好坏，【更好】可以获得较好的画面质量，【更快】可以获得较快的渲染速度。

🔽 **边界绘制**：定义流体容器在 3D 视图中的显示方式。

🔽 **数值显示**：显示每个体素选定的特性的数值。

🔽 **线框显示**：定义在 Maya 处于线框显示模式时如何表示特性的不透明度。

🔽 **速度绘制**：启用此选项可显示流体的速度向量，如图 13-72 所示。

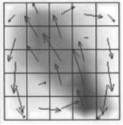 

 "速度绘制"打开

图 13-72 速度绘制向量

🔽 **绘制长度**：定义速度向量的长度（应用于速度幅值的因子）。值越大，速度分段或箭头就越长。

技巧

对于具有非常小的力的模拟，速度场可能具有非常小的幅值。在这种情况下，增加【绘制长度】值将有助于可视化速度流。

---

4. 动力学模拟

该参数用于模拟流体的动力学，如图 13-73 所示。

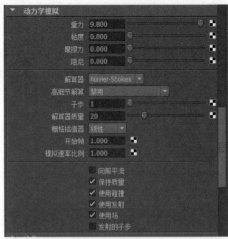

图 13-73 动力学模拟

🔽 **重力**：用于设置流体的重力加速度。

🔽 **粘度**：用于设置流体的黏稠度，数值越高，流体就越接近于固体。

🔽 **摩擦力**：设置流体间的摩擦度。

🔽 **阻尼**：设置流体的阻尼衰减度，数值越高，流体的速度就越快。

🔽 **解算器**：设置解算器的方式。

🔽 **高细节解算**：设置解算器的细节度。

🔽 **子步**：指定解算器在每帧执行计算的次数。

🔽 **解算器质量**：设置解算质量。

🔽 **栅格插值器**：设置解算的算法。

🔽 **开始帧**：用于设置流体开始产生的时间。

🔽 **模拟速率比例**：用于缩放发射和解算的时间间隔。

🔽 **向前平流**：使用向前推动密度穿过栅格的质量守恒正向传播技术解算密度、温度和燃料栅格。

🔽 **保持质量**：启用此选项以便在解算期间更新【密度】值时保持质量。

🔽 **使用碰撞**：在解算时计算碰撞。

🔽 **使用发射**：禁用此选项以便在模拟期间忽略所有已连接的流体发射器。

🔽 **使用场**：禁用此选项以便在模拟期间忽略所有已连接的外部场。

🔽 **发射的子步**：如果启用，将每个子步（而不是每步）计算一次流体发射。

5. 内容详细信息

【内容详细信息】卷展栏中包含了一系列的子卷

展栏，主要用来设置流体容器的一些具体细节，如图 13-74 所示。

图 13-74 内容详细信息

🔘 密度比例：小于 1 的取值会使流体显得更加透明；大于 1 的取值将使流体显得更加不透明，对比效果如图 13-75 所示。

密度比例 = 1　　　密度比例 = 0.5　　　密度比例 = 0.25

图 13-75 密度比例对比效果

🔘 浮力：模拟使用【密度】值的区域和不使用密度值的区域之间质量密度的差异。

🔘 消散：定义【密度】在栅格中逐渐消失的速率，如图 13-76 所示。

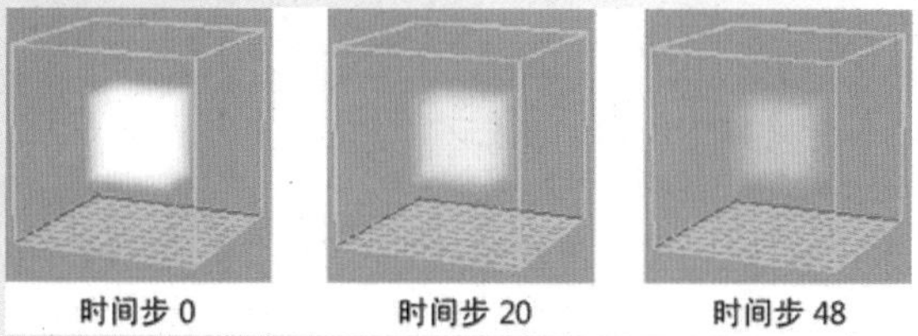

时间步 0　　　　时间步 20　　　　时间步 48

图 13-76 消散效果

🔘 扩散：定义在动态栅格中【密度】扩散到相邻体素的速率，如图 13-77 所示。

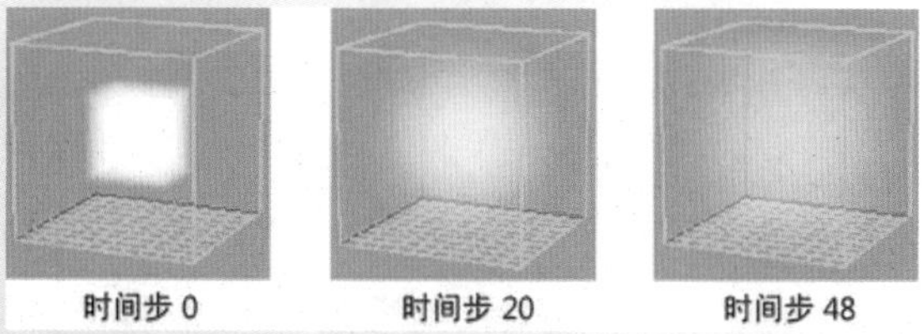

时间步 0　　　　时间步 20　　　　时间步 48

图 13-77 扩散效果

🔘 密度压力：应用一种向外的力，以便抵消向前平流可能应用于流体密度的压缩效果，特别是沿容器边界。

🔘 密度压力阈值：指定密度值，达到该值时将基于每个体素应用"密度压力"。

🔘 噪波：基于体素的速度变化，随机化每个模拟步骤的密度值。

🔘 密度张力：将密度推进到圆化形状，使密度边界在流体中更明确。设定为较高的值时，该参数可以强制流体密度进入栅格中的单独区域。

🔘 张力力：应用一种力，该力基于栅格中的密度模拟曲面张力。

🔘 渐变力：沿密度渐变或法线的方向应用力。正的渐变力值会在密度逐渐增加的方向上推进，从而产生吸引力。负值会使密度远离自身，从而产生排斥力。

6. 表面

该卷展栏主要用于设置流体显示的面片质量，如图 13-78 所示。

图 13-78 【表面】卷展栏

🔘 体积渲染：将流体软件渲染为体积云。

🔘 表面渲染：将流体软件渲染为曲面。

🔘 硬曲面：使材质的透明度在材质内部保持恒定。

🔘 软曲面：渲染的阴影往往较软，且稀薄的区域看起来是模糊的。

🔘 表面阈值：该选项用来设置显示面片的大小。

🔘 表面容差：确定对表面取样的点与【密度】对应的精确【表面阈值】的接近程度。

🔘 镜面反射颜色：控制流体产生的自发光所发出的光的数量。

🔘 余弦幂：控制曲面上镜面反射高光的大小。最小值为 2，值越大，高光就越紧密集中。

7. 着色

该卷展栏主要用于设置流体的显示效果，如图 13-79 所示。

图 13-79 【着色】卷展栏

🔘 透明度：该参数用于设置流体的透明度，数值越高，则越趋向于透明。

◯ 辉光强度：该参数用于设置流体的辉光强度。

◯ 衰减形状：该参数用于设置流体的衰减形状。

◯ 边衰减：该参数用于设置流体的边缘衰减的宽度。

关于流体的属性就介绍这么多，除了这些参数外，有些卷展栏展开后还会产生子卷展栏，其参数功能的含义可以参考上述内容。

13.4　海洋特效

使用【海洋特效】可以指定海洋着色器的平面定义海洋。流体效果通过提供单个命令简化了创建海洋的过程，该命令可创建已优化并可获得最佳结果的平面和具有适当连接的海洋着色器。本节将向读者介绍海洋特效的使用方法。

13.4.1 创建海洋

使用【创建海洋】命令可以快速创建海洋。Maya 创建自定义的 NURBS 平面来表示海洋曲面并为其指定海洋着色器。

动手实践——创建海洋

01 新建一个场景。切换到【动力学】模块，单击【流体效果】|【海洋】|【创建海洋】右侧的■按钮，打开其参数设置面板，如图 13-80 所示。

图 13-80 【创建海洋】参数设置面板

02 启用【创建预览平面】复选框，单击【创建海洋】按钮，创建出一个带有预览平面的海平面，如图 13-81 所示。

03 按组合键 Ctrl+A，打开属性通道栏。切换到 oceanShader1 选项卡，并展开【海洋属性】卷展栏，如图 13-82 所示。

下面向读者介绍【海洋属性】卷展栏中参数的功能。

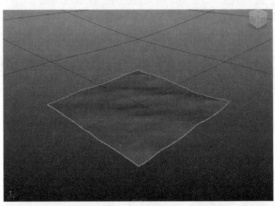

图 13-81 创建海洋

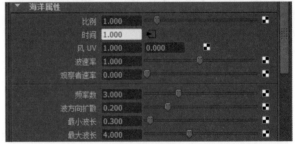

图 13-82 海洋属性

◯ 比例：该参数控制波浪间的密度，数值越高，波浪之间的间隙越小，效果对比如图 13-83 所示。

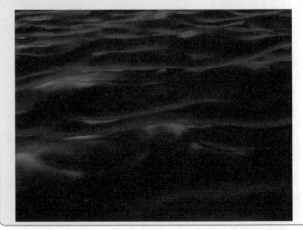

图 13-83 比例的对比效果

🔽 时间：该参数用于返回当前的动画帧数，即动画时间，该参数不可被修改。

🔽 风 UV：该参数用于设置风力在 U 向和 V 向上的大小，分别设置 U 向和 V 向参数所创建的波浪效果如图 13-84 所示。

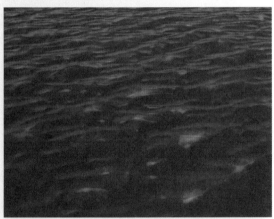

图 13-84 波浪方向对比

🔽 波速率：该参数用于设置波浪的传递速度。

🔽 观察者速率：该参数可以通过模拟观察者来削弱横向的波浪运动。

🔽 频率数：该参数用来设置波浪在最小波浪和最大波浪之间的差值。该值越高，则波浪起伏就越剧烈。较小的参数和较大的参数值对比如图 13-85 所示。

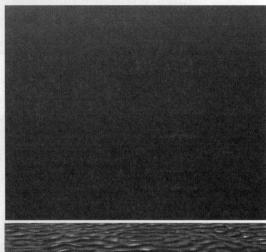

图 13-85 频率数对比

🔽 波方向扩散：该参数用来设置波浪在传播方向上的位移幅度。

🔽 最小波长：该参数用来设置所有波浪中最小的波浪的振幅，该值越大，则波浪的细节就越小，波浪也就越平滑。

🔽 最大波长：该参数用来设置所有波浪中最大的波浪的振幅，该参数越大，则波浪越剧烈。

04 将【比例】设置为 1.5，从而扩大海平面的比例，如图 13-86 所示。

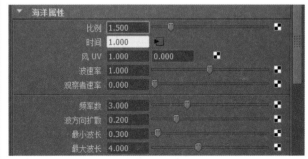

图 13-86 修改比例

05 展开【波高度】卷展栏，按照图 13-87 所示的参数修改波浪高度。

图 13-87 设置波高度

06 展开【波湍流】卷展栏，按照图 13-88 所示的参数修改湍流效果。

图 13-88 修改波湍流

07 展开【波峰】卷展栏，按照图 13-89 所示的参数修改波峰以及泡沫效果。

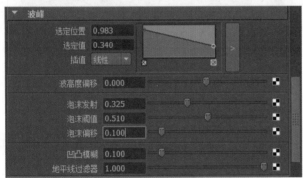

图 13-89 修改波峰参数

下面向读者介绍【波峰】卷展栏中参数的功能。

- 📥 **选定位置**：调整波峰的位置。
- 📥 **选定值**：设置波峰的值。
- 📥 **插值**：设置波峰的计算方式。
- 📥 **波高度偏移**：控制海平面的位置整体向上或者向下移动。
- 📥 **泡沫发射**：增大该参数的数值，则波浪的末端将会产生泡沫。
- 📥 **泡沫阈值**：设置泡沫的大小，适当提高该参数，可以增大波浪的显示范围。
- 📥 **泡沫偏移**：设置泡沫的偏移幅度。
- 📥 **凹凸模糊**：设置泡沫表面的模糊程度。

08 设置完毕后，渲染透视图，观察此时的效果，如图 13-90 所示。

图 13-90 海洋效果

13.4.2 海洋预览平面

在创建海洋时，如果启用了【创建预览平面】复选框，则在海洋效果中将自动创建预览平面。如果没有启用该复选框，则可以根据本节的操作创建一个海平面。

01 在场景中创建一个海洋效果，且不附带预览平面，如图 13-91 所示。

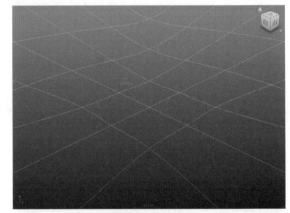

图 13-91 创建海洋

02 执行【流体效果】|【海洋】|【添加预览平面】命令，即可创建海洋预览平面，如图 13-92 所示。

图 13-92 创建预览平面

13.4.3 添加漂浮物

为了真实创建海洋效果，Maya 还为用户提供了漂浮物，通过该命令可以将物体作为漂浮物添加到海洋平面上。

01 在场景中创建一个圆环作为漂浮物体，如图 13-93 所示。

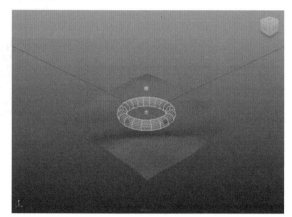

图 13-93 创建漂浮物

02 在场景中选择漂浮物，按住 Shift 键加选海洋平面，如图 13-94 所示。

03 执行【流体效果】｜【海洋】｜【漂浮选定对象】命令，即可将圆环作为漂浮物，如图 13-95 所示。

此时，播放动画，会发现创建漂浮物会沿着海平面的波动而上下浮动。关于海洋特效的功能还有很多，这里限于篇幅的原因不在一一介绍。读者可以通过【流体效果】｜【海洋】菜单进行设置。

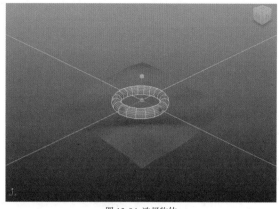

图 13-94 选择物体

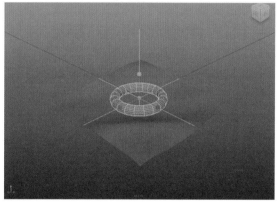

图 13-95 漂浮物

第 14 章 nHair 毛发功能

在构建角色时，毛发的制作是一项专门的技术。通常情况下，有 3 种制作毛发的方法，一是利用建模来实现，这种方法创建的毛发效果很呆板；二是利用贴图来实现，这种方法创建的毛发效果虽然较第一种方法好一些，但是只能表现静止的毛发效果；三是利用 Maya 提供的毛发系统实现，这种方法创建出来的效果十分逼真，并且可以为其添加动画以及动力学效果。本章将向大家介绍如何利用毛发系统为角色创建头发以及其他毛发效果。

14.1 全新的毛发功能

在 Maya 2014 中，毛发系统经过了全新的升级。这次毛发系统的升级可以说是翻天覆地的。本节将带领大家认识一下 Maya 2014 的毛发系统。关于毛发系统的改进包括以下 5 个部分。

1. 交互速度的提升

经测试，在有大量毛囊以及曲线分段数较高的情况下，nHair 的速度提升更为明显。对于卷曲的曲线，在 Maya Hair 中很难保持住初始的形状，而 nHair 则可以很好地解决这一问题。因此，nHair 更适合类似卷发或者弹簧等的模拟，如图 14-1 所示。

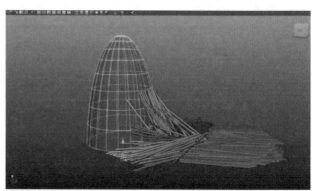
图 14-2 处理碰撞和自碰撞

此外，也可以将笔刷附到曲线上，这能大大拓展 nHair 可以模拟的效果，比如蚯蚓，甚至异形，如图 14-3 所示。

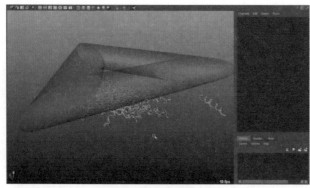
图 14-1 交互速度提升

2. 处理碰撞和自碰撞方面

碰撞的计算向来是 Nucleus 系统的强项，所以 nHair 也继承了这一优良传统。有了这个优势，nHair 可以用来模拟很多除了头发之外的效果。比如大量的木棍，或者是一碗面条等，如图 14-2 所示。

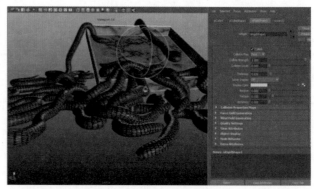
图 14-3 笔刷在毛发中的应用

3. 与布料共用约束系统

nHair 可以使用 nConstraint 系统来作约束。本章所介绍的毛发可以使用用于产生布料的约束产生效果。关于这部分约束的知识将在第 15 章中详细介绍。

4. 使用 nCaching 解算结果

nHair 可以使用 nCaching 来缓存解算结果。

nCaching 相比之前的 hair cache，在性能和文件大小上都占有一定的优势。

5. 可以和 nCloth 以及 nParticle 完全交互

最后，是整个 Nucleus 的最大优势所在，就是 nHair 可以实现和 nCloth 以及 nParticle 完全交互。这可以实现很多非常有趣的效果。

14.2 创建毛发

Maya 中的毛发系统可以在多边形和 NURBS 物体上创建。本节将向读者分别介绍在这两种物体上创建毛发的方法。

动手实践——在多边形上创建毛发

本节将向读者介绍在多边形物体上创建头发。

01 打开随书光盘"场景文件 \Chapter14\Polygon.mb"文件，如图 14-4 所示。

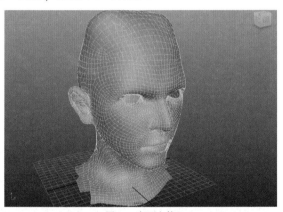

图 14-4 打开文件

02 选择人头模型，选择模型头部的面片部分作为编辑对象，如图 14-5 所示。

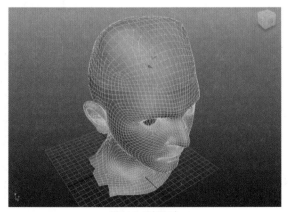

图 14-5 选择面片

03 切换到 nDynamics 模块。单击 nHair|【创建头发】命令右侧的■按钮，打开【创建头发选项】面板，如图 14-6 所示。

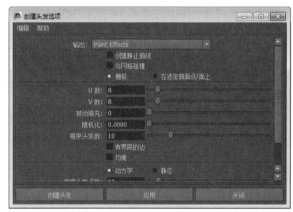

图 14-6 创建头发选项

下面向读者介绍【创建头发选项】面板中参数的功能。

⊙ 输出：提供了 3 种毛发的输出效果，分别是 Paint Effects 笔触效果、NURBS 曲线以及两者同时具备的效果。

⊙ 创建静止曲线：将创建的毛发效果设置为静止曲线。

⊙ 与网格碰撞：Maya 2014 提供的新功能。启用时，Maya 会将选定的网格转化为被动碰撞对象。

⊙ 栅格：定义是否在物体上创建毛发效果。

⊙ 在选定曲面点 / 面上：定义是否在已经选择的曲面点或者曲面上创建毛发效果。

⊙ U 数：定义在物体的 U 方向上创建的毛发的数量。

⊙ V 数：定义在物体的 V 方向上创建的毛发的数量。

🔽 **被动填充**：控制创建毛发时的被动满足值。

🔽 **随机化**：控制毛发创建时形态的随机变化度。

🔽 **每束头发数**：设定为每个毛囊渲染的头发数量。适当降低该值可以提高创建头发系统时系统的运行性能。

🔽 **有界限的边**：启用该复选框时，将沿 U 和 V 参数的边创建毛囊。

🔽 **均衡**：启用该复选框后，Maya 会补偿 UV 空间和世界空间之间的不均匀贴图，从而均衡毛囊分布，使其不会堆积于极点。

🔽 **动力学 / 静态**：设置创建的头发是动态的还是静态的。

🔽 **每根头发点数**：每根头发的点 / 分段数。随着此值的增加，头发曲线会变得更平滑。

📖 **技巧**

对相对较短的刚性头发使用较少的点，但对较长的流动头发使用较多的点，尤其是在计划设置头发曲线的样式时。对于具有详细形状的刚性头发，可能需要使用更多的点，但可能还需要使用较高的"迭代次数"来实现所需的刚度。

🔽 **长度**：以世界空间单位（场景视图中的默认栅格单位）计算的头发长度。

提示

在非常大的场景比例可能需要为长度键入较大值。重力是恒定的，因此，增加大型场景比例的长度会使头发看上去降落速度更慢。如果是这种情况，则对 hairSystemShape 增加重力，直到头发以所需速率降落。

🔽 **将头发放置到**：将要创建的头发放置在新的头发系统中，或放置在现有头发系统中。从下拉列表中进行选择。

04 按照图 14-7 所示的参数设置头发的设置。

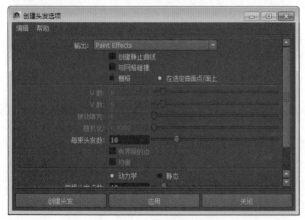

图 14-7 设置参数

05 单击【创建头发】按钮，即可在选择的面上创建头发效果，如图 14-8 所示。

图 14-8 创建的头发

动手实践——在 NURBS 物体上创建毛发

本节将在一个 NURBS 球体上向大家介绍如何在 NURBS 模型创建毛发。

01 在场景中创建一个 NURBS 球体，并选择如图 14-9 所示的 NRUBS 曲面。

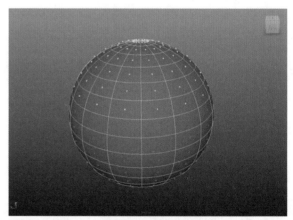

图 14-9 选择曲面

02 切换到 nDynamics 模块。单击 nHair|【绘制毛囊】命令右侧的■按钮，打开【绘制毛囊设置】设置面板，设置相关属性，如图 14-10 所示。

图 14-10 绘制毛囊设置

下面向读者介绍【绘制毛囊设置】面板中参数的功能。

- 绘制模式：选择绘制的方式。如果在场景中新建毛发，则该选项将变为不可用。

  - 创建毛囊：在绘制时，将被动毛囊添加到曲面。模拟开始时，被动毛囊会从其相邻的活动毛囊 / 曲线中提取它们的属性和行为。

  - 删除毛囊：在绘制时，将毛囊从曲面中移除。

  - 修剪头发：在头发上绘制时，系统将根据【绘制头发工具】|【属性编辑器】中【替换】操作所指定的值对头发进行修剪。

  - 扩展头发：在头发上绘制时，系统将根据【绘制头发工具】|【属性编辑器】中【替换 / 添加】操作所指定的值对头发进行增长。

- 毛囊属性：选择毛囊属性以使用【绘制模式】进行绘制。

- 头发系统：选择要绘制的头发系统。

- 输出：如果将【绘制模式】设置为【创建毛囊】，则选择头发输出的类型。

- 毛囊 U 向密度：表示将在 U 方向上创建的毛囊数量。

- 毛囊 V 向密度：表示将在 V 方向上创建的毛囊数量。

- 每根头发点数：表示每根新头发上的点（分段）数量。该值增加时，头发曲线将变得更平滑。

- 头发长度：在世界空间单位（场景视图中的默认栅格单位）下设置头发长度。

- 毛囊覆盖颜色：可以指定毛囊覆盖颜色。

03 此时将自动打开笔刷工具。使用笔刷工具在选择的面片上绘制，生成头发，如图 14-11 所示。

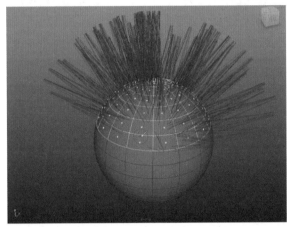

图 14-11 绘制的头发效果

14.3 编辑毛发

当创建了毛发后，就需要按照我们的设计意图对其进行编辑。本节将向大家介绍毛发的常用参数设置，以及一些常用的编辑手法。

14.3.1 缩放毛发工具

【缩放毛发工具】可以对创建好的毛发进行缩放，从而调整毛发的长短。这种操作方法类似于对几何体的缩放。

动手实践——调整头发长度

01 打开随书光盘"场景文件 \Chapter14\Ploygon.mb"文件，并选择毛发，如图 14-12 所示。

02 执行 nHair | 缩放头发工具命令，并在视图中按住鼠标左键不放进行拖动，观察头发变化，如图 14-13 所示。

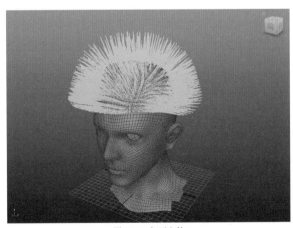

图 14-12 打开文件

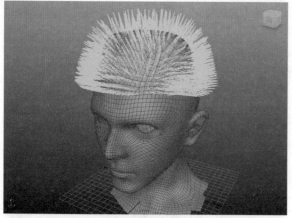

图 14-13 缩放头发

03 使用相同的方法，将鼠标沿着头发缩放的反方向拖动，即可将头发延长，如图 14-14 所示。

图 14-14 延长头发

14.3.2 毛发属性编辑

选择头发，按组合键 Ctrl+A 即可打开其属性面板。关于头发的编辑主要由【束和头发形状】卷展栏来控制，如图 14-15 所示。本节将向读者介绍该卷展栏中参数的功能。

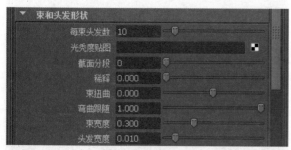

图 14-15 属性面板

🔽 **每束头发数**：设置将每条头发曲线渲染成多少根头发，不同取值的效果对比如图 14-16 所示。

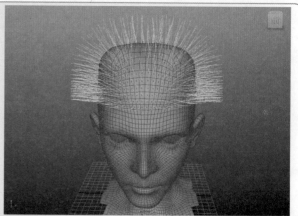

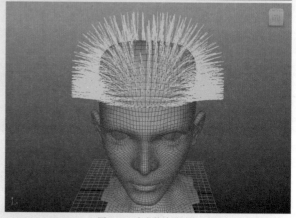

图 14-16 头发数效果对比

🔽 **光秃度贴图**：使用一张贴图来控制生长头发的区域。

🔽 **截面分段**：设置渲染时每根头发的细致程度，该属性只影响最终渲染效果，不影响动力学效果。

🔽 **稀释**：该属性控制长短头发的比例。

🔽 **束扭曲**：控制每块头发的轴的旋转值。

🔽 **弯曲跟随**：该属性控制头发沿轴旋转的程度。

🔽 **束宽度**：控制每块头发的宽度，值越大，头发越蓬松。不同的效果对比如图 14-17 所示。

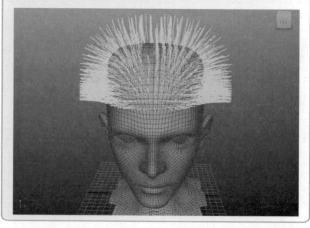

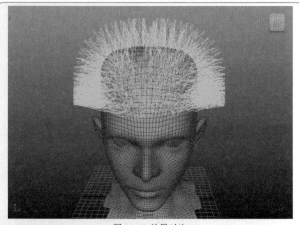

图 14-17　效果对比

⤵ 头发宽度：设置全局头发的宽度。

⤵ 束宽度比例：使用渐变贴图的方式来控制头发块的宽度，渐变图靠左边的部分控制头发根部的宽度，右端控制头发尖部的宽度。纵轴靠上的部分对头发的影响越大，如图 14-18 所示。

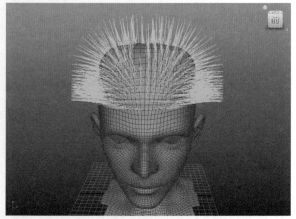

图 14-18　束宽度比例效果

⤵ 头发宽度比例：使用渐变贴图的方式来控制每根头发的宽度，渐变图靠左边的部分控制头发根部的宽度，右端控制头发尖部的宽度。纵轴靠上的部分对头发的影响越大，如图 14-19 所示。

⤵ 束卷曲：控制头发自身的卷曲，默认值为 0.5。此时头发不发生任何卷曲，如果设置的值高于 0.5，则头发会发生正向的卷曲；如果设置的值低于 0.5，则头发会发生反向的卷曲，如图 14-20 所示。

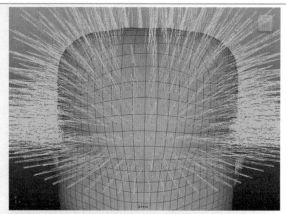

图 14-19　头发宽度比例效果

图 14-20　束卷曲效果

⤵ 平整：设置头发从根部到尖部的平整度，横轴左边代表根部，右边代表发尖部，纵轴代表对头发的影响程度，如图 14-21 所示。

图 14-21　平整效果

14.4　综合练习——长发飘逸 🔍

　　本节将利用头发创建一个长发飘飘的头发效果。通过该案例的操作，要求读者掌握头发卷曲、长度设置等相关参数的应用。

01 切换到 Dynmaics 模块，执行【文件】|【打开场景】命令，导入随书光盘"场景文件 \Chapter14\Polygon.mb"文件，如图 14-22 所示。

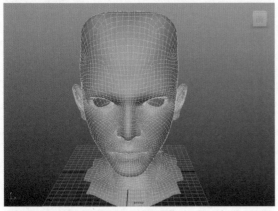

图 14-22 打开文件

02 执行 nHair|【获取头发示例】命令，在弹出的头发样本窗口中选择 StraightLongHair 样本，如图 14-23 所示。

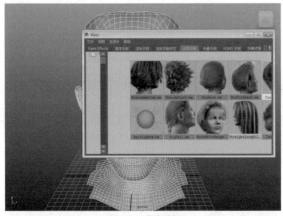

图 14-23 获取示例

03 选中 StraightLongHair 样本，然后按鼠标中键将其拖动到视图中，如图 14-24 所示。

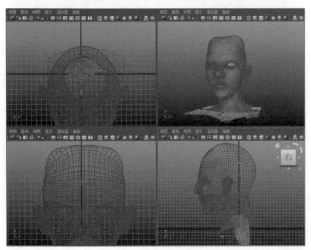

图 14-24 创建头发样本

04 在大纲栏窗口中，选择 Hairbase 多边形面，然后结合缩放工具和移动工具编辑该面片，使其与人头模型相匹配，编辑结果如图 14-25 所示。

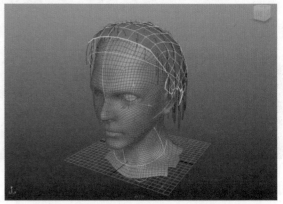

图 14-25 编辑 Hairbase

05 在视图中选择头发曲线，按组合键 Ctrl+A，切换到属性面板，单击 hairSystemShape1 选项卡，然后展开【束和头发形状】卷展栏，将【每束头发数】设置为 60，将【截面分段】设置为 6，将【束扭曲】设置为 0.25，将【束宽度】设置为 0.6，如图 14-26 所示。

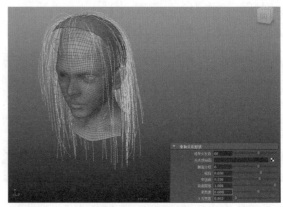

图 14-26 设置基本参数

06 展开【着色】卷展栏，单击【头发颜色】右侧的■按钮，在展开的【噪波属性】卷展栏中，将【振幅】设置为 0.85，如图 14-27 所示。

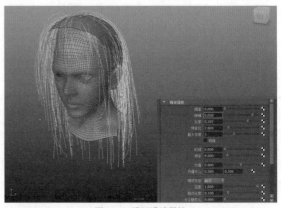

图 14-27 设置噪波属性

07 展开【头发颜色比例】卷展栏，将【镜面反射颜色】设置为 38、0.629、0.203，如图 14-28 所示。

08 至此，本例就制作完成了，最终编辑结果如图 14-29 所示。

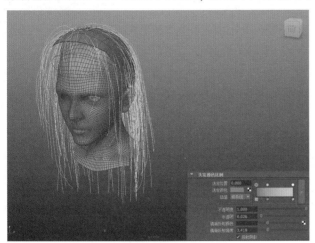

图 14-28 设置参数

图 14-29 渲染效果

第 15 章 nCloth 布料模块

布料模块主要用来模拟布料的一些效果，例如布料的褶皱、布料在角色身上抖动效果、布质物体的飘动效果。通常，典型的布料实现方法有两种，一种是利用 Classic Cloth 模块来实现，另外一种方法则是利用 nCloth 模块来制作。在 Maya 2014 中，Classic Cloth 模块已经不再成为制作布料的主流，而 Autodesk 公司更是把重心放在了 nCloth 模块上。本章将详细向读者介绍该模块的功能及其使用方法。

 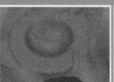   

15.1 使用 nCloth 模块

nCloth 是 Maya 2014 中集成的、用于制作布料的模拟系统，其效果如图 15-1 所示。它使用的是最新的模拟框架系统——Nucleus。这种系统被称为统一模拟框架，它能够连接粒子系统交互性地模拟各种动态实体。它在一个统一框架内与各种几何体类型相互作用，极大地增强了模拟的交互性以及稳定性。

图 15-1 布料效果

Nucleus 技术能够以全新方式快速支配和调控布料和其他材质模拟，以逼真的布料间的相互作用和碰撞效果快速创建多个布料的模拟，并能将布料进行弯曲、伸展、裁剪、撕裂等。

15.2 布料

nCloth 产生于模拟多边形网格，我们可以模拟任意一种多边形网格物体，使它转化为 nCloth 物体，这样更容易控制物体，使其达到我们需要的效果。要产生真实的布料效果，必须使 nCloth 物体与周围的环境相互作用和碰撞。为此，本节将向大家介绍布料的创建与碰撞。

15.2.1 创建布料

nCloth 布料系统被整合在 nDynamics 模块中。本节将向大家讲解如何将一个几何体转换为布料物体，使其具有布料的特性。

动手实践——将几何体转换为布料

下面将使用一个兽头的模型向大家演示几何体转换为布料的过程。本节要求将一个平面转换为布料，并使其穿过兽头模型，形成布料由空中飘落的效果。

01 打开随书光盘"场景文件\Chapter15\ncloth.mb"文件，如图 15-2 所示。

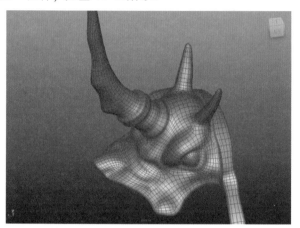
图 15-2 打开文件

02 在兽头上方创建一个多边形平面并适当增加一些细分，如图 15-3 所示。

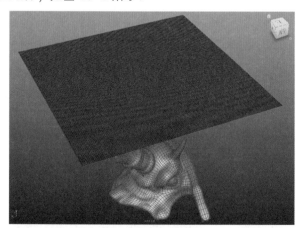
图 15-3 创建多边形平面

03 分别选择平面和兽头模型，执行【编辑】|【按类型删除】|【历史】命令，删除物体的历史。然后，再执行【修改】|【冻结变换】命令。

04 选中平面模型，切换到 nDynamics 模块。执行 nMesh|【创建 nCloth】命令，将平面物体转换为布料，如图 15-4 所示。

图 15-4 设置布料

05 此时单击播放按钮，可以发现布料穿越零件，并没有遮盖到零件上，如图 15-5 所示。

图 15-5 动画效果

出现这种问题的主要原因，是因为我们没有为模型设置碰撞所造成的。关于碰撞的设置方法将在下文给予讲解。

15.2.2 设置布料属性

在转换布料前，如果需要设置将要转换的布料的参数设置，则可以单击 nMesh|【创建 nCloth】命令右侧的■按钮，打开如图 15-6 所示的参数面板。

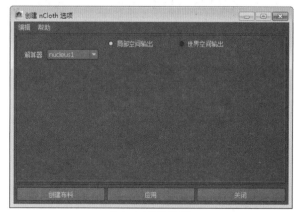
图 15-6 布料设置参数

下面向读者介绍该面板中参数的功能。

◉ 局部空间输出：如果选中该选项，那么创建的 nCloth 的输入和输出网格都将受到 Maya Nucleus 解算器的影响，且它们将共享相同的变换节点。另外，nCloth 的输入网格将始终与其输出网格一起移动，并跟随其输出网格。

◉ 世界空间输出：如果选择该选项，那么创建的 nCloth 的输出网格受 Maya Nucleus 解算器的影响，且 nCloth 的每个输入和输出网格将有它们自己的变换节点。另外，nCloth 的输入网格将不会与其输出网格一起移动，也不会跟随其输出网格。

◉ 解算器：通过该下拉列表，可以为将要创建的布料设置不同的解算器。

15.2.3 设置布料碰撞

在上一案例中，我们所创建出来的布料效果经过动画测试后，发现并没有按照我们的要求覆盖到兽头上，反而却穿过了兽头。为此，需要按照下面的操作方法进行修复。

动手实践——创建布料碰撞

01 在场景中选择兽头模型，单击 nMesh|【创建被动碰撞对象】命令右侧的■按钮，打开如图 15-7 所示的对话框。

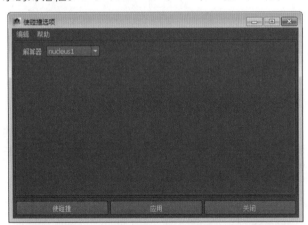

图 15-7 设置参数

02 展开【解算器】下拉列表，选择其中的 nucleus1 选项，并单击【使碰撞】按钮。此时在零件上将会出现一个刚体解算节点，如图 15-8 所示。此外，还可以通过大纲视图查看到该节点。

03 重新播放动画，观察此时的运动效果，如图 15-9 所示。

04 如果需要将布料的遮罩细节显示的更丰富一些，可以适当将充当布料对象的平面细分加大。

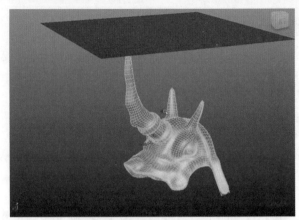

图 15-8 刚体解算节点

图 15-9 遮罩效果

动手实践——测试布料碰撞

在上一练习中向大家讲解了布料碰撞的测试方法。本节将在上一节的基础上调整碰撞的属性。

01 选中上节练习中的布料，按组合键 Ctrl+A，打开属性面板，并切换到 nClothShape 标签，如图 15-10 所示。

图 15-10 打开属性面板

02 在【解算器显示】列表中选择【碰撞厚度】选项，此时模型将变为黄色显示，如图 15-11 所示。

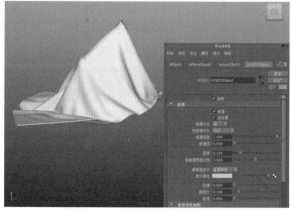

图 15-11 设定颜色

[03] 调整一下视图可以看到，此时的布料效果已经有了厚度，如图 15-12 所示。其实，这就是 nCloth 隐藏显示的布料碰撞体积。

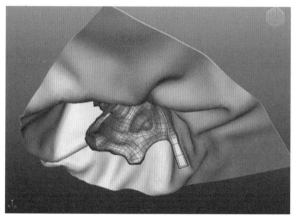

图 15-12 隐藏的碰撞体积

提示

在实际碰撞过程中，凡是和这个隐藏的碰撞体积接触的其他碰撞体，都会产生碰撞，而并非和多边形平面模型来产生碰撞。

[04] 在属性面板中，将【厚度】设置为 0.05，从而将碰撞体积设置得薄一些，如图 15-13 所示。

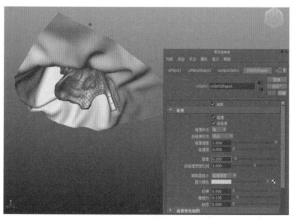

图 15-13 设置厚度

[05] 重置动画并播放动画，观察此时的效果，如图 15-14 所示。

图 15-14 观察效果

[06] 下面调整一下兽头的模型。在视图中选择兽头，按组合键 Ctrl+A 打开属性面板。切换到 nRigidShape 标签，然后调整【厚度】数值，如图 15-15 所示。

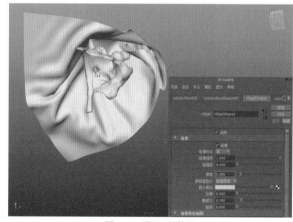

图 15-15 设置碰撞体积

[07] 重置动画并播放动画，观察此时的效果，如图 15-16 所示。

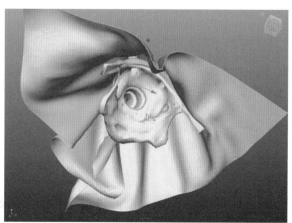

图 15-16 布料效果

由本练习可以看出：在制作布料效果时，如果将【厚度】调小，那么也就是将碰撞体积减小。此时，布料的褶皱效果会更加丰富、真实。但是，并不是数值越小，就能达到最好的效果，而是需要经过调整、测试，选择一个合适的碰撞体积来产生效果。

15.3 调整布料属性

nCloth 节点提供了丰富的参数用来控制布料的各种柔度属性。在视图中选择布料物体，在属性通道栏中即可找到 nClothshape1 节点，展开该节点即可看到与之相关的参数，如图 15-17 所示。

图 15-17 布料属性

🔽 **为动力学**：处于【启用】状态时，布料物体才能够和被动物体、其他衣料物体发生碰撞行为。

🔽 **深度排序**：确认是否使用深度类别，默认为关闭，即不使用深度排序。

🔽 **从缓存播放**：从缓存中播放动画，默认为关闭，即不从缓存中播放。

🔽 **厚度**：通过设置该参数来设置碰撞体积的大小。关于该参数的详细功能在上一节中已经给过详细的解释。

🔽 **反弹**：定义布料物体的弹性度，弹性度决定了布料物体在与被动体、布料物体之间碰撞时的碰撞偏移。

📌 **提示**

弹性度的数值应当由布料的材质而定。取值范围为 0~1，当数值为 0 时，将不会产生任何弹性效果。

🔽 **摩擦力**：定义当前布料物体的摩擦力度，在布料物体与被动体以及其他布料体之间碰撞时，摩擦力会从反方向上阻止碰撞产生的位移。

📖 **技巧**

当布料的摩擦力为 0 时，产生碰撞时布料会显得非常轻柔，就像丝绸一样。如果取值为 1，则布料会显得非常粗糙，类似于麻布。

🔽 **阻尼**：定义当前布料物体的阻尼值，高阻尼值可以快速抵消布料碰撞时产生的动能，有效地减弱布料的移动及振动。当布料潮湿时，执行碰撞时可以适当提高该数值。

🔽 **碰撞强度**：定义在碰撞中当前物体所承受的碰撞的程度。

🔽 **碰撞标志**：通过其下拉列表选择碰撞标志的形状。

🔽 **自碰撞标志**：设置自碰撞标志的形状。

🔽 **最大自碰撞迭代次数**：设置自碰撞计算的次数，次数越多，则碰撞效果越精确。

🔽 **最大迭代次数**：布料在产生碰撞过程中所计算的次数。

🔽 **点质量**：定义布料物体的基本质量，质量定义了布料物体在动力学模拟中所承受的重力。

🔽 **局部力 X/Y/Z**：设置布料在 3 个轴向上的局部受力情况。

🔽 **局部风 X/Y/Z**：设置布料在 3 个轴向上受风力影响的情况。

🔽 **碰撞**：是否产生碰撞，默认为【启用】。

🔽 **自碰撞**：设置是否要产生自碰撞，默认为【启用】。

在制作布料效果时，布料的属性起到了至关重要的作用。为此，希望大家在制作过程中，要根据实际需要进行微调，直到达到满意效果为止。

15.4 布料场

和粒子相同，布料也提供了多种力场。不同的效果可以使用不同的力场来实现。本节将向大家介绍这些力场的功能。

15.4.1 空气场

空气场可以模拟空气流动的效果，连接到空气场的布料物体会发生加速、减速上升的效果。

动手实践——吹动布料

在本练习中，将在一个已经制作好的布料效果上添加空气场，使其产生风吹的效果，详细的操作方法如下。

01 打开随书光盘"场景文件\Chapter10\air.mb"文件，如图 15-18 所示。

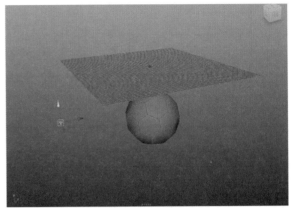

图 15-20 调整位置

04 确认风场标识处于选中状态，在通道栏中按照图 15-21 所示的参数修改其设置。

图 15-18 打开场景

02 选择布料物体，执行【场】|【空气】命令，为其添加风场，如图 15-19 所示。

图 15-21 修改参数

05 设置完成后，播放动画观察效果，如图 15-22 所示。

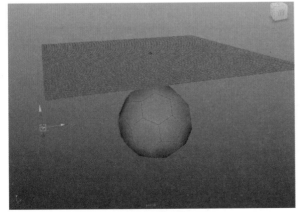

图 15-19 添加风场

03 在场景中选择风场标识，使用移动工具调整到图 15-20 所示的位置。

图 15-22 风吹效果

至此，关于动力场的设置就完成了。除此之外，我们还可以利用同样的方法在布料上添加其他力场，由于创建方法相同，所以在这里不再一一介绍。

15.4.2 阻力场

阻力场可以对正在运动的布料施加摩擦力或者阻力，使其产生运动减慢的效果，如图 15-23 所示。该力场的使用方法和空气场使用方法相同，这里不再详细介绍。

图 15-23 阻力效果

图 15-24 所示是阻力场的参数设置面板，下面向大家介绍该面板中参数的功能。

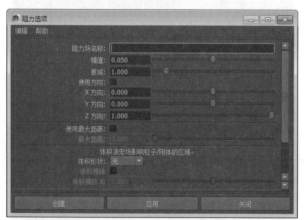

图 15-24 阻力选项

- 阻力场名称：为阻力指定一个名字。
- 幅值：设定阻力场的强度。幅值越大，对移动对象的阻力就越大。
- 衰减：设定场的强度随着到受影响对象的距离增加而减小的量。
- 使用方向：指定仅根据对象的速度施加阻力。通常依靠 X、Y、Z 轴向设定阻力方向。
- X/Y/Z 方向：沿 X、Y 和 Z 轴设定阻力的影响方向。

- 使用最大距离：由【最大距离】设置定义的区域内连接的对象会受阻力场影响。
- 最大距离：设定阻力场中能够施加场的最大距离。

> **提示**
>
> 在以下的工具参数介绍中，如果有和上述参数相同的将不再一一介绍，读者可以参考上文的相关参数功能介绍即可。

15.4.3 重力场

重力场模拟的是地球的吸引力，可以在固定方向上加速物体下落的速度。图 15-25 所示是重力场的参数面板。由于其参数设置和阻力场相同，因此不再介绍。

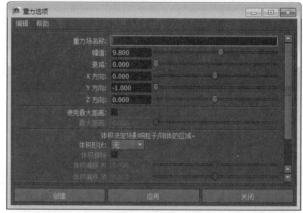

图 15-25 重力选项

15.4.4 牛顿场

牛顿场模拟布料自身牵引物体的效果，我们可以使用该物体创建诸如行星轨迹、范围、碰撞等效果。图 15-26 所示是牛顿场的参数设置面板。

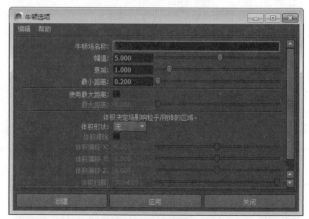

图 15-26 牛顿选项

15.4.5 径向场

径向场的功能类似于磁石，它可以产生类似于磁石的排斥或者吸引的效果。图 15-27 所示是径向场的参数面板。

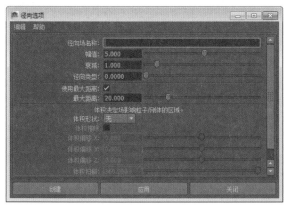

图 15-27 径向选项

下面向读者介绍该参数面板中一些常用参数的功能。

> ◆ 幅值：设定径向场的强度。数值越大，受力越强。

> ◆ 衰减：设定场与受影响对象的距离的增加而减小的强度。

> ◆ 径向类型：指定径向场的影响如何随着衰减减小。如果值为 1，当对象接近于场之间的【最大距离】时，将导致径向场的影响快速降到零。

15.4.6 湍流场

湍流场可以使被影响的布料物体产生不规律的抖动，这些不规律的运动也可以称为噪波、抖动或者震荡，效果如图 15-28 所示。

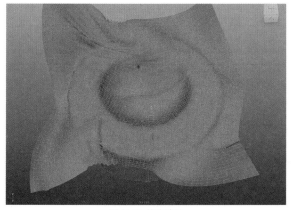

图 15-28 湍流效果

图 15-29 所示是湍流场的参数设置面板。该场的参数设置面板和阻力场相同，这里不再详细介绍。

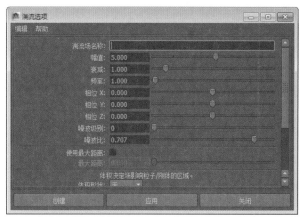

图 15-29 湍流选项

15.4.7 一致

一致场可以推动布料物体，使其沿着一致场所指定的方向进行运动，如图 15-30 所示。

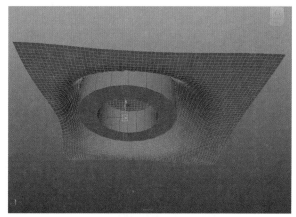

图 15-30 一致效果

15.4.8 漩涡场

漩涡场可以在布料上产生一些圆环或螺旋状的运动效果，如图 15-31 所示。

图 15-31 漩涡场效果

15.4.9 体积轴场

体积轴场可以在布料的体积中按不同的方向移动布料的变形效果，通常可以制作布料被拉扯的效果。图 15-32 中，大家可以观察到布料物体经过方形体积时，产生被向上拉起的效果。

图 15-32 体积轴场效果

15.5 布料约束

约束，可以将布料的点、边、面等元素进行锁定，从而模拟出披风、窗帘等被挂起或者拉扯的效果。关于布料约束的工具被集成在 nConstraint 菜单中，如图 15-33 所示。

图 15-33 nConstraint 菜单

1. 变换

【变换】约束可以将选择的点、边或面元素锁定，并使锁定的点、边或面元素在布料运动模拟时不产生运动。

2. 组件到组件

【组件到组件】约束可以在选择的点、边或面元素之间产生变形约束。

3. 点到曲面

【点到曲面】约束可以将布料的点与选择物体的面进行连接，当物体运动时会带动点一起产生运动，如图 15-34 所示。

图 15-34 点到曲面

4. 在曲面上滑动

【在曲面上滑动】约束可以在选择的点元素与碰撞物体之间产生连接约束。选择要进行约束的布料点元素，再选择要进行约束的运动物体，执行【nConstraint】|【在曲面上滑动】命令，即可将物体与布料元素进行约束。

5. 焊接相邻边界

【焊接相邻边界】约束可以在布料模拟时将临近的边进行合并。

6. 力场

【力场】约束可以在布料的点、边或面元素上添加一个体积框，从而使这些元素受到该体积框的影响而变形。

7. 吸引到匹配网格

【吸引到匹配网格】约束可以将布料物体吸引到另一个网格物体上，从而产生变形效果。

8. 可撕裂曲面

【可撕裂曲面】约束可以将破碎的布料进行缝合，从而模拟出布料的效果。

9. 禁用碰撞

【禁用碰撞】约束命令可以取消布料与物体之间的碰撞，使布料的运动不产生碰撞效果。

10. 排除碰撞对

【排除碰撞对】约束命令可以取消两个布料物体之间的碰撞，使布料的运动不产生碰撞效果。

> **注意**
>
> 【禁用碰撞】和【移除碰撞对】约束命令虽然从表面上看功能相似，其实有很大的区别。【禁用碰撞】是禁止布料和物体进行碰撞，而【排除碰撞对】是用于禁止两个布料物体之间产生碰撞。

11. 移除动态约束

【移除动态约束】命令可以移除布料的动力学影响，从而使添加到布料物体上的动力学效果失去作用。

12. nConstraint 成员身份工具

【nConstraint 成员身份工具】命令可以将布料或碰撞物体的元素进行选择。

13. 选择成员

【选择成员】命令对选择的布料的约束元素进行选择。

14. 替换成员

【替换成员】命令可以把已经选择的约束元素进行替换。

15. 移除成员

【移除成员】命令可以将已经选择的布料的元素移除。

16. 添加成员

【添加成员】命令可以在已经选择的布料元素的基础上添加新的元素。

15.6 综合练习——战旗

本节将使用一个旗帜飘动的案例来帮助读者提高实际动手操作能力。在本案例中将综合利用布料的碰撞、约束、力场等知识。

01 打开随书光盘"场景文件\Chapter15\nConstraint.mb"文件，这是一把战斧模型，如图 15-35 所示。

图 15-35 打开文件

02 在前视图中创建一个多边形平面作为旗帜，并调整位置使其和战斧对齐，如图 15-36 所示。

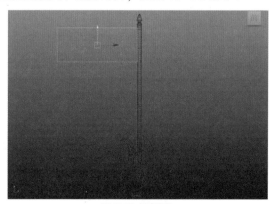

图 15-36 创建旗帜

03 切换到通道栏，将旗帜进行细分，这样可以使生成的布料更加柔软有质感，如图 15-37 所示。

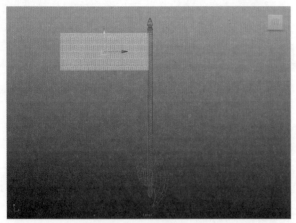

图 15-37 添加细分

04 选择旗帜模型，执行 nMesh|【创建 nCloth】命令，将旗帜转换为布料，如图 15-38 所示。

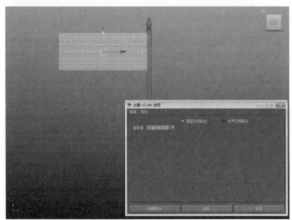

图 15-38 转换布料

05 选中旗杆模型，执行 nMesh|【创建被动碰撞对象】命令，从而将其设置为被动刚体，如图 15-39 所示。

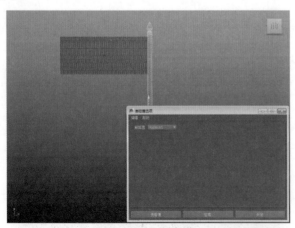

图 15-39 设置旗杆刚体

06 播放动画，观察此时的效果，如图 15-40 所示。由于旗帜没有约束到旗杆上，才导致旗帜沿着旗杆滑了下来，而没有固定在旗杆上飘扬。

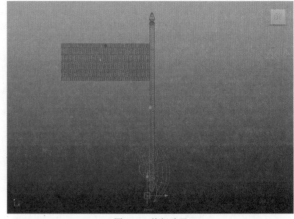

图 15-40 旗帜动画

07 选择旗帜模型，按 F8 键切换到子物体模式，选中旗帜上的一列点，如图 15-41 所示。

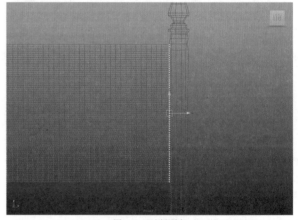

图 15-41 选择顶点

08 按住 Shift 键加选战斧，执行 nConstraint|【点到曲面】命令，从而在旗帜和旗杆之间创建动力学约束，如图 15-42 所示。

图 15-42 添加约束

09 执行完成后，我们可以通过放大视图来观察旗杆和旗帜之间已经建立了约束，如图 15-43 所示。

数修改其设置。

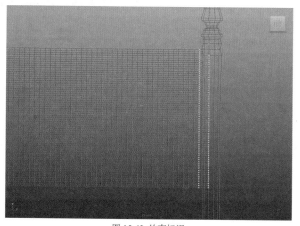

图 15-43 约束标识

10 播放动画观察效果，如图 15-44 所示。

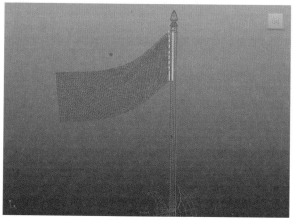

图 15-44 约束效果

11 选择旗帜，执行【场】|【空气】命令，为其添加风场。然后，在通道栏中按照图 15-45 所示的参

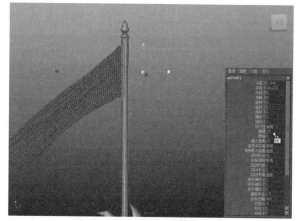

图 15-45 设置风场

至此，关于整个旗帜的制作就完成了。重新播放动画即可观察效果，如图 15-46 所示。此时，旗帜可以沿着风的方向飘扬了。

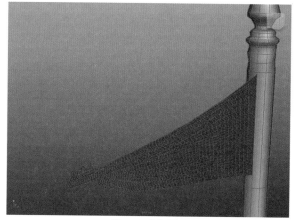

图 15-46 旗帜飘扬

第 16 章 认识 MEL 语言

MEL（Maya 嵌入式语言）为 Maya 提供了编程基础。它是一种强大的命令和脚本语言，让你直接控制 Maya 的特征、进程和工作流程。Maya 界面的几乎每一个要点都是在 MEL 指令和脚本程序上建立的。由于 Maya 给出了对于 MEL 自身完全的访问，用户可以扩展和定制 Maya。通过 MEL，用户可以进一步开发 Maya，使它成为用户和用户项目的独特而创新的环境。本章将向读者介绍 MEL 语言的基础知识。

16.1 认识 MEL 语言

MEL 语言是一种脚本语言，它并非需要用户必须十分精通编程知识。MEL 的许多方面可以由只有很少编程经验或者没有经验的人所使用。

使用 MEL 语言可以快速实现下列功能。

- 使用 MEL 指令脱离 Maya 的用户界面，快速地产生热键，访问更深的要点。
- 为属性输入准确的值，摆脱由界面强制引起的拘谨的限制。
- 对特定的场景自定义界面，对一个特定的项目改变默认设置。
- 产生 MEL 程序和执行用户建模、动画、动态和渲染任务的脚本程序。

1. 认识 MEL 指令

MEL 语言涉及了使用 Maya 所有方面的全范围的指令。使用 MEL 指令的一些典型例子，包括快速产生物体、精确移动物体和对物体进行更有效的控制。例如，可以使用下述的一个 MEL 指令生成一个半径为 55 个单位，名称为 geoSph 的球体。

sphere -radius 55 -name geoSph;

随后用户还可以再输入一条 MEL 指令，将 geoSph 绕 Z 轴旋转 270°。

rotate -r 0 0 270 geoSph;

另一个例子，假定用户在用节点工具产生一个节点，用户想把这个节点沿着 Z 轴方向移动 8 个单位。可以执行以下 MEL 指令，而不需要打断节点的产生。

move -r 0 0 Z;

2. 认识 MEL 指令文件

Maya 的在线库（Online Library）描述了每一条指令，提供了用法、格式、返回值和例子的信息。【MEL 命令参考】在线文件（Command Reference online documentation）提供了以字母顺序排列的指令。读者可以执行【帮助】|【MEL 命令参考】文件将其打开，如图 16-1 所示。

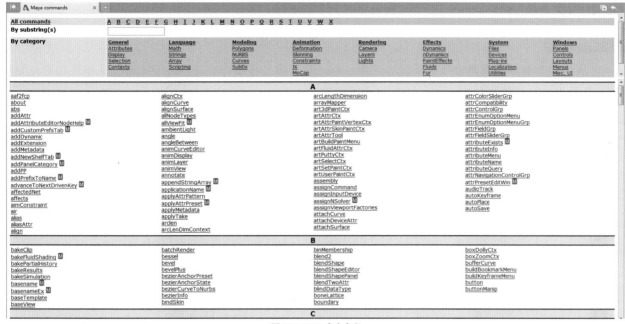

图 16-1 MEL 命令参考

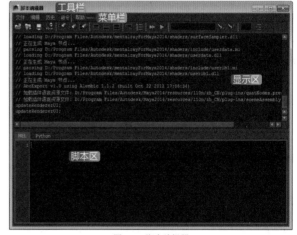

图 16-2 脚本编辑器

16.2 MEL 编程环境

当用户从指令行执行一个指令时，状态信息出现在脚本语言编辑器和指令行的响应区域中。当在一个表达式中执行指令时，不显示这个信息。关于表达式的更多内容，请参考数据定义部分的内容，或者参考 Maya 2014 帮助文档中的相关内容。

16.2.1 什么是脚本语言

编写脚本语言程序是产生 Maya MEL（嵌入式语言）脚本程序的过程。一个脚本语言程序是一个 MEL 指令或 MEL 序列的集。通过产生脚本语言程序，用户可以利用 Maya 的用户界面使执行任务自动化，可以获得 under the hood 访问 Maya 所有的各个部分，还可以对界面进行扩展和自定义。

16.2.2 使用脚本编辑器

脚本编辑器是编辑脚本的一个容器，读者可以在其中输入指令，使 Maya 按照我们的意图执行操作。要打开脚本编辑器，可以执行【窗口】|【常规编辑器】|【脚本编辑器】命令，将其打开，如图 16-2 所示。

本节将向读者介绍脚本编辑器中各个部分的功能。

1. 菜单栏

脚本编辑器提供了一个独立的菜单栏，整合了一些在实际应用过程中经常使用的菜单，其中【文件】菜单中的命令主要用于执行文件相关操作；【编辑】菜单执行编辑操作；【历史】菜单执行与历史相关的操作；

【命令】菜单则提供了一些关于脚本编辑器窗口的自定义工具。

2. 工具栏

工具栏位于脚本编辑器窗口菜单栏的下方，由一些快捷工具按钮组成，关于这些工具按钮的简介如表16-1所示。

表16-1 工具栏工具简介

按　钮	名　称	功　能　简　介
	加载脚本	单击该按钮，可以在打开的对话框中将定义好的脚本文件加载到当前场景中
	将脚本转换为源	单击该按钮，以源文件方式打开一个脚本
	保存脚本	单击该按钮，可以将当前脚本文件保存起来
	保存脚本到书架	将脚本保存到设置的书架上
	清除历史	将历史清除掉
	清除输入	将当前输入的代码清除掉
	清除全部	将全部代码都清除
	显示历史	在脚本编辑器中只显示历史
	显示输入	在脚本编辑器中只显示代码编写窗口
	显示全部	在脚本编辑窗口中同时显示历史和代码编写窗口
	回馈命令	显示执行命令的结果
	显示行数	在脚本每行代码的前面显示行数编号
	执行全部	执行全部命令，并逐行执行
	执行脚本	单击该按钮，将执行脚本并输出结果

3. 显示区

显示区主要用于输出测试结果，当我们执行了脚本中的代码后，将会在显示区域中显示出代码的执行结果。

4. 脚本区

脚本区也叫做代码编写区域，主要用来编写代码。在该选项区域中包含两个选项卡，即 MEL 和 Python。这是 Maya 提供的两种语言，这两种语言都可以被 Maya 执行。如果要使用 MEL 脚本，则需要切换到 MEL 选项卡中执行。

Python 也是一种脚本语言，在这里我们主要介绍 MEL 语言，因此关于 Python 语言将不再详细介绍。

 动手实践——打开脚本

01 从脚本编辑器中执行【文件】|【载入脚本】命令，打开一个文件浏览器，如图16-3所示。

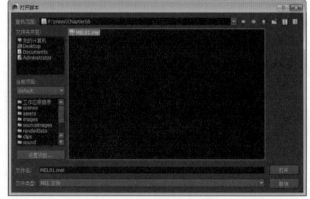

图16-3 文件浏览器

02 选择要打开的脚本文件，单击【打开】按钮，如图 16-4 所示。

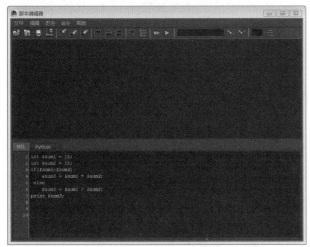

图 16-4 打开脚本文件

打开后，脚本文件中的相关指令将显示在脚本区域中。读者可以对其进行编辑，使其产生我们所需要的效果。

动手实践——将脚本设置为源文件

把一个 MEL 脚本程序文件作为源文件，执行所有的 MEL 指令并声明包含在该脚本程序文件中所有的全局过程。如果用户在一个脚本程序文件中修改了一个程序，Maya 并不把这个改变登记给该程序，直到用户把它的程序文件作为源文件。

01 从脚本编辑器中执行【文件】|【源脚本】命令，或单击 按钮，打开一个文件浏览器，如图 16-5 所示。

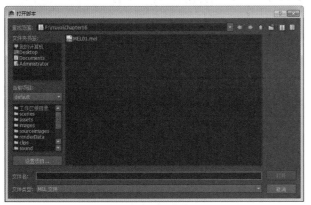

图 16-5 打开一个脚本

02 选择要打开的脚本文件，并对脚本执行修改操作，此时的程序就是一个源程序。

把一个脚本程序作为源文件之后，该文件中的所有 MEL 指令都会执行。该脚本程序中的所有全局过程

会被声明，但并不被执行。

MEL 指令是按照它们出现在文件中的顺序执行的，并且不能有错误。如果产生了一个错误，执行会中断并不再装载更多的程序。当用户把一个 MEL 脚本程序作为源文件之后，不声明或者不执行局部过程。但是，如果用户是通过在脚本编辑器或指令行中输入而声明了一个局部过程，该过程会被声明为全局过程，用户可以在任何时候执行它。

> **提示**
>
> 执行一个程序可以通过执行一个 MEL 指令实现。当用户想把一个脚本程序作为源文件，并具有执行该文件中程序的作用时，这是很有用的。为了这样做，要首先声明该程序，然后声明通过一个文件浏览器执行该程序的指令。

16.2.3 保存脚本

使用【文件】|【保存脚本】指令，从脚本编辑器中保存脚本文字。可以从指令输入（底部）将文字高亮化，也可以通过脚本编辑器的状态信息（顶部）部分查看每一步操作信息。此外，Maya 将会把高亮的文字部分保存到指定目录的一个 .mel 文件中。图 16-6 所示是将一个脚本保存到名称为 MEL02 的文件中。

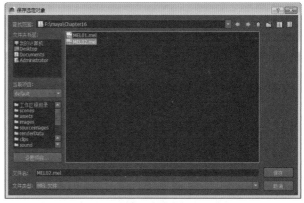

图 16-6 保存脚本

16.2.4 运行脚本

脚本程序的执行方法很简单，可以先在脚本编辑器中打开脚本，然后单击工具栏上的 按钮执行脚本。

除了这种方式执行程序外，读者还可以通过 Maya 主界面上的命令行执行语句。该命令行只能执行单行语句，如图 16-7 所示。

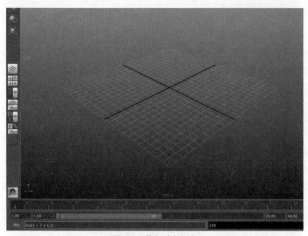

图 16-7 执行单行语句

图 16-9 清除输入

16.2.5 清除信息

在程序调试过程中，系统会为读者提供一些用于调试的参考信息。当程序调试完成后，这些信息就失去意义了。此时，如果不及时清除这些信息，反而使得后续的调试工作变得较为混乱，此时就需要清除掉这些信息。

1. 清除状态信息

要清除状态信息（脚本编辑器的顶部），可在脚本编辑器中执行【编辑】|【清空历史】命令，如图 16-8 所示。这将会删除掉所有的状态信息文字。使用这个指令时应当小心一些，因为没有办法撤销它。

图 16-8 清除信息

2. 清除指令输入

要清除指令输入文字（脚本编辑器的顶部），可在脚本编辑器中执行【编辑】|【清除输入】命令，这将会删除掉所有的指令输入文字，如图 16-9 所示。使用这个指令时应当小心一些，因为没有办法撤销它。

16.2.6 响应指令

当我们在 Maya 中执行操作时，对应的 MEL 指令常常出现在脚本编辑器的顶部。默认情况下，只有最重要的指令才会显示，如图 16-10 所示。

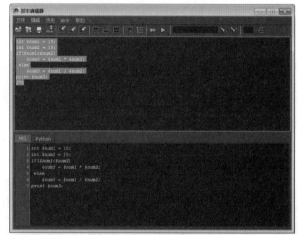

图 16-10 显示响应指令

在用户 Maya 的功能之间并不是总有一对一的对应关系，这些指令返回响应到脚本编辑器中。如果用户使用一个脚本程序打开属性编辑器，一些 MEL 指令出现在脚本编辑器中（响应是打开的）。

```
buildObjectEdMenu MayaWindow|menu4|menuItem56;
editSelected;
editMenuUpdate MayaWindow|menu2;
```

在上述代码中，只有 editSelected; 语句需要引入属性编辑器。

对于一些作用也不总是会将 MEL 指令的响应返回到脚本编辑器中。例如，当用户选择了一个属性编辑器时，脚本编辑器的顶部没有返回任何信息。

16.2.7 显示行号

在执行一个长的程序时由于错误而出现了问题，可以打开脚本程序的行号，用户就可以更容易地找到错误。要显示错误指令的行号，可在脚本编辑器中执行【命令】|【显示行数】命令，如图 16–11 所示。

图 16-11 显示行号

当用户启用了【显示行号】复选框，Maya 会在脚

本编辑器状态信息框（顶部）的旁边显示脚本程序的行号，如图 16–12 所示。

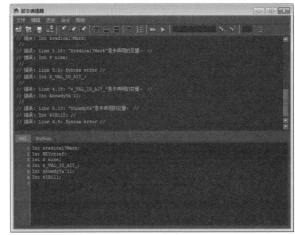

图 16-12 显示行号

要关闭行号，可在脚本编辑器中再次执行【命令】|【显示行数】命令。Maya 将显示行号的设置保存下来方便以后使用。如果打开了行号，下一次运行 Maya 时，它们会出现在脚本编辑器中。

16.3 使用脚本节点

脚本语言节点是把一个 MEL 脚本语言程序存储到一个 Maya 场景文件中的一种方法。脚本语言节点也包含了用于产生用户界面的所有 MEL 指令，并用 Maya 文件保存。

我们可以用不同的方法执行脚本语言程序，通常在以下几种情况下执行。

🔽 当该节点是从一个文件中读出的。

🔽 在渲染一帧图像之前或者之后。

🔽 在渲染一个动画之前或者之后。

动手实践——创建脚本节点

如果需要创建一个脚本语言节点，则可以在表达式编辑器中执行本节所介绍的操作。

01 执行【窗口】|【动画编辑器】|【表达式编辑器】命令，打开表达式编辑器，如图 16–13 所示。

02 在表达式编辑器中，选中【选择过滤器】|【按脚本节点名称】单选按钮，任何现存的脚本节点将显示在【脚本节点】表中，如图 16–14 所示。

图 16-13 表达式编辑器

03 在表达式编辑器的【脚本】中输入脚本程序，如图 16–15 所示。

04 在【脚本节点名称】框中输入一个名称，如图 16–16 所示。

图 16-14 显示节点

图 16-15 输入脚本程序

图 16-16 指定名称

05 单击【创建】按钮，即可创建一个脚本节点。

动手实践——编辑脚本节点

在创建了脚本后，可以使用表达式编辑器对脚本语言节点进行编辑。为了对脚本语言进行编辑，可以定义一个编辑器。

01 打开表达式编辑器。在表达式编辑器中选中【选择过滤器】|【通过脚本节点名称】命令。

02 选择需要在【脚本节点】中编辑的脚本语言节点，如图 16-17 所示。

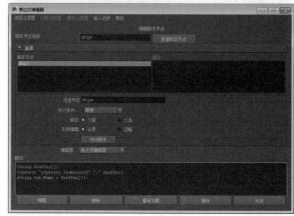

图 16-17 选择节点

03 在【脚本】选项区域中编辑该脚本语言节点，如果需要撤销更改，可以单击【重新加载】按钮，Maya 会重装脚本语言节点。

04 如果需要清除当前脚本，则可以单击【清除】按钮。

16.4 定义数据

数据是程序语言的重要组成之一。在 MEL 语言中，数据同样占据着很重要的地位。它不仅出现在程序中，重要的是经常出现在表达式中。在 Maya 中，利用表达式可以使动画的实现变得更为简单。本节将向读者介绍 MEL 语言中的数据。

16.4.1 定义变量

变量就是用户自己定义的在程序中可以替代常量存在的一个代号。每个变量就像一个存储箱。箱子有名字，以方便找到它。在 Maya 中，所有的变量名称都需要添加 $ 符号，以表明其变量的身份，这有别于其他的编程语言。

1. 命名定义规则

变量名不包括空格和特殊字符。读者可以使用下划线和数字作为变量名，但开头不能是数字。

例如，下面的这些变量名称。

```
int $psin2Rail;
int NUM_123;
int $ key02;
int $_VAL_ID_AIT_;
int $howdyYa`ll;
int $2Down;
```

在上述变量名称中，int $psin2Rail; 和 Int $_VAL_ID_AIT_; 是正确的变量名称。Int HEYchief; 变量名称由于没有带有 $ 符号，所以是非法的；Int $ key02; 由于在 $ 和 K 之间存在空格，Maya 默认为该变量名称不是以 $ 开头，也是非法的；Int $howdyYa`ll; 变量名中存在非法字符，也是无效的；Int $2Down; 名称由于开头是数字，因此也是非法的。

2. 定义整型变量

整型变量需要使用 int 关键字进行定义，例如，下面的语句将定义一个名称为 MyNUM 的变量，变量的值为 25。

```
int $myNUM = 14;
```

3. 定义浮点型变量

定义浮点型变量时，需要在变量名称前使用关键字 float 声明。例如，下面的语句定义了一个名称为 myNUM 的变量，变量值为 3.1415926。

```
float $myFloat = 3.1415926;
```

4. 定义矢量

定义矢量时，需要在变量前使用声明函数 vector（vector 能用来代表三元的关系，如位置或颜色）。例如，下面就是利用 vector 关键字定义的一个名称为 myVec 的变量，变量值为一个矩阵。

```
vector $myVec = <<1.1,2,3;6.7,5,4.9>>;
```

5. 定义字符串变量

在编写脚本时，有时需要显示一些固定的字符串，例如，提示性语言，此时就需要使用到字符串变量。要定义字符串变量，需要在变量名称前使用 string 关键字。例如，下面的表达式创建一个 myStr 的字符串。

```
string myStr = "Welcome to Maya 2014";
```

在定义字符串时，要注意字符串值要包含在 " " 中，并且这个符号需要使用英文输入状态下的符号，很多读者在调试程序时容易因为双引号格式的错误而产生程序错误。

此外，还可以创建无值变量，即只声明一个变量，但不赋予数值，例如 int $newVar;，其他类型变量的定义方法相同。

在定义变量时，变量一旦创建就无法被删除或改变类型，除非用户退出 Maya 或者重置场景。当存储了场景时，读者创建的变量不会自动跟随场景被保存下来，当下次重新启动场景时，变量将随着程序的启动而被自动创建。

16.4.2 定义注释

有时候，为了对变量或者程序的语句进行解释，如果直接在代码编写区域中输入文本的话，程序将会出错，为此 Maya 为读者提供了一个符号，即利用"//"来标识注释。凡是位于该符号右侧的字符，将被作为标注进行处理。标注仅仅起到显示作用，它不会被 Maya 执行。

MEL 语言中的注释分为单行注释和多行注释，其中单行注释仅仅能够注释一行信息，而多行注释则可以同时注释一段信息。

1. 单行注释

单行注释使用"//"进行注释，在需要注释的语句前面添加该符号即可完成注释，例如下面的两个例子。

```
//this is a test。
//complete the program。
```

2. 多行注释

多行注释则需要将注释的内容放置在 /* 和 */ 之间，

例如，下面所示的注释是正确的多行注释方法。

/* this is a test，
And complete the PROGRAM。*/

16.4.3 基本运算

MEL 也是使用先乘除后加减的方法进行表达式的计算，但是需要读者注意本节所介绍的内容。

1. 结果的四舍五入

当所有数据全部为整数时，即使计算结果为小数，也会自动返回四舍五入的整数。例如，float $jqary = 2*5/4-1，因为这个表达式里全是整数，所以返回的结果也是整数。而如果将上述表达式更改为 float $jqary = 2.0*12.0/4.0-1.1，那么将会返回一个附带有小数的浮点数。

2. 字符串连接符

+ 号运算符实际上还是一个字符串连接符。例如以下语句：

string $myStr1 = "Welcome";
string $myStr2 = "to";
string $myStr3 = "Maya";
string $myStr4 = "2014";
print myStr1+ myStr2+ myStr3+ myStr4;

那么，通过 print 输出语句获得的字符串为 WelcomtoMaya2014。

3. 取余

如果需要获取两个或多个数值的余数，则可以使用 % 符号，例如 float $myFlo = 9 % 4，那么 myFlo 的值将会为 1，即取 9 除以 4 的余数。

16.4.4 逻辑判断

在程序设计中，还有一种用于判断对与错的语句，我们通常把这种语句称为逻辑判断语句。当程序在执行指令时，尤其是需要判断该怎么执行时，就需要利用到这一语句，它通常有真和假两种状态（也可以称为对与错），分别用 1 和 0 表示，1 代表真，0 代表假。

例如：

int $myNum1 = 2;
int $myNum2 = 4;
int $myNum3 = 6;
print myNum1*myNum3 < myNum2;

当 MEL 执行上述代码后，将输出 0，这表示 myNum1*myNum3 < myNum2; 表达式所得到的结果是假的，即是错误的。

在设置逻辑判断表达式时，需要充分考虑各种运算符号的优先级，否则可能将正确的表达式分解错误，表 16-2 向大家介绍了常用的运算符号的优先级。

表 16-2 运算符的优先级

优先级顺序	运 算 符	优先级顺序	运 算 符
1	()、[]	6	==、!=
2	!、++、--	7	&&
3	*、/、%、.	8	||
4	+、-	9	?:
5	<、<=、>、>=	10	=、+=、-=、*=、/=

运算符优先级的顺序按表中的序号顺序由高到低。由此可以看到，括号的优先级比较高。括号可以改变运算符的优先级顺序，强制优先处理括号内的运算，括号内仍按正常的运算符优先级顺序执行。

16.5 程序基本结构

控制语句用于控制程序的流程，以实现程序的各种结构方法，由特定的语句定义符组成。MEL 作为一种脚本语言，也有其自己的流程控制语句，主要分为两类：条件语句和循环语句。

16.5.1 条件语句

条件语句又称为选择语句，判断一个表达式的结果真假（是否满足条件）。根据结果判断执行哪个语句块。

MEL 语言中的条件语句使用 if…else 关键字，if…else 语句通过判断一个表达式的布尔值来决定程序执行哪一个程序块。这里的表达式必须能够返回一个布尔值。

在使用 if…else 语句时，可以只使用 if 语句，忽略 else 语句。在判断条件为 true 时运行指定的语句块，在判断条件为 false 时则跳过指定的语句块。例如，如下代码。

```
int $myNum1 = 5;
int $myNum2 = 8;
if($myNum1<$myNum2)
    $myNum3 = $myNum1 * $myNum2;
Else
    $myNum3 = $myNum1 / $myNum2;
```

在上述案例中，编译程序首先判断 if 括号内容是否为真，如果为真，则执行 $myNum3 = $myNum1 * $myNum2; 语句，如果不为真，则执行 $myNum3 = $myNum1 / $myNum2; 语句。由于 $myNum1<$myNum2 表达式的结果为真，因此该段代码将执行 $myNum3 = $myNum1 * $num2; 语句。

16.5.2 循环结构

在使用程序时，有时候需要重复执行其中的某段代码，此时应该怎么办？答案是显而易见的，MEL 使用循环结构来处理这种问题。当我们需要重复执行某段代码时，只需将其放置在循环体内就行。MEL 语言使用 for 语句和 while 语句作为循环关键字。

1. for 语句

for 语句通常是在明白了将要如何执行循环时才使用，下面所示是一个典型的 for 案例。

```
for($i = 10,$j = 100;$i<50;$i++,$j++)
{
    print $i;         print" "; print $j; pint "\n";
}
```

在上述案例中，for 括号中的第一个分号之前的内容是将变量初始化为一个数值，第二个分号前的值为对之前初始化的变量做判断，如果结果为真，则执行大括号中的语句，即循环体，第三个分号前一般为判断变量的自加或者自减，该过程将持续到判断语句失效。

上述的例子中判断变量为 $i，其初始值为 10，每次循环结束都将加 1，因此该代码中括号体内的内容将被执行 39 次。

> **注意**
>
> 使用循环语句时，一定要注意设立让判断能够最终失效的机关，否则可能产生死循环，让程序永远执行下去，这是我们不愿意看到的。

2. while 语句

while 语句也是一种循环语句。有时候，我们并不知道循环在什么地方需要结束，不知道需要让循环体执行多少次，此时我们就可以利用 while 结构的语句进行判断。例如，下面的例子。

```
$i = 0;
while ($i < 8)
{
    Print "Welcome to Maya 2014! ";
    $i=$i+1;
}
```

在上述代码中，首先为变量赋予了一个初始值 0，然后进入循环体，每执行一次后，程序将自动检查 i 的值是否仍然小于 8，如果小于 8，则重新进入循环体内执行代码，如果已经大于 8，则跳出循环，执行其下面的语句。

那么，在这个语句中，变量 i 的值如何变化？在 while 语句中，需要读者自行设置一个语句用于为变量设置变化，上述代码中循环体内的 $i=$i+1; 语句就是为了更改 i 的值而设置的。如果没有该语句，那么该程序将是一个死循环，会永远执行下去。

16.6 使用函数

函数是 MEL 语言内置的可以供读者直接调用的程序模块，每个函数都可以实现一条具体的功能，常见的函数简介如下。

> **rand**
>
> 该函数可以返回介于最低数和最高数之间的随机浮点数字，默认最小数为 0，语法为：
>
> rand（最低数，最高数）

> **gauss**
>
> gauss 也用于返回一个随机浮点数字，而且这个数字的绝对值很有可能低于设置的数字，语法如下：
>
> gauss（浮点 stdev）

> **seed**
>
> 该函数可以影响随后定义的 rand、gauss 和 sphrand 产生的随机数串，语法如下：
>
> seed（整数）

sin/cos/tan/asint/acosd/atand/atan2d

这是一系列三角函数。其中，sin/cos/tan/asint/acosd 的语法分别如下：

sin（浮点数）

cos（浮点数）

tan（浮点数）

asind（浮点数）

acosd（浮点数）

其中，asind 返回的数值范围是 –90 ~ 90；acosd 返回的数值范围为 0 ~ 180。atand 和 atan2d 的语法格式如下：

atand（浮点数）

atan2d（浮点数，浮点数）

min/max

用于返回两个数中的最大数或最小数，语法格式如下：

min（浮点数，浮点数）

max（浮点数，浮点数）

clamp

该函数可以把变量限制在两个限量之间，语法格式如下：

clamp（低限，高限，变量）

abs

该函数用于返回一个数值的绝对值，语法格式如下：

abs（浮点数）

sign

该函数用于判断当前数字是正数还是负数。如果数字是正数，则返回 1，如果为负数，则返回 0，如果是 0，则返回 0。语法格式如下：

sign（浮点数）

floor、ceil

floor 用于返回离现在浮点数最近的上一个整数，ceil 则返回下一个整数，语法格式如下：

floor（浮点数）

ceil（浮点数）

pow

该函数用于返回一个数的 x 次幂，语法格式如下：

pow（y,x）

sqrt

该函数返回一个浮点数的平方根，语法格式如下：

Sqrt（浮点数）

angle

该函数用于计算两个矢量之间介于零和圆周率之间的弧角角度，语法格式如下：

angle（矢量，矢量）

在 MEL 语言中，除了这些函数外，还提供了很多方便用户使用的函数，读者可以在其附带的帮助文档中找到，这里不再一一讲解。

16.7 常见字符处理命令

本节讲解几个字符处理的 mel 命令，当然这几个命令的出场顺序要根据我们的实际需要来安排，分别为 substring、tokenize、size、clear、match、substitute，学会了这几个命令，对于字符处理差不多就够用了。

在讲解之前，先把下面一行代码在命令行中执行一下，并查看一下输出结构。

string $obj = "pSphere2.translateX";

16.7.1 substring 命令

通过上述操作，得到一个字符串 $obj 和它的值，可是这个值不是我们想要的。我们需要的只是这个物体的名称（"pSphere1"），而不包括它的属性（".translateX"）。如何从 $obj 中提取物体的名称呢？

方法很多，第一种方法是先指定要提取的是"pSphere1.translateX"中的第几个字符到第几个字符。数数看，"pSphere1"是"pSphere1.translateX"中的第 1 个字符到第 8 个字符。现在用"substring"命令。

substring $obj 1 8;

========================

结果为 pSphere1。

这个结果是"substring"命令的返回值，需要事先将字符串返回存到一个变量中，以便以后使用，有以下两种方法。

第一种是用"`"（单引号）的方法，此方法比较常用。

```
string $objName = 'substring $obj 1 8';
```
=======================

结果为 pSphere1。

第二种是用 eval 的方法，"eval"对于执行字符串中的命令很有用。

```
string $objName = eval("substring $obj 1 8");
```
=======================

结果为 pSphere1。

16.7.2 tokenize 命令

下面接着讲解把"pSphere1"从"pSphere1.translateX"中提取出来的第二种方法，这种方法不用数数，是一种很实用的方法。方法是从一个字符（"."）的位置把字符串截成两段，把这两段存到一个字符串数组中。具体方法如下。

```
string $buffer[];
tokenize "pSphere1.translateX" "." $buffer;
string $objName = $buffer[0];
```
=======================

结果为 pSphere1。

因为数组是从 0 开始的，$buffer[0] 是"pSphere1.translateX"的第一段，它的值是"pSphere1"，$buffer[1] 是第二段，它的值是"translateX"。

"tokenize"是一个很有用的命令，需要再举几个例子把它的用法讲明白。"tokenize"的返回值是把字符串分成的段数，例如用"/"可以把"1/2/3/4/5"分成 5 份，"tokenize"的返回值就是 5。

```
string $buffer[];
int $numTokens = 'tokenize "1/2/3/4/5" "/" $buffer ';
```
=======================

结果为 5。

如果不指定分割字符，"tokenize"会根据一个默认的空格字符来分割。

```
string $buffer[];
tokenize "How are you?"$buffer;
print $buffer;
```
=======================

结果如下。

How
are
you?

也就是：$buffer[0]=="How";$buffer[1]=="are";$buffer[2]=="you?";

16.7.3 size 命令

size 命令可以求出一个数组是由多少个元素组成，也可以求出一个字符串是由多少个字符组成。例如，以下案例：

```
int $size = 'size "pSphere1"';
print $size;
```
=======================

结果为：8。

要注意的是一个中文字占用两个字节，"size"为 2。

```
int $size = 'size " 中文 "';
    print $size;
```
=======================

结果为 4。

16.7.4 clear 命令

有时，程序中一些比较大的变量或者数组，可能会占用很多的内存资源，如果此时这些变量或者数组没有用，则可以考虑使用 clear 命令把它清空。清空后它的 size 将变为 0。Clear 命令的语法格式举例如下。

```
int $buffer[5]={1, 2, 3, 4, 5};
clear $buffer;
```
=======================

结果为 0。

16.7.5 match 命令

match 命令是字符串中的查找功能，返回值是一个字符串。如果找到了，就返回要找的字符串，如果没找到，就返回""。

```
match "this" "this is a test";
```
=======================
结果为 this

```
match "that" "this is a test";
```
=======================

结果为：

match 命令可以使用通配符，以下是使用规则。

. 代表任何一个单独的字符。

* 代表 0 个或多个字符。

+ 代表 1 个或多个字符。

^ 代表一行中第一个字符的位置。

$ 代表一行中最后一个字符的位置。

\ 转义符 (escape character). 把它写在特殊的字符前面 (如 '*')；

[...] 代表指定范围内的任意一个字符。

(...) 用于把部分通配符表述组织在一起。

例：match "a*b*" "abbcc";

=======================
结果为 abb。

match "a*b*" "bbccc";

=======================
结果为 bb。

match "a+b+" "abbcc";

=======================
结果为 abb。

match "^the" "the red fox";

=======================
结果为 the。

match "fox$" "the red fox";

=======================
结果为 fox。

match "[0-9]+" "sceneRender019.iff";

=======================
结果为 019。

match "(abc)+" "123abcabc456";

=======================
结果为 abcabc。

match("\\^.", "ab^c");

=======================
结果为 ^c。

16.7.6 substitute 命令

substitute 是字符串中的替换功能，返回值是一个字符串，返回替换后的结果。

```
string $text = "ok?";
$text = 'substitute "?" $text "!"';
```
=======================
结果为 ok。

也可以通过此方法把不想要的字符去掉。

```
string $text = "ok?";
$text = 'substitute "?" $text ""';
```
=======================
结果为 ok。

下面是"substitute"使用通配符的方法。

```
string $test = "Hello ->there<-";
string $regularExpr = "->.*<-";
string $s1 = 'substitute $regularExpr $test "Mel"';
```
=======================
结果为 Hello Mel。

16.7.7 合并字符串

有时我们需要将两个由程序获得的字符串连接到一起并执行输出，此时 MEL 为我们提供了一个 unite 命令来完成该任务。字符串可以做加法，但不能做减法。

```
string $s1 = " 你好 ";
string $s2 = " 世界 ";
string $text = $s1 + $s2;
```
=======================
结果为：你好世界。

字符串的加法跟数字的加法不同。

```
int $i = 1 + 2 + 3;
```
=======================
结果为：6。

```
string $s = "1" + "2" + "3";
```
=======================
结果为：123。

16.8 其他命令

使用 MEL 命令就好像在菜单上执行一条命令一样，可以实现具体的功能。例如，创建一个多边形球体，选择场景中的所有物体，对某个节点的属性进行修改等。命令后面一般都要跟属性参数等附加数值，以完成一条完整的指令。下面是常见的一些命令及其功能简介。

Eval（字符串）

该命令可以把括号中的字符串当作一个 MEL 指令进行执行。

PointPosition 物体，控制顶点

该命令用于查询控制顶点的位置。如果加上 –l 则控制局部坐标，否则默认是控制场景世界的全局坐标。NURBS 表面的控制顶点使用 cv[u 索引][v 索引] 指定；NURBS 用 cv[索引]，多边形使用 vtx[索引]，而粒子使用 pt[索引]。

ls–sl

该命令用于列出被选物体的名称。指令返回的是字符串组。如果选中的是模型组件（点、线、面），则指令会返回压缩了的列表，如果选中了 curvel 的第一至第五控制顶点，那么指令就会报 curvel. cv[0:4]。

Select 物体名称

选中场景内的任何节点或模型组件。Select –cl 会清除列表。我们也可以选择物体的旋转或缩放轴心。例如：select.transform1.scalePivot 和 select transform1.rotatePivot 等。

CreateNode 节点类名 –n 节点名 –p transform 父节点

创建一个新的节点。如果新节点有形状，一定要用 -p 赋予它一个 transform 节点。节点类名可以参考帮助文档 help | node and attribute reference。

Move x、y、z 物体 / 轴心 / 组件

移动物体。如果没有指定物体名称，则将在选中的物体上执行，默认的 XYZ 值是绝对值，例如，move 0 0 0 object1 指令将会把 object1 移动到世界坐标系的中心。如果在物体名称前加 –r 符号，则 XYZ 值就是相对值。例如，move –r 10 10 10 object1 则会相对现在坐标分别在 XYZ 坐标系中移动 10。

rotate x、y、z 物体 / 轴心 / 组件

旋转物体。如果没有指定物体名称，则将在选中的物体上执行，默认的 XYZ 值是绝对值，如果添加 –r 则是相对值，功能参照上一条指令。

scale x、y、z 物体 / 轴心 / 组件

缩放物体。如果没有指定物体名称，则将在选中的物体上执行，默认的 XYZ 值是绝对值，如果添加 –r 则是相对值，功能参照上一条指令。

makeIdentity –a true 物体名

冻结物体的空间转换，包括移动、缩放和旋转。这相当于使用 Maya 主菜单中的 Modify | freeze transformations 命令。如果没有指定物体名称，则指令会在选中物体上执行。

pointOnSurface –u u 坐标 –v v 坐标 [–p –nn –ntu –ntv] 表面名

查询 NURBS 表面某一点（用 –u 和 –v 指定）的位置（–p）、法线（–nn）、向着 u 的 tangent 矢量（–ntn）或向着 v 的 tangent 矢量（–ntv）。

colorAtPoint –u u 坐标 –v v 坐标 –o 通道 贴图节点名

该命令用来查询节点的颜色和遮罩通道的资料。–o 选项可以是 RGB、A 或 RGBA。指令会返回浮点数组。

getFileList –fld 文件夹 –fs 批量缩写

列出文件夹中的所有文件信息，该命令返回的是一个字符串列表。

fopen 文件名 w a r w+ r+

fopen 用于打开一个文件。其中，"文件名"用来指定要打开的文件名称，w 表示将要执行写入操作；a 表示只打开文件；r 表示读取文件；w+ 表示加写文件；r+ 表示加读文件。

fwrite 文件名 数据

把数据以二进制形式写入文件中，其中"文件名"用于指定要写入的文件名称。

fread 文件名 核对数据

由文件中读取数据，然后并将其返回，数据的类型必须和核对数据匹配。

fprint 文件名 字符串

将指定的字符串输出到由"文件名"指定的文件中。

fgetword 文件名

该命令用于返回下一个空格后的字符串。

⊌ fgetline 文件名

该命令用于返回下一行字符串。

⊌ frewind 文件名

把指定指针倒退到文件的起点。

⊌ feof 文件名

如果内容指针已经到达了文件尾部就返回 1，否则返回 0。

⊌ expression [–e] –s 表达式字符串 –n 表达式节点名

该命令可以设立或改变一个表达式。Maya 的每一段表达式都是一种 DG 节点，可以在设立它时指定一个名称，方便以后寻找。

⊌ setKeyframe –at 属性 –t 帧 –v 值 节点

该命令用于设置关键帧。其中，–at 用于指定属性；–t 用于设置关键帧的值。

⊌ refresh –cv

这是一个经常使用的命令，主要用于刷新屏幕。

⊌ currenTime 帧

用于改变场景时间。

　　关于 MEL 语言中一些常用的命令就介绍这么多，MEL 语言是一个非常庞大的脚本语言，其功能十分强大，读者如果感兴趣，要对其加以系统学习。